Stahl-Biskup / Reichling

Anatomie und Histologie der Samenpflanzen

Stahl-Biskup / Reichling

Anatomie und Histologie der Samenpflanzen

Mikroskopisches Praktikum für Pharmazeuten

Elisabeth Stahl-Biskup, Hamburg

Jürgen Reichling, Heidelberg

4., völlig neu bearbeitete Auflage

Mit 200 Abbildungen und 11 Tabellen

DAV Deutscher Apotheker Verlag

Anschriften der Autoren

Prof. Dr. Elisabeth Stahl-Biskup
Bei der Lutherbuche 29
22529 Hamburg

Prof. Dr. Jürgen Reichling
Keplerstr. 33
69207 Sandhausen

Bibliografische Information der Deutschen Nationalbibliothek
Die Deutsche Nationalbibliothek verzeichnet diese Publikation in der Deutschen Nationalbibliografie; detaillierte bibliografische Daten sind im Internet unter http://dnb.d-nb.de abrufbar.

4., völlig neu bearbeitete Auflage 2016
ISBN 978-3-7692-6118-9 (Print)
ISBN 978-3-7692-6567-5 (E-Book, PDF)

Birkenwaldstr. 44, 70191 Stuttgart
www.deutscher-apotheker-verlag.de

Printed in Germany

Satz: primustype Hurler GmbH, Notzingen
Druck und Bindung: Druckerei Kohlhammer, Stuttgart
Umschlagabbildung: Prof. Dr. Elisabeth Stahl-Biskup
Umschlaggestaltung: deblik, Berlin

Vorwort

Die Motivation zu diesem Buch erwuchs vor über fünfzehn Jahren aus unserer langjährigen Erfahrung als Hochschullehrer in den mikroskopischen Praktika des Pharmaziestudiums. Wir mussten feststellen, dass die Studierenden der ersten Semester nur geringe Pflanzenkenntnisse haben; im Mikroskopieren geübt sind nur Einzelne.

Dieses Buch will die unterschiedliche Vorbildung der Studierenden ausgleichen und ein Basiswissen über Morphologie, Anatomie und Histologie der Samenpflanzen vermitteln. Darauf aufbauend will es einen möglichst großen Gewinn aus den praktischen Übungen – unabhängig von der individuellen zeichnerischen Begabung – ermöglichen. Zu Beginn werden die lichtmikroskopischen Strukturen der pflanzlichen Zelle beleuchtet, dann die Gestalt und Funktion der verschiedenen Gewebe; anschließend wendet sich das Buch der Anatomie und Histologie der Pflanzenorgane zu. Als solche werden Spross und Wurzel sowie die zur Reproduktion wichtigen Pflanzenteile wie Blüte, Frucht und Samen behandelt.

Jedes Kapitel beginnt mit einem theoretischen Teil. Er soll es den Studierenden ermöglichen, den notwendigen Lehrstoff zu rekapitulieren, vorhandene Lücken zu schließen und offen gebliebene Fragen zu beantworten. Den Studierenden die Pflanze als „Lebewesen“ und somit als Einheit aus Struktur und Funktion verständlich zu machen, war dabei unser Anliegen. Im jeweils anschließenden praktischen Teil werden die Objekte, die Präparation und die mikroskopische Beobachtung detailliert beschrieben. Dadurch sollen die Studierenden in die Lage versetzt werden, die Aufgaben weitgehend selbständig zu erledigen. Das Mikroskopieren, d. h. das Sehen und Erkennen mikroskopisch kleiner Strukturen und deren zeichnerische Übertragung, wird durch ein ausführliches Kapitel über Mikroskopie und Zeichentechnik erleichtert. Die Zahl der ausgewählten praktischen Aufgaben ist bewusst höher gewählt als in dem zeitlichen Rahmen, den die Approbationsordnung den mikroskopischen Praktika einräumt, zu bewältigen ist. Damit legen wir es in die Hand der Lehrenden, aus dem Angebot ein entsprechendes Programm zusammenzustellen.

Wir halten es für wichtig, dass schon im botanischen Grundpraktikum der Bezug zur pflanzlichen Droge hergestellt wird. Aus diesem Grund wurden als Objekte, so weit möglich, Arzneipflanzen ausgewählt. Diesem Anliegen dient auch in jedem Kapitel ein Abschnitt zur Mikroskopie pulverisierter Drogen. Die Auswahl der Drogenpulver erfolgte allein nach Kriterien der zur mikroskopischen Analytik wichtigen Strukturelemente und nicht nach der therapeutischen Aktualität der Drogen.

Die Konzeption unseres Praktikumsbuches hat sich bewährt, die hohe Nachfrage ermöglicht nun schon die 4. Auflage. Der Text wurde sorgfältig überarbeitet und mit den neuen Erkenntnissen zur Morphologie und Histologie abgeglichen. Erstmals wurden neben den bewährten Schwarz-Weiß-Abbildungen auch farbige mikroskopische Schnittbilder in das Buch aufgenommen. Durch die farbliche Abgrenzung der verschiedenen Zellen und Gewebe sind diese für die Studierenden in ihrer Lage und Struktur besser erkennbar. Farbliche Diskrepanzen lassen sich allerdings nicht vermeiden und müssen in Kauf genommen werden. Die taxonomischen Bezeichnungen auf Art-, Gattungs- und Familienebene wurden aktualisiert und den derzeit anerkannten Abstammungserkenntnissen angepasst. Nur in wenigen Fällen – um eine unnötige Verwirrung bei den Studierenden zu vermeiden – haben wir die Pflanzennamen des Europäischen Arzneibuches 8.0 übernommen (z. B. *Matricaria recutita L.* anstelle des derzeit gültigen Namens *Matricaria chamomilla L.*).

Die Approbationsordnung für Apotheker sieht das Erlernen mikroskopischer Fertigkeiten nach wie vor als einen Bestandteil des Studiums vor. Auch in der Ausbildung der Pharmazeutisch-technischen Assistenten wird darauf großen Wert gelegt. Wer sonst soll diese wichtige Arbeit der Qualitätskontrolle pflanzlicher Drogen leisten? Das Buch ist aber nicht nur für die pharmazeutische Praxis ausgelegt, sondern soll im Verbund mit anderen Kurs- und Vorlesungsangeboten das Interesse an Botanik und Allgemeiner Biologie wecken.

Dr. Anke Heisig, Hamburg, danken wir für die kritische und konstruktive Durchsicht der theoretischen Textteile, dem Deutschen Apotheker Verlag danken wir wiederum für seine gute Unterstützung und die hervorragende Zusammenarbeit.

Hamburg und Heidelberg, im Herbst 2015

Elisabeth Stahl-Biskup
Jürgen Reichling

Inhaltsverzeichnis

1 Die Technik des Mikroskopierens

1.1 Aufbau des Mikroskops und Strahlengang

Im botanisch-mikroskopischen Praktikum wird meist eine Hellfeld-Durchlichtmikroskopie angewendet. In ○ Abb. 1.1 ist ein solches Kursmikroskop dargestellt. An einem stabilen Stativkörper (Tubusträger), der auf einem Stativfuß mit Beleuchtungseinheit ruht, sind der Objekttisch, der Tubus und der Objektivrevolver mit den Objektiven angebracht. Auf dem Tubus sitzt das Okular. Im vorliegenden Fall handelt es sich um ein Gerät mit Binokulartubus. Einfachere Kursmikroskope werden auch mit einem Monokulartubus angeboten.

1.1.1 Okular

Das Okular befindet sich am oberen Tubusende und ist dem Auge (lat. oculus = Auge) zugewandt. Es besteht aus einfachen Linsen und erfüllt die Funktion einer Lupe, die das vom Objektiv entworfene reelle Zwischenbild noch einmal vergrößert. Die Eigenvergrößerung ist jedem Okular aufgraviert; üblich sind Kompensationsokulare mit einer Vergrößerung von 8 ×, 10 × oder 12,5 ×. Für besondere Methoden stehen spezielle Okulare, wie z. B. Messokulare, Zeigerokulare, Zeichenokulare und Kompensations-Planokulare, zur Verfügung.

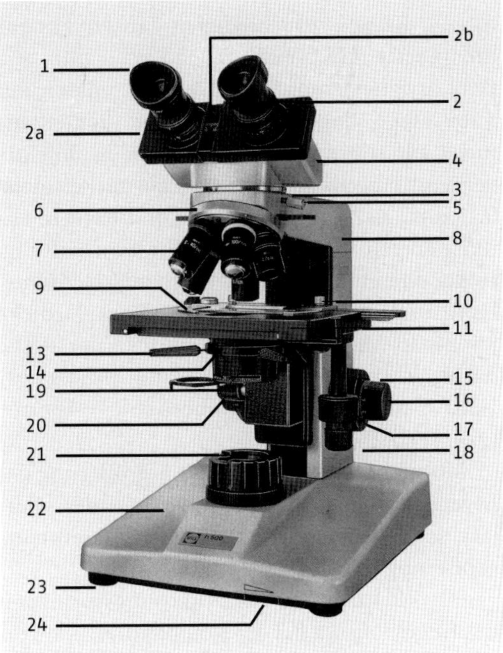

○ **Abb. 1.1** Binokulares Kursmikroskop: **1** Okulare, **2** Okularstutzen, **2a** Griffleisten zum Einstellen auf Augenabstand, **2b** Skala für Augenbasis, **3** Ringschwalbe, **4** Schrägtubus, **5** Feststellschraube für Tubus, **6** Objektivrevolver, **7** Objektive, **8** Stativrücken, **9** Präparathalter, beweglich, **10** Präparathalter, starr, **11** Kreuztisch mit Noniusteilung, **13** Zentrierschraube für Kondensor, **14** Kondensorhalterung, **15** Grobtrieb, **16** Feintrieb, **17** Objekttischbewegung, vertikal, **18** Objekttischbewegung, horizontal, **19** Kondensor-Höhenverstellung, **20** Kondensor, **21** Beleuchtungskopf (Leuchtfeld), **22** Stativfuß, **23** Gummifüße für Rutschfestigkeit, **24** Dimmer für Beleuchtung (aus Jung)

1.1.2 Objektive

Objektive sind hochwertige Linsensysteme, die sich dem Objekt zugewandt am unteren Tubusende befinden. Üblicherweise sind drei oder vier Objektive unterschiedlicher Vergrößerung in einen beweglichen **Objektivrevolver** eingeschraubt, mit Hilfe dessen die Objektive nacheinander in den Strahlengang eingeschwenkt werden können. Die verschiedenen Objektive sind so aufeinander abgestimmt, dass das Objekt nach einem Objektivwechsel scharf eingestellt bleibt oder die Schärfe nur geringer Korrektur bedarf.

Für Kurs- und Labormikroskope verwendet man gewöhnlich **Achromatobjektive** (Achromate), die aus verschiedenen Linsen zusammengesetzt und für die Farben grün und gelb farbkorrigiert sind. Die Objektive müssen der Tubuslänge angepasst sein, die heutzutage meist auf 160 mm genormt ist. Jedes Objektiv verlangt eine bestimmte Deckglasdicke, meist 0,17 mm. Zur Unterscheidung und Kennzeichnung tragen Objektive eine Kurzbeschriftung. In der oberen Reihe ist die mechanische Tubuslänge und die zu verwendende Deckglasdicke jeweils in Millimeter eingraviert; in der Reihe darunter die Eigenvergrößerung (Maßstabszahl) und die nummerische Apertur (z. B. 160/0.17–20/0.40).

Multipliziert man die Eigenvergrößerung des jeweiligen Objektivs mit derjenigen des Okulars, so erhält man die tatsächliche **Gesamtvergrößerung** (◘ Tab. 1.1).

Mit Rücksicht auf das Auflösungsvermögen des Auges müssen bei der Kombination von Objektiv und Okular die Bedingungen der sog. nutzbaren oder **förderlichen Vergrößerung** eingehalten werden, da nur dann das Leistungsvermögen des optischen Systems voll ausgeschöpft werden kann. Die förderliche Vergrößerung ist erreicht, wenn die Gesamtvergrößerung das 500-fache bis 1000-fache des Aperturwertes beträgt. Bei einem Aperturwert von 1,25 läge die förderliche Vergrößerung zwischen der 625-fachen und der 1250-fachen Vergrößerung.

◘ **Tab. 1.1** Beispiele der Gesamtvergrößerung

Objektiv	Okular	Vergrößerung
10 ×	8	80-fach
10 ×	12,5	125-fach
40 ×	8	320-fach
40 ×	12,5	500-fach

Das Medium zwischen Objekt und Objektiv ist auch Bestandteil der abbildenden Optik. Dort befindet sich das Deckglas und bei den **Trockenobjektiven** Luft. Zur Untersuchung kleinster Strukturelemente werden sog. **Immersionsobjektive** verwendet. Bei diesen wird der Raum zwischen Frontlinse und Deckglas mit einer **Immersionsflüssigkeit** ausgefüllt, deren Brechungsindex gleich oder ähnlich dem von Glas ist. Beim Übertritt des Lichtes vom Deckglas zur Immersionsflüssigkeit finden deshalb keine oder nur sehr geringe Brechungen der Lichtstrahlen statt. Außerdem bricht die Immersionsflüssigkeit das Licht viel günstiger als Luft, wodurch mehr Lichtstrahlen als bei den Trockenobjektiven zum Objektiv gelangen.

1.1.3 Kondensor

Der Kondensor bündelt die Strahlen der Lichtquelle und leuchtet so das Objekt optimal aus. Er besteht aus der Kondensorlinse, der Irisblende (Kondensorblende oder Aperturblende) und einem Filterhalter, in den Grau-, Farb- oder Polarisationsfilter eingelegt werden können. Ist der Kondensor beweglich eingebaut, soll er bei der Hellfelddurchlichtmikroskopie bis knapp unterhalb des Objekttisches hochgedreht werden.

Achtung: Mit dem Abstand der Kondensorlinse sollte nicht die Bildhelligkeit reguliert werden. Diese verändert man durch Einlegen von Graufiltern oder an der Lichtquelle selbst, falls diese regulierbar ist.

Da Objektive verschieden große Öffnungswinkel haben, kann mit der **Irisblende** die Lichtöffnung dem jeweiligen Objektiv angepasst werden. Die Öffnungsweite der Irisblende beeinflusst die Tiefenschärfe, den Kontrast und das

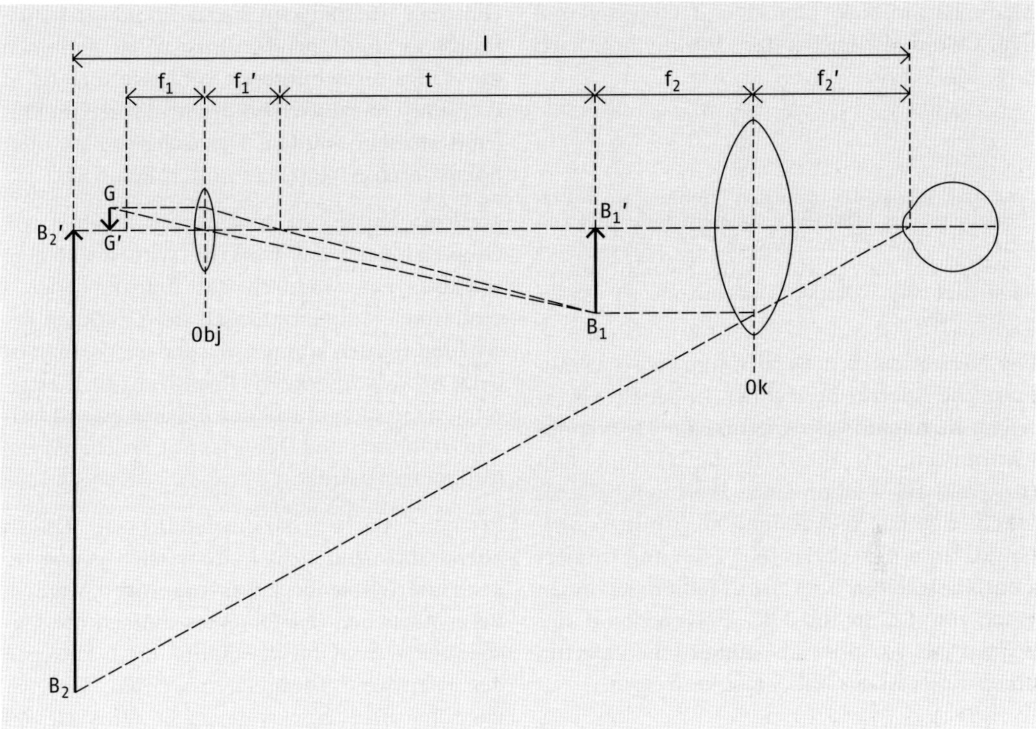

○ Abb. 1.2 Strahlengang des Mikroskops: **Obj** Objektiv, **Ok** Okular, in der Abbildung sind beide Linsensysteme als einfache Linsen dargestellt, $\mathbf{f_1}$, $\mathbf{f_1'}$ Brennweite des Objektivs, $\mathbf{f_2}$, $\mathbf{f_2'}$ Brennweite des Okulars, **t** optische Tubuslänge, **l** Bezugssehweite, **GG'** Objekt, $\mathbf{B_1B_1'}$ umgekehrtes reelles Bild, $\mathbf{B_2B_2'}$ virtuelles Bild (aus Nultsch)

Auflösungsvermögen. Sie soll etwa zu zwei Drittel geöffnet sein. Man prüft dies, indem man das Okular herausnimmt und die Irisblende so weit schließt, bis man beim Hineinblicken in den Tubus die Hinterlinse des Objektivs nahezu ganz ausgeleuchtet sieht. Weiteres Schließen der Blende erhöht zwar die Tiefenschärfe, vermindert jedoch das Auflösungsvermögen.

1.1.4 Strahlengang

Der Strahlengang ist in ○Abb. 1.2 wiedergegeben. Das Objektiv erzeugt vom Objekt GG' ein vergrößertes, umgekehrtes und seitenvertauschtes reelles Zwischenbild B_1B_1' in der Brennebene des Okulars (1. Vergrößerungsstufe). Das Zwischenbild B_1B_1' wird durch das Okular, das als Lupe wirkt, noch einmal vergrößert (2. Vergrößerungsstufe). Das entstehende virtuelle Bild $B_2B'_2$ liegt für das Auge im Unendlichen und kann mit entspanntem, auf unendlich akkommodiertem Auge betrachtet werden.

Die **Vergrößerung** V errechnet sich aus der Bezugssehweite (25 cm), der optischen Tubuslänge und den Brennweiten von Objektiv und Okular nach folgender Formel:

$$V = \frac{l \times t}{f_1 \times f_2}$$

| l = Bezugssehweite (hier 25 cm) | t = optische Tubuslänge | f_1 = Brennweite des Objektivs | f_2 = Brennweite des Okulars.

Das **Auflösungsvermögen** d bezeichnet den Abstand zwischen zwei Objektpunkten, die gerade noch getrennt wahrgenommen werden. Es ist ausschließlich von den Eigenschaften des Objektivs abhängig, nicht von denen des Okulars. Es berechnet sich aus der Wellenlänge der benutzten Strahlung, dem Brechungsindex des

Mediums zwischen Objekt und Objektiv und dem Öffnungswinkel α der Objektivlinse nach folgender Formel:

$$d = \frac{\lambda}{n \times \sin \alpha}$$

| λ = Wellenlänge der benutzten Strahlung | n = Brechungsindex des Mediums zwischen Objekt und Objektiv | α = halber Öffnungswinkel der Objektivlinse, gemessen von der optischen Achse bis zum äußeren Rand des vom Objektiv aufgenommenen Lichts (Grenzstrahl).

Der Nenner des Bruchs [n × sinα] wird als **numerische Apertur** bezeichnet. In der Praxis erreicht die numerische Apertur von Trockenobjektiven mit Deckglas (n = 1,52) und Luft (n = 1,00) als Medium einen Wert von 0,95. Sie erhöht sich bei Verwendung von Immersionsobjektiven mit Deckglas (n = 1,52) und Immersionsflüssigkeit (n = 1,52) als Medium auf einen Wert von 1,4 (○ Abb. 1.3). Entsprechend der Formel gilt, je höher die numerische Apertur, umso besser ist das Auflösungsvermögen.

1.2 Handhabung des Mikroskops

1.2.1 Einstellen des mikroskopischen Bildes

Der Objektträger mit dem darauf präparierten Objekt wird auf dem **Objekttisch** fixiert. Zunächst wird das Objektiv mit der kleinsten Vergrößerung in den Strahlengang eingeschwenkt. Um den richtigen Arbeitsabstand zwischen Frontlinse und Deckglas einzustellen, hebt man den Objekttisch mittels **Grobtrieb** solange in Richtung Objektiv an, bis die Strukturen im Präparat sichtbar werden. Das Scharfstellen oder **Fokussieren** erfolgt dann mittels **Feintrieb**.

Vorsicht: Durch zu ungestümes Drehen am Grobtrieb setzt das Objektiv schnell auf dem Deckglas auf, wodurch das Präparat oder – schlimmer – die Frontlinsen der Objektive beschädigt werden können. Besondere Vorsicht ist bei stark vergrößernden Objektiven (40:1) angezeigt, da in diesem Fall der Arbeitsabstand zwischen Objektiv und Deckglas nur Bruchteile von Millimetern beträgt.

Erscheint nach Scharfeinstellung das Objekt überstrahlt bzw. nicht kontrastreich genug, so kann die Irisblende etwas zugezogen werden. Beim Absuchen des Objektes müssen die Unebenheiten des Objekts ständig durch Bewegen des Feintriebs ausgeglichen werden. Der gewünschte Bereich wird genau in der Mitte des Gesichtsfelds positioniert und scharf gestellt. Erst dann kann die nächste Vergrößerungsstufe eingestellt werden. Dabei wird durch Drehen des Objektivrevolvers das nächst längere Objektiv in den Strahlengang geschwenkt. Bei Anfängern ist es angeraten, beim Einschwenken stärkerer Objektive den Vorgang durch seitliches Betrachten zu verfolgen. So kann verhindert werden, dass beim Heben des Objekttisches die

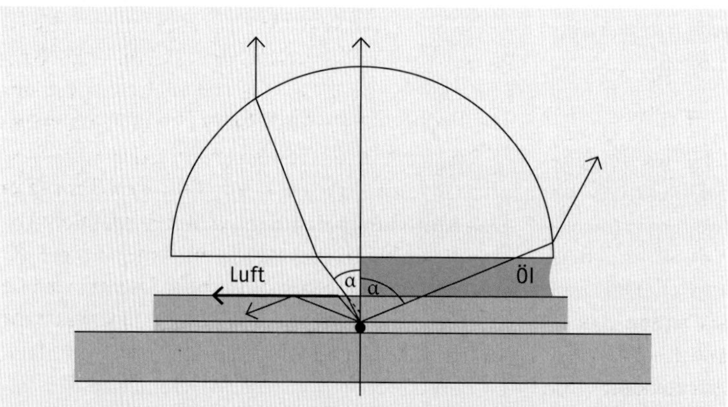

○ **Abb. 1.3** Strahlengang durch Deckglas und Frontlinse: linke Seite: Trockenobjektiv, rechte Seite: Immersionsobjektiv (aus Nultsch)

Frontlinse des Objektivs durch das Deckglas beschädigt wird.

1.2.2 Die Beobachtung

Um beim Mikroskopieren ein schnelles Ermüden des betrachtenden Auges zu vermeiden, muss „entspannt" beobachtet werden. Der optimale Abstand vom Auge zum Okular ist erreicht, wenn das Sehfeld möglichst groß und scharf begrenzt erscheint. Bei Mikroskopen mit Monokulartubus sollte das nicht beobachtende Auge nicht zugekniffen werden, sondern offen bleiben.

Beachte: Um dem Auge die ermüdende Arbeit des Akkommodierens abzunehmen, wird beim Mikroskopieren ständig der Feintrieb des Mikroskops leicht hin- und hergedreht! Durch diese minimale Höhenverstellung gleicht man auch die geringe Tiefenschärfe der Objektive aus.

1.2.3 Benutzung von Immersionsobjektiven

Zunächst wird das Präparat wie beschrieben mit den zur Verfügung stehenden Trockenobjektiven betrachtet. Soll eine weitere Vergrößerung unter Verwendung eines Immersionsobjektivs erfolgen, wird mit einer Tropfflasche ein Tropfen der Immersionsflüssigkeit (Immersionsöl, Methylbenzoat, Glycerol) genau über dem Objekt auf das Deckglas gegeben. Anschließend wird das Immersionsobjektiv in den Strahlengang eingeschwenkt und durch die Immersionsflüssigkeit ein Kontakt zwischen Objektivlinse und Deckglas hergestellt.

Achtung: Wird das Bild während der Betrachtung unscharf, dann ist die Verbindung zwischen Objektivlinse und Deckglas abgerissen! Nach dem Mikroskopieren muss die Frontlinse des Objektivs sofort mit einem mit Xylol oder Leichtbenzin getränkten Baumwolltuch gereinigt werden.

Vorsicht: Immersionsobjektive können nicht als Trockenobjektive verwendet werden; Trockenobjektive dürfen nicht mit Immersionsflüssigkeit in Kontakt kommen.

1.2.4 Mikroskopieren im polarisierten Licht

Sollen die Natur von Kristallen bestimmt oder sonstige gerichtete, anisotrope Strukturelemente sichtbar gemacht werden, ist das Mikroskopieren im polarisierten Licht sehr vorteilhaft. Zwischen gekreuzten **Polarisationsfiltern** leuchten die Kristalle im sonst dunklen Objekt hell auf. Somit sind auch kleinste Kristalle gut zu erkennen. Auch Stärkekörner als radial angeordnete Kristallite fallen infolge ihrer Doppelbrechung auf; man sieht das schwarz-weiße Polarisationskreuz. Ähnliche Effekte zeigen auch andere gerichtet aufgebaute Zellstrukturen, wie z. B. die gestreckten Cellulosefasern der Zellwand.

Zum „Umrüsten" eines normalen Mikroskops benötigt man zwei Polarisationsfilter, einen **Polarisator** und einen **Analysator**. Der Polarisator wird in den Filterhalter des Kondensors gelegt, den Analysator setzt man entweder auf das Okular oder, wenn vorhanden, in eine spezielle Halterung im Tubus zwischen Objektiv und Okular. Unter Beobachtung dreht man den Analysator oder den Polarisator bis zur maximalen „Dunkelheit" (minimale Lichtdurchlässigkeit) des Bildfelds. Dann stehen die beiden Schwingungsrichtungen der Filter um 90° gegeneinander verdreht (= gekreuzte Stellung). Die gerichtet gebauten Strukturen leuchten vor dem dunklen Hintergrund hell auf.

1.2.5 Mikroskopische Messungen

Die Längenmessung von Objekten erfolgt mit einem **Messokular** (Mikrometerokular). Es besitzt eine höhenverstellbare Augenlinse. Beim Durchschauen wird eine 100-Strich-Skala sichtbar, die durch Verschieben der Augenlinse scharf eingestellt werden kann. Zum Eichen benötigt man zusätzlich ein **Objektmikrometer**. Als solches bezeichnet man einen Objektträger, auf den ein 2 mm langer Maßstab, in Einheiten von 10 µm geteilt, eingeritzt ist. Damit wird der **Mikrometerwert** eines Mikrometerokulars bestimmt (○ Abb. 1.4).

1

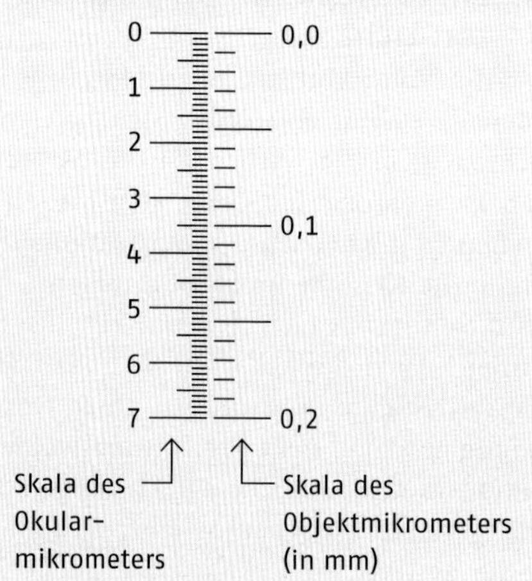

Abb. 1.4 Bestimmung des Mikrometerwerts: Objektmikrometer und Okularmikrometer werden zur Deckung gebracht (aus Frohne)

Durchführung: Zunächst werden die „0-Striche" von Mikrometerokular und Objektmikrometer zur Deckung gebracht. Dann sucht man nach zwei weiteren in Deckung stehenden Skalenteilen. Kommen dabei, wie in Abb. 1.4, 70 Skalenteile des Mikrometerokulars mit 200 µm des Objektmikrometers zur Deckung, so ist der Mikrometerwert für diese Okular-Objektiv-Kombination: 200 µm : 70 = 2,8 µm. Wenn dann das zu messende Objekt 12 Skalenteile des Messokulars misst, errechnet sich seine Länge aus dem Produkt von 12 mit dem Mikrometerwert des Okulars (12 × 2,8 µm = 38,6 µm). Der ermittelte Mikrometerwert gilt nur für die bei der Eichung verwendete Messokular-Objektiv-Kombination.

1.2.6 Pflege des Mikroskops

Ein Mikroskop ist ein Meisterwerk feinmechanischer Präzisionsarbeit und von entsprechendem Wert. Vom Zustand des Mikroskops und seines optischen Systems ist ganz wesentlich der Erfolg beim Mikroskopieren abhängig. Aus diesen Gründen ist es notwendig, nach jedem Gebrauch einige Reinigungsarbeiten vorzunehmen; sie nehmen nur wenige Minuten in Anspruch.

1. Die Oberfläche des Objekttisches wird mit einem feuchten Lappen gereinigt. Reste von angetrocknetem Chloralhydrat oder von anderen Reagenzien müssen rückstandsfrei entfernt werden.
2. Okular (Wimperntusche!) und die Objektive (Chloralhydrat, Reagenzienreste!) werden mit einem feuchten Baumwolltuch durch Reiben mit leichtem Druck gereinigt. Anschließend muss gut nachgetrocknet werden. Trikotläppchen (nicht aus Kunstfaser) sind für die optischen Linsen besser geeignet als normale Gewebe.
3. Wenn Immersionsöl verwendet wurde, muss dieses unverzüglich von den Linsen des Kondensors und des Objektivs entfernt werden. Dazu benutzt man ein mit Xylol oder Leichtbenzin befeuchtetes, weiches Läppchen. Durch Reiben bei leichtem Druck wird das Immersionsöl beseitigt; mit einem trockenen Lappen wird nachgereinigt.
4. Die Linse des Kondensors muss wie die der Objektive gereinigt werden.

1.2.7 Fehler beim Mikroskopieren

Die häufigsten Fehler, die beim Mikroskopieren auftreten können, sind in Tab. 1.2 aufgeführt. Dem Anfänger sei vor allem geraten, die einzelnen Punkte vor Beginn des Praktikums genau durchzulesen. Dadurch können Frustrationen vermieden und die Motivation beim Mikroskopieren erhöht werden.

1.3 Das Schneiden und Präparieren der Objekte

1.3.1 Präparative Hilfsmittel

Zur mikroskopischen Ausrüstung gehören:

- ein Paket Objektträger (76 × 26 mm)
- eine Dose Deckgläser (18 × 18 mm)
- Rasierklingen (fabrikneu)
- zwei Präpariernadeln
- eine spitze Pinzette
- nicht fusselndes Baumwolltuch
- weicher, kleiner Haarpinsel

- Becherglas mit Glasstab für Wasser
- schmale Streifen Saug- bzw. Filtrierpapier
- feinkörniges Styropor

Die Objektträger und die Deckgläser müssen sauber sein und dürfen nur am Rand angefasst werden. Fingerabdrücke auf den Gläsern vermindern die Qualität des mikroskopischen Bildes.

1.3.2 Schnittrichtungen

Die Schnittrichtung, in der ein Objekt geschnitten werden soll, hängt vom Beobachtungsziel ab. Die wichtigsten Schnittrichtungen sind Quer-

Tab. 1.2 Die häufigsten Fehler beim Mikroskopieren

Erscheinungen	Mögliche Ursachen
Bildfeld ist dunkel oder nur unvollständig ausgeleuchtet	Objektivrevolver nicht eingerastet; Kondensor nicht zentriert
Fokussieren führt zu Verschiebungen im Bild	Objekt schief geschnitten (**Abhilfe:** neuen Schnitt anfertigen); Objektivrevolver nicht richtig eingerastet; zwischen Deckglas und Frontlinse befindet sich Wasser
Bild sehr kontrastreich, Beugungsringe; Vortäuschung von Feinstrukturen	Irisblende zu weit geschlossen
Trübes Bild bei Verwendung von Trockenobjektiven	Deckglasdicke stimmt nicht; Frontlinse verschmutzt (**Abhilfe:** vgl. Pflege des Mikroskops); Wasser unter Deckglas verdunstet; Deckglas verschmutzt (**Abhilfe:** sauberes Deckglas verwenden); Okular beschlagen oder verschmutzt; Wasser zwischen Frontlinse und Deckglas
Bild sehr hell, Strukturfeinheiten werden überstrahlt	Irisblende zu weit geöffnet
Bildfeld nicht voll ausgeleuchtet, Rand dunkler	Irisblende nicht weit genug geöffnet
Bild dunkel und nicht gestochen scharf	Förderliche Vergrößerung überschritten; Okular hat zu starke Eigenvergrößerung
Dunkle, störende Ränder im Objekt	Luftblasen unter dem Deckglas (**Abhilfe:** Präparat mit Chloralhydrat kurz erhitzen oder neues Präparat herstellen)
Bei Verwendung des Immersionsobjektivs kein scharfes Bild, Objekte schwimmen weg	Objekt zu dick (**Abhilfe:** neue Schnitte anfertigen)
Beim Einstellen des Immersionsobjektivs schieben sich dunkle Schatten ins Bildfeld	Luftblasen im Immersionsöl (**Abhilfe:** Objektiv nochmals aus dem Immersionsöl heben, einen kleinen Tropfen Immersionsöl an die Frontlinse bringen, dann wieder eintauchen)
Beim Einstellen des Immersionsobjektivs trübes Bild	Frontlinse verschmutzt (**Abhilfe:** vgl. Pflege des Mikroskops); Immersionsöl trüb; Immersionsflüssigkeit mit Wasser vom Deckglasrand vermischt (**Abhilfe:** neues Präparat)

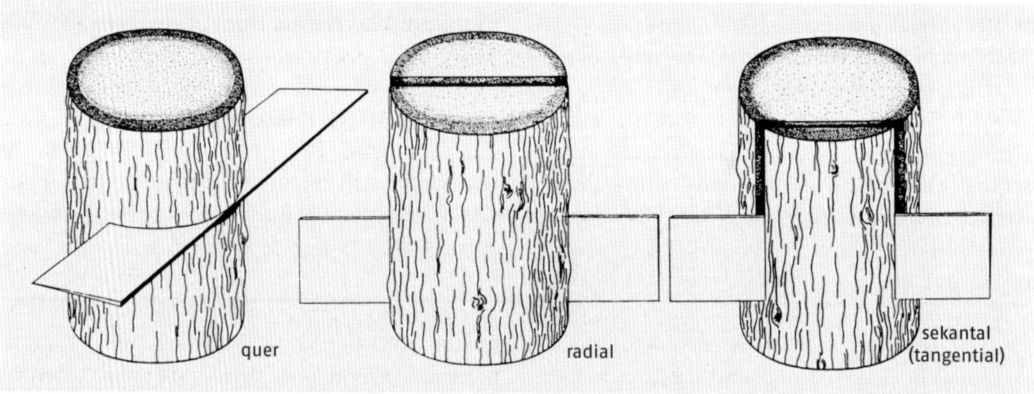

o Abb. 1.5 Schnittrichtungen: Querschnitt, radialer Längsschnitt und tangentialer Längsschnitt (nach Frohne)

schnitt, Längsschnitt und Flächenschnitt. Um sich eine Vorstellung vom räumlichen Aufbau eines Objekts oder eines Gewebes machen zu können, ist es hilfreich, verschiedene Schnittrichtungen zu betrachten und zu vergleichen. Wichtig ist, dass die Schnittrichtung immer sehr exakt ausgerichtet wird. Andernfalls ist das mikroskopische Bild untypisch und macht eine korrekte Interpretation des Objekts unmöglich.

Querschnitt

Der Querschnitt vermittelt einen guten Überblick über die Anordnung der Gewebe und die Gestalt der Zellen verschiedener Gewebetypen. Die Schnittführung erfolgt im rechten Winkel zur Hauptachse (o Abb. 1.5).

Achtung: Trotz größter Sorgfalt verläuft die Schnittebene nach einigen Schnitten zwangsläufig schräg. Die Schnittebene muss daher immer wieder kontrolliert und neu ausgerichtet werden!

Längsschnitte

Längsschnitte liefern in Ergänzung zum Querschnitt die zur räumlichen Vorstellung fehlende dritte Dimension. Sie werden parallel zur Längsachse des Organs geführt, wobei in zwei verschiedenen Ebenen geschnitten werden kann, die deutlich unterschiedliche Bilder liefern. Beim **radialen Längsschnitt** verläuft die Schnittebene durch die Mitte des Organs (o Abb. 1.5). Er eignet sich besonders gut zur Beobachtung des Verlaufs der Holz- und Baststrahlen oder zur Analyse der Vegetationskegel von Spross und Wurzel. Beim **tangentialen Längsschnitt** verläuft die Schnittebene parallel zur Tangente (o Abb. 1.5). Aus dem Tangentialschnitt erhält man Informationen über den Durchbruch von Seitenwurzeln durch die Wurzelrinde sowie über die Größe von Markstrahlen und den Verlauf von Harzgängen.

Flächenschnitt

Diese Schnittrichtung wird vor allem bei Blättern angewendet. Hierzu werden die Blattspreiten mit Hilfe des Daumens und des Mittelfingers über den dazwischen liegenden Zeigefinger gespannt (o Abb. 1.6). Mit der Rasierklinge werden dann parallel zur Oberfläche des Blatts sehr dünne Gewebestücke abgehoben.

1.3.3 Handgefertigte Schnitte

Vorbehandlung der Objekte

Frischpflanzen brauchen zum Schneiden meist nicht speziell vorbehandelt zu werden. Trockene Pflanzenteile, wie z. B. Rinde, Hölzer und Wurzeln, lassen sich leichter schneiden, wenn die Gewebe vorher in ein Gemisch aus gleichen Teilen Ethanol, Glycerol und Wasser eingelegt werden. Nach max. 24 h ist so viel Flüssigkeit in die trockenen Pflanzengewebe eingedrungen, dass sie weich sind und problemlos geschnitten werden können. Objekte können auch über einen langen Zeitraum in Ethanol 70 % aufbewahrt

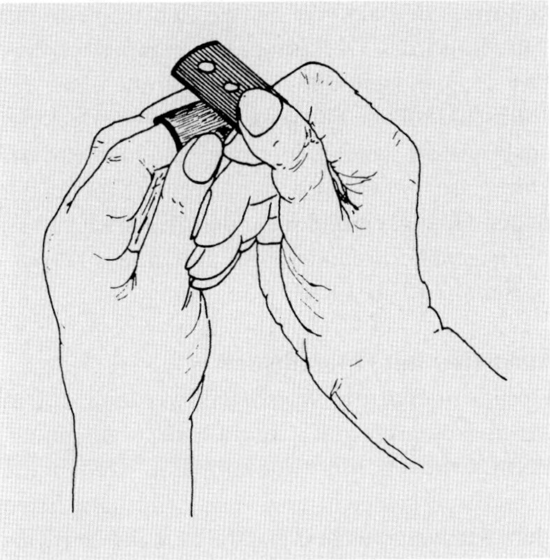

o Abb. 1.6 Handhaltung beim Flächenschnitt: Das weiche, biegsame Objekt (z. B. Blattfläche) wird über den Zeigefinger gelegt (nach Eschrich, aus Grünsfelder)

werden. Solche Objekte sind dann ohnehin weicher und lassen sich gut schneiden.

Schneidetechnik

Wichtig: Vor dem Schneiden muss der Objektträger mit einigen Tropfen des Einbettungsmediums (Chloralhydrat oder Wasser) vorbereitet werden!

Das Objekt wird zunächst frisch angeschnitten, damit es in der gewünschten Ebene eine glatte Fläche aufweist (das muss sehr exakt sein!). Bei Verwendung von Styropor als Schneidehilfe sollte die Schnittfläche des Objektes möglichst mit der glatten Fläche des Styroporblöckchens abschließen. Nun folgt der sog. Glatt- oder Feinschnitt, der das fertige Präparat liefert. Die Rasierklinge wird auf der Schnittfläche aufgesetzt und in einem Zug zum Körper hin voll durchgezogen. Da man nicht erwarten kann, dass schon der erste Schnitt gelingt, müssen immer mehrere Schnitte angefertigt werden. Der dünnste Schnitt wird für die mikroskopische Untersuchung verwendet.

Beachte: Ein kontrollierter Schnitt kann immer nur zum Körper hin durchgeführt werden, niemals vom Körper weg. Die Rasierklinge sollte dabei nicht am Rand der Schnittfläche ansetzen, da hierbei der Schnitt meist zu dick ausfällt. Besser ist es, mit der Rasierklinge ganz flach in die Schnittfläche einzutauchen (o Abb. 1.7). Solche Schnitte sind gerade an den Rändern besonders dünn.

Anfertigen von Styroporblöckchen

Kleine, dünne Gewebestücke, wie z. B. Blattstücke, werden am besten in ein Styroporblöckchen fest eingeklemmt. Das Styropor muss so zu-

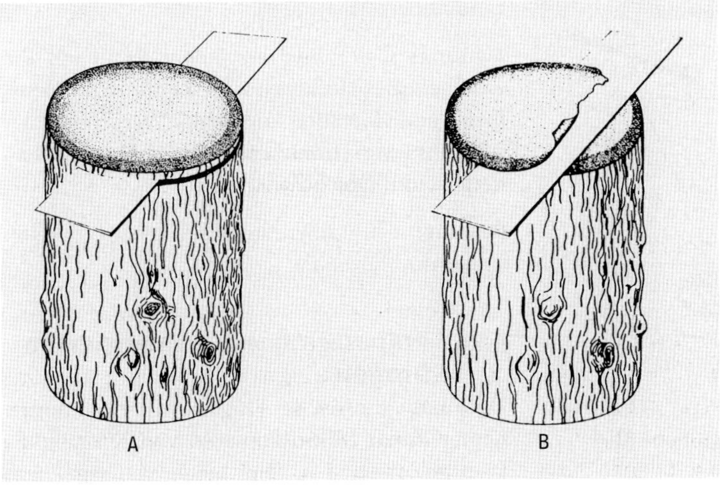

o Abb. 1.7 Eintauchen in die Schnittebene bei der Anfertigung von Querschnitten: A für Übersichtszeichnungen, B für Detailzeichnungen (aus Frohne)

rechtgeschnitten werden, dass man es zwischen Zeigefinger und Daumen bequem halten kann. In der Mitte des Styroporblöckchens wird mit der Rasierklinge ein kleiner Schnitt gesetzt, in den dann das zu schneidende Objekt in der gewünschten Ausrichtung eingeklemmt werden kann. Die eigentliche Schnittfläche der Schneidehilfe muss glatt und plan ausgerichtet sein und darf nicht zu groß sein.

Einbettung

Der dünne Schnitt, der noch an der Rasierklinge haftet, wird mit einem Pinsel oder mit der Pinzette abgenommen und in einen Tropfen Einbettungsmedium (gewöhnlich Wasser oder Chloralhydrat) auf dem Objektträger übertragen. Anschließend setzt man vorsichtig ein sauberes Deckglas mit der Kante am Rand des Einbettungsmediums auf. Mit Hilfe der Präpariernadel senkt man das Deckglas langsam auf das Medium ab (o Abb. 1.8 A). Man muss unbedingt darauf achten, dass seitlich die Luftblasen entweichen können und nicht als störende, „schwarz umrandete" Kreiszonen im Präparat zurückbleiben. Das Deckglas darf nicht auf dem Einbettungsmedium schwimmen; zuviel Flüssigkeit wird mit Filtrierpapier abgesaugt.

Wichtig ist, dass die Einbettungsflüssigkeit den Raum unter dem Deckglas vollständig ausfüllt. Auch darf während des Mikroskopierens das Präparat nicht eintrocknen. Die Einbettungsflüssigkeit muss deshalb von Zeit zu Zeit tropfenweise vom Rand des Deckglases her ergänzt werden. Der Tropfen zieht durch Kapillarkräfte unter das Deckglas. Soll die Flüssigkeit unter dem Deckglas ausgetauscht werden, gibt man an eine Seite des Deckglases einen ausreichend großen Tropfen der neuen Flüssigkeit und saugt die alte Flüssigkeit an der gegenüberliegenden Seite mit einem Filtrierpapier ab (o Abb. 1.8 B).

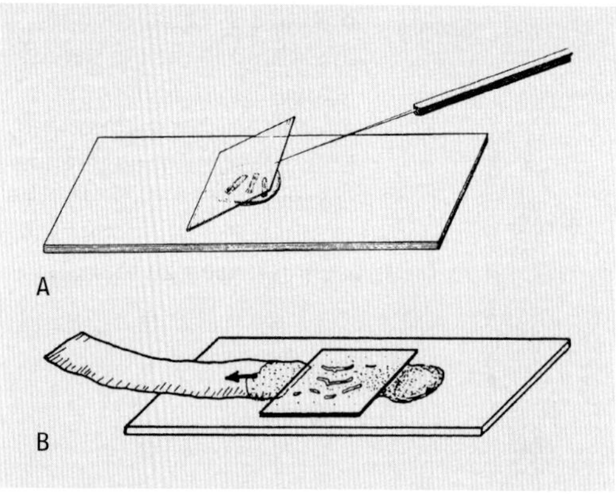

o Abb. 1.8 A Auflegen des Deckglases mittels Präpariernadel, B Wechsel des Einbettungsmittels (nach Grünsfelder)

Aufhellen mit Chloralhydrat

Dunkle oder grüne Gewebeteile werden vor dem Mikroskopieren mit Chloralhydrat aufgehellt. Beim Erhitzen mit Chloralhydrat werden die Strukturen gebleicht und viele Zellinhalte lösen sich. Auch entweicht dabei die Luft aus dem Objekt. Im Ergebnis werden die Zellwände und damit die Zell- und Gewebeformen besser sichtbar. Auch Kristalle sind dann deutlicher zu sehen.

Durchführung: Das Objekt wird in Chloralhydrat eingebettet. Unter ständigem Hin- und Herbewegen des Objektträgers wird das Präparat über der Sparflamme eines Brenners vorsichtig erhitzt. Man beobachtet das Entweichen von Luftblasen. Der Objektträger wird nun aus der Flamme genommen und außerhalb so lange weiter hin- und her bewegt, bis die Blasenbildung beendet ist (**Vorsicht:** Siedeverzug!). Der Vorgang kann so oft wiederholt werden, bis der gewünschte Aufhellungsgrad erreicht ist. Verdunstetes Chloralhydrat muss vom Deckglasrand her ersetzt werden.

Achtung: Chloralhydrat gelangt leicht auf die Oberseite des Deckglases und kann so die Frontlinse und Metallfassung stark vergrößernder Objektive verschmutzen! Notfalls Deckglas erneuern und Objektiv reinigen!

Beachte: Chloralhydratdämpfe nicht einatmen (giftig und reizend!).

1.3.4 Präparation von pulverisierten Drogen

Drogendiagnostische Fragestellungen können häufig durch Mikroskopieren von Drogenpulvern gelöst werden. Dies bietet sich vor allem

Tab. 1.3 Histochemische Methoden in der Drogendiagnostik

Inhaltsstoff	Methode
Aleuronkörner	Nachweis mit **Iod-Glycerol**: Der Proteinanteil färbt sich dunkelgelb.
Gerbstoffe	Nachweis mit **Eisen(III)-chlorid**: In gerbstoffhaltigen Geweben werden blauschwarze oder grünlichblaue Färbungen und Fällungen sichtbar.
	Nachweis mit **Vanillin-HCl**: Gewebe, die Catechingerbstoffe enthalten, färben sich rot.
Inulin	Nachweis mit **α-Naphthol-Schwefelsäure**: Inulin färbt sich violett und löst sich dabei auf.
Lignin	Nachweis mit **Phloroglucin-HCl**: Verholzte (lignifizierte) Zellwände färben sich rot.
Lipophile Substanzen: ätherische Öle, fette Öle, Cutin, Suberin, Lipide in Milchsäften	Nachweis mit **Sudan III**: Lipophile Substanzen lösen das rote Sudan III und färben sich dadurch rot.
Schleime	Nachweis mit **Tusche**: Beim Einbetten des Schnitts in Tusche werden die Partikel der Tusche vom quellenden Schleim verdrängt. Dadurch entstehen helle Höfe im sonst dunklen Bildfeld.
	Nachweis mit **Thionin** oder **Toluidinblau**: Der gequollene (saure) Schleim bildet blau- oder rötlichviolette kugelige oder wolkige Massen.
Stärke	Nachweis mit **Iod**: Iod lagert sich in die Spiralen der Amylose ein. Dabei färben sich die Stärkekörner blau-violett bis schwarz.

dann an, wenn es um das Erkennen und Zuordnen von verschiedenen Gewebe- oder Zellelementen geht, die sich in Pulverpräparaten ohne Bezug zu einer Schnittrichtung zeigen. Von besonderer Bedeutung sind dabei einmal die Verwendung verschiedener Einbettungsmedien (meist Chloralhydrat und Wasser) und zum anderen der Einsatz von histochemischen Nachweisen. Insofern sind normalerweise mehrere Präparationen notwendig.

In die Mitte eines Objektträgers werden ein oder mehrere Tropfen des Einbettungsmediums gegeben. Darauf streut man etwas von dem Untersuchungsmaterial und vermischt es mit der Flüssigkeit. Wie bei den Schnitten setzt man das Deckglas vorsichtig von der Kante her auf.

1.4 Histochemische Nachweise auf dem Objektträger

Strukturen und Inhaltsstoffe von Zellen können mit histochemischen Methoden angefärbt und dadurch besser sichtbar gemacht werden, da sich der Kontrast erhöht. Teilweise erlauben die Nachweise eine Lokalisation der Inhaltsstoffe in der Zelle bzw. im Gewebe. Besondere Bedeutung haben diese Methoden in der Drogendiagnostik, wo es darum geht, Drogen zu identifizieren (Tab. 1.3).

1.5 Mikroskopisches Zeichnen

Zum Zeichnen benötigt man:

- weißes, unliniertes Zeichenpapier (gute Qualität)
- Notizpapier
- Bleistifte unterschiedlicher Härte
- Bleistiftspitzer
- Radiergummi

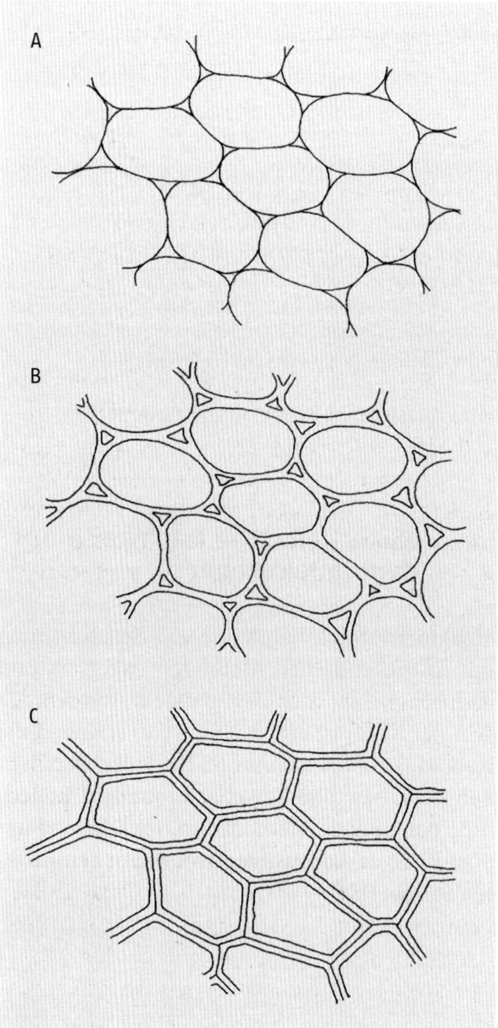

Abb. 1.9 Zeichentechniken: A Einstrich-Zeichentechnik, B Zweistrich-Zeichentechnik, C Dreistrich-Zeichentechnik (NH)

Zeichnen ist auch heute noch die wichtigste Methode, um mikroskopische Beobachtungen zu dokumentieren. Das mikroskopische Zeichnen zwingt zum genauen Beobachten und damit auch zur theoretischen Erfassung des Objektes. Alle Zeichnungen sind grundsätzlich mit dem Bleistift anzufertigen. Das mikroskopische Bild kann in verschiedener Weise zu Papier gebracht werden. Von der Hilfsskizze bis zur zellgetreuen Zeichnung bieten sich alle Varianten an.

Die Zeichenfläche muss zunächst nach den Größenverhältnissen der einzelnen Gewebe oder Strukturen eingeteilt werden. Dabei ist darauf zu achten, dass die Gesamtzeichnung großzügig angelegt wird. Der Anfänger neigt aus Unsicherheit dazu, die Zeichnung zu klein („mikroskopisch klein") anzulegen.

1.5.1 Übersichtszeichnungen

Für Übersichtszeichnungen von Schnittbildern, wie z. B. Sprossachsen- oder Wurzelquerschnitten, genügen meist schematische Skizzen. In groben Schemazeichnungen werden die Lage und Ausdehnung der Gewebe in einem Organ bzw. Organteil nur in Umrissen dargestellt. Gegebenenfalls können einzelne Gewebekomplexe durch Schraffierungen, Punktieren usw. hervorgehoben und gegeneinander abgegrenzt werden. Keinesfalls darf zellulär gezeichnet werden.

1.5.2 Detailzeichnungen

Ausschnitte aus Geweben werden zellgetreu wiedergegeben, wobei je nach Beschaffenheit der Gewebe unterschiedliche Zeichentechniken angewendet werden können (Abb. 1.9). Eine Kombination dieser Zeichenmethoden betont das Vorliegen von Zellverbänden mit unterschiedlichen Wandstärken.

Gewebe aus dünnwandigen Zellen werden mit der sog. **Einstrich-Zeichentechnik** (Abb. 1.9 A) dargestellt. Die Zellwände zwischen zwei Zellen werden nur mit einem Strich dargestellt. Besteht ein Gewebe aus Zellen mit verdickten Zellwänden, ist es ratsam, dieses im Ausschnitt mit der **Zweistrich-Zeichentechnik** (Abb. 1.9 B) deutlich zu machen. Dabei wird die gemeinsame Wand zweier aneinander stoßender Zellen mit zwei Strichen dargestellt, wobei sich zwischen den beiden Linien Wand befindet. Diese Technik ist dann sinnvoll, wenn die Grenze (Mittellamelle) zwischen den beiden Zellen nicht zu erkennen ist.

Besonders aufwändig ist das Zeichnen mit der **Dreistrich-Zeichentechnik** (○ Abb. 1.9 C). Sie erlaubt eine naturgetreue Wiedergabe, ist aber nur für die Darstellung kleiner Gewebeausschnitte geeignet. Die Zeichnung mit dreifacher Linienführung entsteht schrittweise (○ Abb. 1.10). Dabei wird die Lage der Mittellamelle und der Primärwände als Zeichenhilfe genutzt, obwohl man diese meist nicht direkt sehen kann. Als Hilfslinie wird die Mitte von zwei aneinander stoßenden Zellen benützt. So wird zunächst mit Hilfe einer einfachen Linienführung ein kleiner Gewebeausschnitt maßstab- und formgetreu wiedergegeben (○ Abb. 1.10, Phase I + II). Trägt man anschließend die Zellwände in der entsprechenden Stärke ein, dann entsteht ein Bild mit dreifacher Linienführung (○ Abb. 1.10, Phase III). Werden in der Zeichnung noch Tüpfel dargestellt, dann muss darauf geachtet werden, dass die Mittellamelle und die Primärwände als sog. „Schließhaut" durch die Tüpfel hindurchziehen (○ Abb. 1.10, Phase IV). Durch die dreifache Linienführung können in der Zeichnung sowohl charakteristische Wandverdickungen dargestellt als auch die Lage von Interzellularen besser verständlich gemacht werden.

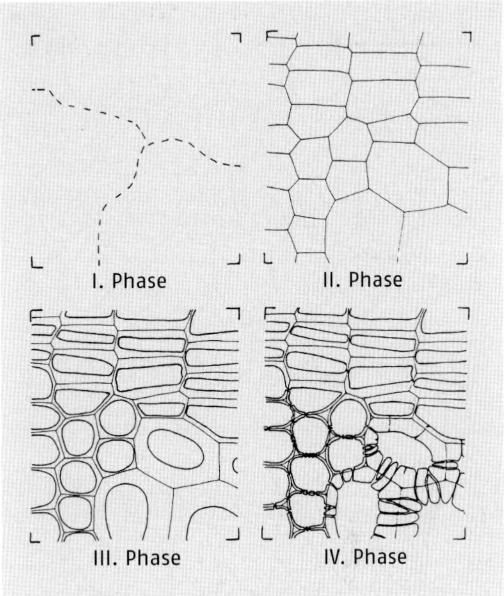

○ **Abb. 1.10** Anlage und Ausführung einer Detailzeichnung (Dreistrich-Zeichentechnik), nähere Erklärungen im Text (aus Grünsfelder)

1.5.3 Beschriftung

Jede Zeichnung muss eine ausführliche Legende aufweisen:

- Pflanzenname, Pflanzenfamilie
- Bezeichnung des Organs, Gewebes oder des untersuchten Details
- Schnittrichtung
- mikroskopische Vergrößerung
- Färbereagenzien

Zusätzlich müssen die verschiedenen zeichnerischen Strukturen der Zeichnung beschriftet werden. Die Beschriftung wird mit Bleistift vorgenommen und grundsätzlich außerhalb der Zeichnung platziert. Den Zusammenhang zwischen der Beschriftung und den dazugehörigen zeichnerischen Details vermitteln Bleistiftlinien, die bis in die zu beschriftende Struktur hineinreichen müssen. Um Missverständnisse zu vermeiden, dürfen sich die Striche nicht überkreuzen.

1.5.4 Zeichenfehler

Die meisten Fehler entstehen durch mangelnde oder nachlässige Beobachtung oder aus Unkenntnis über Entstehung und Funktion der Zellen und Gewebe. Fehler durch nachlässiges Zeichnen müssen unbedingt vermieden werden (○ Abb. 1.11). Solche Fehler sind, wenn Zellwände nicht geschlossen werden oder wenn Zellen in einem spitzen Winkel in benachbarte Zellen hineinstoßen. Auch Zeichnungen, in denen Gewebe nicht aus zusammenhängenden Zellen bestehen, sondern aus runden bis ellipsoiden, lose aneinander gereihten Zellen, sind fehlerhaft.

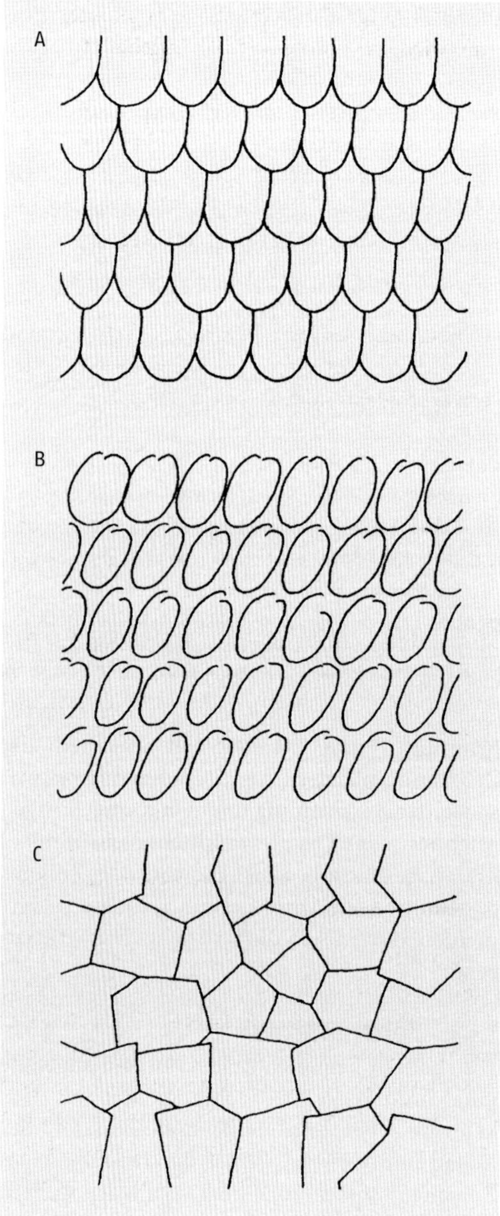

○ Abb. 1.11 Zeichenfehler: **A** Zellen wie Dachziegel, **B** Zellen wie Kartoffeln oder Eier mit offenen Zellwänden, **C** bizarre Formen von Zellen, Ecken ragen in die Zellen hinein, Zellwände stoßen untypisch aufeinander (NH)

1.6 Färbemethoden und Reagenzien

MR 01 Konservieren von Objekten in Ethanol

Viele Objekte können zur Aufbewahrung in Ethanol 70 % eingelegt werden. Das pflanzliche Gewebe ist darin unbeschränkt haltbar, färbt sich manchmal allerdings stark durch Phlobaphene (Gerbstoffrote), was das mikroskopische Bild nicht unbedingt stört. Soll dieses vermieden werden, muss das Pflanzenmaterial in siedenden Ethanol eingebracht werden, damit die Phenoloxidasen inaktiviert werden. Alkoholmaterial ist nicht zum Studium plasmatischer Zellbestandteile geeignet. Für viele andere anatomische Untersuchungen ist es sehr gut geeignet, vor allem für harte Objekte wie Holz und Wurzeln, weil die Objekte weich werden und sich besser schneiden lassen. [Beschriftung: leicht entzündlich].

MR 02 Fixieren mit Carnoy'schem Fixiergemisch

Reagens: 3 Teile wasserfreies Ethanol werden mit 1 Teil Essigsäure gemischt. Zur Fixierung zarter Gewebe werden 6 Teile absoluter Ethanol (100 %) mit 1 Teil Essigsäure gemischt. Mischung muss immer frisch zubereitet werden! [Beschriftung: leicht entzündlich, ätzend].

Durchführung: Die ganz frischen Gewebe werden in kleinen Stücken in ein relativ großes Volumen der Fixierlösung gegeben und einige Minuten darin liegen gelassen. Anschließend werden die Objekte mit Ethanol 96 % ausgewaschen, bis kein Essiggeruch mehr wahrnehmbar ist. Aufbewahrung der Objekte in Ethanol 70 % anschließend möglich.

Beim Fixieren werden lebende Zellen von Geweben schnell und gleichzeitig abgetötet, um ihre Strukturen annähernd so wie im Lebendzustand zu erhalten. Die Gewebe werden dabei gehärtet und lassen sich besser schneiden bzw. halten so den folgenden Präparationsschritten besser stand (z. B. Färbungen).

MR 03 Kernfärbung mit Carmin-Essigsäure

Reagens: 4 g Carmin werden in 100 ml 50%iger Essigsäure 1 Std. am Rückfluss gekocht. Nach dem Erkalten wird der Ansatz filtriert. Die Lösung ist unbegrenzt haltbar. [Beschriftung: ätzend].

Durchführung: Objekte, gegebenenfalls mit Carnoy'schem Fixiergemisch vorfixiert, werden einige Minuten in einem kleinen Reagenzglas in Carmin-Essigsäure gekocht. Wird die Färbung direkt auf dem Objektträger vorgenommen (schwieriger!), sollte das Präparat ohne Verwendung eines Deckglases erhitzt werden. Verkochende Farblösung muss dabei ständig ersetzt werden (**Vorsicht:** spritzt hoch, Verletzungsgefahr!). Nach dem Abkühlen Deckglas auflegen.

Die Zellkerne färben sich aufgrund des Chromatingehalts der Chromosomen rot. Die Mittellamellen verquellen dabei, wodurch die Zellen leicht in einschichtige Zelllagen auseinander fallen.

MR 04 Färbung von Chromosomen mit Orcein

Reagenzien:

a) 2 g Orcein werden in 100 ml Essigsäure gelöst = 2 % Orcein-Essigsäure. [Beschriftung: gesundheitsschädlich, ätzend].
b) 1 Teil des Reagens a wird mit 3 Teilen Essigsäure verdünnt = 0,5%ige Orcein-Essigsäure [Beschriftung: gesundheitsschädlich, ätzend].
c) 1 N-Salzsäure [Beschriftung: ätzend].
d) Essigsäure 45 % [Beschriftung: ätzend].

Durchführung: ▸Kap. 2.4.4 Der Zellkern – Kernteilung (Mitose).

MR 05 Aufhellen mit Chloralhydrat

Reagens: 66 g Chloralhydrat [$CCl_3CH(OH)_2$] werden unter leichtem Erwärmen in 34 g Wasser gelöst. [Beschriftung: giftig].

Durchführung: Das Objekt (Schnitt oder Pulver) wird in Chloralhydrat eingebettet. Unter ständigem Hin- und Herbewegen des Objektträgers wird das Präparat über der Sparflamme eines Brenners oder auf einem kleinen Heiztisch vorsichtig zum Sieden erhitzt. Der Objektträger wird nun aus der Flamme genommen und außerhalb so lange weiter hin- und herbewegt, bis die Blasenbildung beendet ist (**Vorsicht:** Siedeverzug!). Der Vorgang kann so oft wiederholt werden, bis der gewünschte Aufhellungsgrad erreicht ist. Verdunstetes Chloralhydrat muss vom Deckglasrand her ersetzt werden.

MR 06 Aleuronnachweis mit Iod

Reagens: 3 g Iod, 10 g Kaliumiodid und 25 g Glycerol (85%ig) werden mit Wasser gelöst und auf 100 ml aufgefüllt. [Beschriftung: gesundheitsschädlich, umweltgefährlich].

Durchführung: Die Schnitte bzw. Drogenpulver werden in Glycerol eingebettet. Anschließend wird Iod-Glycerol unter das Deckglas gesaugt. Aleuronkörner färben sich gelb.

MR 07 Nachweis von Calciumoxalat mit Schwefelsäure

Reagens: Konzentrierte Schwefelsäure. [Beschriftung: ätzend].

Durchführung: Schnitte bzw. Drogenpulver in Chloralhydrat einbetten und aufhellen. Unter Beobachtung vom Deckglasrand 1 Tropfen der konzentrierten Schwefelsäure ins Präparat saugen. Bei glatten Calciumoxalat-Einzelkristallen oder großen Raphiden kann man beobachten (am besten an der Grenze zum Reagens), wie die Kristalle rau werden und sich dann auflösen. Im weiteren Verlauf bilden sich an der Stelle des Kristalls feine Calciumsulfat-Nadeln (Gipsnadeln).

MR 08 Gerbstoffnachweis mit Eisen(III)-chlorid

Reagens: 16,7 g $FeCl_3 \times 6\,H_2O$ werden in Wasser gelöst und auf 100 ml aufgefüllt. [Beschriftung: gesundheitsschädlich].

1

Durchführung: Schnitte bzw. Drogenpulver werden in das Reagens eingebettet. Falls das Präparat nicht durchsichtig genug ist, muss es durch Nachsaugen von unverdünntem Glycerol aufgehellt werden. In gerbstoffhaltigen Geweben werden blauschwarze oder grünlichblaue Färbungen und Fällungen sichtbar.

MR 09 Gerbstoffnachweis mit Vanillin-HCl

Reagenzien:

a) 1 g Vanillin wird in Ethanol 90 % gelöst und auf 100 ml aufgefüllt. [Beschriftung: reizend, leicht entzündlich].
b) Salzsäure 25 %. [Beschriftung: ätzend].

Durchführung: Schnitte oder Drogenpulver werden ohne Deckglas in die Vanillin-Lösung eingebettet. Nach Verdunsten des Ethanols wird 1 Tropfen HCl dazugegeben und das Deckglas aufgelegt. Der Nachweis kann auch nach dem Aufhellen mit Chloralhydrat durchgeführt werden. Die Lösungen werden dann nacheinander unter das Deckglas gesaugt. Gewebe, die Catechingerbstoffe enthalten, färben sich rot.

MR 10 Färbung von unverholzten Zellwänden mit Hämalaun

Reagens: Stammlösung: 0,1 g Hämatoxylin wird in 100 ml Wasser gelöst. In dieser Lösung werden anschließend bei Raumtemperatur 0,2 g Natriumiodat und 5 g Alaun [$K_2SO_4 \times Al_2(SO_4)_3 \times 24\,H_2O$] gelöst. [Beschriftung: reizend, brandfördernd, gesundheitsschädlich]. Nach 24 Std. ist die Lösung gebrauchsfertig. Färbelösung: Die Stammlösung wird zum Gebrauch mit Wasser 1 : 5 verdünnt.

Durchführung: Die Schnitte werden in Wasser eingebettet. Die Färbelösung wird unter das Deckglas gesaugt und muss dort 3 bis 5 Min. einwirken. Überschüssiger Farbstoff wird mit Wasser ausgewaschen. Unverholzte Zellwände färben sich kräftig blau bis blauviolett. Reagens ist gut geeignet zur Färbung von Kollenchym, wobei die Mittellamellen deutlicher hervortreten. Zellkerne färben sich bei dieser Behandlung schwarzblau.

MR 11 Inulin-Nachweis mit Naphthol-Schwefelsäure

Reagenzien:

a) 20%ige Lösung von α-Naphthol in Ethanol 96 %. [Beschriftung: gesundheitsschädlich, leicht entzündlich].
b) Konzentrierte Schwefelsäure. [Beschriftung: ätzend].

Durchführung: Schnitte bzw. Drogenpulver werden in 1 Tropfen der α-Naphthol-Lösung eingebettet. Anschließend werden 2 Tropfen konzentrierte Schwefelsäure zugegeben. Inulin färbt sich violett.

MR 12 Lignin-Nachweis (verholzte Zellwände) mit Phloroglucin-Salzsäure

Reagenzien:

a) 5%ige Lösung von Phloroglucin (1,3,5-Trihydroxybenzol) in Isopropanol. [Beschriftung: reizend, leicht entzündlich].
b) Salzsäure 12,5 %. [Beschriftung: ätzend].

Durchführung: Schnitte bzw. Drogenpulver werden mit Chloralhydrat aufgehellt. Dann wird 1 Tropfen Phloroglucinlösung unter das Deckglas gesaugt und nach kurzer Einwirkungszeit 1 Tropfen Salzsäure. Verholzte Zellwände färben sich rot (Wiesner-Reaktion).

MR 13 Nachweis lipophiler Stoffe mit Sudan III

Reagenzien:

a) 0,2 g Sudan III (Sudanrot B) werden unter Rückfluss in 50 ml Isopropanol gelöst. Die Lösung wird filtriert und anschließend vorsichtig mit 50 ml Glycerol vermischt. [Beschriftung: giftig, leicht entzündlich]
b) Glycerol.

Durchführung: Schnitte bzw. Drogenpulver werden in die Sudan-III-Lösung eingebettet. Nach 10 bis 30 Min. hat sich der Farbstoff in den lipophilen Substanzen gelöst und färbt diese rot. Mit reinem Glycerol kann dann die überschüssige Farbstofflösung abgesaugt werden.

MR 14 Plasmolyse mit Kaliumnitratlösung

Reagens: 5%ige wässrige Kaliumnitratlösung. [Beschriftung: brandfördernd].

Durchführung: ▸Kap. 2.4.3 Kriterium Leben – Plasmolyse/Deplasmolyse.

MR 15 Schleimnachweis mit Tusche

Reagens: 1 Teil Scriptol oder Tusche wird mit 2 Teilen Wasser verdünnt. Vor Gebrauch muss die Suspension kräftig geschüttelt werden.

Durchführung: Schnitte bzw. Drogenpulver werden in die Tuschesuspension eingebettet. Nach ca. 15 Min. ist der Schleim gequollen und hat die Tusche verdrängt. Man kann helle, blasenartige Bezirke vor dunklem Hintergrund beobachten.

MR 16 Schleimnachweis mit Thionin oder Toluidinblau

Reagenzien:

a) 0,2 g Thionin oder Toluidinblau werden in 100 ml Ethanol 25 % gelöst. [Beschriftung: gesundheitsschädlich, leicht entzündlich].
b) Ethanol 25 %. [Beschriftung: leicht entzündlich].

Durchführung: Schnitte bzw. Drogenpulver werden in Wasser eingebettet und 15 Min. zum Quellen beiseite gestellt. Anschließend wird die Farbstofflösung unter das Deckglas gesaugt, die ca. 15 Min. einwirken muss. Mit Ethanol 25 % wird der überschüssige Farbstoff ausgewaschen. Die Objekte können auch direkt in die Färbelösung eingebettet werden. Der gequollene Schleim färbt sich rötlichviolett. Cellulose färbt sich blau.

MR 17 Stärkenachweis mit Iod-Lösung (Lugol'sche Lösung)

Reagens: 1 g Kaliumiodid wird in wenig Wasser gelöst. In der Lösung wird anschließend 1 g Iod aufgelöst und das Volumen zu 300 ml mit Wasser ergänzt (= Lugol'sche Lösung). [Beschriftung: gesundheitsschädlich, umweltgefährlich].

Durchführung: Zum Nachweis wird der Schnitt bzw. das Drogenpulver in Wasser eingebettet. Dann wird von der Seite 1 Tropfen Iodlösung unter das Deckglas gesaugt. Beobachtet wird am besten an der Grenzschicht zwischen Wasser und Iodlösung. Stärkekörner färben sich violett bis schwarz. Aleuronkörner werden gelb.

2 Die pflanzliche Zelle

2.1 Die Entdeckung der Zelle

Heutzutage ist die Vorstellung, dass alle Lebewesen in Zellen organisiert sind, völlig selbstverständlich. Die meisten Zellen sind zu klein, als dass man sie mit bloßem Auge sehen könnte. Zwar gab es schon im 13. Jahrhundert einfache Handlupen mit einer 2- bis 3-fachen Vergrößerung, die Entdeckung der Zelle war aber an die Erfindung des Mikroskops gebunden. Dies gelang im Jahr 1590 den Brüdern **Johann** und **Zacharias Jansen**. Sie waren erstmals in der Lage, das von einer Linse (Objektiv) entworfene, vergrößerte Bild des Gegenstandes durch eine zweite Linse (Okular) nochmals zu vergrößern. Zur Beleuchtung des Objektes diente in jener Zeit eine Öllampe mit Schusterkugel (o Abb. 2.1).

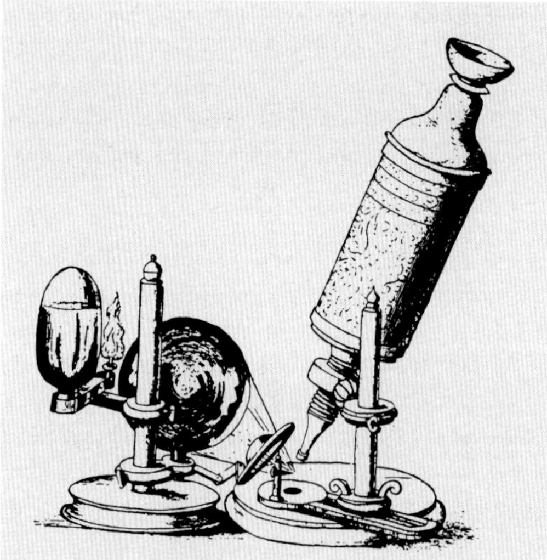

o **Abb. 2.1** Lichtmikroskop mit Öllampe und Schusterkugel (aus Duve)

50- bis 60-fache Vergrößerungen, in einem Fall 270-fache Vergrößerung, erzielte der holländische Ratsschreiber **Antonie van Leeuwenhoek** (1632–1723) mit seinen selbst geschliffenen Linsen. Sie bestanden aus einer kleinen Glasperle, eingelassen in eine Kupferplatte. Man hielt sich das Gerät dicht vor das Auge und konnte den Abstand zum Objekt, das auf eine Nadel gespießt wurde, mit einer Schraube einstellen. Damit entdeckte er die roten Blutkörperchen (1673), Bakterien (1676), Spermien (1674) und eine bis dahin unbekannte Lebewelt im Wasser. Ein Zeitgenosse, der Engländer **Robert Hooke** (1635–1703), Arzt, Biologe, Ingenieur und Architekt in einer Person, veröffentlichte in seinem im Jahr 1665 erschienenen Werk **Micrographia** eine Sammlung von Zeichnungen seiner mikroskopischen Beobachtungen. In diesem Werk ist die Darstellung einer dünnen Korkscheibe enthalten, deren wabenartig angeordnete Strukturelemente er selbst als „mikroskopisch kleine Poren" oder „**Cells** (= **Zellen**)" beschrieb. Mit Zelle meinte Hooke eine kleine Kammer, vergleichbar der Gefängnis- oder Klosterzelle. Kork ist das tote Abschlussgewebe von Pflanzen, das bei der Korkeiche oder Korkulme mächtige Ausmaße annehmen kann. Hooke beschrieb also die starren, toten Zellwände des Korkgewebes. Der Begriff **Zelle** wurde in die Biologie der Neuzeit übernommen, wobei er allerdings einen Bedeutungswandel erfuhr.

Die frühen Mikroskopiker hatten noch mit den Tücken ihrer unzulänglichen Instrumente zu kämpfen. Die einfachen Geräte lieferten meist verschwommene Bilder. So verwundert es nicht, dass bis zum Anfang des 19. Jahrhunderts kein entscheidender Erkenntniszuwachs über den zellulären Aufbau der Organismen zu verzeichnen war. Die Situation änderte sich grundlegend, als es im Jahre 1827 dem italienischen Physiker **Giovanni Battista Amici** (1786–1863) gelang, die wichtigsten optischen Abbildungsfehler der Linsen zu korrigieren. Er konstruierte ein Mikroskop mit halbkugeliger Frontlinse und erfand dann 1847 das Immersionsobjektiv. Die Bildschärfe und das Auflösungsvermögen der Mikroskope verbesserten sich damit erheblich.

In den Jahren 1830 bis 1840 reifte dann die Vorstellung, dass alle Pflanzen und Tiere aus Zellen aufgebaut sind. Als Begründer der modernen Zellentheorie werden **Johann Evangelista Purkinje** (1787–1869), **Robert Brown** (1773–1858), **Mathias Jakob Schleiden** (1804–1881) und **Theodor Schwann** (1810–1882) angesehen. 1831 wies der englische Arzt und Botaniker **Robert Brown** die allgemeine Verbreitung des Zellkerns in Pflanzenzellen nach. Im Jahre 1838 verkündete **Mathias Jakob Schleiden**, dass der gesamte Pflanzenkörper aus mikroskopisch kleinen Bausteinen, den Zellen, zusammengesetzt ist. Ein Jahr später stellte **Theodor Schwann** dieselbe These für den Tierkörper auf. In seiner Arbeit „Mikroskopische Untersuchungen über die Übereinstimmung in der Struktur und dem Wachsthum der Thiere und Pflanzen" belegte er seine Aussage mit zahlreichen vergleichenden zellulären Zeichnungen zu Tier und Pflanze.

Die Bedeutung dieser grundlegenden Vorstellung über die zelluläre Organisation der Lebewesen für die Biologie und die Medizin war in der ersten Zeit noch durch irrige Vorstellungen über die Art und Weise getrübt, wie Zellen entstehen können. Erst **Rudolf Virchow** (1821–1902) verhalf der Zellenlehre zum endgültigen Durchbruch. Er erkannte als erster, dass Zellen immer nur aus Zellen hervorgehen und nicht durch Kristallisation aus einem amorphen Plasma entstehen, wie es **Theodor Schwann** noch geglaubt hatte. Im Jahre 1858 veröffentlichte er sein Epoche machendes Werk: „Die Cellularpathologie in ihrer Begründung auf physiologische und pathologische Gewebelehre", in dem er erstmals darlegte, dass jede Zelle aus einer anderen Zelle entsteht („Omnis cellula e cellula").

Im Jahre 1861 definierte der Anatom **Max J. S. Schultze** die Zelle als „ein Klümpchen Protoplasma, in dessen Inneren ein Kern liegt". Für Zellen der Eukaryoten gilt diese Einschätzung von Schultze auch heute noch. Dass das Protoplasma der Zelle von einer im Lichtmikroskop unsichtbaren Biomembran umgeben sein muss, wurde erst 1877 mit der Entdeckung osmotischer Erscheinungen an Pflanzenzellen durch **W. Pfeffer** und **H. de Vries** offenbar.

Die weitere Erforschung der Zelle, vor allem des Protoplasmas, wurde 1940 mit der Erfindung des Elektronenmikroskops durch **E. Ruska** möglich. Damit konnte man erstmals makromolekulare Strukturen, wie z. B. Biomembranen und Ribosomen, eingehend studieren. Durch den Einsatz moderner biochemischer Methoden und leistungsfähiger technischer Geräte (z. B. Hochleistungszentrifugen) kann man heute Biomembranen und einzelne Organellen aus Zellen isolieren und in vitro untersuchen. Dadurch ist das Wissen über die Struktur und Funktion der Zelle in den vergangenen Jahrzehnten sprunghaft angestiegen. Gleichzeitig machte der Begriff Zelle einen Bedeutungswandel durch. Als „Zelle" beschreibt man heute den lebenden Inhalt der „Hooke'schen Kammer", den sog. Protoplasten. Bei Bakterien, Pflanzen und Pilzen zählt man in der Regel noch die Zellwand hinzu, die bei diesen Organismen den Protoplasten als starres Gerüst schützend umgibt.

Die heute allgemein anerkannte **Zellenlehre** (Cytologie, griech. kytos = Gefäß, Höhlung) stützt sich hauptsächlich auf folgende Aussagen:

- Alle Lebewesen sind aus Zellen aufgebaut.
- Jede einzelne Zelle zeigt alle Kennzeichen des Lebens (Zelle als kleinster Elementarorganismus).
- Zellen gehen nur aus schon bestehenden Zellen durch Teilung hervor.

2.2 Lichtmikroskopische Strukturen der pflanzlichen Zelle

Pflanzen gehören wie Tiere und Pilze zur Gruppe der Eukaryoten. Typisch für die eukaryotische Zelle (Eucyte) und damit auch für pflanzliche Zellen ist das Vorhandensein von Organellen. Dies sind subzelluläre Strukturen mit spezieller Funktion. Das herausragende Organell der Eucyte ist der Zellkern, der gegenüber dem umgebenden Cytoplasma durch eine Doppelmembran, der Kernhülle, abgegrenzt ist. Größere Organellen, wie Vakuole, Zellkern, Plastiden und Mitochondrien, sind bereits im Lichtmikroskop zu erkennen. Elektronenmikroskope lassen einen tieferen Einblick zu und machen Ribosomen (Ort der Proteinbiosynthese) sowie weitere Organellen, wie z. B. das endoplasmatische Retikulum (ER) und die Dictyosomen (Golgi-Apparat), sichtbar. In der Eucyte werden darüber hinaus durch intrazelluläre Membranen verschiedene Reaktionsräume (Kompartimente) abgegrenzt. Typische Kompartimente sind u. a. die Innenräume von ER und Golgi-Apparat, das Stroma der Chloroplasten, die Matrix der Mitochondrien und das Cytoplasma. Der Vorteil der Kompartimentierung liegt u. a. in einer optimalen intrazellulären Arbeitsteilung, die einen gleichzeitigen und ungestörten Ablauf verschiedener Stoffwechselreaktionen auf engstem Raum ermöglicht.

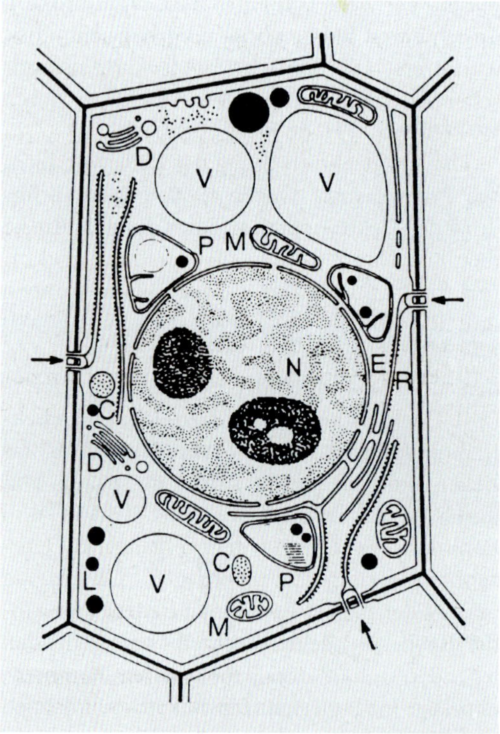

Abb. 2.2 Junge Pflanzenzelle (Schemazeichnung): **N** Kern mit zwei Nucleoli, **V** Vakuolen, **M** Mitochondrien, **P** Proplastiden, **C** kleine Vesikel, **ER** Endoplasmatisches Retikulum, **D** Dictyosomen, **L** Lipidtropfen. Die Pfeile deuten auf primäre Tüpfelfelder mit Plasmodesmen (nach Sitte, aus Strasburger)

Die pflanzliche Zelle ist von einer Zellwand umgeben. Sie umschließt den **Protoplast**, den lebenden Zellkörper, und verleiht der Pflanzenzelle Festigkeit und Form. Die Protoplasten benachbarter Zellen stehen durch die Zellwand hindurch über plasmatische Kanäle, die **Plasmodesmen**, in Verbindung. So stellen die Zellen eines pflanzlichen Gewebes eine physiologische Einheit dar, die als **Symplast** bezeichnet wird. Dem Symplast wird gewöhnlich der **Apoplast** als nicht lebender Bereich der Zelle gegenübergestellt. Darunter versteht man die interzellulären Bereiche einschließlich der Zellwand und die Ausscheidungsprodukte des Protoplasten wie z. B. Reservestoffe und Kristalle.

2.2.1 Cytoplasma

Die membranfreie Grundsubstanz des Protoplasten bezeichnet man als Cytoplasma. Es ist wässrig, reich an Proteinen und gelösten Ionen und der Ort vieler Stoffwechselprozesse. Ein großer Teil des Wassers ist als Quellungswasser an Proteine gebunden. Es kann in einem mehr flüssigen, solartigen Zustand, aber auch in einem festen, gelartigen Zustand vorliegen. Das Cytoplasma ist vom sog. **Cytoskelett** durchzogen. Es besteht aus kontraktilen Proteinfilamenten und verleiht dem Protoplasten eine stabile Form. Das Cytoskelett ist auch am Zustandekommen intrazellulärer Bewegung, wie z. B. der Plasmaströmung, beteiligt. Zur Zellwand hin wird das Cytoplasma durch das **Plasmalemma** (Cytoplasmamembran) abgegrenzt.

2.2.2 Zellkern

Der Zellkern oder **Nucleus** (lat. nucleus = Kern) ist das Kontrollzentrum der Zelle. Hier ist die genetische Information in Form von DNA (Desoxyribonukleinsäure) gespeichert. Zellkerne wurden erstmals im Jahre 1831 durch Robert Brown (1773–1858) in den Staubfadenhaaren von Tradescantia entdeckt. Bei Pflanzen ist der Durchmesser von Zellkernen sehr variabel. Er reicht von 5 bis 25 µm, bei den Eizellen von Coniferen beträgt er 600 µm.

Im Kerninneren befindet sich das **Chromatin** (griech. chroma = Farbe), das aus DNA und assoziierten Proteinen besteht. Es hat seinen Namen von der Anfärbbarkeit z. B. mit Orcein erhalten. Lichtmikroskopisch lassen sich im Zellkern außerdem ein oder mehrere stark lichtbrechende, kugelförmige Gebilde erkennen, die Kernkörperchen oder **Nucleoli** (lat. nucleolus = kleiner Kern). Während der Kernteilung (Mitose) kondensiert das Chromatin zu lichtmikroskopisch erkennbaren kompakten, fädigen Strukturen, den **Chromosomen** (griech. chroma = Farbe, soma = Körper).

In der Zelle ist der Zellkern immer von Cytoplasma umgeben. Er findet sich in jungen Zellen, die noch keine Vakuole haben, meist in der Zellmitte. In ausdifferenzierten Zellen mit großer Zentralvakuole liegt er nahe der Zellwand im schmalen Cytoplasmabelag der Wand. Bei Zellen, deren Cytoplasma in dünnen Strängen das Zelllumen durchzieht, kann der Zellkern auch zwischen zahlreichen Cytoplasmasträngen in einer Cytoplasma- bzw. Kerntasche im Zellinneren aufgehängt sein.

2.2.3 Plastiden

Plastiden (griech. plastos = geformt) sind typisch pflanzliche Zellorganellen. Sie sind von einer Doppelmembran umgeben, die das plastidäre Plasma vom Cytoplasma abtrennt. Die plasmatische Grundmatrix, das **Stroma**, ist von einem mehr oder weniger gut ausgebildeten inneren Membransystem, den **Thylakoiden**, durchzogen. Alle Plastiden gehen aus einer gemeinsamen Vorstufe, den Proplastiden, hervor. Sie vermehren sich durch Teilung und werden bei der Zellteilung auf beide Tochterzellen verteilt. Nach ihrer Funktion und Färbung lassen sich Plastiden klassifizieren.

Proplastiden: Als solche bezeichnet man die farblosen, kleinen, sehr einfach gebauten Plastiden der embryonalen Zellen. Sie vermehren sich rasch durch Teilung und stellen die Vorstufe aller Plastidentypen der ausdifferenzierten Zelle dar.

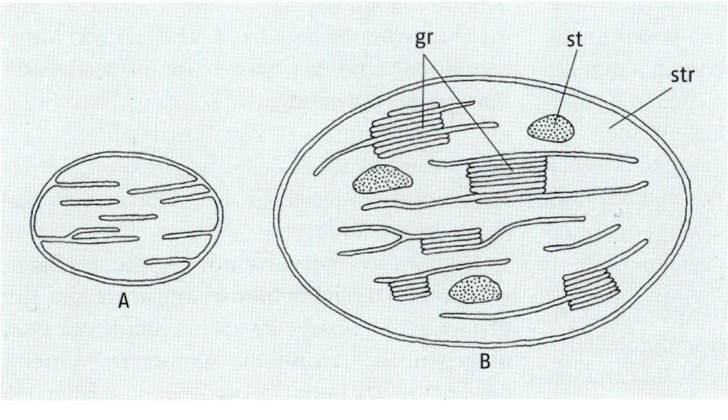

Abb. 2.3 Chloroplastenentwicklung (Schemazeichnung): Die Entwicklung verläuft vom Proplastiden über verschiedene Zwischenstufen mit einwachsenden Stroma-Thylakoiden, die sich schließlich ablösen. **A** zum ausgewachsenen, ergrünten Chloroplasten, **B** mit Einschlüssen von Stärke (sog. Assimilationsstärke), **gr** Grana, **st** Stärke, **str** Stroma (NH)

Chloroplasten: Unter Lichteinfluss entstehen aus Proplastiden die durch **Chlorophylle** grün gefärbten Chloroplasten (griech. chloros = grün; plastos = geformt). Man findet sie in allen grün gefärbten Geweben der Pflanze, hauptsächlich im Mesophyll der Blätter und im Assimilationsparenchym der primären Rinde (▸Kap. 4.2.2). Sie sind die Orte der **Photosynthese**. Chloroplasten höherer Pflanzen sind von linsenförmig abgeflachter Gestalt mit einem Durchmesser von 4 bis 10 µm und einer Dicke von 2 bis 5 µm (○Abb. 2.3). Eine Zelle enthält davon 5 bis 200. Im Inneren der Chloroplasten lassen sich mitunter auch schon lichtmikroskopisch sog. **Grana** erkennen, die dichte Stapel von Thylakoiden darstellen. Zwischen den **Granathylakoiden** liegen im Stroma röhrenförmige oder flache Thylakoidabschnitte, die **Stromathylakoide**.

Etioplasten: Hält man Pflanzen längere Zeit im Dunkeln oder zieht sie bei Lichtmangel auf, so etiolieren sie (franz. étioler = verkümmern, vergeilen). Sie entwickeln außergewöhnlich lange Sprosse mit nur wenigen schuppenförmigen, blassen Blättern. Ein typisches Merkmal von Zellen etiolierter Pflanzen ist u. a. das Vorkommen von durch Carotinoide leicht gelb gefärbten Etioplasten. Als innere Strukturen besitzen sie nur wenige Membranen, die sog. **Prothylakoide**. Bei Belichtung der Pflanze entstehen aus den Prothylakoiden wieder Thylakoide und aus dem Etioplast ein normaler Chloroplast.

Leukoplasten: Als Leukoplasten (griech. leukos = hell, klar, weiß; plastos = geformt) bezeichnet man farblose, vielgestaltige Plastiden, die in Zellen der chlorophyllfreien Gewebe vorkommen, wie z. B. der Epidermis, der Wurzel oder des Markparenchyms. Leukoplasten dienen der **Reservestoffspeicherung**. Entsprechend den bevorzugt gespeicherten Reservestoffen werden sie auch als **Amyloplasten** (Stärkespeicherung), **Proteinoplasten** (Proteinspeicherung) oder **Elaioplasten** (Lipidspeicherung) bezeichnet.

Chromoplasten: Chromoplasten (griech. chroma = Farbe; plastos = geformt) sind durch **Carotinoide** und **Xanthophylle** gelb bis orange, manchmal rot (bei Paprika und Tomate) gefärbte Plastiden, die zur **Färbung** von Pflanzenorganen beitragen und deshalb häufig in gefärbten Geweben von Blüten und Früchten vorkommen. Die inneren Membranen sind kaum ausgebildet. In Größe und Gestalt sind sie außerordentlich variabel.

Gerontoplasten: Vor dem Blattfall im Herbst wird zur Rückgewinnung des Stickstoffs das Chlorophyll der Chloroplasten abgebaut. Dabei bildet sich das Thylakoidsystem weitgehend zurück. Solche Plastiden nennt man Gerontoplasten (griech. geron = alt, Greis). Sie finden sich demnach im Herbstlaub, das durch die in den Plastiden verbleibenden Carotinoide gelb bis orange gefärbt ist. Gerontoplasten können sich nicht mehr teilen und zeigen auch keine weitere Syntheseleistung.

Eine Pflanzenzelle enthält nur einen einzigen Plastidentyp. Welcher Plastidentyp in einer bestimmten Zelle realisiert wird, hängt von der Situation der Zelle ab. Entwicklungsstadium, Lokalisation, physiologische Aufgabe und Lichtverhältnisse sind die dafür ausschlaggebenden Faktoren. Bis auf die Gerontoplasten sind im Prinzip alle Plastidentypen ineinander umwandelbar, jedoch macht die Zelle nur sehr eingeschränkt Gebrauch davon.

2.2.4 Mitochondrien

Mitochondrien (singular: -ium; griech. mitos = Faden; chondros = Korn) sind meist stäbchenförmige Organellen. Sie sind kleiner als Plastiden. Ihre Länge beträgt wenige Mikrometer und ihr Durchmesser liegt bei 0,5 bis 1,5 µm. Mitochondrien sind als Orte der intrazellulären **Energiegewinnung** wesentlich am Abbau organischer Substrate beteiligt. Entsprechend dem Energiebedarf einer Zelle variiert die Zahl der Mitochondrien erheblich, von einigen wenigen bis zu vielen Hundert.

Die Mitochondrien sind wie die Plastiden von einer Doppelmembran umgeben, die das **Mitoplasma** (Matrix der Mitochondrien) vom umgebenden Cytoplasma abgrenzt. Während die äußere Membran glatt und ungefaltet ist, stülpt sich die innere Membran in charakteristischer Weise ein. Die entstehenden Membranfalten werden als **Cristae** bezeichnet (○ Abb. 2.4). Mitochondrien vermehren sich in der Zelle durch Teilung. Bei jeder Zellteilung werden sie auf die beiden Tochterzellen verteilt.

2.2.5 Vakuole

Vakuolen (lat. vacuum = leer) sind nicht-plasmatische Kompartimente in pflanzlichen Zellen. Sie enthalten eine wässrige Lösung anorganischer und organischer Ionen und Moleküle (= Zellsaft). Vom Cytoplasma ist die Vakuole durch die **Tonoplastenmembran** abgegrenzt. In embryonalen Zellen findet man zahlreiche kleine Vakuolen, die sich beim Auswachsen der Zelle durch Zusammenfließen und Wasseraufnahme häufig zu einer einzigen großen, zentralen Vakuole vereinigen. Diese kann über 90 % des gesamten Zellvolumens einnehmen. Im Lichtmikroskop ist das Cytoplasma dann nur noch als schmaler, granulierter Wandbelag zu erkennen. Mit ihrem hypertonischen Zellsaft stellt die Vakuole ein osmotisches System dar und dient damit der Aufrechterhaltung des **Turgors** (Zellspannung) und der Regulierung des **Wasserhaushaltes** (▸ Kap. 2.3).

Die Vakuole ist ein **Speicherort** für Wasser und sekundäre Pflanzenstoffe, wie z.B. Farbstoffe (Flavonoide, Anthocyane), Alkaloide, Polyketide, Gerbstoffe. Sie enthält außerdem lytische Enzyme und entspricht somit den Lysosomen tierischer Zellen.

2.2.6 Reservestoffe und Kristalle

Reservestoffe und Kristalle sind Stoffwechselprodukte des Protoplasten, die in der Vakuole abgelagert sind.

Aleuronkörner: Aleuronkörner sind Proteine in fester Form, die als **Reservestoff** in Proteinspeichervakuolen gebildet werden. Man findet sie z. B. in den Zellen der Aleuronschicht von Getreidekörnern (Kleberschicht) oder in Samen von Hülsenfrüchten. Die Speicherproteine werden bei der Samenkeimung hydrolysiert und die

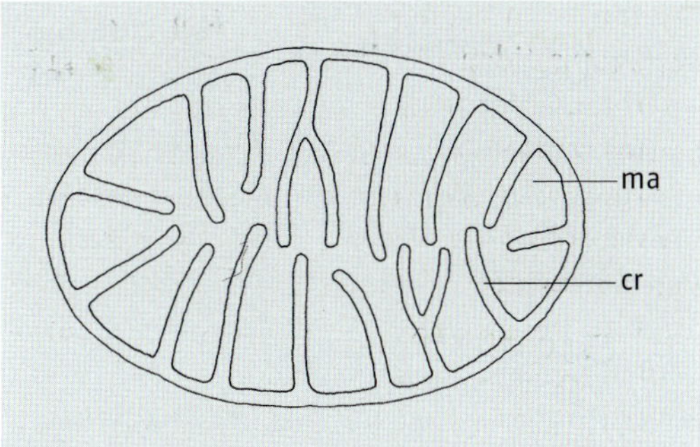

○ **Abb. 2.4** Mitochondrien (Schemazeichnung): **cr** Cristae, **ma** Mitoplasma (NH)

anfallenden Aminosäuren dem wachsenden Embryo zur Verfügung gestellt.

Stärkekörner: Das für Pflanzen typische und gleichzeitig wichtigste **Reservekohlenhydrat** ist die Stärke. Stärkekörner werden in **Amyloplasten** gebildet und finden sich hauptsächlich in den Zellen der Speichergewebe. Im Lichtmikroskop erkennt man bei vielen Stärkekörnern eine Schichtung, die davon herrührt, dass die Stärke um ein Bildungszentrum herum in Schichten aufgelagert wird (○ Abb. 2.5). Die Schichtung weist von innen nach außen abnehmende Dichte auf, so dass die Schichten das Licht unterschiedlich brechen.

Die Größe der Stärkekörner schwankt innerhalb weiter Grenzen (Reis 4 µm, Kartoffel bis zu 100 µm im Durchmesser). Die Form der Stärkekörner ist von der Art des Bildungszentrums abhängig, das punkt- oder auch spaltförmig sein kann. Je nachdem, ob das Bildungszentrum des Stärkekornes im Zentrum des Amyloplasten liegt oder zu dessen Rand hin verschoben ist, entstehen konzentrisch (○ Abb. 2.5 A) oder exzentrisch geschichtete Einzelkörner (○ Abb. 2.5 B). Liegen mehrere Bildungszentren in einem Amyloplasten dicht beieinander, entstehen zusammengesetzte Stärkekörner (Zwillings-, Drillingsbildung, ○ Abb. 2.5 D–F). Bei den halb zusammengesetzten Stärkekörnern (○ Abb. 2.5 C) wachsen die Teilkörner zunächst getrennt, werden später aber von gemeinsamen Schichten umgeben.

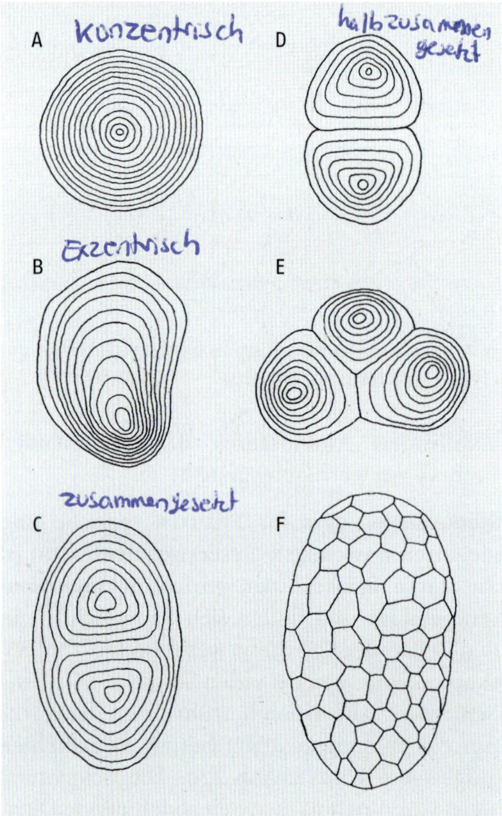

○ Abb. 2.5 Verschiedene Stärkekörner mit unterschiedlichen Bildungszentren (Schemazeichnung), **A, B** einfache Stärkekörner, **C** halb zusammengesetztes Stärkekorn, **D, E, F** zusammengesetzte Stärkekörner (NH)

Stärke ist ein Makromolekül und entsteht durch Polymerisation von α-D-Glucose (○ Abb. 2.6). Dabei sind die Glucosemoleküle 1,4-α-D-glykosidisch verknüpft, was zur Folge hat, dass die Glucoseketten spiralig gewunden sind. Pro Umlauf zählt man sechs Glucosemoleküle. Stärke kommt in zwei verschiedenen Formen vor, als Amylose und Amylopektin. **Amylose** stellt eine reine Glucosespirale ohne Verzweigungen dar (○ Abb. 2.6 A). Sie ist in warmem Wasser löslich und lässt sich mit einer Iod-Lösung blau anfärben. Die Blaufärbung beruht auf der Einlagerung von linear angeordneten Iod-Molekülen in den Hohlraum der Polymerspirale. Im **Amylopektin** treten zusätzlich Glucoseseitenketten auf, die über eine 1,6-glykosidische Bindungen an die Hauptkette geknüpft sind (○ Abb. 2.6 B). Amylopektin löst sich nicht in Wasser und färbt sich mit Iodlösung violett.

Das Fehlen oder Vorhandensein von Stärke, im letzteren Falle auch die Größe und Form der Stärkekörner, sind wichtige diagnostische Merkmale zur Identifizierung von Drogen.

Oxalatkristalle: Als wichtigste kristalline Bildung findet man in der pflanzlichen Zelle Calciumoxalat-Kristalle (○ Abb. 2.7). Als solche wird die im Stoffwechsel anfallende, zelltoxische Oxalsäure ausgefällt. Die Kristalle liegen als lang gestreckte Raphiden (○ Abb. 2.7 A), als Drusen (sternartige Kristallaggregate, ○ Abb. 2.7 B), Kristallsand (○ Abb. 2.7 C) oder als Einzelkristalle (Solitärkristalle, ○ Abb. 2.7 D) in der Vakuole. In seltenen Fällen bestehen Kristalle auch aus Calciumcarbonat ($CaCO_3$) oder Calciumsulfat ($CaSO_4$). Kristalle sind wichtige diagnostische Strukturen zur Identifizierung von Drogen.

2.2.7 Zellwand

Die Zellwand verleiht der pflanzlichen Zelle die typische Form und schützt den Protoplasten. Bei einer ausgewachsenen Pflanzenzelle, die mit ihrer großen Zentralvakuole ein osmotisches System darstellt, setzt die Zellwand dem **osmotischen Druck** des Zellsafts (Vakuoleninhalt) den **Wanddruck** entgegen. Dadurch wird einerseits verhindert, dass Zellen durch die Wasseraufnahme platzen, zum anderen wird dadurch in den Zellen ein Spannungszustand (**Turgor**) erreicht, der einem Gewebe und damit der ganzen Pflanze Festigkeit verleiht (▸ Kap. 2.3.2).

Die Zellwand ist in der Regel mehrschichtig und besteht überwiegend aus polymeren Kohlenhydraten, die in der Zellwand nicht regellos, sondern in einem hoch geordneten Zustand vorliegen. Darüber hinaus können verschiedene Substanzen, wie z. B. Lignin, Suberin und Cutin, sowie Mineralstoffe der Zellwand ein- oder aufgelagert sein (Inkrustierung – Akkrustierung). Ein Proteinanteil von ca. 15 % der Wandtrockenmasse umfasst Zellwandproteine („Extensine"), die zur Gruppe unlöslicher Glykoproteine gehören und als solche einen ungewöhnlich

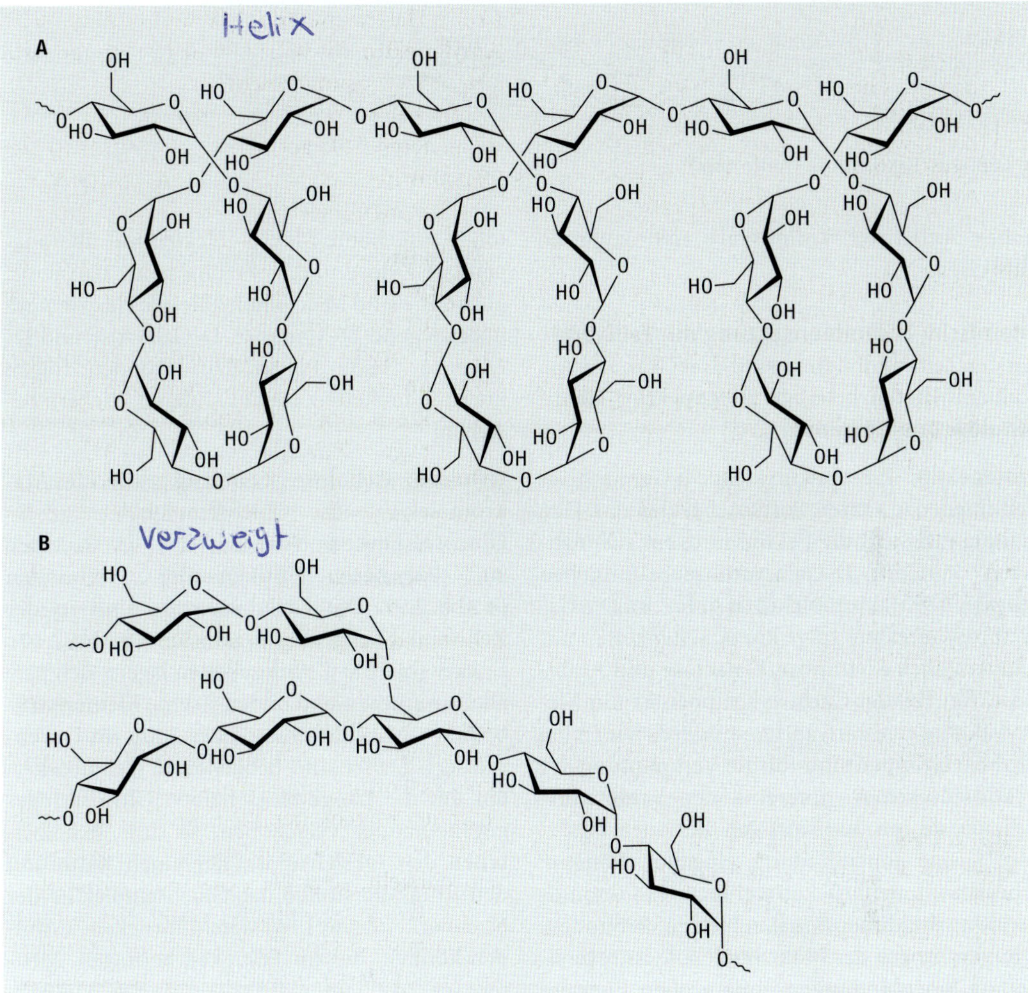

Abb. 2.6 Stärke (Teilformeln): **A** Amylose, **B** Amylopektin

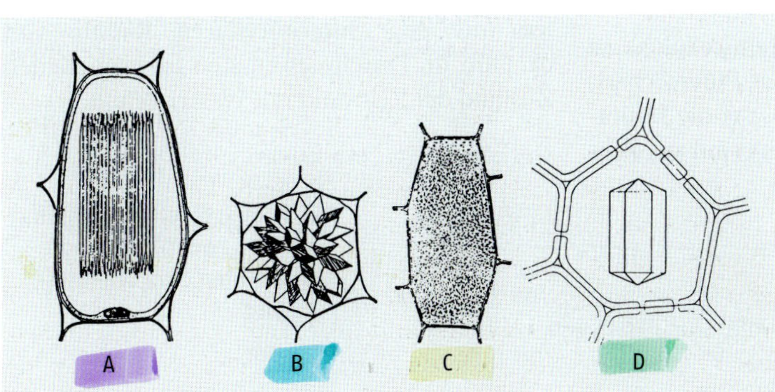

Abb. 2.7 Calciumoxalat-Kristalle: A Raphiden, B Druse, C Kristallsand, D tetragonaler Solitärkristall (nach Strasburger)

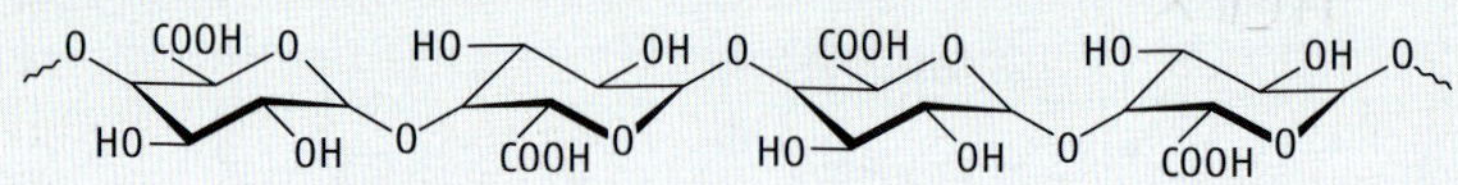

Abb. 2.8 Pektinsäure (Teilformel)

hohen Anteil der Aminosäure Hydroxyprolin aufweisen.

Chemische Zusammensetzung der Zellwand

An der Zellwandbildung sind drei Gruppen von Kohlenhydraten beteiligt: **Protopektin, Hemicellulose** und **Cellulose.**

Protopektin: Protopektin stellt ein Gemisch aus verschiedenen sauren Polysacchariden dar. Den Hauptanteil stellt die Pektinsäure, ein aus mehreren hundert D-Galacturonsäure-Einheiten aufgebautes Makromolekül (Abb. 2.8). Die Galacturonsäurekette trägt kurze Seitenketten aus hauptsächlich Rhamnose, Galactose und Arabinose. Ein Teil der Carboxylgruppen ist mit Methylalkohol verestert, andere sind frei. Die freien Carboxylgruppen sind für die Verknüpfung der Pektinsäureketten untereinander verantwortlich, da sie mit zweiwertigen Kationen (Ca^{2+}/Mg^{2+}) eine Ionenbindung eingehen können. Über diese Ionenbrücken werden die Makromoleküle zu dreidimensionalen Netzen verbunden. Die Vernetzung der Makromoleküle ist reversibel, da Ionenbindungen ohne großen Energieaufwand wieder gelöst werden können. Deshalb ist Protopektin plastisch verformbar und hat den Charakter eines amorphen und quellungsfähigen Gels.

Hemicellulose (Cellulosane): Hemicellulose ist ein amorphes Gemisch neutraler Polysaccharide, wobei Pentosane und Hexosane die Hauptbestandteile darstellen. Pentosane sind aus Pentosen aufgebaute Makromoleküle mit überwiegend D-Xylose und L-Arabinose als Bausteine. Hexosane sind Makromoleküle aus Hexosen mit überwiegend D-Mannose, D-Galactose und D-Glucose. Beide Polysaccharidgruppen tragen kurze Seitenketten, die aus anderen Zuckern bestehen.

Cellulose: Cellulose ist ein lang gestrecktes Makromolekül aus Glucosemolekülen (β-D-Glucose). Diese sind linear 1,4-β-D-glykosidisch zu Polymeren miteinander verbunden (Abb. 2.9). Die Celluloseketten sind in der Zellwand hochgradig organisiert (Abb. 2.10). Etwa 50 bis 100 Celluloseketten lagern sich parallel zusammen und bilden so eine **Elementarfibrille** (= **Micellarstrang**, etwa 3 nm im Durchmesser). Dabei sind benachbarte Celluloseketten um die Länge eines halben Glucoseringes gegeneinander verschoben, so dass sich zwischen den OH-Gruppen der einen Kette und den Ringsauerstoffen der Glucosemoleküle der Nachbarkette zwei Wasserstoffbrücken ausbilden können, die zur Festigkeit beitragen. Mehrere (ca. 20) Elementarfibrillen sind zu **Mikrofibrillen** (bis über 30 nm im Durchmesser) gebündelt (Abb. 2.10). Als solche bildet die Cellulose ein enorm reißfestes Gerüst der Zellwand. Die freien Räume zwischen den Elementarfibrillen, die sog. **intermicellären Räume** von ca. 1 nm im Durchmesser, sind im gequollenen Zustand der Zellwand mit Wasser gefüllt.

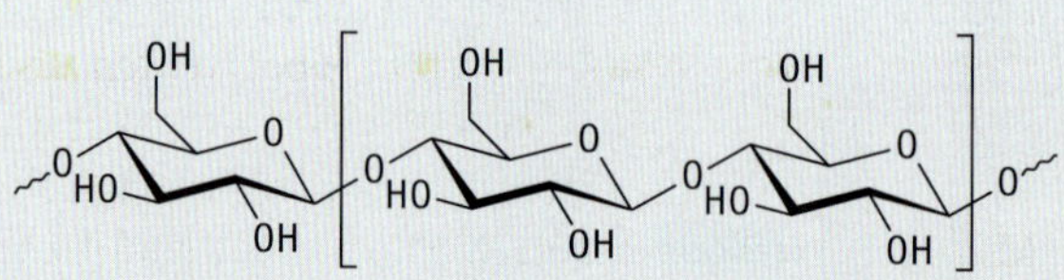

Abb. 2.9 Cellulose (Teilformel): Je zwei Glucosemoleküle bilden eine Cellobiose-Einheit

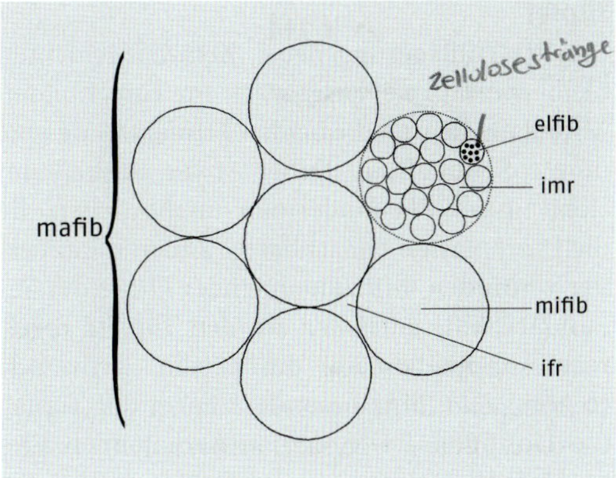

o Abb. 2.10 Organisation der Cellulose in der Sekundärwand (Schemazeichnung): **elfib** Elementarfibrille aus ca. 100 Cellulosesträngen, **ifr** interfibrilläre Räume, **imr** intermicelläre Räume, **mafib** Markofibrille, **mifib** Mikrofibrille (NH)

In Sekundärwänden mit höherer Festigkeit sind mehrere Mikrofibrillen zu **Makrofibrillen** (ca. 0,5 µm im Durchmesser, o Abb. 2.10) zusammengeschlossen. Diese sind im Lichtmikroskop in der Aufsicht als Streifung erkennbar. Zwischen den Mikrofibrillen befinden sich **interfibrilläre Zwischenräume** (ca. 10 nm im Durchmesser), die ebenfalls mit Wasser gefüllt sind. Beim Verholzen der Zellwand werden diese durch Lignin ausgefüllt.

Mittellamelle

Während der letzten Phase der Zellteilung (Telophase) bildet sich als erste Trennwand durch Verschmelzung zahlloser Golgi-Vesikel die Zellplatte (Primordialwand). Daraufhin werden von beiden anliegenden Tochterzellen Wandschichten aufgelagert. Man spricht dann von der dazwischen liegenden Schicht als Mittellamelle (o Abb. 2.11). Sie besteht aus Protopektinen und bildet gleichsam die Kittsubstanz zwischen den Zellen. Sie ist plastisch und dehnbar und kann sich so dem starken Wachstum der jungen Zellen anpassen. Sie besitzt kein Fibrillengerüst und erscheint im Mikroskop amorph.

Primärwand

Die Primärwand wird beidseitig der Mittellamelle aufgelagert (o Abb. 2.11). Die Grundsubstanz besteht aus Protopektin und Hemicellulose. Ihre Festigkeit erhält sie durch ein locker eingelagertes Gerüst von Cellulose. Der Cellulosegehalt liegt von außen nach innen zunehmend zwischen 8 % und 14 %. Die Cellulose ist in Form von Cellulosefibrillen (Mikrofibrillen) locker eingelagert, wobei die Mikrofibrillen in der Primärwand regellos angeordnet sind (**Streutextur**). Primärwände sind dünn und zunächst noch elastisch. Sie können so der Volumenzunahme der Zelle durch Dehnung folgen. Durch Apposition (Auflagerung) neuer Wandlamellen wird die Wand weiter verstärkt, bis die Zelle ausgewachsen ist. In diesem Zustand ist die Primärwand nur noch begrenzt dehnungsfähig und bietet der Zelle den für den Aufbau des Turgors (Zellspannung) notwendigen Widerstand.

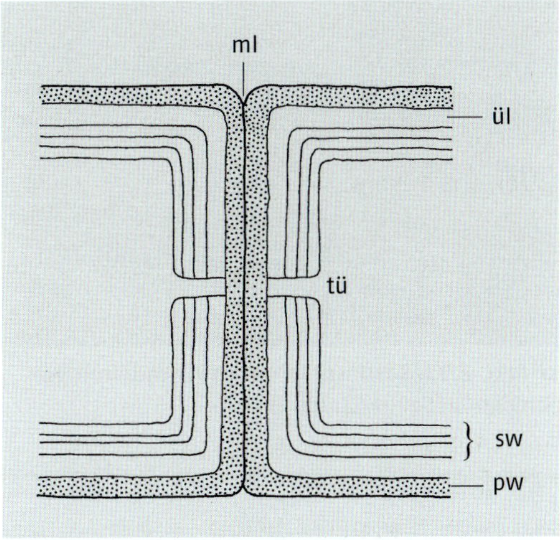

o Abb. 2.11 Bau der Zellwand zwischen zwei Zellen (Schemazeichnung): **ml** Mittellamelle, **pw** Primärwand, **sw** Sekundärwand in Schichten, **tü** Tüpfelgang, **ül** Übergangslamelle (NH)

Sekundärwand

In Zellen der Festigungsgewebe, bestimmter Abschlussgewebe und Wasserleitungsbahnen wird die Primärwand durch eine sog. Sekundärwand weiter gefestigt. Dabei werden zusätzliche Wandschichten aufgelagert, die lichtmikroskopisch im Querschnitt als solche erkennbar sind, weil sie unterschiedlich dicht sind (o Abb. 2.11 und o Abb. 2.12). Eine Übergangslamelle ver-

2

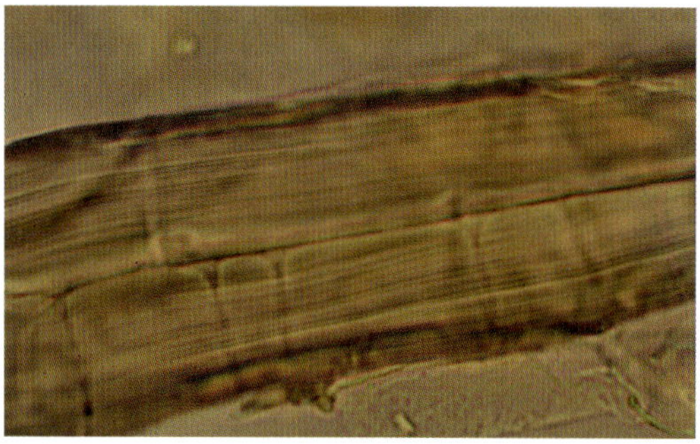

Abb. 2.12 Bastfaser in der Chinarinde mit geschichteter Sekundärwand (StB)

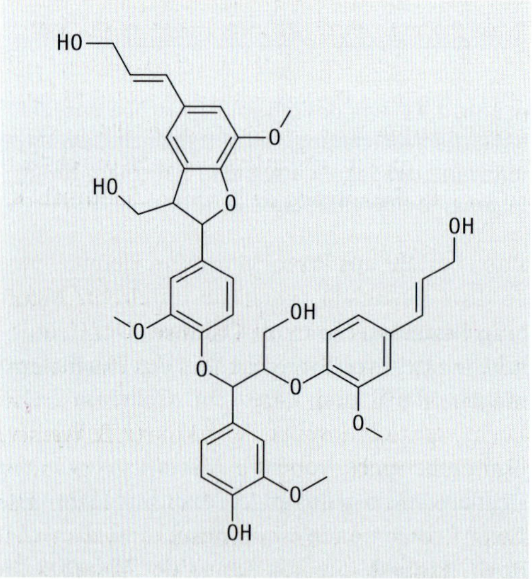

Abb. 2.13 Lignin (Teilformel)

bindet sie mit der Primärwand. Nicht selten bleibt die sekundäre Wandverdickung auf bestimmte lokale Bezirke beschränkt. Es entstehen Ringe, Schrauben oder netzartig verbundene Leisten, wie man sie in wasserleitenden Tracheen und Tracheiden findet. Die Sekundärwand besteht im Wesentlichen aus Cellulose (bis zu 94 %), organisiert in Form von Makrofibrillen (Abb. 2.10). Diese sind im Gegensatz zur Streutextur der Mikrofibrillen in der Primärwand parallel angeordnet und weisen bei Fasern je nach Richtung der Zugbeanspruchung der Zelle eine **Faser-**, **Schrauben-** oder **Ringtextur** auf.

Tüpfel

Bei der Auflagerung neuer Zellwandschichten bleiben die Tüpfel ausgespart. Im Tüpfel bilden Mittellamelle und die beiden Primärwände eine dünne **Schließhaut**. Dabei ist die Schließhaut siebartig von **Plasmodesmen** durchbrochen, die die Protoplasten benachbarter Zellen miteinander verbinden. Mit zunehmender Dicke der Sekundärwände entstehen aus den Tüpfeln regelrechte **Tüpfelkanäle** durch die Zellwände (Abb. 2.11). Eine besondere Form der Tüpfel, die Hoftüpfel, ist in den wasserleitenden Elementen des Holzes zu finden (Abb. 4.9).

Inkrustierungen (Einlagerungen)

Ausdifferenzierte Zellwände können mit verschiedenen Inkrusten imprägniert sein. Dazu zählen hauptsächlich Lignin (Holzstoff), Gerbstoffe und Mineralstoffe (Kieselsäure, $CaCO_3$).

Einlagerung von Lignin und Gerbstoffen: Durch Einlagerung (Inkrustierung) von **Lignin** in die interfibrillären Räume der Zellwände „verholzen" diese. Lignine sind Mischpolymerisate aus Phenylpropan-Derivaten wie Coniferyl-, Cumaryl- und Sinapylalkohol, die sich zu einem dreidimensionalen Gitter vernetzen (Abb. 2.13). Die mechanische Festigkeit der Zellen wird durch die **Lignin-Inkruste** erhöht. Ihre Elastizität geht dabei allerdings verloren, ebenso wie die Wasserdurchlässigkeit der Zellwände. Vielfach werden zusätzlich polymere Gerbstoffe, sog. **Phlobaphene**, eingelagert, die einen Schutz gegen mikrobielle Zersetzung bieten. Deutlich sichtbar sind solche Einlagerungen im Kernholz von älteren Bäumen, das dadurch rot gefärbt ist.

Einlagerung von Mineralstoffen: Durch Mineralstoffeinlagerungen werden Zellwände zusätzlich gehärtet. Zu erwähnen sind hier besonders Kieselsäure-Inkrusten bei Gräsern und Schachtelhalmen, die die Pflanzen hart und spröde werden lässt.

Akkrustierungen (Auflagerungen)

Zu den Akkrustierungen zählen die Cuticula, die aus Cutin und Cuticularwachsen besteht, sowie die Korkauflagerungen in Korkzellen aus Suberin und Korkwachsen.

Die **Cuticula** überzieht als geschlossener, dünner Film die Epidermis. Die **Cutinakkruste**, bestehend aus hochpolymeren Estern langkettiger, meist gesättigter Hydroxyfettsäuren, dient als wirksamer Schutz vor Verdunstung. Das Cutin wird vom Protoplasten der Epidermis durch die Zellwand hindurch nach außen abgeschieden, ist zunächst flüssig und erstarrt dort. Beim Erstarren (Polymerisation) bilden sich Falten und Leisten, die sich im Mikroskop in der Aufsicht als zellwandübergreifende „Cuticularstreifung" erkennen lassen. In die cutinisierten Wandschichten kann zusätzlich Wachs (Ester von Wachsalkoholen, Kettenlänge C_{12} bis C_{36}) eingelagert sein. Tritt das Wachs durch die Cuticula nach außen, entstehen auch Wachsüberzüge, die die Epidermis für Wasser unbenetzbar machen. Solche Wachsüberzüge erkennt man manchmal als grauweißen Reif auf Früchten (z. B. Pflaume, Weinbeere) und Blättern (z. B. Rotkohl). Eine Sonderform der Cuticula ist die Außenschicht der Pollenkörner, die als **Exine** bezeichnet wird.

Korkauflagerungen (Korkakkrusten) findet man bei den Korkzellen des Periderms (sekundäres Abschlussgewebe) und der Exodermis sowie bei Ölzellen und -behältern. Dabei werden auf die primäre Zellwand von innen her abwechselnd lipophile Schichten von **Suberin** (Korkstoff) und **Wachs** aufgelagert. Die Zellwand wird dadurch weitgehend für Wasser undurchlässig.

2.2.8 Interzellularen

Meristematische Zellen schließen lückenlos aneinander. Im Verlauf der Differenzierung der Zelle zur Dauerzelle weichen die Zellen unter lokaler Auflösung der Mittellamelle an den Ecken und Kanten auseinander und bilden so Interzellularen. Sie stellen ein luftgefülltes, zusammenhängendes Spaltensystem dar, das die ganze Pflanze durchzieht. Mit der Außenwelt steht es über Spaltöffnungen in Verbindung und dient somit dem Gasaustausch (Aufnahme von Kohlendioxid, Abgabe von Sauerstoff und Wasserdampf).

2.3 Kriterien des Lebens im Lichtmikroskop

2.3.1 Plasmaströmung

Das Cytoplasma ist bei lebenden Zellen keine starre Masse, sondern verhält sich eher wie eine Flüssigkeit. Es ist ständig in gerichteter Bewegung, was als Plasmaströmung bezeichnet wird. Dies ist ein energieverbrauchender Prozess und deshalb ein Merkmal der lebenden Zelle. Durch die Plasmaströmung wird die beständige Durchmischung des Plasmas und der Stofftransport innerhalb der Zelle sichergestellt. Im Lichtmikroskop kann die Plasmaströmung an der Bewegung der passiv mitschwimmenden Zellorganellen (Mitochondrien, Plastiden) erkannt werden. Plasmaströmung kann durch Einwirkung äußerer Reize induziert werden, wie z. B. durch Verletzungen, Belichtung oder durch Chemikalien.

2.3.2 Plasmolyse

Diffusion durch eine selektiv permeable Membran bezeichnet man als **Osmose**. Biomembranen, so auch der Tonoplast und das Plasmalemma der pflanzlichen Zelle, sind **selektiv permeabel**. Sie lassen nur kleine Moleküle (z. B. Wasser) hindurch, nicht aber die im Wasser gelösten größeren Moleküle (z. B. Glucose, Salze). Die Zelle stellt somit ein osmotisches System dar. Beim Einbetten eines lebenden Gewebes in Wasser ist der Zellsaft diesem gegenüber hypertonisch, da er eine höhere Konzentration an gelösten Substanzen aufweist. In dem physikalisch begründeten Bestreben, einen Konzentrationsausgleich zwischen den beiden Medien herzustellen, strömt Wasser in die Zelle ein.

Tauscht man nun das Wasser gegen ein Medium aus, das einen höheren osmotischen Wert als der Zellsaft hat, z. B. eine Salz- oder Glucoselösung, dann kehrt sich der Effekt um und Wasser tritt aus der Vakuole in das umgebende Medium aus. Infolgedessen verkleinert sich die Vakuole, und der Protoplasmaschlauch löst sich von der starren Zellwand ab; die Vakuole „schrumpft" (◘ Abb. 2.14). Diesen Vorgang nennt man **Plasmolyse**. Hebt sich der Protoplast von der Zellwand unregelmäßig ab, dann entsteht das Bild

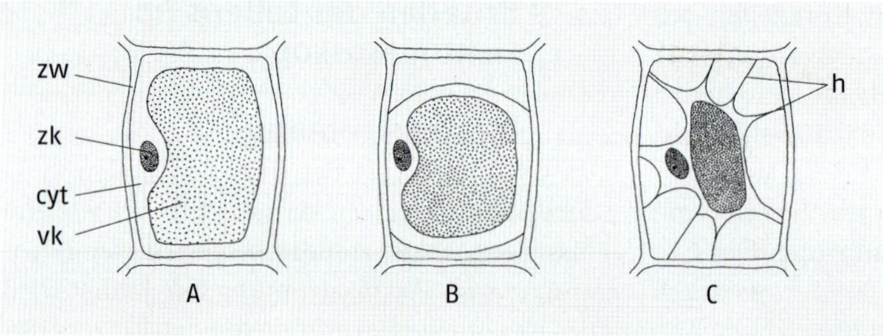

Abb. 2.14 Verschiedene Phasen der Plasmolyse (Schemazeichnung): **A** Zelle vor der Plasmolyse, **B** Konvexplasmolyse, **C** Konkavplasmolyse, **cyt** Cytoplasma, **h** Hecht'sche Fäden, **vk** Vakuole, **zk** Zellkern, **zw** Zellwand (NH)

einer **Konkavplasmolyse** (Abb. 2.14 C), rundet sich der Protoplast ab, dann spricht man von **Konvexplasmolyse** (Abb. 2.14 B). Im Mikroskop sind einzelne, zur Wand laufende Plasmastränge zu erkennen, die als **Hecht'sche Fäden** bezeichnet werden.

Ersetzt man das hypertonische Einbettungsmedium wieder durch Wasser, so tritt eine **Deplasmolyse** ein. Die Vakuole nimmt Wasser auf und vergrößert sich. Der Protoplasmaschlauch legt sich wieder der Zellwand an. Plasmolyse und Deplasmolyse sind wie die Plasmaströmung sichere Zeichen dafür, dass eine Pflanzenzelle lebt. Stirbt die Zelle, dann verlieren die Membranen ihre selektiv permeable Eigenschaft.

Durch Osmose nehmen die Zelle und die Pflanze Wasser auf, die Zellwand wird gedehnt. Die Dehnungsfähigkeit der Zellwand ist jedoch durch die Festigkeit der Wand und den Druck der umliegenden Zellen begrenzt, so dass der Wassereinstrom zum Erliegen kommt, wenn der Wanddruck gleich dem „osmotischen Druck" ist. In diesem Zustand ist die Zelle turgeszent, d. h. sie ist prall gefüllt. Der Druck, mit dem der Zellinhalt auf die Wand drückt, wird als **Turgor** bezeichnet. Ein turgeszentes Gewebe trägt entscheidend zur Festigkeit einer Pflanze bei. Stirbt eine Zelle bzw. ein Gewebe, kann die Turgeszenz nicht aufrechterhalten werden, da die selektiv permeable Eigenschaft der Membranen verloren geht: die Pflanze „welkt". Den Zusammenhang zwischen osmotischem Druck, Wanddruck und Saugkraft beschreibt die **osmotische Zustandsgleichung**:

$$S = O - W$$

| S = Saugkraft der Zelle | O = osmotischer Druck des Zellsaftes | W = Wanddruck.

2.4 Praktische Aufgaben

2.4.1 Die Zelle im Lichtmikroskop

Zwiebel – Epidermis der Zwiebelschuppe

Objekt

Küchenzwiebel – *Allium cepa* – Alliaceae

Frische, mittelgroße Küchenzwiebel, helle Varietät.

Präparation

Die Zwiebel wird mit einem Messer längs in Viertel geteilt. Vom „Zwiebelkuchen" (= gestauchte Sprossachse) wird eine mittlere Zwiebelschuppe (= fleischiges Niederblatt) abgetrennt. Die Epidermis liegt meist auf der Innenseite (= Oberseite der Zwiebelschuppe) als dünnes Häutchen locker auf und lässt sich leicht ablösen. Zur Mikroskopie genügt ein kleiner viereckiger Bereich (0,5 × 0,5 cm), der mit der Rasierklinge eingeschnitten wird. Mit der Pinzette wird dann der kleine Ausschnitt vorsichtig auf einen mit einem Wassertropfen vorbereiteten Objektträger überführt. Die Außenseite der Epidermis muss oben liegen. Das Präparat wird mit einem Deckglas abgedeckt und die Luft zwischen Präparat und Deckglas durch Klopfen mit einem Bleistift so gut wie möglich verdrängt.

Option

Fixierung des Gewebes mit Carnoy'schem Fixiergemisch (MR 02) und Färbung der Zellkerne mit Carmin-Essigsäure (MR 03).

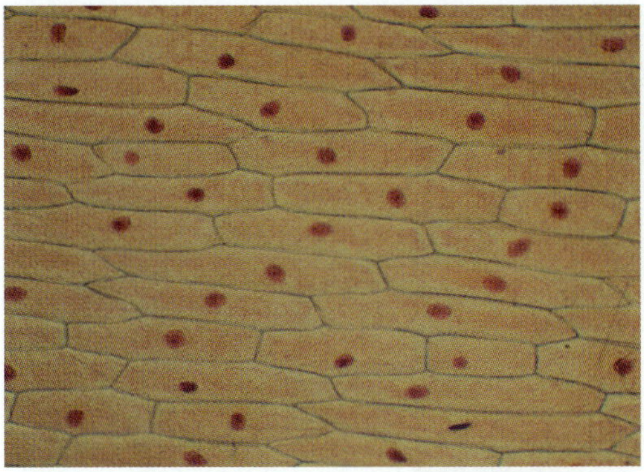

○ **Abb. 2.15** Aufsicht auf die obere Epidermis der Zwiebelschuppe (Küchenzwiebel, *Allium cepa*) Zellkerne rot gefärbt (StB)

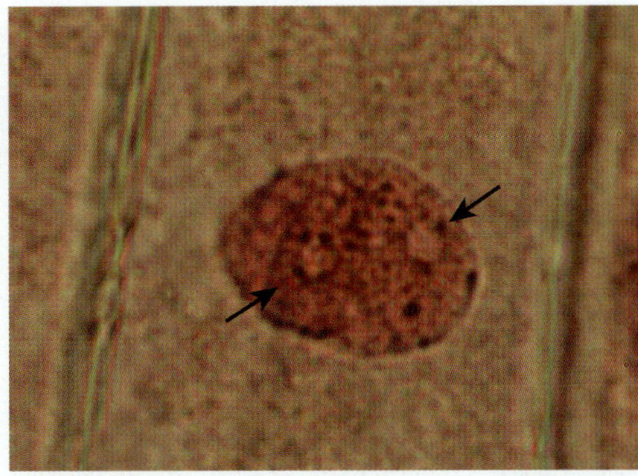

○ **Abb. 2.16** Zellkern mit 2 Nucleoli → (Küchenzwiebel, *Allium cepa*) (StB)

Beobachtung

Zunächst ist darauf zu achten, dass ein Bereich ohne Lufteinschluss betrachtet wird. Lufteinschlüsse machen sich durch eine grob schwarze Kontrastierung der Zellwände bemerkbar. Das luftfreie Präparat ist gut durchsichtig.

Die obere Epidermis zeigt sich bereits in der schwächsten Vergrößerung (50-fach) als lückenlose Schicht länglicher Zellen. Das genaue Muster kann besser bei stärkerer Vergrößerung (100-fach) analysiert werden (○ Abb. 2.15). Die Zellen laufen oft spitz ineinander oder stoßen stumpf aufeinander. Die Zellwände sind dünn und verlaufen gerade. In allen Zellen sind die **Zellkerne** zu erkennen. Sie liegen immer im **Cytoplasma** eingebettet, das als dünner Wandbelag der **Zellwand** aufliegt. Man sieht die Zellkerne entweder in der Seitenansicht linsenförmig der Wandung anliegen oder, wenn man auf die untere oder obere Wand der Zelle fokussiert, in der Aufsicht als runde Gebilde in der Mitte der Zelle liegen. Im gefärbten Präparat sind die Zellkerne rot und dadurch deutlicher sichtbar; in der Vergrößerung sind dann auch die Nucleoli sichtbar (○ Abb. 2.16).

Der Innenraum ist bei einer ausgewachsenen Zelle, um die es sich bei einer Epidermiszelle handelt, von einer großen **Zentralvakuole** ausgefüllt. Der dünne, schwach kontrastierte Plasmabelag an der Zellwand kann bei stärkster Vergrößerung (400-fach) am ehesten an den spitzen Enden der Zelle ausgemacht werden, weil sich dort häufig Plasmaansammlungen befinden. In einem frisch bereiteten Wasserpräparat sieht man dort, aber auch an anderen Stellen, das Plasma strömen (▸ Kap. 2.4.2 Plasmaströmung). Bei genauer Analyse der Zellwände sind Bereiche von **Tüpfeln** sichtbar.

Aufgabe

- **Übersicht:** Zeichnen eines Gewebebereiches von 10–12 Zellen bei 100-facher Vergrößerung (Einstrich-Zeichentechnik). Um anzudeuten, dass es sich nur um einen Gewebeausschnitt handelt, muss die Zeichnung am Rande mit „offenen" Zellen abschließen.
- **Ausschnitt:** Detailzeichnung einer einzelnen Zelle mit Zellkern, Zentralvakuole, Plasmaschlauch und Tüpfeln in der Zellwand (Dreistrich-Zeichentechnik).

2.4.2 Kriterium Leben – Plasmaströmung

Zwiebel – obere Epidermis der Zwiebelschuppe

Objekt

Küchenzwiebel – *Allium cepa* – Alliaceae

Frische, mittelgroße Küchenzwiebel, helle Varietät.

Präparation

▸ Kap. 2.4.1 Die Zelle im Lichtmikroskop

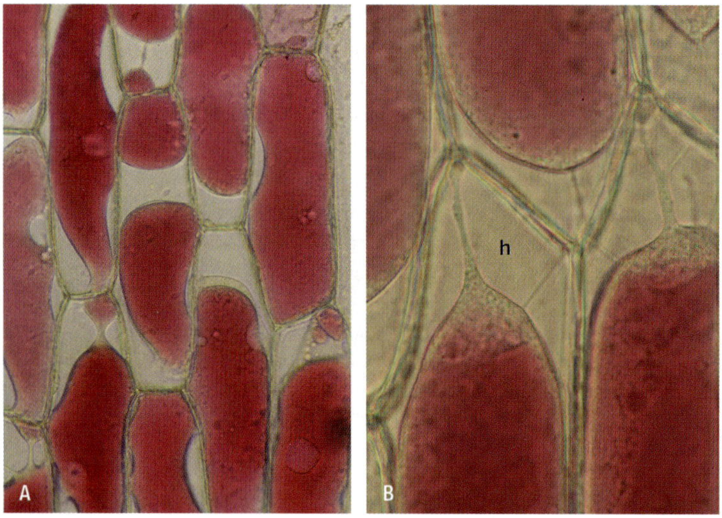

o Abb. 2.17 Plasmolyse:
A beginnende Plasmolyse,
B späteres Stadium,
h Hecht'sche Fäden (StB)

Beobachtung

Plasmaströmung wird in der stärksten Vergrößerung (400-fach) beobachtet. Ganz langsam werden die winzigen Organellen im Cytoplasma scharf eingestellt. Man kann durch aufmerksames Beobachten erkennen, dass diese Strukturen in Bewegung sind. Sie ziehen im Plasmabelag der Wand dahin oder schwimmen in Plasmaschläuchen durch die Zelle hindurch. Dabei oszillieren sie heftig (Brown'sche Molekularbewegung). Durch einen starken Lichtreiz (kurzes Öffnen der Blende) kann die Plasmaströmung in Gang gesetzt oder beschleunigt werden.

Aufgabe

- Beobachtung der Plasmaströmung

Alternative Präparate: Plasmaströmung kann in vielen Lebendpräparaten (z. B. in Haaren) beobachtet werden. Besonders eindrucksvoll ist die Chloroplastenbewegung in den grünen Blättchen der **Kanadischen Wasserpest** (*Elodea canadensis*, Hydrocharitaceae) oder der **Dichtblättrigen Wasserpest** (*Egeria densa*, Hydrocharitaceae); ▸Kap. 2.4.5.

2.4.3 Kriterium Leben – Plasmolyse/ Deplasmolyse

Zwiebel – untere, rot gefärbte Epidermis der Zwiebelschuppe

Objekt

Küchenzwiebel – *Allium cepa* – Alliaceae

Frische, mittelgroße Zwiebel, rote Varietät.

Präparation

Zur Präparation wird eine nicht zu stark rot gefärbte Zone der Unterseite der Zwiebel ausgewählt. Man verfährt wie in ▸Kap. 2.4.1 Die Zelle im Lichtmikroskop, zieht ein kleines Stück der Epidermis ab und präpariert es in Wasser mit der Außenseite der Epidermis nach oben. Mit einem Filtrierpapier neben dem Deckglas saugt man dann das gesamte Wasser ab und ersetzt es durch wässrige 5%ige KNO_3-Lösung (MR 14).

Beobachtung

Vor der Plasmolyse besteht der Gewebeausschnitt aus rot-violett gefärbten Epidermiszellen. In jeder Zelle sieht man den **Zellkern** liegen. Nach Austausch des Wassers gegen die hypertonische KNO_3-Lösung beginnt die Plasmolyse rasch. Man beobachtet dies am besten in der Übersicht bei 50-facher Vergrößerung. Das **Cytoplasma** bildet konkave Einbuchtungen (o Abb. 2.17 A). Verfolgt man den Vorgang bei 100-facher Vergrößerung genauer, erkennt man, dass die Einbuchtungen größer und zahlreicher werden. Die vollständige Ablösung des Plasmaschlauchs erfolgt meist zuerst an den Schmalseiten der Zelle. Mit zunehmender Verkleinerung der **Vakuole** wird ihre Färbung intensiver, da sich die Konzentration des Farbstoffs (Anthocyane) im Zellsaft erhöht. Bei sehr fortgeschrittener Plasmolyse kann man bei 400-facher Vergrößerung die **Hecht'schen Fäden** erkennen (o Abb. 2.17 B). Dies sind dünne Plasmafäden, die von der Vakuole zur Zellwand hin verlaufen und durch die **Tüpfel** die Verbindung zum Cytoplasma der Nachbarzelle aufrecht erhalten.

Erscheint die Vakuole als roter, ovaler, isolierter Bereich im Zellinnenraum, kann der Vorgang der Deplasmolyse eingeleitet werden. Dafür wird die Salzlösung wieder mit einem Filtrierpapier am Deckglasrand abgesaugt und durch Wasser ersetzt. Allmählich weiten sich die roten Bereiche der Vakuole wieder auf das gesamte Zelllumen aus.

Aufgabe

- Skizzieren einer Zelle vor und nach der Plasmolyse. Die Hecht'schen Fäden sind einzuzeichnen.

2.4.4 Der Zellkern – Kernteilung (Mitose)

Wurzelspitze der Zwiebel – Quetschpräparat

Objekt

Küchenzwiebel – *Allium cepa* – Alliaceae

Frische, mittelgroße Küchenzwiebel, helle Varietät.

Zur Gewinnung der Wurzelspitzen lässt man die Zwiebel auf einem mit Wasser gefüllten Becherglas auskeimen, nachdem man den Zwiebelboden mit einer Rasierklinge leicht angeritzt hat. Der Zwiebelboden darf das Wasser nicht berühren, weil er sonst fault. Bei Zimmertemperatur bilden sich nach wenigen Tagen die ersten Wurzeln aus. Wenn sich genügend Wurzeln gebildet haben, regt man den Wurzelvegetationspunkt nochmals zur Zellteilung an. Dazu wird die Zwiebel auf dem Becherglas für zwei Stunden in den Kühlschrank gestellt und dann sofort in ein Becherglas mit 25 °C warmem Wasser umgesetzt. Nach 30 Minuten können die Wurzelspitzen (ca. 1 cm) abgeschnitten werden und zum Fixieren in das Carnoy'sche Fixiergemisch überführt werden (MR 02). Zur weiteren Aufbewahrung wird das Fixiergemisch durch Ethanol absteigender Konzentration (90 %, 80 %, 70 %) ersetzt. Aufbewahrung der Präparate ist dann in Ethanol 70 % gut möglich.

Präparation

Mazeration – Auflösen der Mittellamelle: Die Wurzelspitzen werden 15 Min. bei 35 °C in ein Gemisch aus 2%iger Orcein-Essigsäure und 1 N-Salzsäure (9 + 1) gelegt (MR 04).

Auswaschen und Färbung: Die Objekte werden in einen Filtertiegel gegeben und 3-mal je 5 min. mit 0,5%iger Orcein-Essigsäure (MR 04) gut ausgewaschen (Salzsäure muss vollständig entfernt sein!). Nach acht Stunden wird die Färbelösung mit 45%iger Essigsäure verdünnt, da sonst eine Überfärbung eintritt. Darin können die Präparate einige Tage aufbewahrt werden.

Zur Mikroskopie wird die Wurzelspitze ca. 3 mm tief gespalten und auf dem Objektträger in einem Tropfen 0,5%iger Orcein-Essigsäure (MR 04) präpariert. Durch Druck auf das Deckglas wird das Präparat vorsichtig gequetscht.

Beobachtung

In der Übersicht (50-fache Vergrößerung) erkennt man die Wurzelspitze mit zahlreichen Zellen und rot gefärbten **Zellkernen**. Zunächst muss der meristematische Bereich kurz hinter der Wurzelspitze ausgemacht werden. Er ist daran zu erkennen, dass dort nur wenige intakte Zellkerne liegen, weil sich die Zellen in Teilung befinden und die Kernhüllen sich bereits aufgelöst haben. Bei den in Teilung befindlichen Zellen füllen die **Chromosomen** (rot gefärbt) praktisch die ganze Zelle aus. Auf das Deckglas wird ein Tropfen Immersionsflüssigkeit gegeben und das Objektiv mit der 1 000-fachen Vergrößerung

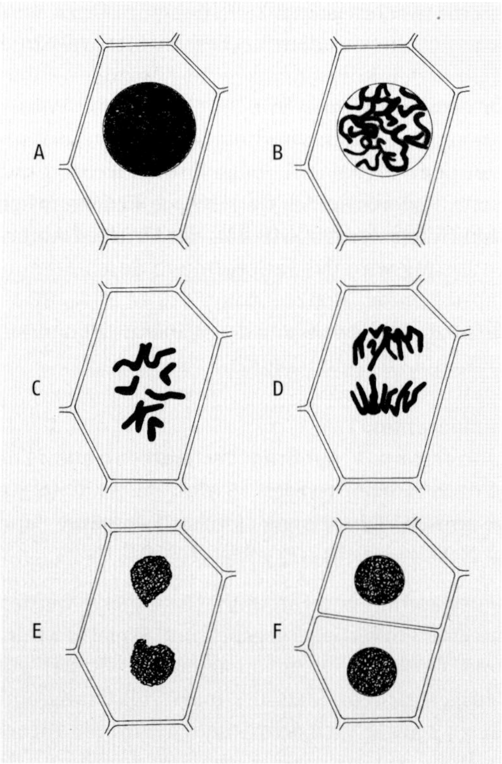

Abb. 2.18 Mitose (Schemazeichnung): **A** Interphase, **B** Prophase, **C** Metaphase, **D** Anaphase, **E** Telophase, **F** Cytokinese (NH)

in den Strahlengang eingeschwenkt. Nun können die Zellen nach den verschiedenen Mitosestadien abgesucht werden (Abb. 2.18 und Abb. 2.19). Am häufigsten ist die Prophase zu finden, da diese das am längsten andauernde Stadium ist.

Aufgabe

- Skizzieren von Zellen mit Chromosomen in verschiedenen Stadien der Mitose.

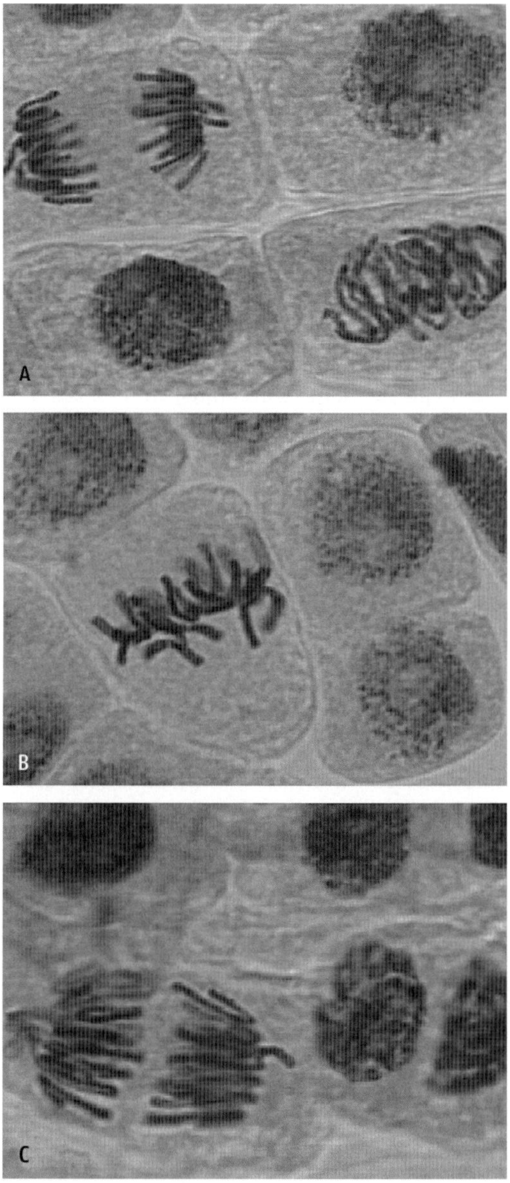

Abb. 2.19 Verschiedene Kernteilungsstadien im Wurzelmeristem der Zwiebel (*Allium cepa*): **A** späte Anaphase (links oben) und Prophase (rechts unten), **B** Metaphase, **C** frühe Anaphase (links) und Telophase (rechts); siehe auch Schemazeichnung Abb. 2.18 (StB)

2.4.5 Plastiden – Chloroplasten

Wasserpest – junge Blättchen in Aufsicht

Objekte

Kanadische Wasserpest – *Elodea canadensis* – Hydrocharitaceae

Dichtblättrige Wasserpest – *Egeria densa* – Hydrocharitaceae

Frische Sprosse aus dem Aquarium.

Präparation

Geeignet sind die Blättchen nahe der Sprossspitze, da sie am saubersten sind. Sie werden mit der Oberseite auf dem Objektträger in Wasser eingebettet. Zellen der unteren Blatthälfte nahe der Mittelrippe liefern das beste Bild.

Option

Färbung der Plastiden-Stärke mit Iod-Lösung (MR 17).

Beobachtung

Nach Orientierung in der Übersicht (50-fache Vergrößerung) kann das Objekt bei 100-facher Vergrößerung betrachtet werden. Die Blattspreite besteht nur aus oberer und unterer Zellschicht, die nacheinander betrachtet werden können. Beide Zellschichten bestehen aus länglichen Zellen, die stumpf oder leicht angespitzt aufeinander treffen. Die Zellen der oberen Zellschicht sind größer als die der unteren. In den Zellen beider Gewebe liegen zahlreiche grüne, runde **Chloroplasten**. In der Seitenansicht sind sie linsenförmig. Nach kurzer Belichtungszeit im Mikroskop (geöffnete Blende!) ist eine lebhafte **Plasmaströmung** zu beobachten. Auch die Chloroplasten werden dadurch bewegt, vorzugsweise in schnellem Fluss an der Zellwand entlang. Bei 400-facher Vergrößerung kann man in den Zellen auch die **Zellkerne** ausmachen. Im Wasserpräparat sind sie kaum kontrastiert, im mit Iod-Lösung gefärbten Präparat etwas deutlicher sichtbar. Sie liegen entweder an der Zellwand, sind dann linsenförmig, oder man erkennt sie als runde Objekte im Zellinneren. Oft sind sie von Chloroplasten dicht umgeben. Im gefärbten Präparat kommt die Plasmaströmung nach einiger Zeit zum Erliegen, so dass man die Chloroplasten genauer betrachten kann. In jungem, vorher intensiv beleuchtetem Material kann man sie in verschiedenen Teilungsstadien erkennen, was sich an einer mehr oder weniger ausgeprägten Einschnürung bemerkbar macht. Vor der Teilung ändert sich ihre Form von rund nach oval. Mitunter enthalten sie kleine Körner von **Stärke** (sog. **Assimilationsstärke**), die sich mit Iod blau anfärben lassen.

Aufgabe

- Zeichnen eines Gewebeausschnitts von 3 bis 4 Zellen der oberen Epidermis mit Zellkernen und Chloroplasten, wenn möglich in verschiedenen Teilungsstadien (400-fache Vergrößerung).

2

2.4.6 Plastiden – Chromoplasten

Ringelblume – obere Epidermis des Blütenblatts

Objekt

Ringelblume – *Calendula officinalis* – Asteraceae

Frische Blüten von Ringelblumen.

Präparation

Eine Zungenblüte wird aus der Blüte gezupft und mit der Oberseite nach oben über den Zeigefinger gespannt. An einer weniger intensiv gefärbten Stelle des Blütenblatts wird ein Flächenschnitt geführt (○ Abb. 1.6). Eventuell lässt sich die Epidermis nach dem Anschneiden auch mit der Pinzette abziehen, was einen dünneren Schnitt garantiert. Mit der Oberseite nach oben wird der Schnitt auf einem Objektträger in 5%ige Saccharoselösung eingebettet. Luft kann durch vorsichtiges Klopfen auf das Deckglas entfernt werden.

Beobachtung

Die obere Epidermis besteht aus länglichen, dünnwandigen Zellen. Sie sind mit orangeroten **Chromoplasten** vollständig ausgefüllt. Bei 100-facher Vergrößerung ist die längs verlaufende, Zellwand übergreifende **Cuticularstreifung** zu erkennen. Auch fällt eine lebhafte **Plasmaströmung** auf, durch die alle kleineren Zellorganellen in Bewegung sind. Auch die Chromoplasten bewegen sich. In Zellen mit wenigen Chromoplasten kann ihre Form besser erkannt werden. Sie sind rund und liegen oft dicht gedrängt am Zellkern. Die Zellkerne selbst sind so schwach kontrastiert, dass man sie kaum erkennen kann, allenfalls in der stärksten Vergrößerung (400-fach).

Aufgabe

- Zeichnen eines Zellverbandes von drei bis vier Zellen mit Chromoplasten.

Tulpe – Epidermis des Blütenblatts

Objekt

Tulpe – *Tulipa gesneriana* – Liliaceae

Frisches Blütenblatt einer gelben Tulpe.

Präparation

Da die Blütenblätter recht gut durchscheinend sind, kann man die obere und untere Epidermis im selben Präparat beobachten. Man schneidet dafür mit der Rasierklinge an einer gelb gefärbten Stelle ein kleines quadratisches Stück des Blütenblatts heraus und bettet es auf dem Objektträger in Wasser ein.

Beobachtung

Bei 50-facher Vergrößerung sucht man eine nicht so stark gefärbte Zone und kann dabei schon erkennen, dass die gelbe Farbe durch gelbe Anhäufungen in der Zelle verursacht wird. Bei 100-facher Vergrößerung kann nacheinander die obere und untere Epidermis fokussiert werden. Beide Epidermen bestehen aus länglichen Zellen mit glatten Zellwänden. Bei weiterer Vergrößerung (400-fach) erkennt man die gelb gefärbten Chromoplasten, die in Haufen zusammenliegen, oft um den nicht kontrastierten Zellkern herum oder dicht gedrängt an der Zellwand. Die Erscheinungsform (Größe, Form, Anzahl) der Chromoplasten in den Zellen ist sehr unterschiedlich und variiert in Abhängigkeit von Tulpenart und betrachteter Stelle erheblich. Die Epidermis wird auch durch zahlreiche **Spaltöffnungen** durchsetzt.

Aufgabe

- Zeichnen je eines Zellverbandes von 3 bis 4 Zellen der oberen und unteren Epidermis mit den darin enthaltenen Chromoplasten.

Rote Paprika – Flächenschnitt der Fruchtschale

Objekt

Gemüsepaprika, rote Kultursorte – *Capsicum annuum* var. *grossum* – Solanaceae

Frische, rote Gemüsepaprika.

Präparation

Die Paprikaschote wird flächig angeschnitten und vom Fruchtfleisch knapp unter der Haut werden dünne Flächenschnitte hergestellt. Diese werden auf dem Objektträger in 5%ige Saccharoselösung eingebettet.

Beobachtung

In der schwächsten Vergrößerung (50-fach) sieht man das helle Parenchym aus länglichen Zellen. Bei 100-facher Vergrößerung kann in den Zellen eine lebhafte **Plasmaströmung** beobachtet werden. Zahlreiche **Chromoplasten** liegen in Haufen in den Zellen (o Abb. 2.20 A). Bei 400-facher Vergrößerung erscheinen sie schiffchen- oder spindelförmig, auch sichelförmig gekrümmt oder rundlich (o Abb. 2.20 B). Die Chromoplasten liegen oft gehäuft an der Zellwand oder eng am **Zellkern**, der gut zu erkennen ist und meist einen **Nucleolus** aufweist.

Aufgabe

- Zeichnen eines Gewebeausschnittes von 2 bis 3 Zellen bei 400-facher Vergrößerung mit Chromoplasten.

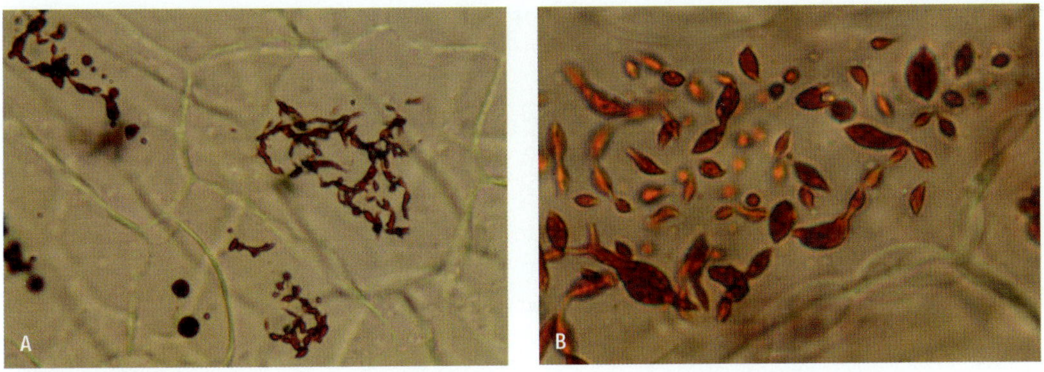

Abb. 2.20 Chromoplasten in der roten Gemüsepaprika, **A** Übersicht, **B** Ausschnitt (StB)

Hagebutte –Querschnitt der Fruchtwand

Objekt

Rose – *Rosa spec.* (z. B. *R. canina*, *R. rugosa*) – Rosaceae

Frische Hagebutte.

Präparation

Ein dünner Querschnitt der roten Fruchtwand wird in Wasser eingebettet.

Beobachtung

Die Fruchtwand besteht aus relativ dickwandigen, hellen, rundlichen Zellen mit Interzellularen. Bei 100-facher Vergrößerung kann man im Zelllumen die **Chromoplasten** sehen, die vollständig von den **Carotinkristallen** ausgefüllt sind, oder auch freie Carotinkristalle. Sie sind sehr formenreich und zeigen sich rund, länglich, fadenförmig, rhombisch, zipfelig oder sichelförmig. Sie liegen entweder einzeln oder in Haufen zusammen, oft um die Zellkerne herum, die hellgrau und schlecht kontrastiert sind. Auch kann **Plasmaströmung** beobachtet werden.

Aufgabe

- Zeichnen eines Zellverbandes von wenigen Zellen mit den verschiedenen Formen der Carotinkristalle.

2.4.7 Plastiden – Amyloplasten

Kartoffel – Tangentialschnitt im Schalenbereich

Objekt

Kartoffel – *Solanum tuberosum* – Solanaceae

Frische, saubere Kartoffel.

Präparation

Die Kartoffel wird mit einem Messer tangential angeschnitten. Mit der Rasierklinge werden mehrere dünne Schnitte geführt. Interessant ist der Bereich im Übergang von der Kartoffelschale zum weißen Fleisch. Die Zellen dort enthalten nicht so viele Stärkekörner und man kann die anderen Zellstrukturen besser erkennen. Die Schnitte werden in 5%ige Saccharoselösung eingebettet.

Option

Färbung der Stärke mit Iod-Lösung (MR 17)

Beobachtung

In der Übersicht (50-fache Vergrößerung) ist die Kartoffelschale als brauner **Kork** auszumachen (Korkhaut). Die Korkzellen sind mehreckig und stehen in Reihe. Die Zellen des Speicherparenchyms sind hell und enthalten zahlreiche **Stärkekörner**. Unmittelbar unter der Korkschicht liegen Zellen ohne oder mit nur wenigen, kleineren Stärkekörnern. Dieser Bereich wird bei stärkerer Vergrößerung (100-fach bzw. 400-fach) betrachtet.

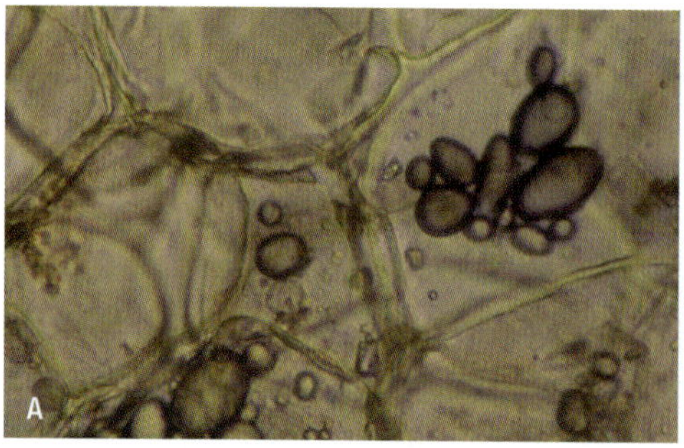

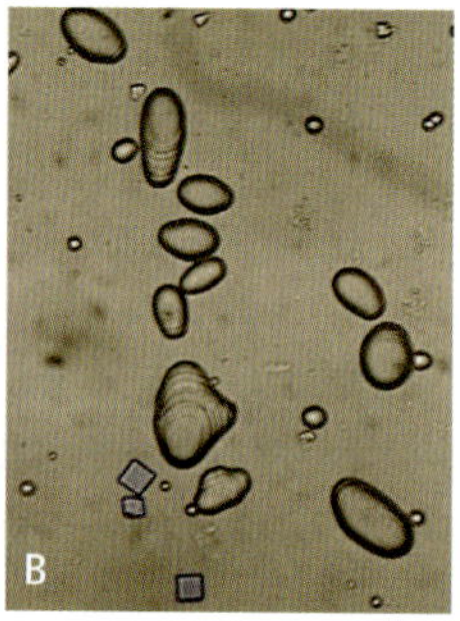

Abb. 2.21 A Amyloplasten im Speicherparenchym der Kartoffel (*Solanum tuberosum*), B Kartoffelstärke mit Eiweißkristallen (StB)

Auffallend ist eine starke Plasmaströmung. Die Zellen sind rundlich bis oval und enthalten relativ große, runde **Zellkerne**, die sehr schwach kontrastiert sind. Im Kern erkennt man meist einen **Nucleolus**. Um den Kern herum liegen mehrere (bis zu 10) unterschiedlich große **Amyloplasten** (Abb. 2.21 A). Entweder enthalten sie kleine Stärkekörner, oder ein Stärkekorn füllt sie ganz aus. Das lässt sich am besten im gefärbten Präparat erkennen. Bei größeren Stärkekörnern kann man den umgebenden Amyloplasten nicht mehr erkennen. Sie zeigen jedoch eine besonders deutliche Schichtung, die bei der Stärke der Kartoffel typischerweise exzentrisch ist (Abb. 2.21 B). Mit Iod-Lösung färbt sich die Stärke hellviolett bis blauschwarz an. Mitunter sind in der Zelle neben der Stärke große Quader von Eiweißkristalloiden enthalten .

Aufgabe

- Zeichnen eines Zellverbandes aus dem Bereich unter der Korkhaut mit 4 bis 5 Zellen mit Zellkern, Amyloplasten und Stärkekörnern.
- Zeichnen einer Zelle aus einem zentraleren Bereich des Speicherparenchyms mit großen Stärkekörnern und Eiweißkristalloiden.

2.4.8 Reservestoffe – Stärke

Stärkekörner im Vergleich

Objekte

Kartoffelstärke – Solani amylum – *Solanum tuberosum* – Solanaceae

Weizenstärke – Tritici amylum – *Triticum aestivum* – Poaceae

Reisstärke – Oryzae amylum – *Oryza sativa* – Poaceae

Maisstärke – Maydis amylum – *Zea mays* – Poaceae

Präparation

Als Bezugsgröße für den Größenvergleich eignen sich sehr gut Bärlappsporen (*Lycopodium*), da sie mit Durchmessern von 29 bis 32 µm gleichmäßig groß sind. Die Stärkedrogen werden jeweils mit wenig Lycopodium gemischt. Von der Mischung wird jeweils ein Wasserpräparat hergestellt.

Option

Färben der Stärkekörner mit Iod-Lösung (MR 17). Um Überfärbung zu verhindern, wird ein Tropfen der Iod-Lösung an eine Seite des Deckglases gegeben und ganz vorsichtig von der anderen Seite her mit Filtrierpapier so durchgezogen, dass nur ein Teil des Präparates gefärbt ist.

Beobachtung

Bereits in der Übersicht (50-fache Vergrößerung) kann man Stärkekörner und Bärlappspo-

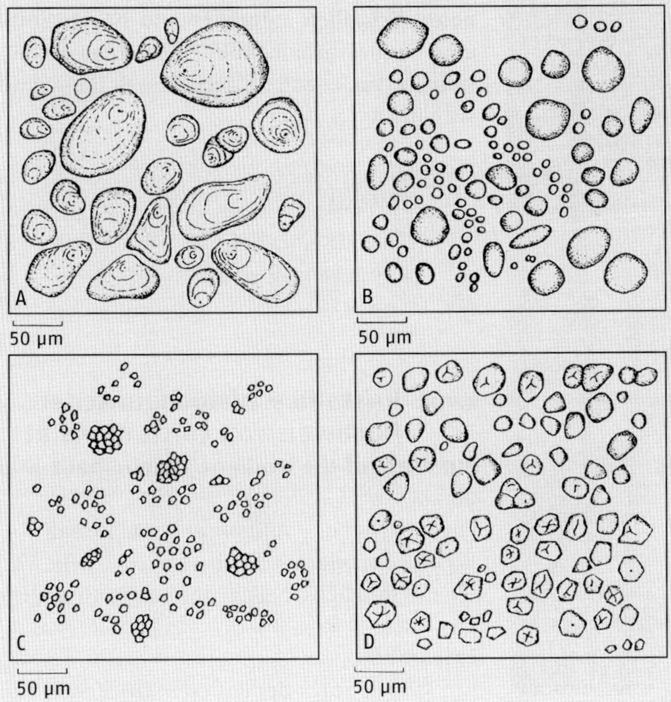

o Abb. 2.22 Verschiedene Stärkedrogen: **A** Kartoffelstärke (Solani amylum), **B** Weizenstärke (Tritici amylum), **C** Reisstärke (Oryzae amylum), **D** Maisstärke (Maydis amylum), (aus Deutschmann et al.)

ren gut unterscheiden. Der Größenvergleich wird am besten bei 100-facher Vergrößerung vorgenommen. Schichtung und Zeichnung der Stärkekörner werden bei 400-facher Vergrößerung analysiert.

Kartoffelstärke (o Abb. 2.22 A) besteht aus länglich-eiförmigen bis fast dreieckigen Körnern. Die Körner der **Weizenstärke** sind eher rund oder leicht elliptisch und typischerweise sehr unterschiedlich groß (o Abb. 2.22 B). Die Kartoffelstärke ist exzentrisch, die Weizenstärke konzentrisch geschichtet. Die **Reisstärke** ist eine zusammengesetzte Stärke mit vielen Bildungszentren (o Abb. 2.22 C). Im Drogenmaterial liegen die Körner hauptsächlich einzeln vor. Sie sind sehr klein, fünfeckig und lassen auf ihrer Oberfläche keinerlei Zeichnung erkennen. **Maisstärke** liegt in der Größe zwischen Kartoffelstärke und Reisstärke. Sie besteht aus eckigen Körnern mit je einem Trocknungsspalt, der oft wie ein kleines Kreuz geformt ist (o Abb. 2.22 D).

Aufgabe

- Zeichnen der vier Stärkesorten im richtigen Größenverhältnis mit einer Bärlappspore als Bezugsobjekt (100-fache Vergrößerung). Die Schichtung und Zeichnung auf den Stärkekörnern wird bei 400-facher Vergrößerung analysiert und eingezeichnet.

2.4.9 Reservestoffe – Inulin

Dahlie – Schnitt durch die Wurzelknolle

Objekt

Dahlie – *Dahlia variabilis* – Asteraceae

Frische Knollen von Dahlien.

Präparation

Inulin, das Reservekohlenhydrat von Dahlien, ist im Zellsaft gelöst. Es kann in Form von sphärischen Kristallen sichtbar gemacht werden, wenn

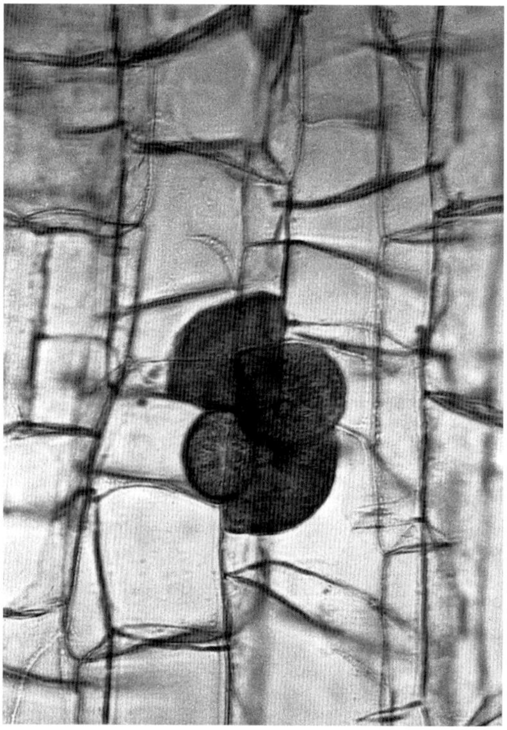

○ **Abb. 2.23** Inulin im Speicherparenchym der Dahlienknolle (*Dahlia variabilis*) (StB)

dem Objekt Wasser entzogen wird. Zu diesem Zweck werden Scheiben der Knolle in 96%iges Ethanol eingelegt. Nach einigen Stunden wird das Ethanol erneuert. Bis zur mikroskopischen Untersuchung können die Knollen so aufbewahrt werden. Zur Mikroskopie werden mit der Rasierklinge am Rande der Knolle dünne Querschnitte hergestellt und in Ethanol 90 % eingebettet.

Option

Nachweis von Inulin mit α-Naphthol-Schwefelsäure (MR 11).

Beobachtung

In der Übersicht (50-fach) ist ein helles Gewebe aus rundlichen bis mehreckigen Zellen zu erkennen. Auch bei 100-facher Vergrößerung sind außer den großen, sphärischen Kristallen des Inulins keine anderen Zellstrukturen auszumachen. Die **Inulinkristalle** liegen an den Zellwänden so, dass die Zellwände durch sie hindurch laufen (○ Abb. 2.23). Sie sind aus radial angeordneten Kristallen aufgebaut und haben deshalb eine runde Gestalt. Beim Erwärmen lösen sie sich im Wasser auf. Im gefärbten Präparat laufen sie blutrot aus.

Aufgabe

- Zeichnen eines Gewebeausschnittes von 3 bis 4 Zellen mit einem Inulinkristall.

2.4.10 Kristalle – histochemischer Nachweis von Calciumoxalat

Aufsicht auf die trockene Zwiebelhaut

Objekt

Küchenzwiebel – *Allium cepa* – Alliaceae

Frische, mittelgroße Küchenzwiebel, helle Varietät, mit möglichst hellen, dünnen Außenschalen.

Präparation

Ein kleines Stück der äußeren, trockenen Häute der Zwiebel wird auf einem Objektträger in Wasser präpariert. Es ist zweckmäßig, dem Wasser etwas Speichel zuzusetzen, damit sich die Haut besser mit Wasser benetzen lässt. Das Wasser wird anschließend mit einem Filtrierpapier am Rande des Deckglases abgesaugt und gegen Chloralhydrat (MR 05) ausgetauscht. Dann wird aufgehellt. Auch bei größter Sorgfalt lässt sich ein Einschluss von Luft nicht vermeiden.

Option

Histochemischer Nachweis des Calciumoxalats mit konzentrierter Schwefelsäure (MR 07). Vorsicht!

Beobachtung

In der Übersicht (50-fach) erkennt man die **Epidermis** der trockenen Zwiebelhaut, die aus länglichen Zellen besteht. Die darunter liegende, subepidermale Zellschicht weist eher isodiametrische Zellen auf mit relativ dicken Zellwänden. In jeder Zelle liegt ein großer **Einzelkristall** oder ein zusammengesetzter Kristall (○ Abb. 2.24 A). Bei stärkerer Vergrößerung (100-fach bzw. 400-fach)

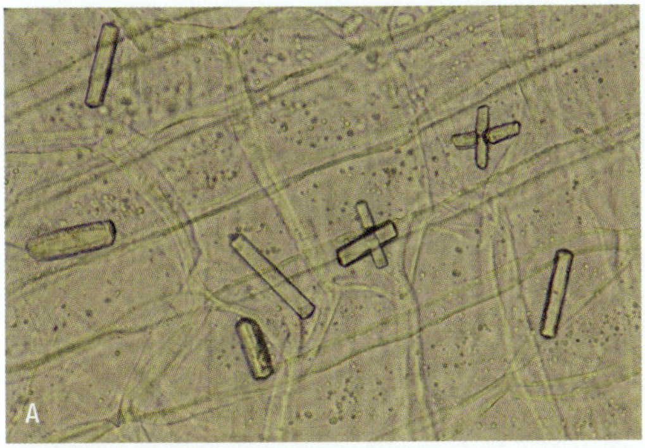

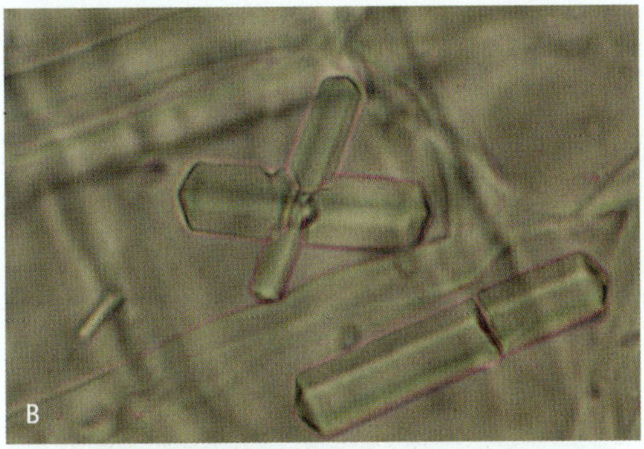

Abb. 2.24 Einzelkristalle in der subepidermalen Schicht der Zwiebelhaut (*Allium cepa*), A Übersicht, B Durchwachsungskristall (StB)

können die Kristallformen noch genauer studiert werden. Meist sind es einzelne Prismen, häufig aber **Durchwachsungskristalle** (Abb. 2.24 B), wobei zwei oder mehrere Prismen sich scheinbar überkreuzen. Oft „wachsen" aus einem großen Prisma kleine Prismen seitlich heraus.

Histochemischer Nachweis des Calciumoxalats

Mit einem Filtrierpapier wird etwas Flüssigkeit unter dem Deckglas herausgesaugt. Auf der anderen Seite des Deckglases wird konzentrierte Schwefelsäure (MR 07) aufgegeben (Vorsicht!) und unter das Deckglas gezogen. Dort, wo die Schwefelsäure mit dem Gewebe in Berührung kommt, färbt sich das Präparat gelb an. Unter dem Mikroskop wird die Grenzfläche zur Schwefelsäure beobachtet, wobei die Kristalle scharf eingestellt werden. Sobald ein Kristall mit der Schwefelsäure in Berührung kommt, wird seine Oberfläche rau. Nach kurzer Zeit wachsen dann aus dem Kristall feine Nadeln von Calciumsulfat (Gipsnadeln) heraus.

Aufgabe

- Zeichnen einiger Zellen des subepidermalen Gewebes mit verschiedenen Formen von Calciumoxalat-Kristallen.
- Durchführung des histochemischen Nachweises von Calciumoxalat. Zeichnen eines Kristalls mit auswachsenden Gipsnadeln.

2.4.11 Formenvielfalt der Kristalle

Pulverisierte Drogen als Beispiele

Objekte

Hyoscyamusblätter – Hyoscyami folium – *Hyoscyamus niger* (Bilsenkraut) – Solanaceae

Rhabarberwurzel – Rhei radix – *Rheum palmatum* s. l. – Polygonaceae

Stramoniumblätter – Stramonii folium – *Datura stramonium* (Stechapfel) – Solanaceae

Belladonnablätter – Belladonnae folium – *Atropa belladonna* – Solanaceae

Sennesblätter – Sennae folium – *Cassia senna* – Fabaceae

Meerzwiebel – Scillae bulbus – *Urginea maritima* – Hyacynthaceae

Iris-Rhizom – Iridis rhizoma – *Iris germanica* – Iridaceae

Verschiedene pulverisierte Drogen.

Präparation

Von den Drogenpulvern werden jeweils Chloralhydratpräparate hergestellt (MR 05).

Option

Betrachtung der Kristalle im polarisierten Licht.

Beobachtung

Hyoscyamusblätter: Einzelkristalle im Blattgewebe (Abb. 2.25 D).

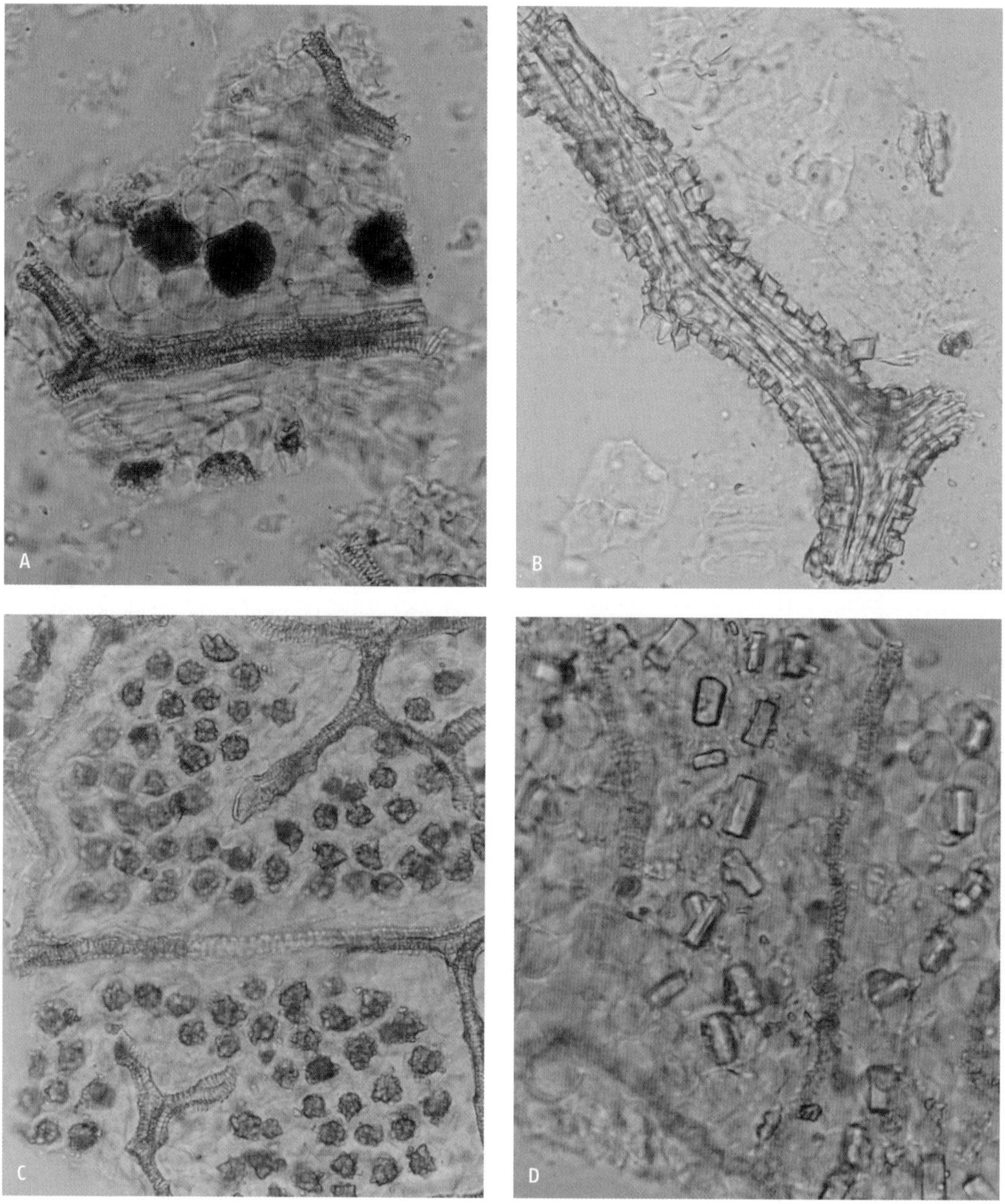

Abb. 2.25 Verschiedene Kristalle in Drogen: A Kristallsand in Belladonnablättern (Belladonnae folium), B Kristallzellreihen in Sennesblättern (Sennae folium) (StB), C Drusen in Stramoniumblättern (Stramonii folium), D Einzelkristalle in Hyoscyamusblättern (Hyoscyami folium)

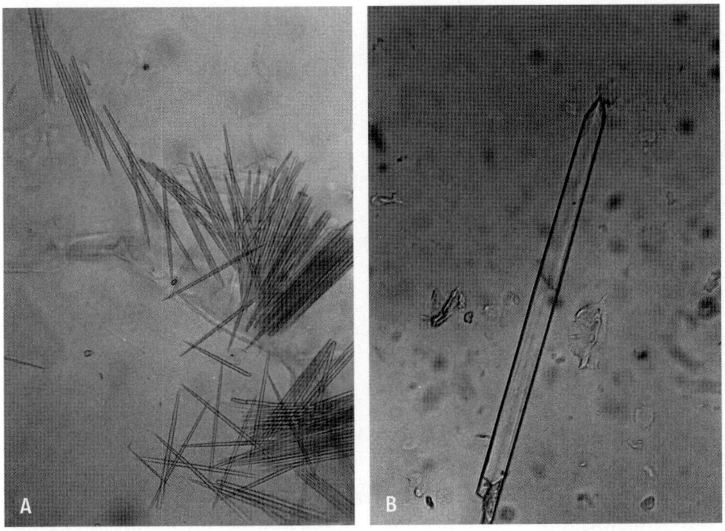

○ Abb. 2.26 Kristalle: **A** Raphiden in der Meerzwiebel (Scillae bulbus), **B** Styloide im Irisrhizom (Iridis rhizoma) (StB)

Rhabarberwurzel: Große Drusen meist frei im Präparat.

Stramoniumblätter: Drusen im Blattgewebe (○ Abb. 2.25 C).

Belladonnablätter: Kristallsandzellen im Blattgewebe (○ Abb. 2.25 A).

Sennesblätter: Einzelkristalle als Kristallzellreihen auf einer Blattader (○ Abb. 2.25 B).

Meerzwiebel: Raphiden in verschiedenen Größen (○ Abb. 2.26 A).

Iris-Rhizom: Styloide (Bleistiftkristalle, ○ Abb. 2.26 B).

3 Die pflanzlichen Gewebe

Die hohe Organisation der Pflanze kommt in der Ausbildung von **Organen** mit sehr spezifischen Aufgaben zum Ausdruck (Sprossachse, Blätter, Blüte, Wurzel). Die Organe bestehen ihrerseits aus sehr spezialisierten **Geweben**, die arbeitsteilig den Anforderungen des jeweiligen Lebensraums an eine Pflanze gerecht werden können. Als Gewebe bezeichnet man Verbände aus morphologisch und funktionell gleichartigen Zellen. Bau und Funktion der Gewebe zu erforschen, ist Gegenstand der **Histologie** (Gewebelehre).

Charakteristisch für die hohe Organisationsstufe der Pflanze ist eine klare Trennung zwischen **Bildungsgeweben** und **Dauergeweben**. Bildungsgewebe produzieren durch fortwährende Teilung neue Zellen, die Zellen der Dauergewebe sind teilungsinaktiv, jedoch auf verschiedene andere Leistungen spezialisiert. Entsprechend ihrer Funktion lassen sich die Dauergewebe einer Pflanze in **Grundgewebe**, **Exkretionsgewebe**, **Abschlussgewebe**, **Festigungsgewebe** und **Leitgewebe** einteilen.

3.1 Bildungsgewebe (Meristem)

Bildungsgewebe oder **Meristeme** (griech. meristes = Teiler) bestehen aus teilungsbereiten Zellen und kommen bei Pflanzen nur in ganz bestimmten Arealen vor. An der Spitze von Sprossachse und Wurzel befindet sich jeweils ein **Apikal-** oder **Scheitelmeristem**, das für das Längenwachstum der Pflanze verantwortlich ist. Die Zellen der Apikalmeristeme, die sich direkt aus Embryonalzellen herleiten, sind isodiametrisch und relativ klein. Im Unterschied zu Dauerzellen sind sie dünnwandig, plasmareich und kaum vakuolisiert. Das **Apikalmeristem** besitzt **Initial-** oder **Stammzellen**, die sich inäqual teilen, wodurch zwei unterschiedliche Tochterzellen entstehen. Aus der einen wird wiederum eine teilungsbereite Initialzelle, die zweite Tochterzelle kann sich noch mehrfach teilen, wodurch Primärmeristeme entstehen. Diese sind sowohl am Längenwachstum als auch an der späteren Gestaltbildung der Pflanze beteiligt.

Das Dickenwachstum der Sprossachse ausdauernder Pflanzen (Sträucher, Bäume), das sog. sekundäre Dickenwachstum, geht von einem **lateralen Meristem** aus und zwar von einem **Kambium**, das in Form des **faszikulären** und **interfaszikulären Kambiums** als geschlossener Gewebezylinder in der Sprossachse bzw. Wurzel liegt. Die Teilungsfähigkeit des Kambiums ist auf wenige Schichten von Initialzellen beschränkt (kambiale Zone), die sich, wie beim Apikalmeristem beschrieben, inäqual teilen. Eine Tochterzelle wird wieder zur Initialzelle, die andere differenziert sich unmittelbar zu einer Dauerzelle. Durch neue tangentiale Zellwände werden abwechselnd nach außen und innen neue Zellen gebildet, die zur Umfangserweiterung beitragen. Im Unterschied zu den meristematischen Zellen der Apikalmeristeme sind Kambiumzellen stark vakuolisiert und lang gestreckt (prosenchyma-

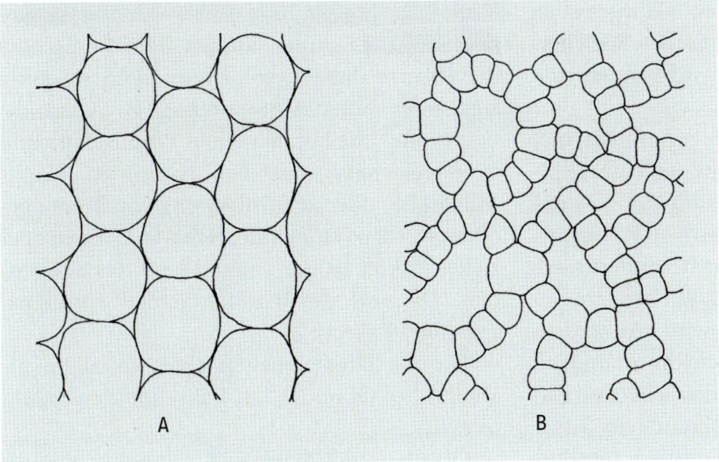

Abb. 3.1 Parenchyme: A Markparenchym (z. B. Holundermark), B Aerenchym (z. B. Kalmus) (NH)

tisch). Im weiteren Verlauf des Dickenwachstums sorgt dann ein anderes, ganz in der Peripherie der Sprossachse liegendes Kambium, das **Korkkambium** (**Phellogen**), für die Bildung eines neuen Abschlussgewebes. Ebenfalls von einem Kambium, dem **Perizykel** (**Perikambium**), geht in der Wurzel die Seitenwurzelbildung aus.

Rührt die Teilungsfähigkeit eines Meristems noch von den Apikalmeristemen her, spricht man von einem **primären Meristem** oder **Restmeristem**. Dies trifft für die interkalaren Wachstumszonen der Sprossachse (Internodienstreckung) sowie für das faszikuläre Kambium des Sprosses und den Perizykel der Wurzel zu. Andere Meristeme, wie das interfaszikuläre Kambium und das Korkkambium, entstehen zu einem späteren Zeitpunkt durch Umbildung von Dauergeweben und werden als **Folgemeristeme** oder **sekundäre Meristeme** bezeichnet. Handelt es sich dabei nur um eine kleine Zellgruppe oder eine Einzelzelle, spricht man von einem **Meristemoid**. Die Spaltöffnungen (Stomata) und Haare (Trichome) der Blätter entstehen z. B. aus Meristemoiden der Blattepidermis.

3.2 Grundgewebe (Parenchym)

Das Grundgewebe oder **Parenchym** (griech. enchyma = das Eingeschlossene) stellt die Hauptmasse der pflanzlichen Dauergewebe dar. Es besteht in der Regel aus lebenden, meist isodiametrischen Zellen mit großer Zentralvakuole und kaum verdickter Zellwand aus Primärwandmaterial (o Abb. 3.1 A). Durch den hydrostatischen Innendruck (Turgor) tragen die Parenchyme wesentlich zur Festigkeit von krautigen Pflanzen bei.

Grundgewebe werden nach ihrer Lage in der Pflanze z. B. als Rindenparenchym, Markparenchym, Xylemparenchym, Phloemparenchym oder Holzparenchym benannt. Haben sie als solche spezielle Aufgaben, kann man sie z. B. als **Assimilationsparenchym**, **Speicherparenchym**, **Durchlüftungsparenchym** oder **Wasserspeicherparenchym** näher beschreiben. Manchmal ist auch die Form der Zellen namensgebend und man spricht von einem **Schwamm**-, **Stern**- oder **Palisadenparenchym**.

Assimilationsparenchyme stehen im Dienste der Photosynthese und sind grün, da ihre Zellen viele Chloroplasten enthalten. Das Gewebe ist reich an Interzellularen, um den Gasaustausch (CO_2, O_2, Wasserdampf) zu gewährleisten. Naturgemäß sind Assimilationsparenchyme im Blatt besonders reichlich, wo sie in Form von **Palisaden**- und **Schwammparenchym** das Mesophyll bilden.

Speicherparenchyme sind farblos und dienen der Speicherung von Reservestoffen wie Kohlenhydrate (Stärke), fettes Öl und Eiweiß (Aleuron). Sie finden sich vorzugsweise im Mark und in den Markstrahlen von Sprossachse

3

und Wurzel, außerdem in den Nährgeweben von Samen und natürlich in typischen Speicherorganen wie z. B. in Zwiebeln, Rhizomen und Knollen.

Durchlüftungsparenchyme (Aerenchyme) sind mit vielen großen, luftgefüllten Interzellularen durchsetzt, die der Belüftung der Gewebe dienen (o Abb. 3.1 B). Bei Sumpf- und Wasserpflanzen sind Aerenchyme ganz besonders stark ausgeprägt, damit der Gasaustausch bei untergetauchten Organen erleichtert wird. Außerdem tragen sie entscheidend zur Schwimmfähigkeit von Wasserpflanzen bei. Auch das Schwammparenchym der Blätter kann als Aerenchym aufgefasst werden. Es besitzt extrem große Interzellularen und dient so der Belüftung des Gewebes sowie der Abgabe von Wasserdampf (Transpiration), wichtig gegen Überhitzung und zur Aufrechterhaltung des Transportstromes von der Wurzel zum Spross.

Wasserspeicherparenchyme stellen das typische Grundgewebe von Pflanzen extrem trockener Standorte dar. Die Wasservorräte liegen in den Vakuolen der dadurch stark vergrößerten Parenchymzellen. Die wasserspeichernden Organe sind stark angeschwollen, was als **Sukkulenz** bezeichnet wird. Man kennt Spross-, Blatt- und Wurzelsukkulenten. Kakteen sind typisch sukkulente Pflanzen (Sprosssukkulenz).

Verschiedentlich sind ins Grundgewebe Zellen eingestreut, die sich durch Größe, Form, Wandstruktur und Funktion von den übrigen parenchymatischen Zellen deutlich unterscheiden. Solche Zellen werden als **Idioblasten** (griech. idios = eigen; blastos = Trieb, junger Zweig) bezeichnet. Typische Idioblasten sind z. B. Kristall-, Gerbstoff-, Alkaloid- oder Ölzellen.

3.3 Ausscheidungsgewebe (Exkretionsgewebe)

Als **Exkretionsgewebe** werden Zellen oder Zellverbände bezeichnet, die Exkrete bilden und diese dann entweder im Zellraum oder außerhalb von diesen in Interzellularen ablagern. Zu den pflanzlichen Exkreten zählt man z. B. ätherische Öle, Harze, Milchsäfte, Blütenduftstoffe und Nektar. Exkrete können dem Fraßschutz der Pflanze dienen, vor allem wenn sie giftig sind oder bitter schmecken (z. B. Alkaloide, Gerbstoffe). Sie können einen Wundschutz und Wundverschluss darstellen (Gummen, Harze, Milchsäfte) oder zur Anlockung von Tieren gebildet werden (Duftstoffe, Nektar). Ein sehr spezielles Exkret ist der Fangschleim des Sonnentaus (*Drosera*), der Insekten verdaut (proteinasehaltiges Exkret).

Für die Drogenanalyse sind vor allem die ätherisches Öl bildenden Exkretionsgewebe interessant.

Ölzellen sind Idioblasten (Ölidioblasten), die ätherisches Öl akkumulieren. Ihre Zellwände sind auf der Innenseite durch eine Suberinlamelle abgedichtet. Vom systematischen Standpunkt aus sind sie als einfaches Merkmal zu bezeichnen und deshalb für Pflanzenfamilien typisch, die eher am Anfang des Systems stehen, wie z. B. die Lauraceae (Lorbeergewächse) oder die Piperaceae (Pfeffergewächse).

Ölbehälter oder **Ölgänge** können auf verschiedenen Wegen entstehen. Wenn der Ablagerungsraum nach Auflösung von Mittellamellen zwischen den Zellen durch Auseinanderweichen von Zellen als Interzellularraum entsteht, bezeichnet man sie als schizogen (griech. schizein = spalten). **Schizogene Ölbehälter** und **Ölgänge** sind meist mit einem Drüsenepithel ausgekleidet. Als typische Ölablagerungsräume findet man solche Ölbehälter in Hypericaceae (Johanniskrautgewächse). Schizogene Ölgänge sind auch für Apiaceae (Doldengewächse) und schizogene Harzgänge für Pinaceae (Kieferngewächse) charakteristisch. Ablagerungsräume können auch dadurch entstehen, dass Zellen degenerieren und sich schließlich auflösen. Solche Ölbehälter bezeichnet man als lysigen entstanden (griech. lysis = Auflösung). **Lysigene Ölbehälter** sind z. B. in den Fruchtschalen der Citrusfrüchte (Rutaceae, Rautengewächse) zu finden (o Abb. 3.2). Eine Kombination dieser beiden Bildungsformen stellen die **schizolysigenen Ölbehälter** dar, wie sie z. B. für die Myrtaceae (Myrtengewächse: Eukalyptusbaum, Gewürznelken) typisch sind.

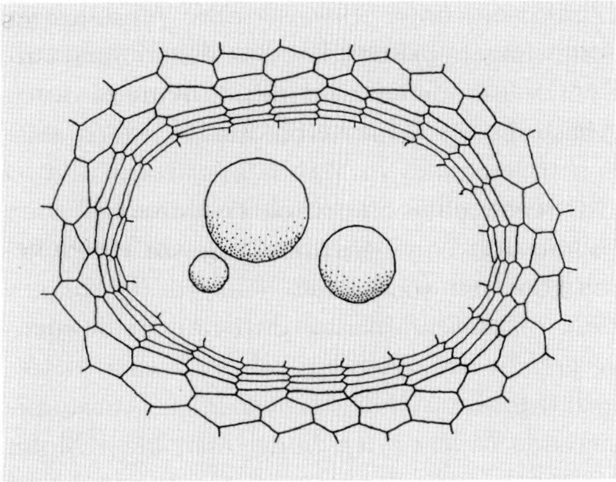

○ **Abb. 3.2** Lysigener Ölbehälter mit Öltröpfchen in der Fruchtwand der Zitrone (*Citrus limon*) (nach Tschirch, NH)

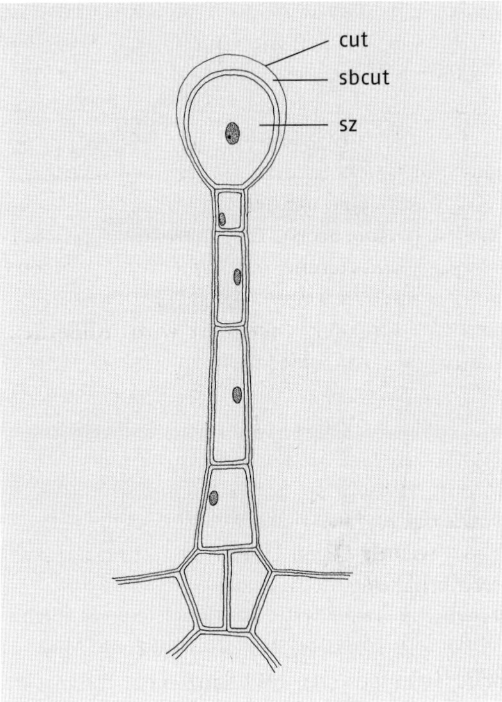

○ **Abb. 3.3** Drüsenhaar von Salbei (*Salvia officinalis*): **cut** Cuticula, **sbcut** subcuticulärer Raum, **sz** sezernierende Zelle (nach Nultsch, NH)

Drüsenhaare liegen an der Oberfläche des Pflanzenkörpers und sondern ihr Exkret nach außen ab. Bei den **Köpfchenhaaren** besteht das Köpfchen aus einer oder zwei Drüsenzellen (sezernierende Zellen) auf einem ein- bis mehrzelligen Stiel. Das ätherische Öl wird nach außen unter die Cuticula abgeschieden, die sich dabei etwas anhebt (○ Abb. 3.3).

Drüsenschuppen sind schuppenförmig ausgebildete Drüsenhaare, die bis zu 16 sezernierende Zellen vereinen, die das ätherische Öl durch die Zellwände hindurch in einem gemeinsamen großen Subcuticularraum unter der Cuticula ablagern. Dadurch wölbt sich die Cuticula stark empor. Drüsenschuppen sind vom systematischen Standpunkt aus gesehen abgeleitete Merkmale und deshalb in hoch entwickelten Pflanzenfamilien wie den Lamiaceae (Lippenblütler) und den Asteraceae (Korbblütler) zu finden. Sporadisch kommen sie in anderen Pflanzenfamilien vor, wie z. B. den Cannabaceae (Hopfen, Hanf) und den Betulaceae (Birke).

Die Drüsenschuppen der Lamiaceae und Asteraceae sind unterschiedlich aufgebaut:

Die Lamiaceen-Drüsenschuppe (○ Abb. 3.4, rechts) besteht aus 4 bis 16 sezernierenden Zellen, die in einer Ebene angeordnet sind und von einer Stielzelle getragen werden. Die Astera-

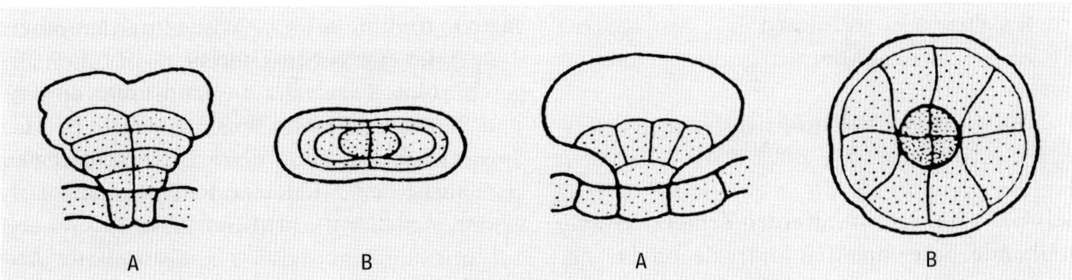

○ **Abb. 3.4** Drüsenschuppen: links: Asteraceen-Drüsenschuppe, rechts: Lamiaceen-Drüsenschuppe, **A** Seitenansicht, **B** in Aufsicht (aus Frohne)

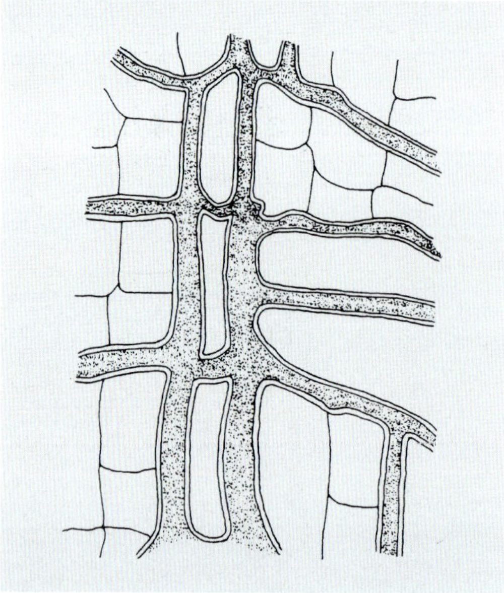

o Abb. 3.5 Gegliederte, anastomosierende Milchröhren (z. B. Löwenzahn) (nach Fitting, aus Strasburger)

ceen-**Drüsenschuppe** (o Abb. 3.4, links) besteht in der Regel aus fünf Zellpaaren, die übereinander angeordnet sind. Die obersten drei Zellpaare sezernieren ätherisches Öl in den Subcuticularraum.

Milchröhren enthalten eine weißliche Flüssigkeit, den Milchsaft, der beim Abtrennen oder Verletzen einer Pflanze austritt (z. B. Löwenzahn, Wolfsmilch). Er besteht aus einer wässrigen Matrix und darin dispergierten Latexpartikeln, die das milchige Aussehen verursachen. Weiterhin können Zucker, Stärke, Alkaloide, Kristalle und Öle enthalten sein. Milchröhren durchziehen als Röhrensystem den ganzen Pflanzenkörper. Sie kommen gegliedert und ungegliedert vor.

Ungegliederte Milchröhren bestehen aus einer einzigen, geraden oder stark verästelten (verzweigten) Zelle, die mehrere Meter lang werden kann. Ihr Protoplast ist wandständig und oft mehrkernig. Man findet sie u. a. bei vielen Euphorbien, beim Oleander und beim Gummibaum. **Gegliederte Milchröhren** entstehen aus mehreren Zellen durch Zellverschmelzung (Zellfusion) unter teilweiser oder vollständiger Auflösung ursprünglich vorhandener Querwände. Die gebildeten Milchröhren können durch Anastomosen (Querverbindungen) auch seitlich miteinander in Verbindung treten und so ein regelrechtes Milchröhrensystem ergeben (o Abb. 3.5). Nicht anastomosierende Milchröhren kommen u. a. beim Schöllkraut (*Chelidonium*) vor, dessen Milchsaft durch Alkaloide orange gefärbt ist, außerdem bei der Zwiebel (*Allium*) und der Winde (*Convolvulus*). Anastomisierende Milchröhren findet man beim Mohn (*Papaver*), beim Löwenzahn (*Taraxacum*) und beim Kautschukbaum (*Hevea*).

Nektarien sind Drüsen, die zuckerhaltigen Nektar ausscheiden. Sie sind meist in Blüten enthalten, wo sie der Anlockung von Blütenbestäubern dienen. Bei manchen Pflanzen entstehen Blütenduftstoffe in besonderen Drüsen, den **Osmophoren**. Zu den Exkretionsgeweben kann man auch **Idioblasten** zählen, in denen Gerbstoffe, Schleim, Farbstoffe, Kristalle und andere Stoffwechselprodukte akkumuliert werden.

3.4 Abschlussgewebe

An die Abschlussgewebe einer Pflanze werden hohe Anforderungen gestellt, da sie einerseits einen Schutz gegen die wechselnden Bedingungen der Umwelt bieten, andererseits auch einen Austausch mit der Umwelt gewährleisten müssen. Letzteres betrifft sowohl Spross (Gasaustausch, Wasserdampfabgabe) als auch Wurzel (Wasseraufnahme). Der Spross junger, noch krautiger Pflanzen (primäre Sprossachse und Blätter) und die primäre Wurzel werden durch ein **primäres Abschlussgewebe** nach außen abgeschlossen. Dazu zählt die **Epidermis** (Spross) und die **Rhizodermis** (Wurzel). Sobald bei der Sprossachse und der Wurzel das sekundäre Dickenwachstum einsetzt und der Umfang sich erweitert, reißen die primären Abschlussgewebe auf und müssen durch ein **sekundäres Abschlussgewebe** ersetzt werden. Als solches ist bei Spross und Wurzel das **Periderm** anzusehen, das aus einem eigens dafür gebildeten Kambi-

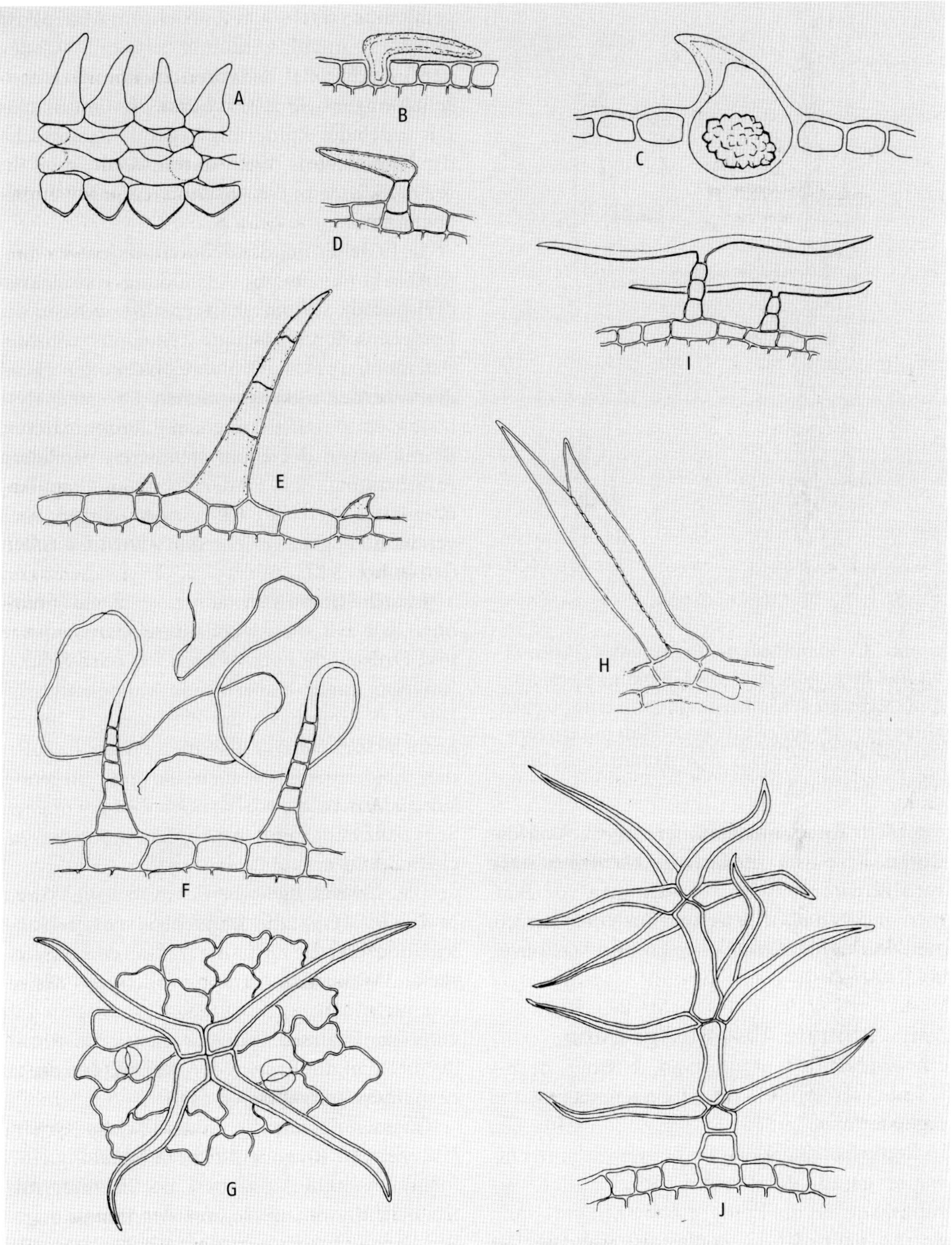

○ Abb. 3.6 Verschiedene Haartypen: **A** Papillen (Stiefmütterchen), **B** Revolverhaar (Sennespflanze), **C** Haar mit Cystolith (Hanf), **D** Kniehaar (Thymian), **E** Eckzahnhaar und Gliederhaar (Melisse), **F** Peitschenhaar (Huflattich), **G** Sternhaar (Malve), **H** Zwillingshaar (Arnika), **I** T-Haare (Wermut), **J** Etagenhaar (Königskerze) (aus Deutschmann et al.)

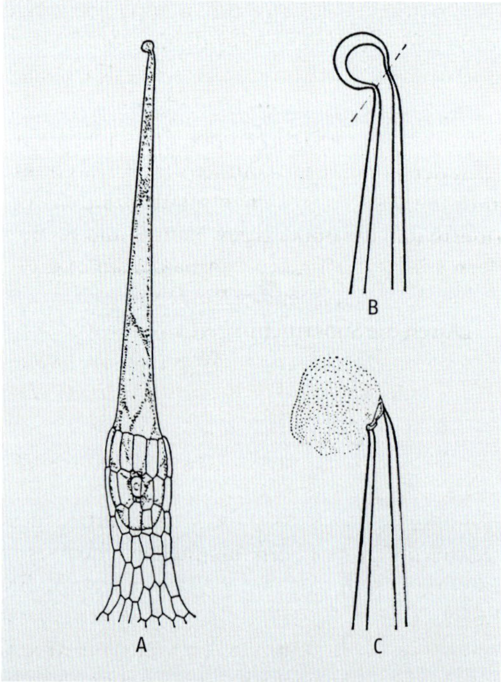

Abb. 3.7 Brennhaar der Brennnessel (*Urtica dioica*): **A** Brennhaar mit Sockel, **B** präformierte Abbruchstelle an der Spitze des Brennhaares, **C** nach Abbrechen der Spitze tritt ein Zellsaft mit Entzündungsmediatoren aus (z. B. Histamin) (nach Denffer, aus Strasburger)

um, dem **Korkkambium**, hervorgeht. Von der **Borke** als einem **tertiärem Abschlussgewebe** spricht man, wenn an den Stämmen von Bäumen und an dicken Ästen und auch bei Wurzeln viele Korkschichten als abgestorbene Zellmasse abblättern.

3.4.1 Primäre Abschlussgewebe

Die **Epidermis** (epi = auf, an, darüber; derma = Haut) schließt die primäre Sprossachse und das Blatt nach außen ab. Ihre Zellen schließen lückenlos aneinander. Die Zellwände sind entweder gerade oder wellig miteinander verzahnt, so dass die Epidermis im Mikroskop in der Aufsicht oft wie ein Puzzle erscheint. Die Außenwände ihrer Zellen sind oft verdickt, außerdem bildet sie zur Unterstützung ihrer Schutzfunktion nach außen eine Wasser abweisende Cuticula. Mitunter ist die Cuticula gefältelt, so dass sie in Aufsicht im Mikroskop an der Cuticularstreifung erkannt werden kann. Manchmal bedecken auch andere Ausscheidungen wie z. B. Wachse die Oberfläche. Die unter der Epidermis liegende Zellschicht, die **Hypodermis**, kann durch Verdickung ihrer Zellwände in die Abschlussfunktion einbezogen sein.

In Erweiterung der Schutzfunktion der Epidermis kommt es zur Ausbildung von **Haaren (Trichome)**. Sie entstehen typischerweise in der Epidermis durch inäquale Zellteilung von Meristemoiden. Der Formenreichtum der Haare dient in der mikroskopischen Drogenanalyse häufig zur Identifizierung von Pflanzenmaterial. Er reicht von der kaum sichtbaren papillösen Ausbuchtung der Epidermiszellen (**Papillen**) über einzellige Haare bis zu mehrzelligen, auch verzweigten, ganz verschieden geformten Gebilden (Abb. 3.6).

Manche Haare übernehmen spezielle Funktionen, wie z. B. die Ausscheidung (Drüsenhaare und Drüsenschuppen, ▸Kap. 3.3) oder Schutzfunktion durch hautreizende Vakuolenflüssigkeit (z. B. Brennhaare der Brennnessel). Brennhaare bezeichnet man als **Emergenzen**, da außer den Epidermiszellen auch darunter liegende, subepidermale Gewebeschichten in Form eines Sockels beteiligt sind (Abb. 3.7). Auch die Stacheln der Rose sind Emergenzen.

Das Abschlussgewebe der primären Wurzel (▸Kap. 6.2.2) ist die kurzlebige, einschichtige **Rhizodermis**. Sie ist für die Aufnahme von Wasser und Nährsalzen verantwortlich und deswegen nicht von einer Cuticula überzogen. Zur Oberflächenvergrößerung wachsen die Rhizodermiszellen im Bereich der Wurzelhaarzone zu einzelligen Wurzelhaaren aus.

Charakteristisch für unterirdische Organe (Wurzel und Rhizom) ist die Ausbildung eines inneren Abschlussgewebes, der **Endodermis**. Sie stellt die innere Begrenzung der primären Rinde dar. Durch spezielle Veränderungen der Zellwände blockiert sie den apoplastischen Wasserweg und verhindert so das unkontrollierte Eindringen von Wasser und Nährsalzen in den Zentralzylinder.

3.4.2 Sekundäre Abschlussgewebe

Sobald nach Einsetzen des sekundären Dickenwachstums der Sprossachse die Epidermis der Erweiterung des Umfangs nicht mehr standhalten kann, wird sie durch ein sekundäres Abschlussgewebe, das **Periderm**, ersetzt. Es wird vom **Korkkambium (Phellogen)** gebildet, das als sekundäres Meristem in subepidermalen Zellschichten neu angelegt wird, ausgelöst durch die stärker werdenden Spannungen in den peripheren Rindenbereichen (o Abb. 3.8 A). Das Korkkambium gliedert nach außen in mehreren Schichten Zellen ab, die das **Phellem** bilden. Dieses wird unabhängig davon, ob dessen Zellen verkorkt sind oder nicht, als **Kork** bezeichnet. Nach innen werden meist nur eine oder zwei Schichten parenchymatische Zellen abgegliedert, die das **Phelloderm** bilden. **Phellem, Phellogen** und **Phelloderm** bilden zusammen das **Periderm**. Auch bei Wurzeln bildet sich als sekundäres Abschlussgewebe ein Periderm.

Kork (**Phellem**) ist ein Gewebe von geschichtetem Bau, das aus regelmäßigen, radial angeordneten Zellreihen besteht. Den sekundären Zellwänden des Phellems werden **Suberinschichten** akkrustiert (Verkorkung). Die Zellen sterben dadurch ab. Durch Lignineinlagerung in die Zellwand kommt es zur Bildung von Steinkork. Die abgestorbenen Korkschichten können noch mit Phlobaphenen (unlösliche Kondensationsprodukte der Catechingerbstoffe) imprägniert sein. Sie verleihen dem Kork und später auch der Borke die braunrote Farbe. Durch ihre antimikrobielle Eigenschaft schützen sie das Periderm und die Borke gegen Fäulnis und verhindern so das Eindringen von Bakterien und Pilzen in den noch lebenden Rindenbereich.

Durch die Suberineinlagerungen in die Korkzellen und das Fehlen von Interzellularen bietet das Periderm einen äußerst wirksamen Verdunstungsschutz. Allerdings ist dadurch der Gasaustausch des darunter liegenden Rindengewebes mit der Umgebung erheblich behindert. Mit Beginn der Peridermbildung werden deshalb bei Sprossachsen an Stellen ehemaliger Spaltöffnungen sog. **Lentizellen** angelegt. Erhöhte Teilungsaktivität des Phellogens lässt zahlreiche, locker liegende Füllzellen entstehen, die das darüber liegende Gewebe emporheben und schließlich durchbrechen (o Abb. 3.8 B). Lentizellen sind an Stämmen und Zweigen als weißliche, warzenartige Erhebungen, den sog. **Korkwarzen** oder **Korkporen**, mit dem bloßen Auge zu erkennen (o Abb. 3.8 C).

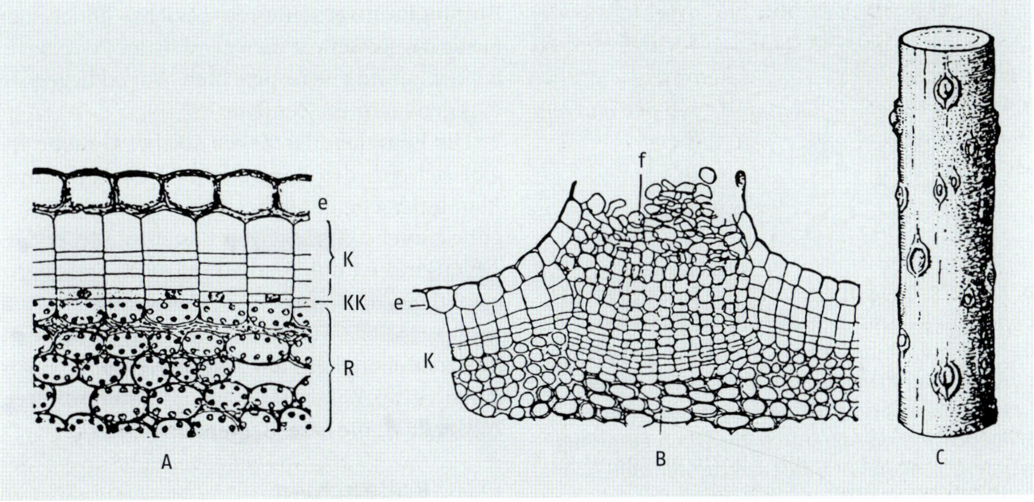

o **Abb. 3.8** Sekundäres Abschlussgewebe und Lentizellen beim Holunder (*Sambucus nigra*): **A** Querschnitt durch die äußeren Teile eines einjährigen Zweigs, Beginn der Peridermbildung, **B** Querschnitt durch eine Lentizelle, **C** älteres Zweigstück mit Korkwarzen, **e** Epidermis, **K** Kork, **KK** Korkkambium, **R** Rindenparenchym, **f** lockere Füllzellen (nach Fitting und Strasburger, aus Deutschmann et al.)

3.4.3 Tertiäres Abschlussgewebe

Nur in seltenen Fällen bleibt das erste Korkkambium dauernd tätig (z. B. bei der Korkeiche, *Quercus suber*, oder Korkulme, *Ulmus campestris*). In der Regel stirbt es nach einiger Zeit ab. Seine Tätigkeit wird von einem zweiten Korkkambium übernommen, das in einer tieferen Rindenschicht entsteht. Auch dieses ist nur eine begrenzte Zeit tätig und wird durch ein drittes, noch tiefer liegendes abgelöst. Im Laufe der Zeit entwickeln sich so zahlreiche neue Korkkambien in immer tiefer gelegenen Gewebeschichten, zunächst in der primären Rinde, später auch in der sekundären Rinde (Bast). Durch die im Innern der Rinde entstandenen Korklagen („Tiefenperiderme") werden alle weiter außen gelegenen Rindenschichten von jeglicher Wasser- und Nährstoffzufuhr abgeschnitten; sie sterben ab und bilden das sog. tertiäre Abschlussgewebe, die **Borke**. Als solche bezeichnet man die Gesamtheit der außerhalb des zuletzt gebildeten Periderms liegenden, abgestorbenen Gewebeschichten (o Abb. 3.9). Je nach Form der neuen Korkkambien unterscheidet man Ringelborke (z. B. bei der Kirsche, der Birke), Schuppenborke (z. B. bei der Kiefer, der Lärche, der Eiche, der Pappel) und Plattenborke (z. B. bei der Platane).

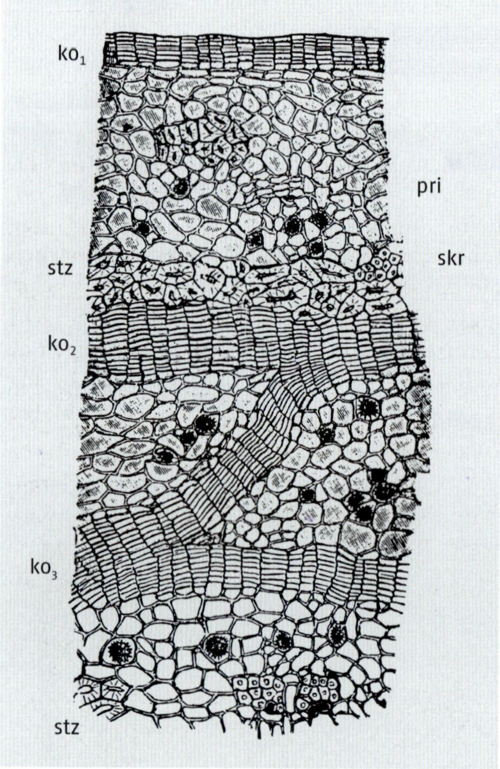

o **Abb. 3.9** Querschnitt durch die Borke der Traubeneiche (*Quercus petraea*): **ko_1**, **ko_2** und **ko_3** nacheinander entstandene Korkschichten, **pri** durch Dilatation veränderte primäre Rinde, **skr** Reste eines ursprünglich nahezu geschlossenen Sklerenchymrings, der durch Dilatation gesprengt wurde, **stz** sekundär differenzierte Steinzellen, im Parenchym verstreut Exkretzellen und Calciumoxalat-Drusen. Alle Gewebe außerhalb der innersten Korkschicht (ko_3) gebräunt und abgestorben (nach Schenk, aus Deutschmann et al.)

3.5 Festigungsgewebe

Zur mechanischen Festigkeit einer Pflanze trägt jede voll turgeszente Parenchymzelle bei. Dies zeigt besonders deutlich der Vorgang des Welkens, wenn die Turgeszenz durch den Zusammenbruch des osmotischen Systems nicht mehr aufrechterhalten werden kann (▸ Kap. 2.3). Zusätzlich ist die Pflanze auf die Ausbildung spezieller Festigungsgewebe angewiesen. Bei der auf Biegung beanspruchten Sprossachse findet man Festigungsgewebe vorwiegend in der Peripherie, bei der auf Zug beanspruchten Wurzel liegen sie dagegen mehr im Zentrum.

Die Festigkeit der Zellen solcher Gewebe ergibt sich aus der Beschaffenheit der Zellwand. Man unterscheidet dabei zwei Typen von Festigungsgewebe. **Kollenchym** besteht aus lebenden Zellen und ist das Festigungsgewebe in krautigen Pflanzenteilen, die ihr Streckungswachstum noch nicht beendet haben. In ausgewachsenen Pflanzenteilen dient das **Sklerenchym** der Festigung. Seine Zellen sind im ausdifferenzierten Zustand tot, die Festigung ist effektiver.

3.5.1 Kollenchym

Die Zellen eines **Kollenchyms** (griech. kolla = Leim) behalten ihren plasmatischen Inhalt und sind deshalb im Stoffaustausch kaum behindert.

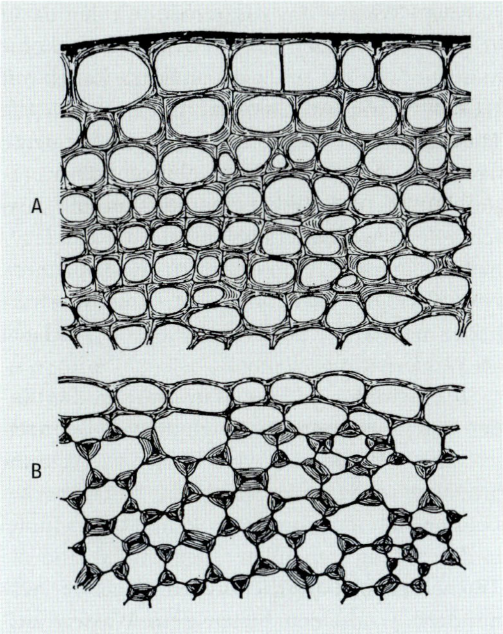

Abb. 3.10 Kollenchym in Stängelquerschnitten: **A** Plattenkollenchym, Wandverdickung hauptsächlich bei tangentialen Wänden (z. B. Holunder), **B** Eckenkollenchym, Wandverdickung in den Zellecken (z. B. Kürbis) (nach Esau, aus Deutschmann et al.)

Sie sind lang gestreckt (prosenchymatisch), und ihre Primärwand ist verdickt, typischerweise aber nur in bestimmten Bereichen (Abb. 3.10). In Querschnittsbildern erkennt man diese Wandverdickungen entweder an den Tangentialwänden (**Plattenkollenchym**, Abb. 3.10 A) oder nur in den Ecken der Zellen (**Ecken- oder Kantenkollenchym**, Abb. 3.10 B). Sind nur die Zellwände verdickt, die eine Interzellulare umschließen, dann spricht man von **Lückenkollenchym** (Abb. 3.33 C). Die Wandverdickungen bestehen aus abwechselnden Lamellen von Cellulose und von Pektinstoffen. Sie bleiben unverholzt und sind im Mikroskop stark lichtbrechend und dadurch hell leuchtend. Kollenchyme liegen in der Peripherie der Rinde krautiger Stängel, meist lokal begrenzt an Vorsprüngen von Blattrippen, Blattstielen und Stängeln unterhalb der Epidermis oder ihrem Nachfolgegewebe.

3.5.2 Sklerenchym

Bei den Zellen eines **Sklerenchyms** (griech. skleros = trocken, hart, spröde) ist die Sekundärwand verdickt und meist verholzt. Sie haben häufig nur noch ein kleines Zelllumen und sind am Ende ihrer Entwicklung tot, weil kein Stoffaustausch mehr möglich ist. Sklerenchymatische Zellen kommen in zwei verschiedenen Formen vor (Abb. 3.11): **Sklerenchymfasern** sind prosenchymatisch und an den Enden zugespitzt (Abb. 3.11 A, B). Sklerenchymfasern im Holzteil bezeichnet man als **Holzfasern**, Sklerenchymfasern im Bast bzw. in der sekundären Rinde als **Bastfasern**. Bastfasern liegen häufig in Bündeln zusammen (Bastfaserbündel). Mitun-

3

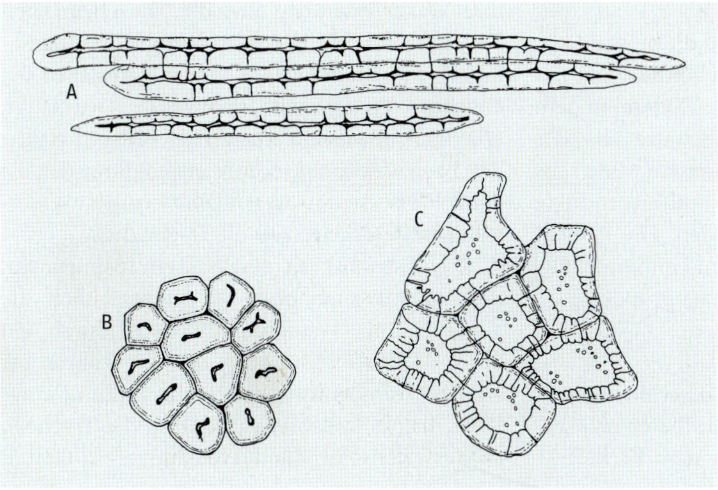

Abb. 3.11 Sklerenchym: **A** Sklerenchymfasern längs (Chinarinde), **B** Sklerenchymfasern quer (Oleander), **C** Steinzellen (Zimtrinde) (aus Deutschmann et al.)

ter sind die Leitbündel von Sklerenchymfasern umgeben. Man spricht dann von einer **Leitbündelscheide**. Da Sklerenchymfasern meist verholzt sind (Lignin-Inkrustierung), färben sich ihre Zellwände beim Färben mit Phloroglucin-Salzsäure rot und können so im Mikroskop leicht gefunden werden.

Steinzellen sind isodiametrische sklerenchymatische Zellen (o Abb. 3.11 C). Sind sie etwas länglich, spricht man von **Sklereiden** (o Abb. 3.36 C). Ihre Sekundärwände sind häufig so stark verdickt, dass nur ein kleines Lumen frei bleibt. Im ausdifferenzierten Zustand sind sie ebenfalls tot. Im Mikroskop erscheinen die Zellwände der Steinzellen deutlich geschichtet, wobei die Tüpfel bei der Wandauflagerung ausgespart bleiben und deshalb als **Tüpfelkanäle** in der Wandung sichtbar sind. Steinzellen findet man häufig in der Rinde des Sprosses und als Festigungselemente in der Frucht- und Samenschale (z. B. Nussschalen).

Im sekundären Stadium von Sprossachse und Wurzel übernehmen hauptsächlich die verholzten Elemente des Leitgewebes („Holz") die Festigungsfunktion.

3.6 Leitgewebe

Höhere Pflanzen besitzen für die Leitung von Wasser und für die Leitung von Photosyntheseprodukten gesonderte Leitelemente, die sich von der Wurzel durch die Sprossachse bis in die Blätter erstrecken. Im primären Stadium der Pflanze und in den Blättern sind die beiden Leitelemente als Gewebesystem zu **Leitbündeln** zusammengefasst. Sie bestehen aus **Xylem**, in dem Wasser und darin gelöste Nährsalze von der Wurzel nach oben geleitet werden, und aus **Phloem**, in dem die Photosyntheseprodukte (Assimilate) transportiert werden. Die Anordnung von Xylem und Phloem im Leitbündel differiert je nach Organ und Pflanzengruppe.

3.6.1 Xylem

Am Aufbau des **Xylems** (griech. xylon = Holz) sind verschiedene Zellelemente beteiligt. **Tracheiden und Tracheen** dienen dem Ferntransport von Wasser, das zusammen mit den darin gelösten Nährsalzen von der Wurzel aufgenommen wird. Beides sind tote, verholzte Zellen mit starken Wandverdickungen. Dabei stellen die Tracheiden die ursprünglicheren Leitelemente dar. Sie sind im Laufe der Evolution früher entstanden als die Tracheen und sind die ausschließlichen Wasserleitelemente der phylogenetisch älteren Gymnospermen (Nadelbäume). Die phylogenetisch jüngeren Angiospermen haben neben Tracheiden vorwiegend Tracheen als Wasserleitungselemente.

Tracheiden sind lang gestreckte, an den Enden schräg zugespitzte, englumige Röhrenzellen. Ihre Wände sind verschiedenartig durchbrochen, so dass Wasser in die benachbarten Leitungsbahnen übertreten kann. Über Tüpfel in den schräg stehenden Querwänden sind die Tracheiden in Längsrichtung miteinander verbunden. Tracheiden bieten dem Wassertransport noch einen relativ großen Widerstand. Die Tracheiden der Gymnospermen sind stark verdickt und sind in den Radialwänden mit typischen **Hoftüpfeln** ausgestattet (o Abb. 4.9). Die Tracheiden der Angiospermen können ring- oder schraubenförmige Wandverdickungen aufweisen (Ring-, Schraubentracheiden).

Tracheen entstehen durch Zellfusion lang gestreckter, weitlumiger Röhrenzellen, deren Querwände waagerecht orientiert sind (Tracheenglieder). Die Querwände sind entweder ganz aufgelöst, oder es bleiben einzelne Stege stehen, so dass ihre Wand leiterartig aussieht. Die ehemaligen Zellgrenzen sind dann durch Ringwülste aus Sekundärwandmaterial, das an den Nahtstellen der einzelnen Tracheenglieder abgelagert wurde, zu erkennen. Im ausdifferenzierten Zustand stellen Tracheen weitlumige, relativ lange Röhren dar, die dem Wasserstrom wesentlich weniger Widerstand entgegensetzen als die Tracheiden.

Die Antriebskraft des Wassertransports von der Wurzel nach oben ist hauptsächlich die Transpiration (Wasserdampfabgabe) durch den Spross. Um zu verhindern, dass die Röhren bei starker Transpiration durch die Bildung eines Unterdrucks kollabieren, besitzen die Tracheen charakteristische Wandverdickungen in Gestalt

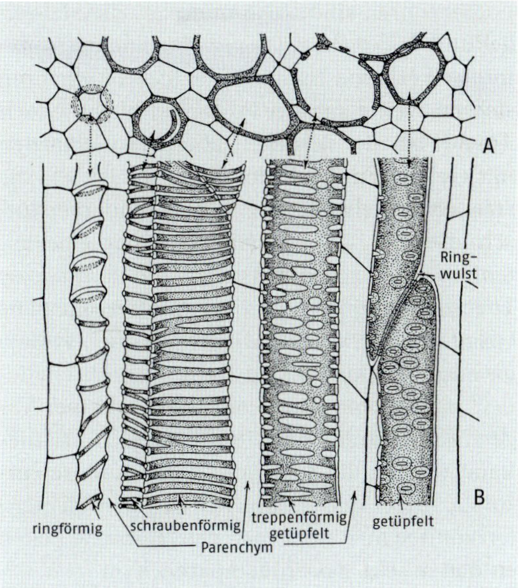

Abb. 3.12 Teil des primären Xylems im Stängel von *Aristolochia*: **A** quer, **B** im Längsschnitt. Die Schraubentracheen zeigen Übergänge zu netzförmiger Wandaussteifung. Die Endwände der Tüpfeltracheenelemente (rechts in **B**) sind aufgelöst, die einfache Perforationsplatte ist am verbleibenden Ringwulst zu erkennen (nach Esau, aus Deutschmann et al.)

ringförmiger, schraubiger oder netzartig miteinander verbundener Verdickungsleisten. Man bezeichnet die Tracheen je nach Ausgestaltung der Wand als Ring-, Schrauben-, Netz- oder Tüpfeltracheen (Abb. 3.12).

Im Xylem der Angiospermen findet man außer den wasserleitenden Elementen lebende, parenchymatische Zellen, das sog. **Xylem-** oder **Holzparenchym**, und tote Sklerenchymfasern, die **Holzfasern**.

3.6.2 Phloem

Im Phloem (griech. phloios = Rinde, Bast) werden Assimilate (Photosyntheseprodukte) in beide Richtungen geleitet. Die dafür verantwortlichen Zellen sind die **Siebzellen** und die **Siebröhren**. Beides sind lebende Zellen. Siebzellen stellen die ursprünglichere Form dar, die in ihrer Funktion noch nicht so ausgereift sind. Sie kommen nur in den phylogenetisch älteren Pteridophyten (Farnpflanzen) und Gymnospermen (Nadelbäumen) vor. In Angiospermen bewerkstelligen ausschließlich Siebröhren den Assimilatetransport. Sie bilden zusammen mit den Geleitzellen eine funktionelle Einheit.

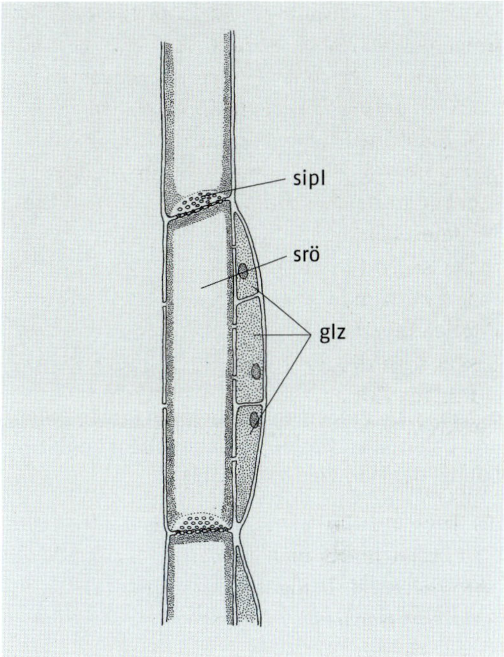

Abb. 3.13 Siebröhre mit Siebplatten: **glz** Geleitzelle, **sipl** Siebplatte, **srö** Siebröhre (nach Nultsch, NH)

Siebzellen sind lang gestreckt (prosenchymatisch), an den Enden mehr oder weniger spitz zulaufend. Über ihre schräg stehenden Endwände schließen sie an die jeweils nächsten Siebzellen der Zellreihe an. Ihre Querwände und radialen Längswände sind von feinen Siebporen durchbrochen, die meist in Gruppen zu einem Siebfeld zusammengefasst sind. Über die Siebfelder stehen die Protoplasten benachbarter Zellen in Verbindung.

Siebröhren bestehen aus einzelnen Siebröhrengliedern, die durch siebartig durchbrochene Schräg- oder Querwände in Verbindung stehen (Abb. 3.13). Querwände mit besonders großen Siebporen bezeichnet man als **Siebplatten**, die im Mikroskop gut sichtbar sind.

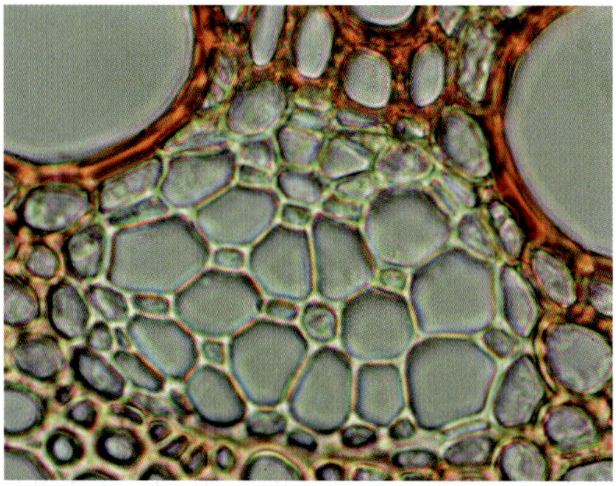

o Abb. 3.14 Phloem mit Siebröhren (große Zellen) und Geleitzellen (kleine, gefüllte Zellen) im Leitbündel des Mais (*Zea mays*) (StB)

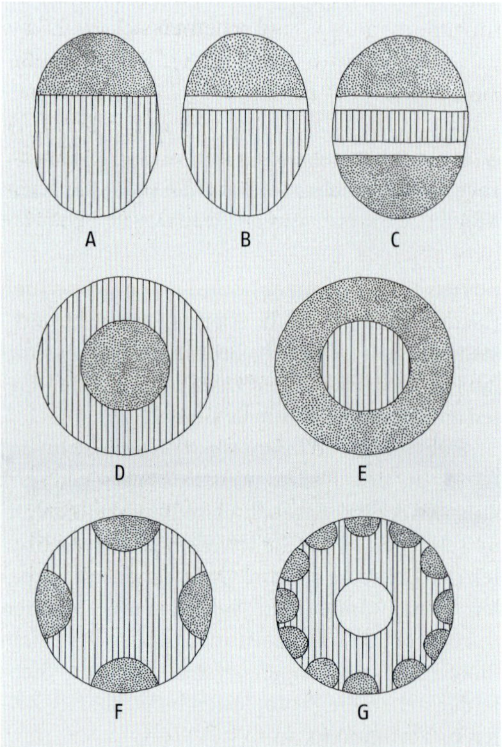

o Abb. 3.15 Verschiedene Leitbündeltypen (Schemazeichnung): **A** geschlossen kollateral, **B** offen kollateral, **C** bikollateral, **D** leptozentrisch, **E** hadrozentrisch, **F** radiär oligarch, **G** radiär polyarch, Phloem gepunktet, Xylem schraffiert (NH)

Siebröhren sind weitlumiger als die Siebzellen und deswegen als Transportsystem effizienter. Zellkern und Tonoplast der Siebröhren lösen sich frühzeitig auf, der Protoplast bleibt jedoch lebend, da die Siebzellen über Plasmodesmen mit **Geleitzellen** in Verbindung stehen, die die Stoffwechselleistung der Siebröhren unterstützen (o Abb. 3.14). Siebröhren und die sie begleitenden Geleitzellen entstehen durch inäquale Teilung aus einer **Siebröhrenmutterzelle**. Die Geleitzellen teilen sich wiederholt quer, so dass sie insgesamt kürzer sind als die Siebröhrenglieder. Siebröhren bleiben nur während einer Vegetationsperiode funktionstüchtig. Anschließend werden die Siebporen durch Kallose verstopft. Außer den Assimilate leitenden Elementen können im Phloem parenchymatische Zellen enthalten sein, das **Phloemparenchym**.

3.6.3 Leitbündel

Die Anordnung von Xylem und Phloem in den Leitbündeln ist je nach Leitbündeltyp unterschiedlich (o Abb. 3.15). Bei den **kollateralen Leitbündeln** liegen Xylem und Phloem nebeneinander. In den **geschlossen kollateralen Leitbündeln** grenzen Xylem und Phloem unmittelbar aneinander (o Abb. 3.15 A), im **offen kollateralen Leitbündel** liegt zwischen Xylem und Phloem ein Kambium (o Abb. 3.15 B). Das **bikollaterale Leitbündel** besitzt zwei Kambien, an das zweite schließt sich ein weiterer Phloemteil an (o Abb. 3.15 C). Als **konzentrische Leitbündel** bezeichnet man einen Leitbündeltyp mit kreisförmig angeordnetem Phloem und Xylem. Man unterscheidet dabei **leptozentrische Leitbündel**, bei denen das Phloem innen liegt und von einem Ring Xylemgewebe allseits umgeben wird (o Abb. 3.15 D), und **hadrozentrische Leitbündel**, bei denen das Xylem vom Phloem eingeschlossen wird (o Abb. 3.15 E). Zwischen Xylem und Phloem liegt kein Kambium.

Das offen kollaterale Leitbündel ist der Leitbündeltyp der primären Sprossachse dikotyler Pflanzen. Nur einige Vertreter bestimmter Pflanzenfamilien wie der Kürbisgewächse (Cucurbitaceae), der Glockenblumengewächse (Campanulaceae), der Nachtschattengewächse

(Solanaceae) und der Enziangewächse (Gentianaceae) enthalten bikollaterale Leitbündel. Das geschlossen kollaterale Leitbündel ist der Leitbündeltyp der Sprossachsen monokotyler Pflanzen. In Ermangelung eines Kambiums sind diese nicht zum Dickenwachstum befähigt. Konzentrische Leitbündel findet man in unterirdischen Sprossteilen, den Rhizomen. Monokotyle Rhizome enthalten leptozentrische Leitbündel mit Innenphloem, Farnrhizome hadrozentrische Leitbündel mit Innenxylem.

Der Leitbündeltyp der Wurzeln ist ein völlig anderer. Wurzeln enthalten jeweils nur ein **radiäres Leitbündel**, bei dem das Xylem strahlenförmig angeordnet ist. Auch hier kann zwischen dikotylen und monokotylen Pflanzen unterschieden werden. Das radiäre Leitbündel der dikotylen Wurzel ist **oligarch** (o Abb. 3.15 F) und enthält nur wenige Xylemstrahlen (di-, tri-, tetr-, pent-, hexarch), das radiäre Leitbündel der monokotylen Wurzel ist **polyarch** und hat viele (8 bis 12) Xylemstrahlen (o Abb. 3.15 G). Das Phloem liegt bei beiden Typen jeweils zwischen den Xylemstrahlen.

3.7 Praktische Aufgaben

3.7.1 Bildungsgewebe (Meristem) – Scheitelmeristem

Wasserpest – Sprossvegetationskegel in Aufsicht

Objekte

Kanadische Wasserpest – *Elodea canadensis* – Hydrocharitaceae

Dichtblättrige Wasserpest – *Egeria densa* – Hydrocharitaceae

Präparation, Beobachtung und Aufgabe ▸ Kap. 4.5.1 Sprossvegetationskegel.

3.7.2 Grundgewebe – Markparenchym

Holunder – Querschnitt der Sprossachse

Objekt

Schwarzer Holunder – *Sambucus nigra* – Adoxaceae

Bereits verholzter Zweig von ca. 0,5 cm Durchmesser. Geeignet ist frisches oder in Ethanol (MR 01) eingelegtes Material.

Präparation

Die äußeren, verholzten Teile der Zweige werden mit einem Messer entfernt. Das verbleibende innere Mark wird exakt quer angeschnitten und dort ein Querschnitt geführt, der auf dem Objektträger in Wasser eingebettet wird. Es genügen kleine Teilschnitte.

Option

Färbung mit Hämalaun (MR 10).

Beobachtung

Das helle Mark des Holunders besteht aus runden, dünnwandigen Zellen, die beim Aufeinanderstoßen kleine, dreieckige **Interzellularen** bilden. Dies ist schon bei schwacher Vergrößerung (50-fach) zu erkennen. Bei Schnitten, die nicht dünn genug sind, scheinen sich die Zellen zu überlappen (o Abb. 3.16 A). Bei Vergrößerung (400-fach) sind in den Zellwänden zwischen zwei Zellen die **Tüpfel** sichtbar. Beim Fokussieren der unteren oder oberen Zellwand zeigen sie sich als große, runde Aussparungen. Auffallend sind einige dunkelgelb gefärbte Ölidioblasten.

Aufgabe

- Zeichnen eines Gewebeausschnittes von 6 bis 8 Zellen bei 100-facher Vergrößerung. Dabei ist besonders auf die Form der Interzellularen zu achten. Eingezeichnet werden auch die Tüpfel. Um anzudeuten, dass es sich um einen Gewebeausschnitt handelt, muss die Zeichnung am Rand mit offenen Zellen enden.

Mais – Querschnitt des Stängels

Objekt

Mais – *Zea mays* – Poaceae

Frische oder in Ethanol (MR 01) eingelegte Sprossachsen ohne Blätter.

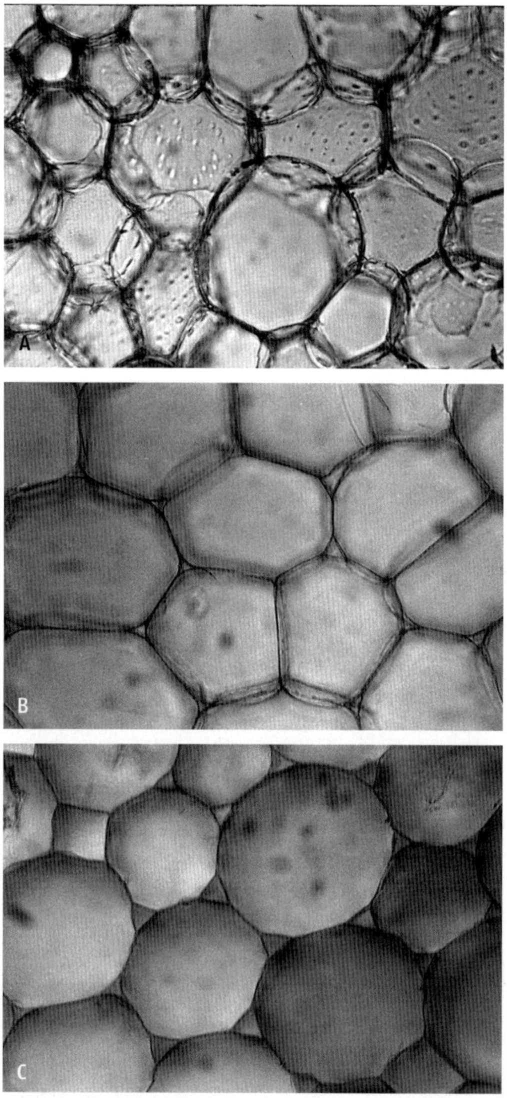

○ **Abb. 3.16** Parenchyme: **A** Holunder (*Sambucus nigra*), getüpfeltes Markparenchym, **B** Mais (*Zea mays*), großzelliges Parenchym, **C** Tulpe (*Tulipa gesneriana*), Parenchym mit dreieckigen Interzellularen (StB)

Präparation

Im Internodium des Stängels wird ein Querschnitt geführt. Sehr dünne Teilschnitte aus der Mitte sind am besten geeignet. Die Schnitte werden auf einem Objektträger in Wasser eingebettet.

Option

Färbung mit Hämalaun (MR 10).

Beobachtung

Bei schwacher Vergrößerung (50-fach) ist zwischen den Leitbündeln das helle Gewebe des Stängelparenchyms zu erkennen. Es besteht aus vieleckigen oder rundlichen Zellen (○ Abb. 3.16 B). Zwischen den Zellen liegen dreieckige oder viereckige **Interzellularen**, die der Belüftung des Gewebes dienen. In den Zellen erkennt man bei Vergrößerung (100-fach bzw. 400-fach) an der Zellwand die **Zellkerne**, evtl. auch einen schmalen Schlauch von **Protoplasma** mit **Leukoplasten**. Diese Einzelheiten sind im gefärbten Präparat besser zu erkennen.

Aufgabe

- Zeichnen eines Gewebeverbandes von 6 bis 8 Zellen mit den Interzellularen und den Zellkernen. Da es sich um einen Gewebeausschnitt handelt, muss die Zeichnung am Rand mit offenen Zellen enden.

Alternatives Präparat: Querschnitt des Stängels einer **Tulpe** (*Tulipa gesneriana*, Liliaceae), ○ Abb. 3.16 C.

3.7.3 Das Aerenchym von Sumpf- und Wasserpflanzen

Rundblatt der Flatterbinse im Querschnitt

Objekt

Flatterbinse – *Juncus effusus* – Juncaceae

Frische oder in Ethanol (MR 01) eingelegte Blätter.

Präparation

Aus den Rundblättern der Flatterbinse werden mit einer Pinzette kleine Anteile des weiß gefärbten Marks entnommen und in sehr dünner Schicht auf einem Objektträger in Wasser eingebettet.

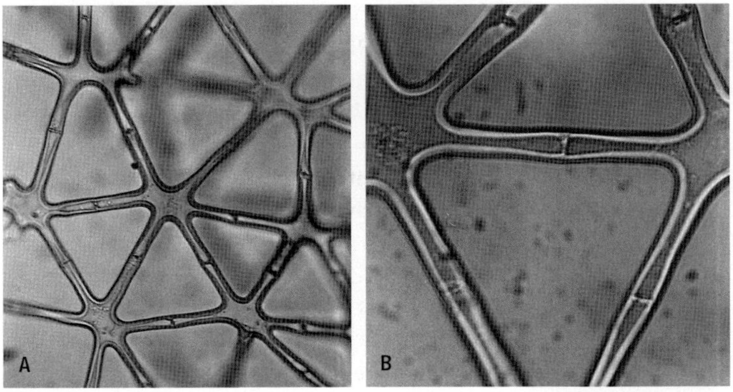

o Abb. 3.17 Aerenchym (Sternparenchym) der Flatterbinse (*Juncus effusus*): A Übersicht, B Ausschnitt (StB)

Beobachtung

Schon bei kleiner Vergrößerung (50-fach) erkennt man ein regelmäßiges Muster sternförmiger Zellen („**Sternparenchym**"). Die „Arme" benachbarter Parenchymzellen stoßen stumpf aufeinander und bilden große, dreieckige oder viereckige **Interzellularen** (o Abb. 3.17). Bei Vergrößerung (100- bzw. 400-fach) erscheinen die Zellwände relativ dick, an den Berührungsflächen der „Arme" allerdings dünner. Manchmal sind dort **Tüpfel** zu erkennen.

Aufgabe

- Zeichnen eines Zellverbandes des Sternparenchyms von 3 bis 5 Zellen. Das vom Sternparenchym mit seinen Interzellularen gebildete Muster soll dabei zum Ausdruck kommen.

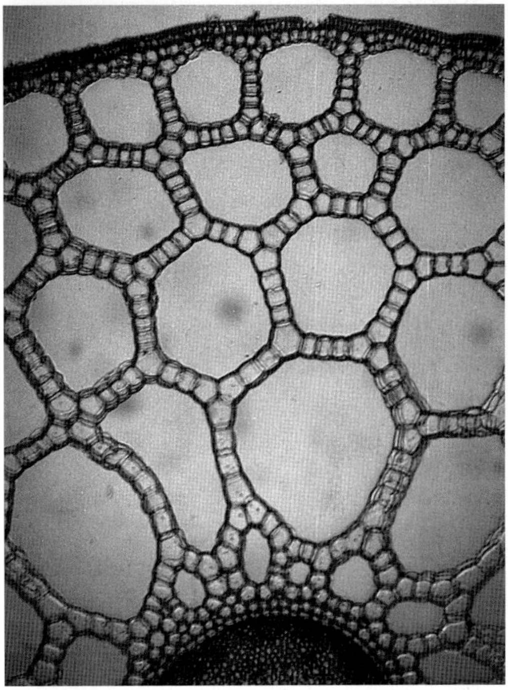

o Abb. 3.18 Aerenchym des Tannenwedels (*Hippuris vulgaris*) (StB)

Sprossachse des Tannenwedels im Querschnitt

Objekt

Tannenwedel – *Hippuris vulgaris* – Plantaginaceae

Frische oder in Ethanol (MR 01) eingelegte Tannenwedel.

Präparation

Die Sprossachse wird quer angeschnitten. In dieser Schnittrichtung werden Teilschnitte angefertigt, die bis zum Zentrum reichen sollen. Die Schnitte werden auf dem Objektträger in Wasser eingebettet.

Beobachtung

In der Übersicht (50-fache Vergrößerung) erkennt man das gitterartige Muster des Aerenchyms mit großen, rundlichen **interzellulären**

Hohlräumen (o Abb. 3.18). In der Mitte liegt ein Leitbündel. Bei Vergrößerung zeigt sich, dass ein Interzellularraum im Querschnitt von 15 bis 25 Zellen umgeben ist, und zwar immer im Wechsel von einer größeren und 3 bis 4 kleineren Zellen. Die Zellen sind dünnwandig und erscheinen leer.

Aufgabe

- Zeichnen eines Gewebeausschnittes mit 3 Interzellularen (Einstrich-Zeichentechnik). Das typische Muster soll dabei zum Ausdruck kommen.

3.7.4 Exkretionsgewebe – Ölzellen

Lorbeerblatt im Querschnitt

Objekt

Lorbeer – *Laurus nobilis* – Lauraceae

In Ethanol (MR 01) eingelegtes Lorbeerblatt.

Präparation und Beobachtung

▸Kap. 5.6.3 Anatomie des bifazialen Laubblatts

3.7.5 Exkretionsgewebe – lysigene Ölbehälter

Zitrone –Tangentialschnitt der Fruchtwand (Flavedoschicht)

Objekt

Zitrone – *Citrus limon* – Rutaceae

Frische Schale einer Zitrone.

Präparation

Die Ölbehälter sind schon mit bloßem Auge auf der Zitronenschale sichtbar, da sie in den äußeren Schichten liegen. Ein Tangentialschnitt durch den äußeren gelben Teil der Schale (Flavedoschicht) wird so geführt, dass mehrere Ölbehälter erfasst werden. Geeignet sind auch Querschnitte der Zitronenschale im äußeren gelben Bereich. Der Schnitt wird mit Chloralhydrat (MR 05) aufgehellt.

Beobachtung

Die runden **Ölbehälter** sind sehr groß und schon in der Übersicht (50-fache Vergrößerung) gut sichtbar (o Abb. 3.19 A). In sehr dünnen Schnitten wirken sie leer, in dickeren Schnitten sieht man auf ihre untere Begrenzung. Bei Vergrößerung (100-fach) erkennt man die um den Ölbehälter im Kreis angeordneten Zellen (o Abb. 3.19 B). Die inneren Schichten stellen die sezernierenden Zellen dar. Sie sind ganz

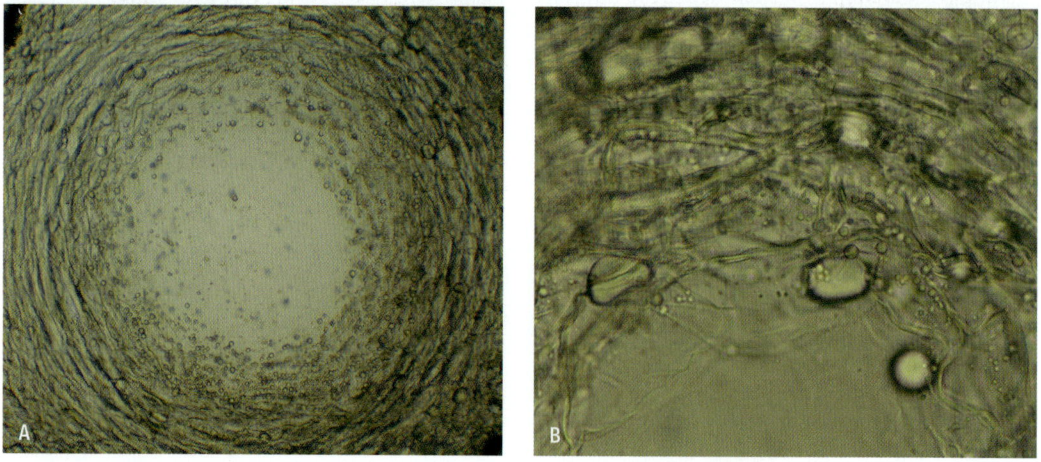

o **Abb. 3.19** Lysigene Ölbehälter in der Fruchtwand der Zitrone (*Citrus limon*): **A** Gesamtansicht, **B** Ausschnitt mit Öltröpfchen (StB)

schmal und dünnwandig und sind z. T. in Auflösung begriffen (lysigen!). Am Rand und im Hohlraum liegen Ölreste in kleinen Tröpfchen. Der Hauptteil des Öls ist beim Aufhellen verdampft.

Aufgabe

- Zeichnen eines Ölbehälters bei 100-facher Vergrößerung mit den sezernierenden Zellen und den Öltröpfchen.

3.7.6 Exkretionsgewebe – Lamiaceen-Drüsenschuppe

Thymianblatt im Flächenschnitt

Objekte

Thymian – *Thymus vulgaris* – Lamiaceae

Pfefferminze – *Mentha x piperita* – Lamiaceae

Rosmarin – *Rosmarinus officinalis* – Lamiaceae

Basilikum – *Ocimum basilicum* – Lamiaceae

Frische Blätter, bei Basilikum nur große Blätter auswählen.

Präparation

Das Blatt wird mit der Oberseite nach oben um den Zeigefinger gewickelt (○ Abb. 1.6). Im Intercostalfeld (Bereich zwischen den Blattnerven) werden mehrere dünne Flächenschnitte hergestellt und mit Chloralhydrat (MR 05) aufgehellt.

Beobachtung

In der Übersicht (50-fache Vergrößerung) erkennt man auf den Blattstücken die **Blattnerven** bzw. **Blattadern**, die wie Reißverschlüsse durch das Gewebe laufen. Dabei handelt es sich um zarte Leitungsbahnen. Bei Vergrößerung (100-fach) wird das regelmäßige Muster der Epidermis mit Spaltöffnungen sichtbar. Die **Drüsenschuppen** erscheinen in der Aufsicht rund. Sie sind deutlich größer als die Spaltöffnungen. Bei Pfefferminze und Basilikum sind sie durchsichtig, so dass das Grün der darunter liegenden Gewebe durchscheint, bei Thymian sind sie durch

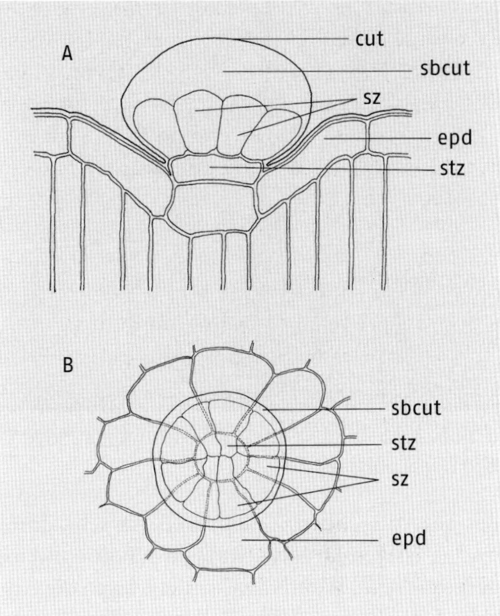

○ **Abb. 3.20** Lamiaceen-Drüsenschuppe der Pfefferminze (*Mentha* x *piperita*): **A** von der Seite, **B** in Aufsicht, **cut** Cuticula, **epd** Epidermins, **sbcut** subcuticulärer Raum, **stz** Stielzelle, **sz** sezernierende Zellen (NH)

das ätherische Öl gelb bis orange gefärbt, aber auch durchsichtig.

Bei genauer Beobachtung der Drüsenschuppe (400-fache Vergrößerung) erkennt man, dass die **Epidermiszellen** (epd) um bzw. unter der Drüsenschuppe sich von den übrigen Epidermiszellen unterscheiden und eher wie Tortenstücke im Kreis angeordnet sind. Bei genauer Analyse der Drüsenschuppe in der Aufsicht werden drei Ringe sichtbar (○ Abb. 3.20 B und ○ Abb. 3.21). Der äußere Ring stellt die Begrenzung des **subcuticulären Raumes** (sbcut) dar. Nach innen folgt mit kleinem Abstand die ganz dünne äußere Begrenzung der **sezernierenden Zellen** (sz). Je nach Füllungszustand der Drüsenschuppe variiert der Abstand zum äußeren Ring. Beim Fokussieren der unteren Begrenzung wird in der Mitte eine runde Zelle scharf. Dies ist die **Stielzelle** (stz) der Drüsenschuppe, auf die die umliegenden Epidermiszellen zulaufen. Am schwierigsten zu erkennen sind die radialen Zellwände

3

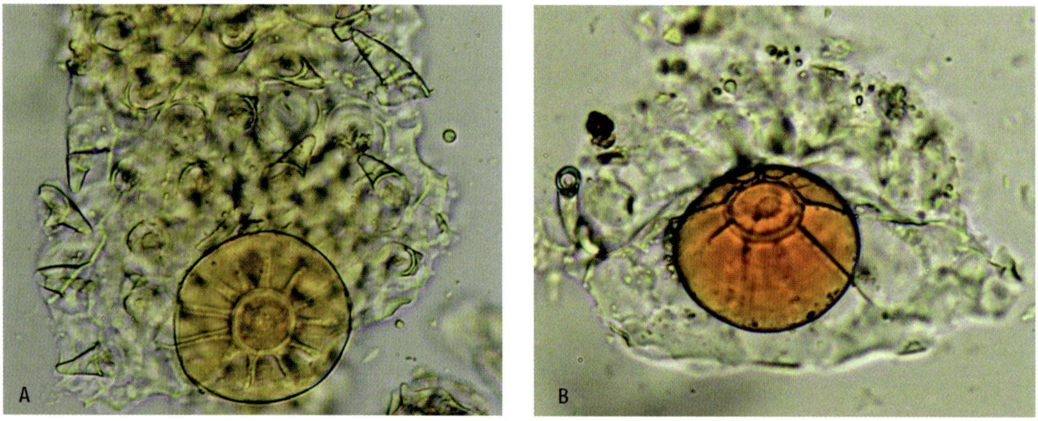

Abb. 3.21 Lamiaceen-Drüsenschuppe auf den Blättern von Thymian (*Thymus vulgaris*), **A** von oben, **B** in der Schrägansicht (StB)

der sezernierenden Zellen, weil sie sehr dünn und in älteren Drüsenschuppen schon teilweise aufgelöst sind. Wenn man sie sieht, kann die Anzahl der sezernierenden Zellen festgestellt werden. Bei Basilikum sind es vier, bei Pfefferminze acht und bei Thymian zwölf.

Drüsenschuppen in der Seitenansicht oder in der Schrägaufsicht sind im Präparat seltener. Die Drüsenschuppen sind in die Epidermis eingesenkt und stehen auf der **Stielzelle** (stz). Über den **sezernierenden Zellen** (sz) liegt die Cuticula wie eine Blase und bildet den **subcuticulären Raum** (sbcut), der mit ätherischem Öl gefüllt ist (Abb. 3.20 A).

Aufgabe

- Zeichnen einer Drüsenschuppe mit Stielzelle, subcuticulärem Raum und sezernierenden Zellen in Aufsicht und Seitenansicht bei 400-facher Vergrößerung.

3.7.7 Exkretionsgewebe – Asteraceen-Drüsenschuppe

Kamille – Aufsicht auf die Fruchtknotenwand

Objekt

Echte Kamille – *Matricaria recutita* – Asteraceae
Getrocknete oder besser frische Kamillenblüten.

Präparation

Aus dem Blütenköpfchen der Kamille werden mit der Pinzette einige Röhrenblüten gelöst und auf einen Objektträger transferiert. Mit Chloralhydrat (MR 05) wird das Präparat aufgehellt.

Beobachtung

Die Röhrenblüten sind so groß, dass bei schwächster Vergrößerung (50-fach) eine Blüte das ganze Blickfeld ausfüllt. Der Fruchtknoten ist unterständig und sitzt an der Blütenbasis. Die Fruchtknotenwand wird bei stärkerer Vergrößerung (100-fach) analysiert. Man erkennt darauf zahlreiche Asteraceen-Drüsenschuppen entweder in der Aufsicht, in der Schrägansicht oder in der Seitenansicht. Alle Bilder zusammen ergeben einen guten Eindruck vom Bau der Asteraceen-Drüsenschuppe.

In der Aufsicht sind die Drüsenschuppen oval und zeigen bei starker Vergrößerung (400-fach) zwei Begrenzungen (Abb. 3.22 B). Die äußere Begrenzung stellt den Abschluss des **subcuticulären Raumes** (sbcut) dar. Nach innen folgt mit kleinem Abstand die fein gezeichnete äußere Begrenzung von zwei **sezernierenden Zellen** (sz). Je nach Füllungszustand der Drüsenschuppe ist der Abstand zum äußeren Ring kleiner oder größer. In der Schrägaufsicht und der Seitenansicht werden nach unten weitere sezernierende Zellen sichtbar (Abb. 3.22 A und

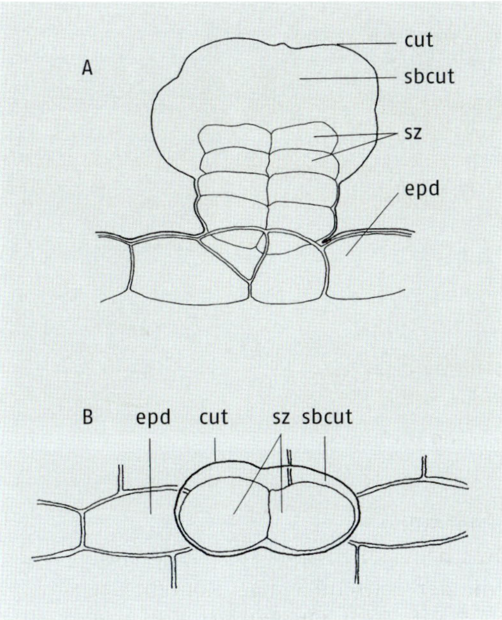

o Abb. 3.22 Asteraceen-Drüsenschuppe der Kamille (*Matricaria recutita*): **A** von der Seite, **B** in Aufsicht, **cut** Cuticula, **epd** Epidermis, **sbcut** subcuticulärer Raum, **sz** sezernierende Zellen (NH)

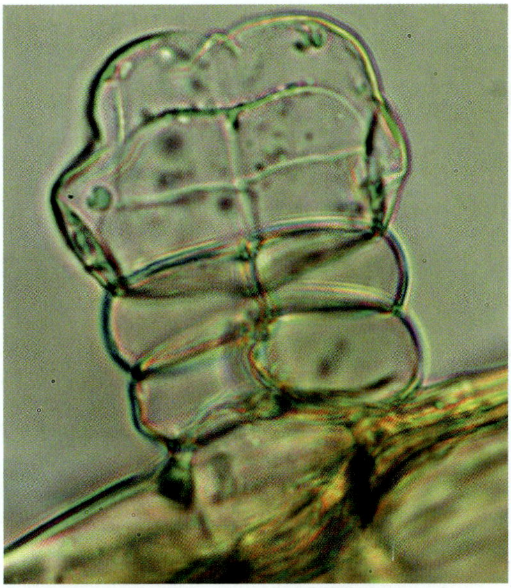

o Abb. 3.23 Asteraceen-Drüsenschuppe auf der Fruchtknotenwand der Kamille (*Matricaria recutita*); Beschriftung siehe Schemazeichnung o Abb. 3.22 A (StB)

o Abb. 3.23). Insgesamt sind es vier, je zwei nebeneinander in zwei Reihen. Über den sezernierenden Zellen wölbt sich wie eine Blase die Cuticula, unter der sich das ätherische Öl im **subcuticulären Raum** (sbcut) befindet. Weiter nach unten folgen die **Stielzellen**, die meist soweit in die Epidermis (epd) eingesenkt sind, dass man sie nur teilweise sehen kann. Sie stehen ebenfalls zweireihig. In frischem Pflanzenmaterial ist der subcuticuläre Raum größer als bei getrocknetem Material.

Aufgabe

- Zeichnen einer Drüsenschuppe mit subcuticulärem Raum, den sezernierenden Zellen und den Stielzellen in Aufsicht und Seitenansicht bei starker Vergrößerung (400-fach).

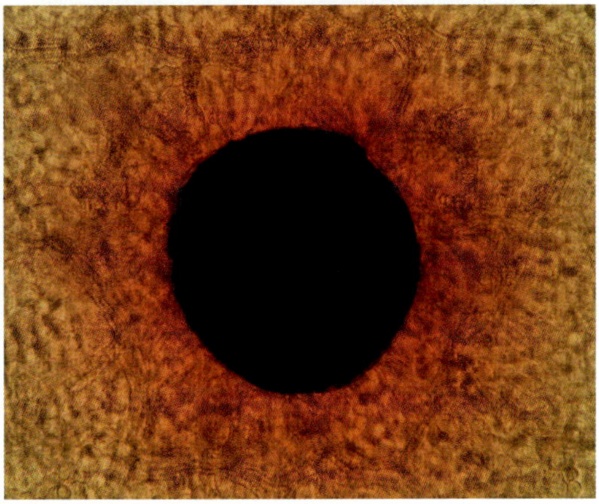

o Abb. 3.24 „Hypericinbehälter" im Blatt des Johanniskrauts (*Hypericum perforatum*) (StB)

3.7.8 Exkretionsgewebe – Ätherische Öle in Drogen

Ätherische Öle in pulverisierten Drogen

Objekte

Gewürznelken – Caryophylli flos – *Syzygium aromaticum* – Myrtaceae

3

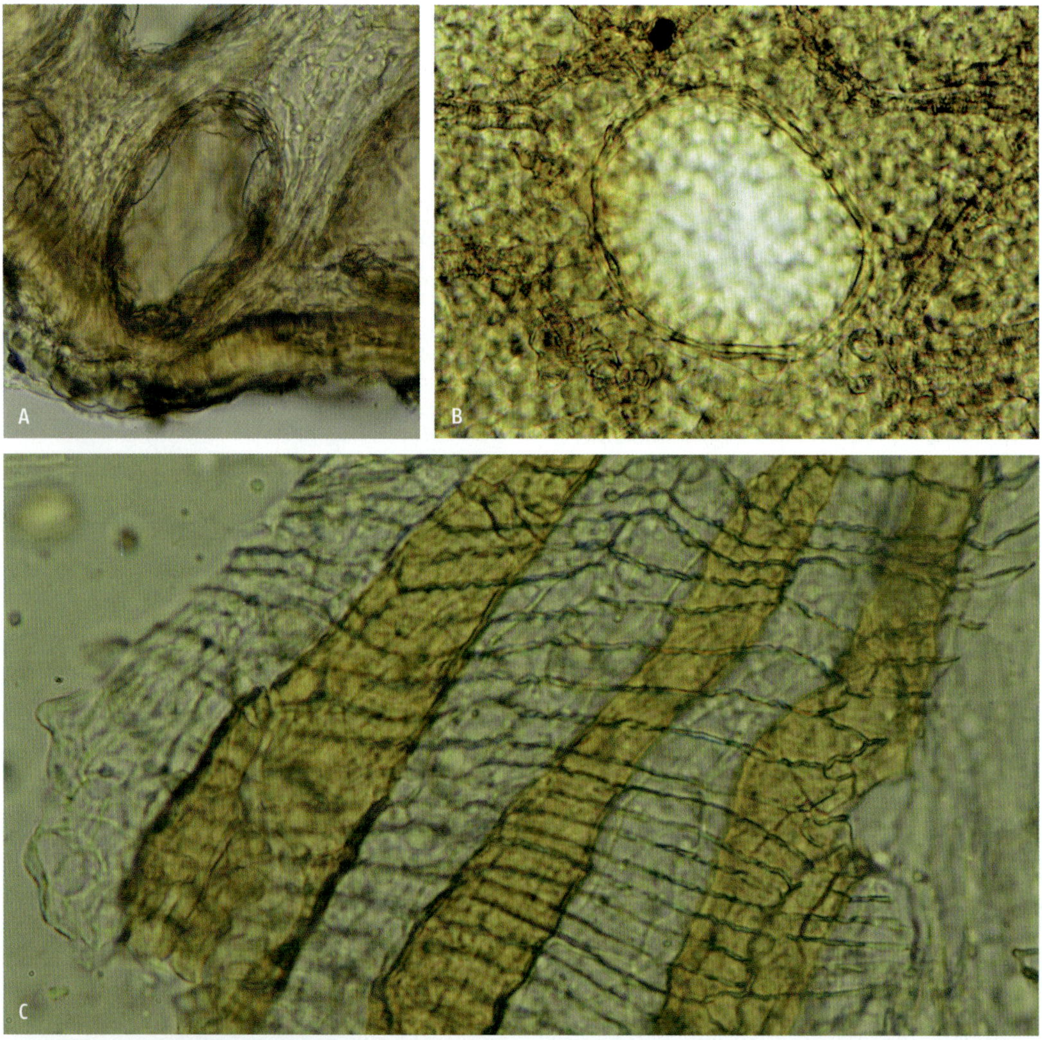

Abb. 3.25 Ölbehälter und Ölgänge: **A** schizolysigener Ölbehälter in Gewürznelken (Caryophylli flos), **B** schizogener Ölbehälter im Blatt des Johanniskrauts (*Hypericum perforatum*), **C** schizogene Ölgänge in Anisfrüchten (Anisi fructus) von „Parkettzellen" überlagert, gelb (StB)

Johanniskraut – Hyperici herba – *Hypericum perforatum* – Hypericaceae

Anis – Anisi fructus – *Pimpinella anisum* – Apiaceae

Schwarzer Pfeffer – Piperis nigri fructus – *Piper nigrum* – Piperaceae

Ingwerrhizom – Zingiberis rhizoma – *Zingiber officinale* – Zingiberaceae

Präparation

Von den Drogenpulvern werden jeweils Chloralhydratpräparate hergestellt (MR 05).

Beobachtung

Gewürznelken: Lysigene Ölbehälter (Abb. 3.25 A).

Johanniskraut: Schizogene Ölbehälter (o Abb. 3.25 B) und „Hypericinbehälter“ im Blatt (o Abb. 3.24, Hypericin liegt in großen Zellvakuolen).

Anis: Schizogene Ölgänge (o Abb. 3.25 C).

Schwarzer Pfeffer: Ölbehälter und Ölzellen (o Abb. 8.20).

Ingwerrhizom: Ölzellen (o Abb. 4.39).

3.7.9 Abschlussgewebe – Epidermis und Cuticula

Klivie und Mahonie – Blatt im Querschnitt

Objekte

Clivia – *Clivia spec.* – Amaryllidaceae

Mahonie – *Mahonia aquifolium* – Berberidaceae

Grüne Blätter. Geeignet ist frisches oder in Ethanol (MR 01) eingelegtes Material.

Präparation

Das Blatt wird quer angeschnitten. Im Intercostalbereich (Bereich zwischen den Blattnerven) werden dünne Teilschnitte angefertigt, die mit Chloralhydrat (MR 05) aufgehellt werden.

Option

Anfärben der Cuticula mit 5 % Kalilauge oder mit Sudan III (MR 13).

Beobachtung

In der Übersicht (50-fach) sucht man eine besonders dünne Stelle des Schnitts (meist am Schnittrand). Bei stärkerer Vergrößerung (100-fache bzw. 400-fache Vergrößerung) erkennt man, dass die **Epidermiszellen** fast quadratisch, nach außen aber leicht abgerundet sind (o Abb. 3.26). Innen stoßen sie lückenlos aufeinander, nach außen bleibt zwischen den Zellen ein keilförmiger Spalt frei. Die Außenwände der Epidermiszellen sind stark verdickt. Die Wandverdickungen erscheinen hell und geschichtet (400-fache Vergrößerung). Der Epidermis liegt eine dicke **Cuticula** auf, die auch die Räume zwischen den Epidermiszellen ausfüllt und deshalb als Keil zwischen den Zellen zu sehen ist. Im gefärbten Präparat ist die Cuticula gelb (KOH) oder rot (Sudan III) gefärbt und hebt sich so wesentlich besser von den Epidermiszellen ab.

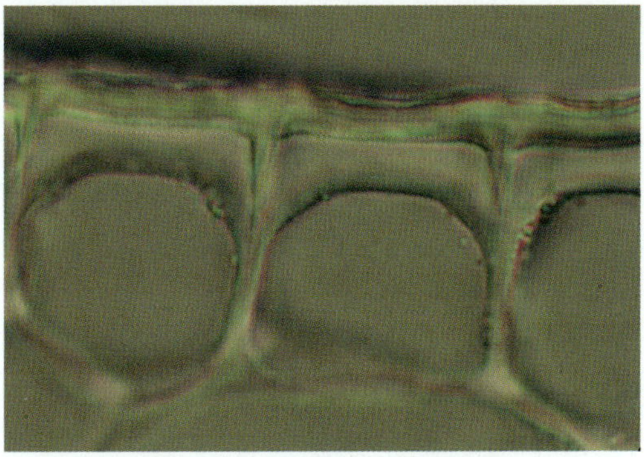

o **Abb. 3.26** Epidermis mit aufliegender Cuticula beim Blatt der Clivia, Querschnitt (StB)

Aufgabe

- Zeichnen eines Ausschnittes der Epidermis mit verdickten Epidermiszellen und aufliegender Cuticula.

3

3.7.10 Abschlussgewebe – Kurzzellenepidermis der Gräser

Mais – Flächenschnitt der Blattoberseite

Objekt

Mais – *Zea mays* – Poaceae

Frische oder in Alkohol (MR 01) eingelegte Blätter.

Präparation

Ein Blattstück wird mit der Oberseite nach oben über den Zeigefinger gespannt (o Abb. 1.6). In gutem Abstand zur Mittelrippe wird ein Flächenschnitt hergestellt, der auf dem Objektträger mit Chloralhydrat (MR 05) aufgehellt wird.

Beobachtung

In der Übersicht (50-fach) wird nach einer möglichst dünnen Stelle des Schnittes gesucht, so dass die Beobachtung der Epidermis nicht vom darunter liegenden Gewebe gestört wird. In der 100-fachen Vergrößerung sind mehrere Zellty-

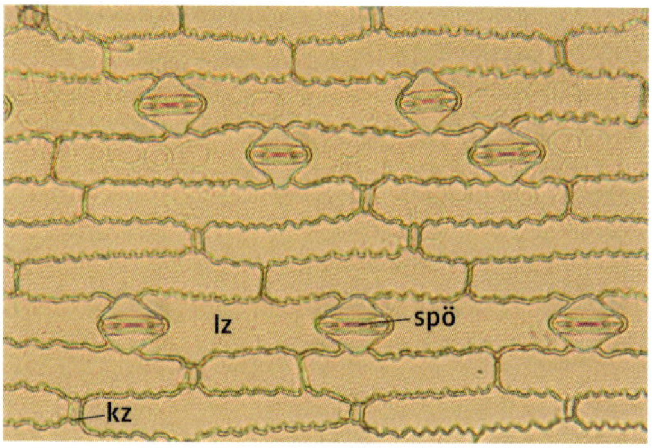

o Abb. 3.27 Kurzzellenepidermis des Maisblatts (*Zea mays*), Aufsicht, **kz** Kurzzelle, **lz** Langzelle, **spö** Spaltöffnung (StB)

pen zu erkennen (o Abb. 3.27). Am auffälligsten sind die lang gestreckten, viereckigen Epidermiszellen mit sehr stark wellig gebuchteten Zellwänden (**Langzellen**, lz). Sie stoßen stumpf aufeinander. In regelmäßigen Abständen liegen an der Schmalseite dazwischen ein oder zwei kleine **Kurzzellen** (kz), die oft erst bei stärkerer Vergrößerung (400-fach) gut erkennbar sind. Die **Spaltöffnungen** (spö) der Poaceae bestehen typischerweise aus zwei hantelförmigen **Schließzellen**, umgeben von zwei dreieckigen **Nebenzellen**. Außerdem sind einzellige Haare zu erkennen.

Aufgabe

- Zeichnen eines Gewebeausschnitts der Epidermis mit Langzellen, Kurzzellen und Spaltöffnungen bei 400-facher Vergrößerung.

3.7.11 Haare – Auswüchse der Epidermis

Usambaraveilchen – Flächenschnitt der Blattoberseite

Objekt

Usambaraveilchen – *Saintpaulia ionantha* – Gesneriaceae

Frische Blätter.

Präparation

Mit der Rasierklinge werden von der behaarten Oberseite des Blatts Haare „abrasiert". Es ist durchaus sinnvoll, auch dünne Stücke des Blattgewebes mit zu erfassen, um die Verankerung der Haare in der Epidermis zu analysieren. Die Haare bzw. Gewebestücke werden auf dem Objektträger in Wasser eingebettet.

Beobachtung

Die Haare des Usambaraveilchens sind in der Übersicht (50-fache Vergrößerung) zu erkennen. Es sind **Gliederhaare** mit bis zu fünf Zellen und spitzer Endzelle. Jede Zelle des Haares verbreitert sich bauchig an ihrer Basis, was bei stärkerer Vergrößerung (100-fach) besser gesehen werden kann (o Abb. 3.28A). Die Haarbasis wird von fünf im Kreis angeordneten **Epidermiszellen** umgeben. Sie unterscheiden sich in ihrer Form von den sonst mehr eckigen Zellen der Epidermis. Bei stärkster Vergrößerung (400-fach) wird eine starke **Plasmaströmung** sichtbar. Besonders deutlich wird bei dieser Vergrößerung auch das Aufeinandertreffen zweier Zellen. Die kleine Lücke, die sich durch die schwachen Rundungen der Zellen bildet, wird von der Cuticula nach außen abgedichtet und geglättet.

Aufgabe

- Zeichnen eines Gliederhaares mit mindestens drei Zellen. Dabei ist die Zweistrich-Zeichentechnik zu verwenden und besonders auf die Nahtstelle zwischen zwei Zellen zu achten.

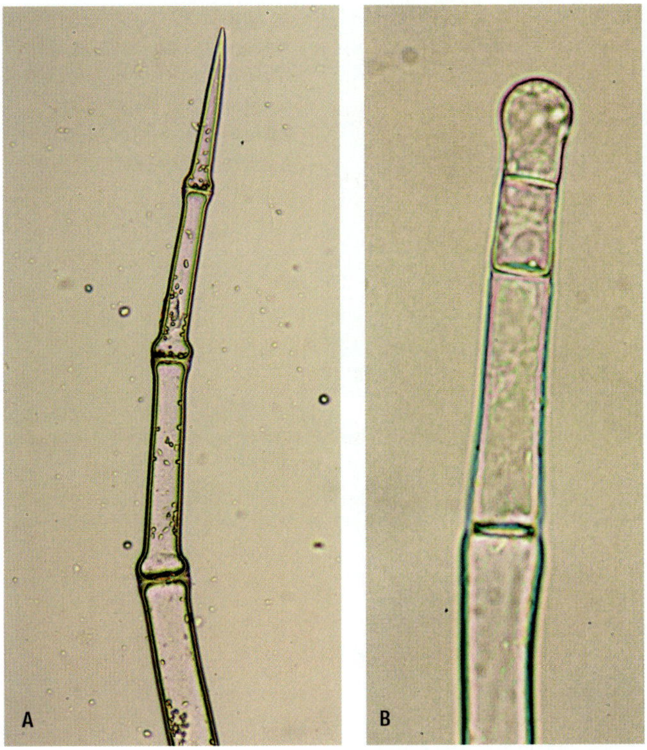

o Abb. 3.28 A Gliederhaar des Usambaraveilchens (*Saintpaulia ionantha*), B Köpfchenhaar des Blütenstiels der Primel (*Primula* spec.) (StB)

3

Primel – Flächenschnitt des Blütenstiels

Objekt

Primel – *Primula spec.* – Primulaceae

Frische Primelblüten mit Stiel (Zierprimel im Topf).

Präparation

Mit der Rasierklinge werden vom behaarten Blütenstiel einige Haare „abrasiert" oder die Oberfläche dünn angeschnitten. Das Präparat wird in Wasser eingebettet.

Beobachtung

Primel fühlen sich immer etwas klebrig an. Dies ist auf die zahlreichen **Drüsenhaare** auf ihrer Oberfläche zurückzuführen, die immer etwas Sekret ausscheiden. Sie sind groß und schon in der Übersicht (50-fach) sichtbar. Bei stärkerer Vergrößerung (100-fach) erkennt man, dass sie aus mehreren Zellen bestehen (o Abb. 3.28B). Die oberste Zelle ist zu einem kleinen, kugeligen **Köpfchen** ausgewachsen, zur sezernierenden Zelle. Manchmal liegt unter der Cuticula ein Tropfen des schwach kontrastierten Exkrets. Die **Stielzelle** darunter ist schmaler und kleiner als die anderen Zellen des Haares. Da es sich um ein Lebendpräparat handelt, kann bei 400-facher Vergrößerung eine lebhafte **Plasmaströmung** beobachtet werden.

Aufgabe

- Zeichnen eines Drüsenhaares mit Stielzelle und Köpfchen.

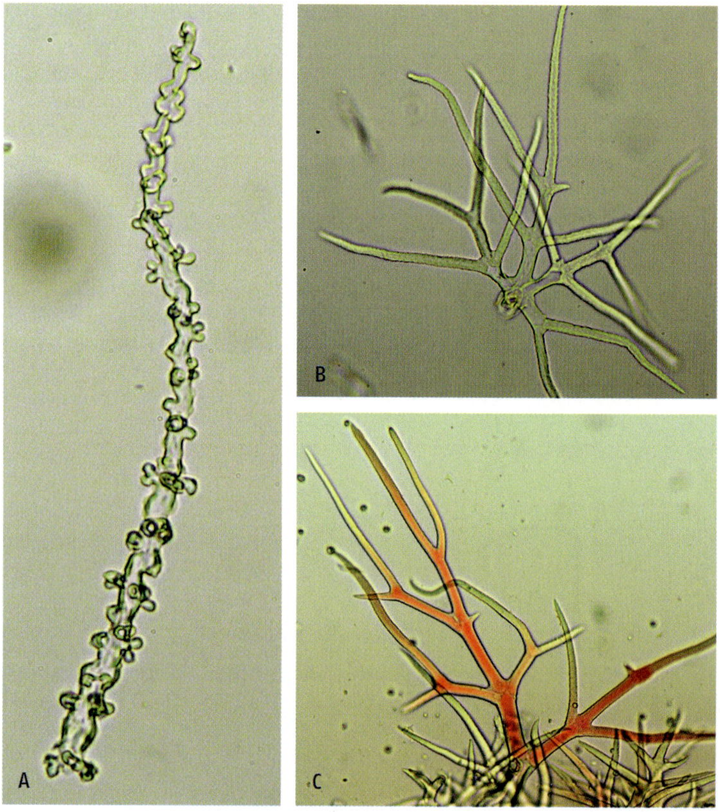

o Abb. 3.29 Verschiedene Haare des Lavendels (*Lavandula angustifolia*): A Knotenstockhaar (Kronblatt), B Etagenhaar (Kronblatt), C Geweihhaar (Kelch) (StB)

Lavendelblüte – Flächenschnitt der Kelchaußenseite

Objekt

Lavendel – *Lavandula angustifolia* – Lamiaceae
Kelche frischer oder abgeblühter Blüten.

Präparation

Mit der Rasierklinge werden tangential von der Außenseite des Kelchs dünne Gewebestücke mit Haaren abgenommen. Das Objekt wird mit Chloralhydrat (MR 05) aufgehellt.

Beobachtung

Die Außenwand des Kelches ist dicht mit Haaren besetzt, die in ihrer Form an Geweihe erinnern und deswegen „**Geweihhaare**" genannt werden. Schon in der Übersicht (50-fach) kann man erkennen, dass sie verzweigt sind (o Abb. 3.29 C). Die Geweihenden sind sehr spitz, manche sind durch Anthocyane rot gefärbt. Bei stärkerer Vergrößerung (100-fach) ist zu erkennen, dass der Hauptast aus mehreren Zellen besteht und an der Nahtstelle der beiden Zellen jeweils eine oder zwei Zellen abzweigen. Das ganze Haar besteht aus fünf bis acht Zellen. Die Cuticula ist rau. Bei genauer Analyse der Verzweigungsstelle (400-fache Vergrößerung) sieht man, dass jeweils drei oder vier Zellen aufeinander treffen, und zwar typischerweise jeweils mit einer flachen Spitze gegeneinander zulaufend.

Aufgabe

- Zeichnen eines Kelchhaares mit mindestens einem Zweig. Die Anatomie der Verzweigungsstelle soll deutlich gezeichnet werden.

Wollblume – Haare der Antheren

Objekt

Königskerze – *Verbascum phlomoides* – Scrophulariaceae
Frische oder getrocknete Blüten (Teedroge!)

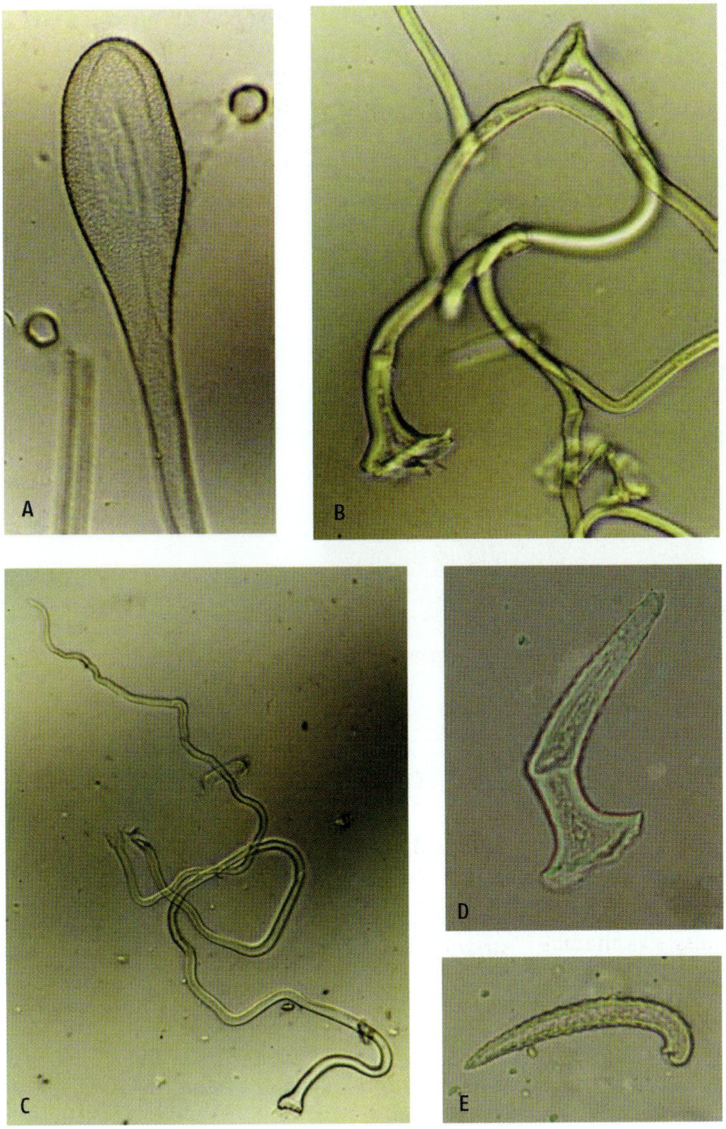

o Abb. 3.30 Verschiedene Haartypen in Drogen: **A** Keulenhaar in Wollblumen (Verbasci flos), **B** Trompetenhaar in Salbeiblättern (Salviae officinalis folium), **C** Peitschenhaar in Huflattichblättern (Farfarae folium), **D** Kniehaar in Thymiankraut (Thymi herba), **E** Revolverhaar in Sennesblättern (Sennae folium) (StB)

Präparation

Die Blüte der Königskerze enthält fünf Staubblätter, zwei untere mit längeren und drei obere mit kürzeren Filamenten. Die Filamente und Antheren der oberen drei Staubblätter sind wollig behaart (Wollblumen!). Diese Staubblätter werden mit einer Pinzette herausgetrennt und davon mit einer Rasierklinge die wolligen Haare auf einen Objektträger abgestreift. Das Objekt wird mit Chloralhydrat (MR 05) aufgehellt.

Beobachtung

In der schwächsten Vergrößerung (50-fach) erkennt man, dass die Haare, die die Antheren so wollig erscheinen lassen, schwach gelb und sehr lang sind. Die Enden sind charakteristisch zu einer Keule verbreitert; deswegen werden sie als „**Keulenhaare**" bezeichnet (o Abb. 3.30 A). In der stärkeren Vergrößerung (100-fach) können Teile eines Haares genau betrachtet werden. Das Haar besteht aus einer einzigen, am Ende keulenförmig verbreiterten Zelle mit einer stark

o Abb. 3.31 Verschiedene Haare bei Arnikablüten (Arnicae flos): A Zwillingshaar, B Pappushaar (StB)

warzigen **Cuticula**, die das Haar rau erscheinen lässt. Im Präparat sind viele **Pollenkörner** und auch einige **Etagenhaare** der Kronblätter zu finden, evtl. Stücke des Endotheciums, das charakteristischerweise als **„Sternendothecium"** (o Abb. 7.7) ausgebildet ist.

Aufgabe

- Zeichnen eines Keulenhaares mit seiner warzigen Cuticula.

3.7.12 Formenvielfalt der Haare

Pulverisierte Drogen als Beispiele

Objekte

Lavendelblüten – Lavandulae flos – *Lavandula angustifolia* – Lamiaceae

Salbeiblätter – Salviae officinalis folium – *Salvia officinalis* – Lamiaceae

Huflattichblätter – Farfarae folium – *Tussilago farfara* – Asteraceae

Thymiankraut – Thymi herba – *Thymus vulgaris* – Lamiaceae

Sennesblätter – Sennae folium – *Cassia senna* – Fabaceae

Arnikablüten – Arnicae flos – *Arnica montana* – Asteraceae

Lindenblüten – Tiliae flos – *Tilia cordata* u.a. Malvaceae.

Rosmarinblätter – Rosmarini folium – *Rosmarinus officinalis* – Lamiaceae

Präparation

Von den Drogenpulvern werden jeweils Chloralhydratpräparate hergestellt (MR 05).

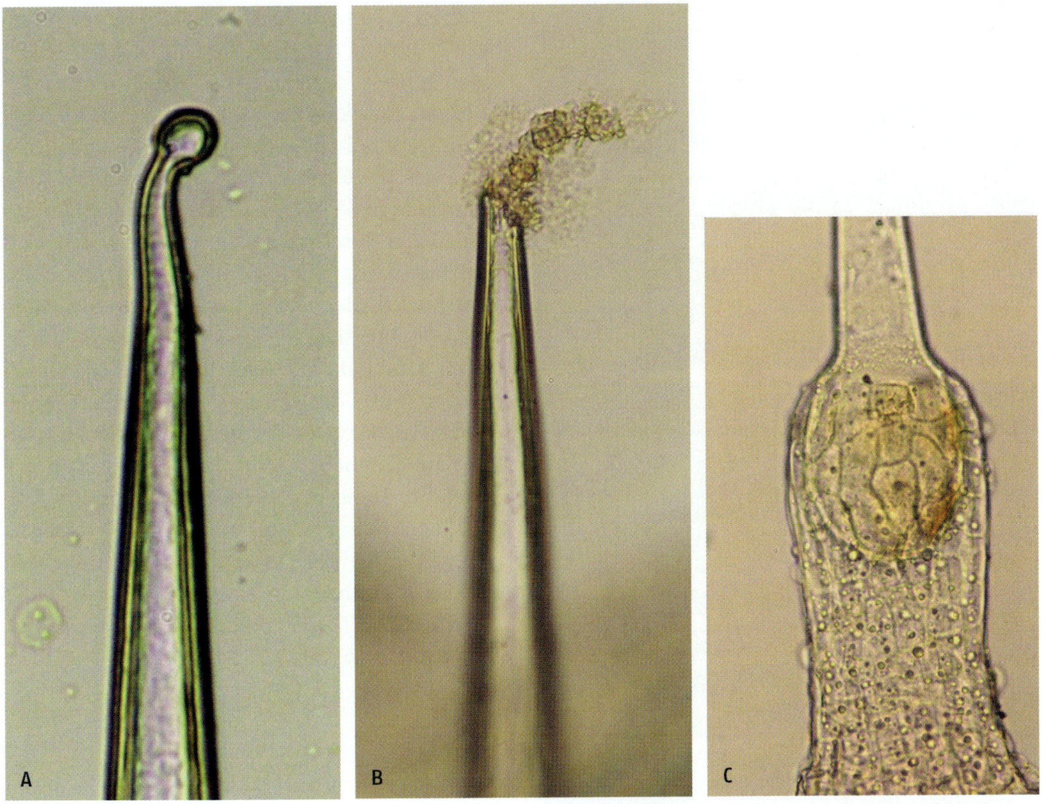

o Abb. 3.32 Brennhaar der Brennnessel (*Urtica dioica*): **A** Köpfchen mit präformierter Abbruchstelle, **B** Austritt des Haarinhalts, **C** Sockel (StB)

Beobachtung

Lavendelblüten: Etagenhaare, Knotenstockhaare, Geweihhaare (o Abb. 3.29).

Salbeiblätter: Trompetenhaare (o Abb. 3.30 B).

Huflattichblätter: Peitschenhaare (o Abb. 3.30 C).

Thymiankraut: Kniehaare (o Abb. 3.30 D).

Sennesblätter: Revolverhaare (o Abb. 3.30 E).

Arnikablüten: Pappushaare und Zwillingshaare (o Abb. 3.31).

Lindenblüten: Büschelhaare.

Rosmarinblätter: Etagenhaare.

3.7.13 Brennhaare der Brennnessel

Flächenschnitt der Blattrippe oder des Blattstiels

Objekt

Große Brennnessel – *Urtica dioica* – Urticaceae

Frische, junge Brennnesseln.

Präparation

Die Brennhaare einer Brennnessel sind sehr empfindlich und brechen schon bei leichter Berührung ab. Am besten hält man deshalb mit der einen Hand das Blatt am unteren Stielrand fest und schneidet mit der Rasierklinge in der anderen Hand ganz dünn auf der Fläche etwas Gewebe flächig ab. Es ist auch möglich, vorsichtig einige lange Haare der Blattmittelrippe oder des Blattstiels abzurasieren. Das Präparat wird in Wasser eingebettet.

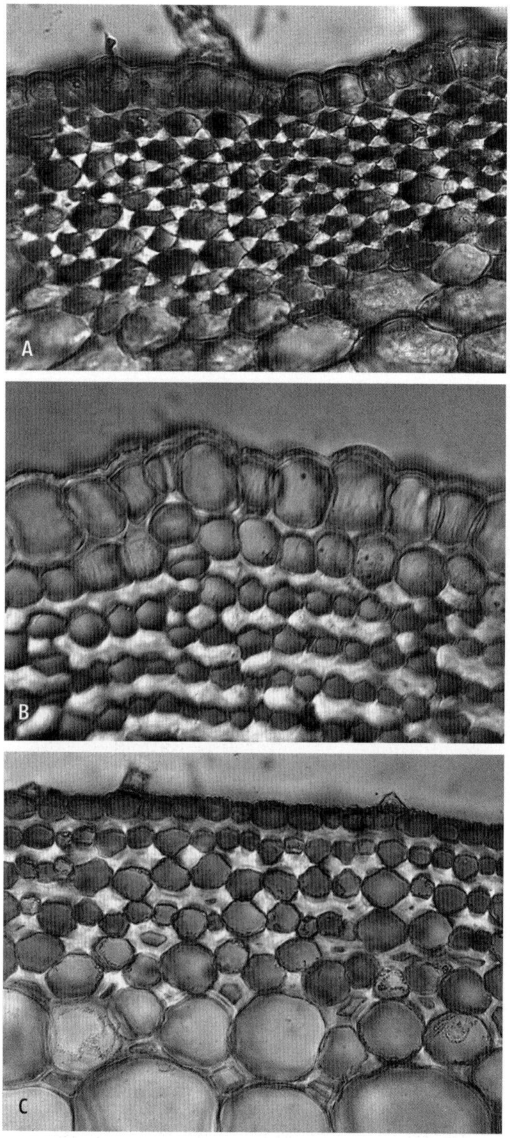

○ **Abb. 3.33** Kollenchyme: **A** Eckenkollenchym bei Kürbis (*Cucurbita pepo*), **B** Plattenkollenchym bei Holunder (*Sambucus nigra*), **C** Lückenkollenchym bei Huflattich (*Tussilago farfara*) (StB)

Beobachtung

Die Brennhaare sind sehr groß und können in ihrem ganzen Ausmaß nur bei schwacher Vergrößerung (50-fach) betrachtet werden. Unversehrte Brennhaare enden in einem kleinen **Köpfchen**, das leicht schräg geneigt ist. Bei stärkerer Vergrößerung (100-fach) ist an der Ansatzstelle zum eigentlichen Haar eine Einschnürung zu erkennen (○ Abb. 3.32 A). Dort bricht bei Berührung das Köpfchen ab und hinterlässt einen spitzen Haarrand (siehe auch ○ Abb. 3.7). Er ist so scharfkantig, dass er sich bei Berührung in die Haut bohrt. Dabei wird der Zellinhalt wie aus einer Kanüle unter die Haut gespritzt und verursacht so den brennenden Schmerz. Die Cuticula ist grob schräg gestreift. Nach unten wird das Haar breiter und endet keulenförmig in einem **Sockel**, der aus hypodermalen Schichten chlorophyllhaltiger Zellen gebildet wird (Emergenz!). Durch das Gewebe des Sockels hindurch ist der Fuß des Haares gut zu erkennen (○ Abb. 3.32 C). Die Epidermis des Sockels besteht aus länglichen, dünnwandigen Zellen. Sie enden am Rand des „Bechers" nicht ganz glatt (400-fache Vergrößerung). Die Gewebespannung (Turgor) der Sockelzellen überträgt sich auf das Brennhaar und bewirkt, dass sich der Haarinhalt bei Verletzung des Haars injektionsartig entleert (○ Abb. 3.32 B).

Aufgabe

- Zeichnen eines intakten Brennhaares mit Köpfchen und Sockel.

3.7.14 Lebendes Festigungsgewebe – Eckenkollenchym

Kürbis und Begonie – Sprossachse im Querschnitt

Objekte

Kürbis – *Cucurbita pepo* – Cucurbitaceae

Begonie – *Begonia spec.* – Begoniaceae

Frische oder in Ethanol (MR 01 ▸Kap. 1.6.1) eingelegte Sprossachsen einer nicht zu jungen Kürbispflanze oder nicht zu dünne Blütenstiele von Begonien (Zimmerpflanze).

Präparation

Das Festigungsgewebe liegt in der Peripherie, bei Kürbis nur in den vorgewölbten Bereichen. Die Sprossachse wird quer angeschnitten, von den äußeren Bereichen werden Teilschnitte angefertigt. Die Schnitte werden in Wasser eingebettet.

Option: Anfärben der Wandverdickungen mit Hämalaun (MR 10).

Beobachtung

Festigungsgewebe liegen bei krautigen Sprossen immer in der Peripherie, damit diese nicht umknicken können. Deshalb muss das Eckenkollenchym am äußersten Rand des Querschnitts gesucht werden. Es ist in der Übersicht (50-fache Vergrößerung) an seinem typischen Muster zu erkennen (o Abb. 3.33 A). Die **Wandverdickungen** erscheinen dreieckig, seltener viereckig und sind im Mikroskop hell gegen die fast runden Zelllumen abgesetzt. Bei Vergrößerung (100-fach) tritt das Muster noch deutlicher hervor. Man erkennt, dass es das Ergebnis lokaler Wandverdickungen in den Ecken von jeweils drei bzw. vier aneinander grenzenden Zellen ist. Zwischen den Verdickungen bleiben die Zellwände unverdickt. Bei starker Vergrößerung (400-fach) sind in den hellen Wandverdickungen die **Mittellamellen** der an der Verdickung beteiligten Zellen sichtbar. Färbung mit Hämalaun lässt die Verdickungen bläulich erscheinen und die Mittellamellen deutlicher hervortreten.

Aufgabe

- Zeichnen eines Gewebeverbandes von 8 bis 10 Zellen. Dabei soll das Muster, das sich durch die Wandverdickungen ergibt, zum Ausdruck kommen.

3.7.15 Lebendes Festigungsgewebe – Plattenkollenchym

Holunder – Sprossachse im Querschnitt

Objekt

Holunder – *Sambucus nigra* – Adoxaceae

Verholzte Zweige von ca. 0,5 cm Durchmesser. Geeignet ist frisches oder in Ethanol (MR 01) eingelegtes Material.

Präparation

Mit einem Messer wird der Spross quer angeschnitten. Im Randbereich werden dünne Teilschnitte angefertigt und mit Chloralhydrat (MR 05) aufgehellt.

Beobachtung

Je nach Alter des Sprosses besteht das Abschlussgewebe der Sprossachse aus einer mehr oder weniger dicken **Korkschicht**. Bereits in der Übersicht (50-fach) ist darunter das Kollenchym zu erkennen (o Abb. 3.33 B). Da die **Wandverdickungen** sehr hell sind oder sogar hell leuchten, ist es leicht zu finden. Es bildet keinen kompletten Ring, sondern wird immer wieder von Rindenparenchym durchbrochen. Bei Vergrößerung (100-fach) zeigt sich, dass das typische Muster dadurch zustande kommt, dass nur die tangentialen Wände verdickt sind, während die radialen Wände unverdickt bleiben. Die Lumina der Zellen sind oval und erscheinen dunkel. Die Wandverdickungen des Plattenkollenchyms wirken wie parallel verlaufende Bänder. Bei stärkster Vergrößerung (400-fach) erkennt man die **Mittellamellen** der beiden an der Verdickung beteiligten Zellen.

Aufgabe

- Zeichnen eines Gewebeausschnittes von ca. 10 Zellen aus dem Bereich des Plattenkollenchyms. Das typische Muster sollte dabei zur Geltung kommen.

3.7.16 Lebendes Festigungsgewebe – Lückenkollenchym

Huflattich und Pestwurz – Blattstiel im Querschnitt

Objekte

Huflattich – *Tussilago farfara* – Asteraceae

Rote Pestwurz – *Petasites hybridus* – Asteraceae

Frische oder in Ethanol (MR 01) eingelegte Stiele der Blätter.

Präparation

Der Blattstiel wird mit einer Rasierklinge quer angeschnitten, und in dieser Schnittrichtung werden dünne Teilschnitte des Randbereichs hergestellt. Die Schnitte werden mit Chloralhydrat (MR 05) aufgehellt.

Option: Färbung mit Hämalaun (MR 10).

Beobachtung
Das Abschlussgewebe des Blattstiels ist eine Epidermis. Unterhalb dieser befindet sich ein durchgehender **Kollenchymring**. Man erkennt ihn in der Übersicht (50-fach) an den hell leuchtenden **Zellwandverdickungen**. Diese werden bei 100-facher Vergrößerung näher untersucht. Das typische Muster wird durch die Wandverdickungen in den Ecken der Zellen verursacht (o Abb. 3.33 C). Im Unterschied zum Eckenkollenchym befinden sich an den Stellen des Zusammentreffens der Zellen große **Lücken** in den Wandverdickungen, also praktisch **Interzellularen**. In den äußeren Schichten sind nicht immer Lücken eingelassen. Die Zellen sind dreieckig mit oft abgestumpften Ecken, die an die „Lücke" stoßen. Das von der Verdickung freibleibende **Zelllumen** ist rund. Die **Mittellamellen** können nur im mit Hämalaun angefärbten Präparat erkannt werden.

Aufgabe

- Zeichnen eines Gewebeausschnittes mit mehreren Zellen, wobei das typische Muster zum Ausdruck kommen soll.

3.7.17 Totes Festigungsgewebe – Sklerenchym und Steinzellen

Birne – Quer- oder Längsschnitt des Fruchtfleisches

Objekt

Birne – *Pyrus communis* – Rosaceae
Reife Birnen.

Präparation
Die Birne wird längs halbiert. In der Nähe des Kernhauses (Fruchtwand) sind kleine, harte Körnchen erkennbar. In diesem Bereich wird quer oder längs ein Schnitt geführt und ganz wenig davon in Chloralhydrat (MR 05) eingebettet. Nach dem Aufhellen wird mit dem stumpfen Ende eines Bleistiftes das Präparat vorsichtig gequetscht, um die Steinzellnester etwas auseinanderzudrücken.

Option: Färbung der verholzten Zellwände mit Phloroglucin-HCl (MR 12).

Beobachtung
Das Fruchtfleisch der Birne besteht aus hellem Parenchym. Darin eingebettet liegen zahlreiche **Steinzellnester**, die bereits in der Übersicht (50-fache Vergrößerung) als dunkle Gebilde auffallen. Meist ist dort noch Luft eingeschlossen, die durch Klopfen auf das Deckglas möglichst entfernt werden soll. Zum genauen Studium sucht man sich ein kleines, luftfreies Steinzellnest heraus. In der Vergrößerung (100-fach) ist zu sehen, dass es aus 5 bis 10 **Steinzellen** besteht (o Abb. 3.34). Wenn es gut gequetscht ist, liegen einzelne Steinzellen frei, die bei stärkster Vergrößerung (400-fach) betrachtet werden können. Die Zellen sind isodiametrisch und eckig. Ihre dicken Zellwände sind geschichtet. Das kleine **Lumen** ist meist von Luft erfüllt und erscheint deshalb schwarz. Vom Lumen aus verlaufen viele, z. T. verzweigte **Tüpfelkanäle** durch die Wand nach außen. Die Tüpfelkanäle benachbarter Zellen treffen an den Berührungsflächen zusammen. Oft kann ein Tüpfelkanal nur teilweise verfolgt werden, weil er aus der Bildebene hinausläuft. Wenn im Lumen der Zelle die untere oder obere Zellwand fokussiert wird, sieht man darauf die Tüpfel als kleine, dunkle Punkte. Im gefärbten Präparat sind die Zellwände rot.

Aufgabe

- Zeichnen von 3 bis 4 Steinzellen im Verband mit Lumen und Tüpfelkanälen.

3.7.18 Totes Festigungsgewebe – Sklerenchymfasern

Oleander und Immergrün – Sklerenchymfasern in Aufsicht

Objekte

Oleander – *Nerium oleander* – Apocynaceae
Immergrün – *Vinca minor* – Apocynaceae

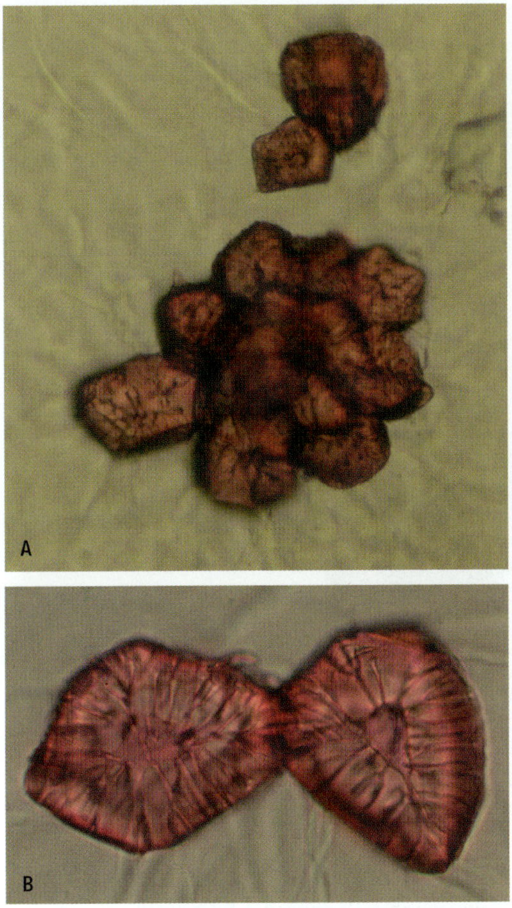

o Abb. 3.34 Steinzellen im Fruchtfleisch der Birne (*Pyrus communis*; Ligninfärbung): **A** Steinzellnest, **B** Steinzellen vergrößert (StB)

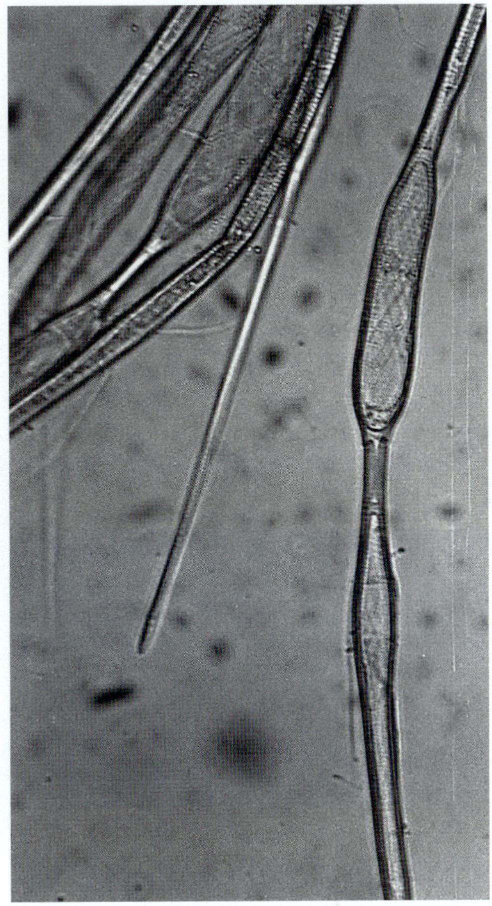

o Abb. 3.35 Sklerenchymfasern im Spross des Immergrüns (*Vinca minor*) (StB)

Frische oder in Ethanol (MR 01) eingelegte, nicht zu junge Stängel. Beim Immergrün ist ein älterer, verholzter Sprossteil am besten geeignet.

Präparation

Mit einem Messer wird die Rinde zunächst längs eingeritzt. Unter der Rinde können mit einer Pinzette die Fasern aufgerieben werden, die mit einer Rasierklinge abgeschnitten und auf dem Objektträger in Wasser eingebettet werden.

Option: Anfärben der verholzten Zellwände mit Phloroglucin-HCl (MR 12).

Beobachtung

Die Sklerenchymfasern sind lang und durchsichtig und werden am besten bei 100-facher Vergrößerung betrachtet. Da man immer nur Ausschnitte davon im Blickfeld hat, ist es ratsam, den Verlauf der Sklerenchymfasern durch Verschieben des Objektträgers unter dem Mikroskop zu verfolgen. Am Ende einer Faser angekommen, sieht man sie sehr spitz enden. Oft haben die Fasern eine bauchig verdickte Stelle (o Abb. 3.35), an der sich der Zellkern befand bzw. befindet. Liegen mehrere Fasern nebeneinander, sind sie ineinander verkeilt (verspleißt) und bieten so bei hoher Beanspruchung auf Zug

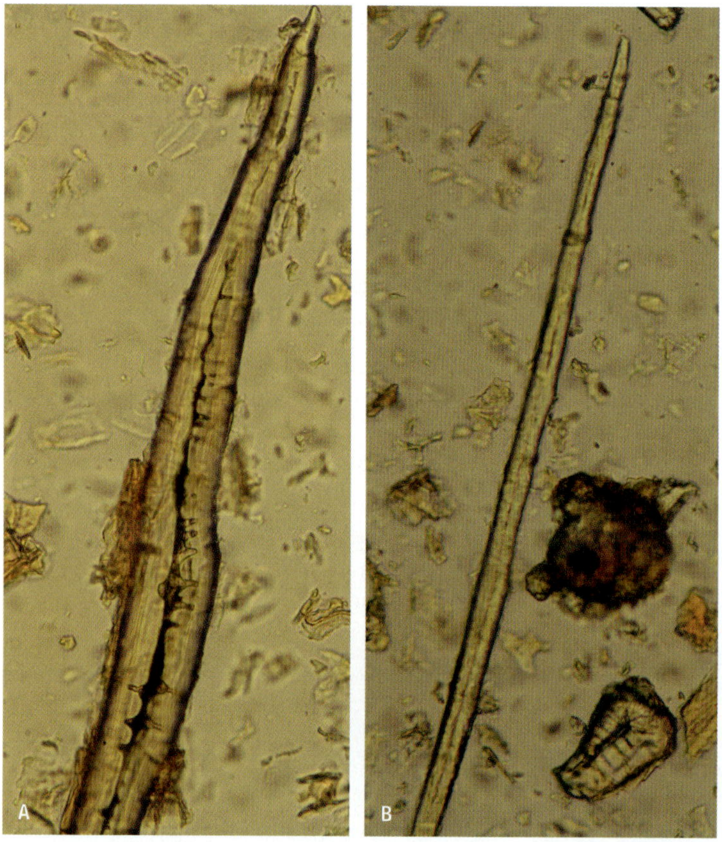

Abb. 3.36 Sklerenchym in Drogen: **A** Bastfaser in Chinarinde (Cinchonae cortex), **B** Bastfaser und Steinzelle (rechts unten) in Zimtrinde (Cinnamomi cortex) (StB)

genügend Festigkeit. In der stärksten Vergrößerung (400-fach) ist die dicke **Zellwand** mit kleinen **Tüpfelkanälen** zu erkennen, die nur ein schmales **Lumen** der Faser freilässt. Bei Aufsicht auf die Faser ist die **Schraubentextur** der Zellwand zu erkennen, deren Windungen bei zwei aufeinander folgenden Schichten gegenläufig sind. Im gefärbten Präparat sind die Zellwände je nach Verholzungsgrad schwach bis stark rot gefärbt.

Aufgabe

- Zeichnen eines Ausschnitts einer Sklerenchymfaser möglichst mit einem spitzen Ende und einer bauchig aufgewölbten Stelle. Eingezeichnet werden sollen die Tüpfelkanäle in den Zellwänden, das Lumen und die Textur.

3.7.19 Formenvielfalt des Sklerenchyms

Pulverisierte Drogen als Beispiele

Objekte

Chinarinde – Cinchonae cortex – *Cinchona pubescens* – Rubiaceae

Zimtrinde – Cinnamomi cortex – *Cinnamomum zeylanicum* – Lauraceae

Schwarzer Tee – Theae folium – *Camellia sinensis* – Theaceae

Präparation

Von den Drogenpulvern werden jeweils Chloralhydratpräparate hergestellt (MR 05). Zum Nachweis verholzter Zellwände werden die Präparate mit Phloroglucin-HCl (MR 12) gefärbt.

Beobachtung
Chinarinde: Bastfasern mit „Trompetentüpfeln" (o Abb. 3.36 A).

Zimtrinde: Bastfasern (o Abb. 3.36 B).

Schwarzer Tee: Sklereiden (o Abb. 3.37).

3.7.20 Leitgewebe im Längsschnitt

Kürbis – Radialer Längsschnitt der Sprossachse

Objekt
Kürbis – *Cucurbita pepo* – Cucurbitaceae
Frische oder in Ethanol (MR 01) eingelegte Sprossachse.

Präparation
Ein Sprossstück wird quer angeschnitten. Auf dem Querschnitt kann man mit bloßem Auge in den Ausbuchtungen und in den Tälern die hellen Leitbündel erkennen. Der Längsschnitt wird radial durch ein Leitbündel geführt. Das Präparat wird mit Chloralhydrat (MR 05) aufgehellt.

Option: Anfärben der verholzten Zellwände mit Phloroglucin-HCl (MR 12).

Beobachtung
Eine Orientierung erfolgt in der Übersicht (50-fache Vergrößerung) an den **Tracheen** des Xylems. Sie haben dicke Wandverstärkungen. Das Präparat enthält verschiedene Typen von Tracheen (o Abb. 3.37). Am Rand des Xylems liegen häufig **Ringtracheen** und **Schraubentracheen** mit unterschiedlich enger Windung. In der Mitte des Xylems liegen die größeren **Treppen-** und **Tüpfeltracheen**. Bei allen Tracheen sind die Wandverstärkungen im gefärbten Präparat rot. Entsprechend dem Aufbau eines bikollateralen Leitbündels liegt im radialen Längsschnitt das Xylem zwischen zwei Phloembereichen. Diese bestehen aus hellen, länglichen, weitlumigen **Siebröhren**. Das Phloem ist an den quer gestellten **Siebplatten** zu erkennen, die im Präparat hell leuchten. Mitunter wird beim Schneiden eine Siebplatte gelöst. Sie liegt dann als runde, helle Scheibe in der Siebröhre. Die **Geleitzellen** liegen den Siebröhren eng an.

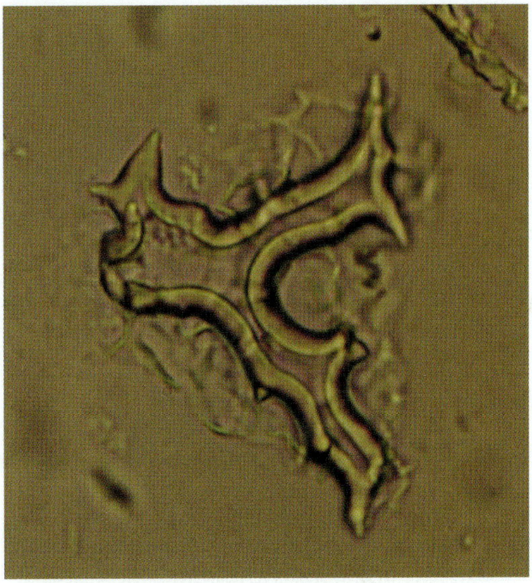

o **Abb. 3.37** Sklereide in Schwarzem Tee (Theae nigrae folium) (StB)

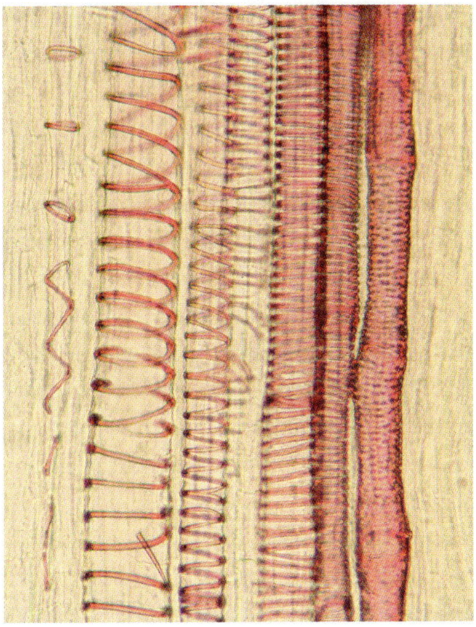

o **Abb. 3.38** Ring-, Schrauben-, Treppen- und Tüpfeltracheen (von links nach rechts) im Leitbündel des Kürbis (*Cucurbita pepo*), radialer Längsschnitt (StB)

3

Aufgabe

- Zeichnen verschiedener Typen von Tracheen und eines Ausschnittes aus dem Siebteil mit Siebplatten.

4 Die Sprossachse

Der Lebensraum „Land“ stellt an die Gestalt und Lebensweise der Pflanze hohe Anforderungen, dem sie nur durch die Ausbildung eines speziellen Vegetationskörpers, des **Kormus** (griech. kormos = abgeschnittener Baumstamm, Stumpf, Klotz), gerecht werden kann. Der Kormus gliedert sich in **Wurzel** und **Spross**, letzterer beinhaltet die Sprossachse mit den Blättern. Jedes Organ des Kormus besteht aus hoch spezialisierten Zellen und Geweben, die nach dem Prinzip der Arbeitsteilung funktionieren. Mit der **Wurzel** ist die Pflanze fest im Boden verankert und bezieht daraus Wasser und Nährsalze. Die **Sprossachse** sorgt für eine günstige Stellung der Blätter zum Licht. Die **Blätter** absorbieren die zur Photosynthese notwendige Strahlungsenergie und stehen im Gasaustausch mit der Luft.

Pflanzen, die einen Kormus ausbilden, gehören zur Organisationsstufe der **Kormophyten** (Sprosspflanzen). Sie stellen die höchste Organisationsstufe der Pflanzen dar und umfassen die **Pteridophyten** (Farnpflanzen) und die **Spermatophyten** (Samenpflanzen). Pflanzen, die als Zellgeflecht oder Zellgewebe auf dem Untergrund „lagern“ oder im Wasser leben, gehören zur Organisationsstufe der **Thallophyten** (Lagerpflanzen). Zu dieser Gruppe zählen Rotalgen, Braunalgen, Hutpilze und Moose. Eine Arbeitsteilung der Gewebe ist nur bei komplexeren Thallophyten zu beobachten, z. B. bei den Moosen (**Bryophyten**), denen allerdings Wurzeln und Leitungsbahnen fehlen.

4.1 Morphologie der Sprossachse

Die Sprossachse trägt die Blätter und sorgt für deren günstige Stellung zum Licht. Entsprechend dieser Aufgabe muss sie eine gewisse Festigkeit besitzen (Festigungsgewebe) und durch besonders entwickelte Leitungsbahnen (Leitbündel) die Versorgung der übrigen Organe sicherstellen. Dazu gehört sowohl die Versorgung mit Wasser und darin gelösten Nährsalzen, das von der Wurzel nach oben zu den Blättern geleitet wird, als auch die Verteilung der Assimilate, die in den Blättern als Ergebnis der Photosynthese gebildet werden.

4.1.1 Nodien, Internodien

Die Sprossachse ist durch die Blattansätze in Nodien und Internodien gegliedert. An den **Nodien** (Einzahl: Nodium, lat. nodus = Knoten) sitzen die Blätter; die blattfreien Abschnitte dazwischen bezeichnet man als **Internodien** (Einzahl: Internodium). In der Knospe sind Internodien kaum erkennbar. Sie wachsen erst beim Austreiben des Sprosses durch Zellstreckung und durch interkalares Wachstum, wodurch die Nodien und damit die sich entwickelnden Blätter auseinanderrücken. Das **interkalare Wachstum** (lat. intercalaris = eingeschaltet, eingeschoben) beruht auf der zeitlich begrenzten Tätigkeit eines interkalaren Bildungsgewebes, ein typisches Restmeristem, das direkt über den Knoten liegt. Unterbleibt das Internodienwachstum,

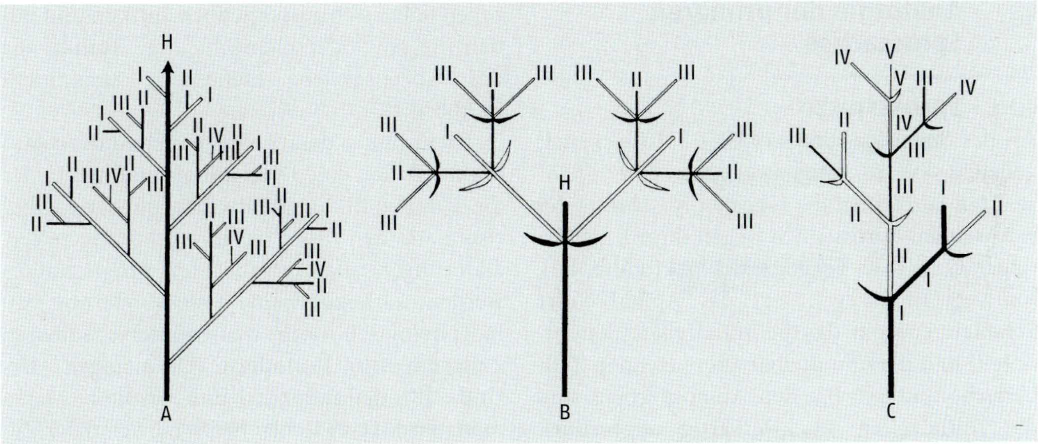

Abb. 4.1 Verschiedene Verzweigungstypen: **A** monopodialer Sprossaufbau mit seitlicher, racemöser Verzweigung, H Hauptachse, I–IV Seitenachsen 1.–4. Ordnung, **B**, **C** sympodiale Verzweigung, **B** Dichasium, H Primärachse, **C** Monochasium, I Primärachse (aus Strasburger)

kommt es zur Ausbildung von Blattrosetten. Die Blattstellung wird in ▸Kap. 5.3 besprochen.

4.1.2 Verzweigungsformen

Je nach Ausbildung und Wuchsrichtung der Seitensprosse kommen verschiedene, charakteristische und arttypische Sprossverzweigungen zustande. Sie prägen entscheidend den Habitus (Gestalt, Aussehen) der Pflanze. Die Verzweigung kann entweder durch **Gabelung** der Hauptachse (dichotome Verzweigung) oder durch Austreiben von Seitenknospen in den Blattachseln als **seitliche Verzweigung** (racemöse Verzweigung) erfolgen (Abb. 4.1). Im letzteren Fall unterscheidet man zwei Haupttypen der Sprossverzweigung, das Monopodium (Abb. 4.1 A) und das Sympodium (Abb. 4.1 B und C).

Monopodium

Eine durchgehende Hauptsprossachse (Stamm) bildet plagiotrop (parallel zur Erdoberfläche) wachsende Seitentriebe (Äste, Zweige; Abb. 4.1 A). Diese bleiben in ihrem Wachstum der Hauptsprossachse untergeordnet und können sich ihrerseits wieder monopodial verzweigen, so dass Seitenzweige 1., 2., 3. und höherer Ordnung unterschieden werden können. Dabei sind die Seitenzweige höherer Ordnung schwächer entwickelt als solche niedrigerer Ordnung. Beim Monopodium liegt also ein hierarchisches Verzweigungssystem mit ausgeprägter Rangordnung vor (z. B. Eiche, Esche, Fichte, Tanne).

Sympodium

Wenn nach Bildung der Seitenknospen die Hauptachse in ihrem Wachstum zurückbleibt oder dieses völlig einstellt, liegt ein Sympodium vor. Die Fortführung des gesamten Sprossachsensystems wird dann von Seitenknospen bzw. deren Trieben übernommen (z. B. Buche, Edelkastanie, Linde, Ulme). Bei einem **Dichasium** (Abb. 4.1 B) wird das Wachstum des Sprosses von zwei Seitentrieben fortgesetzt (z. B. Flieder, Mistel), bei einem **Pleiochasium** von mehreren Seitentrieben gleichzeitig. Setzt nur ein Seitentrieb das Wachstum fort, spricht man von einem **Monochasium**. Dabei kommt das Wachstum des Seitentriebes 1. Ordnung nach einiger Zeit gleichfalls zum Stillstand, und eine Seitenknospe bzw. ein Seitentrieb 2. Ordnung übernimmt das Wachstum und so fort (Abb. 4.1 C). Stehen die aufeinander folgenden Übergipfelungstriebe in der Wachstumsrichtung der ursprünglichen Hauptachse, dann entsteht nicht selten der Eindruck eines Monopodiums (z. B. beim Weinstock).

4.2 Anatomie der primären Sprossachse

4.2.1 Sprossspitze

An der Spitze der Sprossachse (Sprossscheitel) vollzieht sich das Längenwachstum einer Pflanze. Man bezeichnet die jüngsten Abschnitte der wachsenden Sprossspitze wegen ihrer kegelförmigen Gestalt als **Vegetationskegel** (○ Abb. 4.2). Im Vegetationskegel liegt das **Apikal-** oder **Scheitelmeristem**, das die Initialzellen (Stammzellen) und die unmittelbar angrenzenden Zellbereiche umfasst. Bei den Angiospermen sind die **Initialzellen** stockwerkartig angeordnet. Von diesen teilt sich die innerste Gruppe sowohl antiklin (senkrecht zur Oberfläche des Vegetationskegels) als auch periklin (parallel zur Oberfläche des Vegetationskegels) und liefert so den zentralen Gewebekomplex des Vegetationskegels, das **Corpus**. Die darüber liegenden Initialzellen teilen sich ausschließlich antiklin und bilden die ein- oder mehrschichtige **Tunica**, die das Corpusgewebe mantelartig umschließt (○ Abb. 4.12).

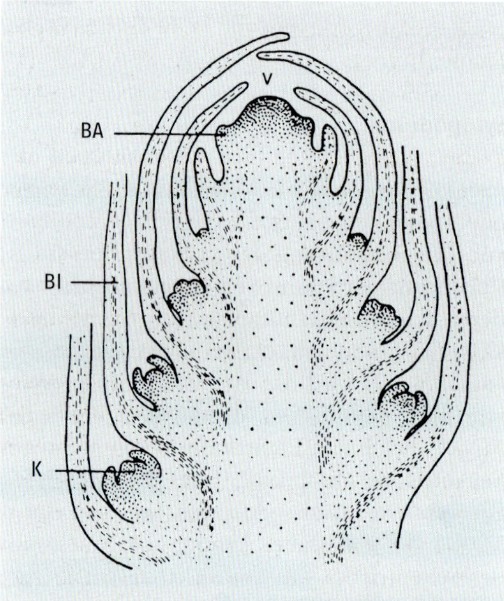

○ **Abb. 4.2** Vegetationskegel einer dikotylen Samenpflanze (Längsschnitt): **V** Vegetationspunkt (Apikal- bzw. Scheitelmeristem), **BA** Blattanlagen oder Primordien. In den Achseln der jugendlichen Blätter (**Bl**), die den Vegetationskegel einhüllen, finden sich die Anlagen der Seitensprosse (**K**). Schwarz bzw. punktiert: meristematisches Gewebe (aus Strasburger)

Dicht hinter dem Apikalmeristem durchlaufen die Zellen eine **Determinationszone**, in der die von der Bildungsspitze abgegliederten meristematischen Zellen auf ihre zukünftigen Veränderungen und Aufgaben hin programmiert werden. Es beginnt eine erste Sonderung von morphologisch noch wenig unterscheidbaren Zellgruppen in **Protoderm** (Dermatogen), **Urrinde** (Rindenmeristem) und **Urmark** (Markmeristem). Dazwischen bleibt ein schmaler Zylinder von Zellen als **Restmeristem** bestehen. In der Determinationszone entstehen als seitliche Auswüchse der äußeren Schichten (exogen) bereits die **Blattanlagen** (**Blattprimordien**). Sie wachsen schnell heran und bilden, schützend den jungen Sprossscheitel umhüllend, die **Knospe**. Blattstellung und Verzweigungsmuster des Sprosses sind in dieser Zone bereits festgelegt.

Die Determinationszone geht ohne deutlichen Übergang in die **Differenzierungszone** über, in der sich die embryonalen Zellen strecken und durch Zellwandveränderungen differenzieren. Schließlich erlischt ihre Teilungsfähigkeit ganz und der Dauerzustand des primären Stadiums ist erreicht. Aus den randständigen Zellen des Protoderms entsteht als primäres Abschlussgewebe die **Epidermis**, aus den weiter nach innen liegenden Schichten der Urrinde entwickelt sich die **primäre Rinde**, aus dem Urmark geht das **Markgewebe** hervor, das überwiegend Speicherzwecken dient.

Aus dem Restmeristem zwischen Urmark und Urrinde entwickelt sich das **Prokambium**, das entweder als geschlossener Hohlzylinder oder in Form von isolierten Prokambiumsträngen vorliegen kann. Das Prokambium gliedert primitive Vorläufer der Leitgewebe ab, zunächst nach außen das sog. **Protophloem**, etwas später nach innen das **Protoxylem**. Beide Gewebe sind nur kurze Zeit tätig. Ihre Aufgaben werden von den zu einem späteren Zeitpunkt gebildeten, leistungsfähigeren Elementen des **Metaphloems** und des **Metaxylems** übernommen. Von dem in

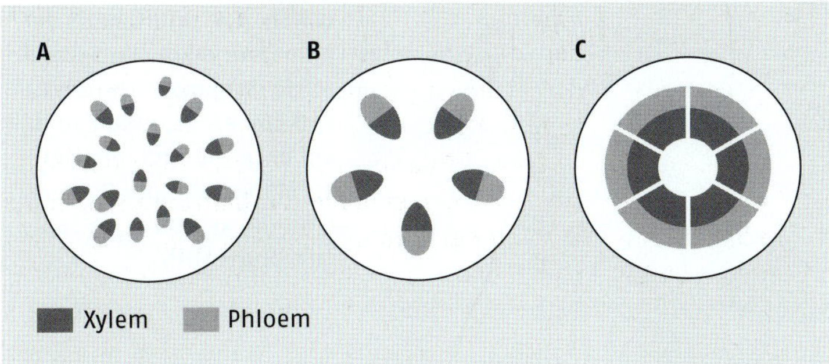

Abb. 4.3 Anordnung der Leitbündel im Querschnitt der primären Sprossachse: A monokotyle Pflanzen, B, C dikotyle Pflanzen (aus Frohne)

Längsrichtung der Sprossachse verlaufenden Prokambium treten auch Abzweigungen in die Blattanlagen ein.

Die Vermehrung der Zellen sowie eine anschließende Zellvergrößerung durch Wasseraufnahme lässt den Vegetationskegel in die Länge und in die Dicke wachsen. Letzteres bezeichnet man als **primäres Dickenwachstum**. Je nachdem, ob im Meristembereich das Längenwachstum oder Dickenwachstum überwiegt, resultiert daraus ein schmaler, spitzer oder ein mehr stumpfer, flacher Vegetationskegel.

4.2.2 Die primäre Sprossachse im Querschnitt

Nach Abschluss des primären Dickenwachstums sind die Gewebe der Sprossachse ausdifferenziert und bieten das Bild des primären Sprosses. Im Querschnitt unterscheiden sich die Sprossachsen von monokotylen (einkeimblättrigen) und dikotylen (zweikeimblättrigen) Pflanzen sowohl in der Anordnung der Leitbündel als auch im Leitbündeltyp (Abb. 4.3).

Sprossachse der monokotylenPflanzen (Monokotyledonen)

Eine **Epidermis** bildet das Abschlussgewebe. Zahlreiche **Leitbündel** liegen, eingebettet im interzellularenreichen Parenchym, über den ganzen Querschnitt **zerstreut** (Abb. 4.3 A). Die Leitbündel sind **geschlossen kollateral** (▸Kap. 3.6.3) und so orientiert, dass das Xylem (Holzteil) zum Zentrum, das Phloem (Siebteil) zur Peripherie der Sprossachse weist. Außerhalb der Leitbündel befindet sich eine meist schmale **Rinde** aus Chloroplasten führenden Parenchymzellen. Unterhalb der Epidermis befindet sich bei manchen Pflanzen (z. B. beim Mais) als zusätzliches Festigungsgewebe die sog. **Hypodermis** aus sklerenchymatischen oder kollenchymatischen Zellen. Bei den Gräsern mit ihrem meist hohlen Stängel sind die Leitbündel auf zwei oder mehreren Ringen angeordnet.

Sprossachse der dikotylen Pflanzen (Magnoliiden, Eukotyledonen) und Gymnospermen

Als primäres Abschlussgewebe findet sich eine **Epidermis** mit wenigen Spaltöffnungen. Die **Leitbündel** sind im **Kreis** angeordnet (Abb. 4.3 B) und bilden zusammen mit dem **Mark** den **Zentralzylinder**. Außerhalb des Leitbündelringes befindet sich das interzellularenreiche Parenchym der **primären Rinde** (Abb. 4.4). Es stellt ein Chloroplasten führendes Assimilations- und Speicherparenchym dar. Nicht selten finden sich dort Exkreträume, Milchröhren, Kristallzellen, Sklerenchym- und Kollenchymstränge.

Im Zentrum der Sprossachse liegt das **Mark** aus interzellularenreichem Parenchym, das überwiegend als Speichergewebe fungiert. Durch Auseinanderweichen der Zellen (schizogen) oder durch Zerreißen der Zellen (rhexigen) entsteht häufig eine Markhöhle (z. B. Doldengewächse, verschiedene Lippenblütler). Die zwischen den Leitbündeln gelegenen parenchymatischen Gewebestreifen, die das Mark mit der primären Rinde verbinden, werden als **primäre Markstrahlen** bezeichnet. Auch sie bestehen überwiegend aus Speicherparenchym.

Bei den meisten Holzgewächsen grenzen die Prokambiumstränge so dicht aneinander, dass von Anfang an ein kompakter Leitbündelzylinder

4

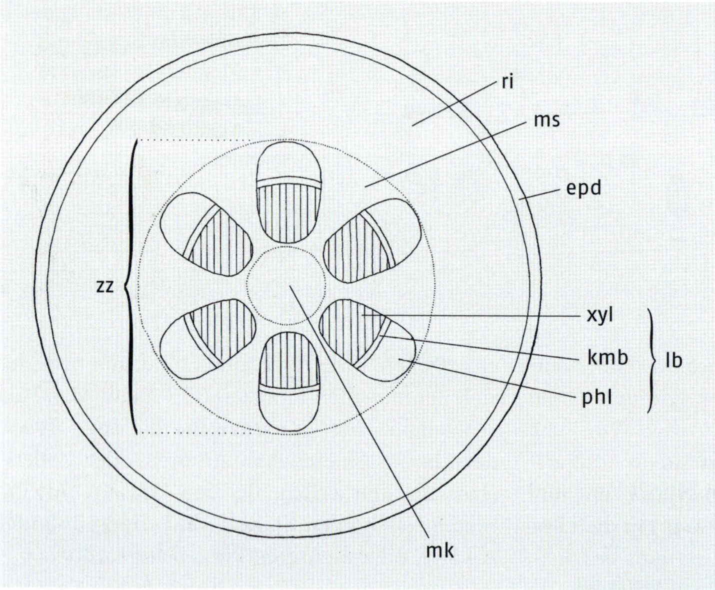

o Abb. 4.4 Querschnitt der primären, dikotylen Sprossachse (Schemazeichnung): **epd** Epidermis, **kmb** Kambium **lb** Leitbündel, **mk** Mark, **ms** Markstrahl, **phl** Phloem, **ri** Rinde, **xyl** Xylem, **zz** Zentralzylinder (NH)

mit geschlossenem Kambiumzylinder vorliegt. Auf dem Sprossachsenquerschnitt ist der Leitbündelring dann lediglich durch schmale primäre Markstrahlen unterbrochen (o Abb. 4.3 C).

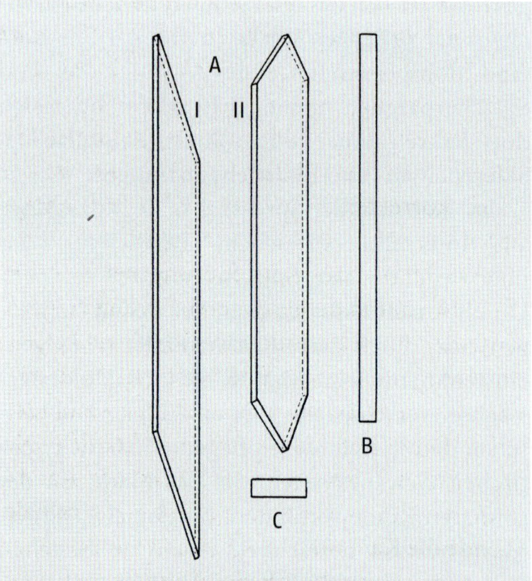

o Abb. 4.5 Initialzellen des Sprosskambiums: **A** in perspektivischer Ansicht, **B** im radialen Längsschnitt, **C** im Querschnitt (aus Strasburger)

Leitbündel

Die Anatomie der verschiedenen Leitbündeltypen wird im Kapitel „Gewebe" behandelt (▸Kap. 3.6.3). Die Leitbündel in der Sprossachse einer dikotylen Pflanze sind **offen kollateral** oder bei wenigen Pflanzenfamilien auch **bikollateral** (z. B. bei Nachtschatten-, Kürbis- und Enziangewächsen). Das Phloem (Siebteil) liegt nach außen, das Xylem (Holzteil) dem Zentrum zugekehrt. Zwischen Xylem und Phloem befindet sich ein teilungsfähiges Meristem, das **faszikuläre Kambium** (lat. fascis = Bündel). Da sich seine Teilungsfähigkeit vom Apikalmeristem her erhalten hat, handelt es sich dabei um ein primäres Meristem (Restmeristem).

Der Unterschied der Leitbündelelemente bei Gymnospermen und Angiospermen kommt bei den Leitbündeln im Spross zum Tragen. Bei den **Gymnospermen** werden die wasserleitenden Elemente des Xylems ausschließlich von **Tracheiden** repräsentiert, bei den **Angiospermen** von **Tracheen** und **Tracheiden** (▸Kap. 3.6.1). Die Leitungsbahnen für die Assimilate im Phloem bestehen bei den **Gymnospermen** aus **Siebzellen**, bei den **Angiospermen** aus **Siebröhren** und **Geleitzellen** (▸Kap. 3.6.2). Bei den Angiospermen sind Xylem und Phloem häufig noch von parenchymatischem Gewebe begleitet, das man als Xylem- bzw. Phloemparenchym bezeichnet. In den Leitelementen der Gymnospermen findet man dagegen selten zusätzliches parenchymatisches Gewebe.

Das **faszikuläre Kambium** besteht aus prosenchymatischen, spitz zulaufenden, flachen Zellen (○ Abb. 4.5), was nur im tangentialen Längsschnitt beobachtet werden kann. Im Querschnitt erscheint das Kambium als ein Gewebe rechteckiger, zarter Zellen, die typischerweise radial in Reihe angeordnet sind, da sie sich teilen, indem tangential Zellwände eingezogen werden (○ Abb. 4.6). Die Tangentialwände sind deshalb immer dünner als die Radialwände, die zusätzlich getüpfelt sein können. Kambiumzellen sind im Unterschied zu anderen meristematischen Zellen vakuolisiert.

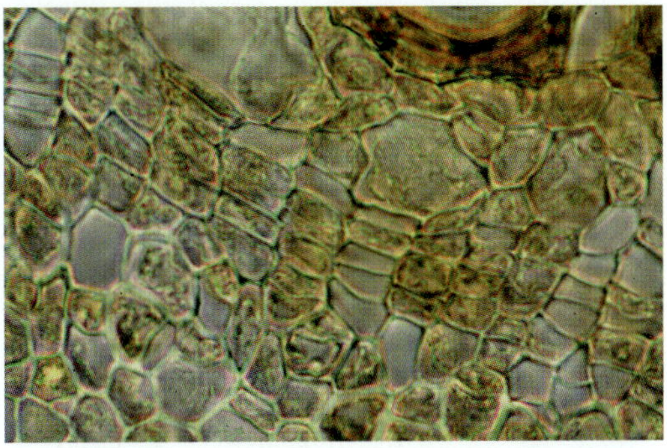

○ **Abb. 4.6** Faszikuläres Kambium im Leitbündel der Pfeifenwinde (*Aristolochia macrophylla*) im Querschnitt (StB)

4.2.3 Das sekundäre Dickenwachstum

Nach Beendigung des primären Sprosswachstums im ersten Lebensjahr zeigen ausdauernde Pflanzen, z. B. Sträucher und Bäume, eine tiefgreifende Veränderung beim weiteren Wachstum ihrer Sprossachse. Diese Veränderungen gehen mit einer erheblichen Umfangserweiterung einher, die als **sekundäres Dickenwachstum** bezeichnet wird. Es verhilft dem Kormus mit der nun größer gewordenen Krone zu mehr Festigkeit und erweitert die Leitungsmöglichkeiten, damit die Versorgung der Krone gewährleistet bleibt. Es geht vom Kambium aus. Somit sind Monokotyledonen, deren geschlossene kollaterale Leitbündel kein Kambium besitzen, nicht zu sekundärem Dickenwachstum befähigt.

Voraussetzung für das sekundäre Dickenwachstum ist ein **geschlossener Kambiummantel** in der Sprossachse. Zunächst teilt sich das faszikuläre Kambium und verursacht im Markstrahlgewebe zwischen den Leitbündeln Spannungen, die die Teilungsfähigkeit auch von Markstrahlzellen induzieren. Damit entsteht auf der Höhe des faszikulären Kambiums im Markstrahl das **interfaszikuläre Kambium**, und der Kambiumring ist geschlossen. Im Verlauf des sekundären Dickenwachstums gliedert das Kambium abwechselnd nach innen und außen Tochterzellen ab. Die kambialen, teilungsaktiven Initialzellen teilen sich durch tangential eingezogene Wände inäqual. Die kleinere Zelle wird wieder zur Initialzelle, die größere kann sich noch einige Male teilen, bevor daraus dann Dauerzellen entstehen (▸ Kap. 3.1).

Definitionsgemäß bezeichnet man das gesamte Gewebe, das vom Kambium nach außen abgegeben wird, als **sekundäre Rinde** oder **Bast**, das nach innen abgegebene als **Holz**. Um im größeren Sprossachsenquerschnitt auch die parenchymatische Querverbindung zu gewährleisten, entstehen nach einer gewissen Zeit auch im Bereich des Basts und des Holzes schmale Parenchymstreifen, die früher als **sekundäre Markstrahlen** bezeichnet wurden. Sie beginnen und enden innerhalb der Leitelemente und werden heute korrekter **Bast-** bzw. **Holzstrahlen** genannt.

Die fortgesetzte Abgliederung neuer Zellen nach innen und deren Differenzierung zu großlumigen Tracheen und Tracheiden drücken das Kambium nach außen und verlangen eine ständige Umfangserweiterung auch des Kambiums selbst, damit der Kambiumring nicht reißt. Dies wird durch **Dilatationswachstum** des Kambiums ermöglicht, bei dem durch Einzug radialer Wände die Kambiumzellen sich in zwei Tochterzellen teilen, die anschließend auf die ursprüngliche Größe heranwachsen.

Je nach Entstehung des Kambiumzylinders unterscheidet man verschiedene Typen des se-

4

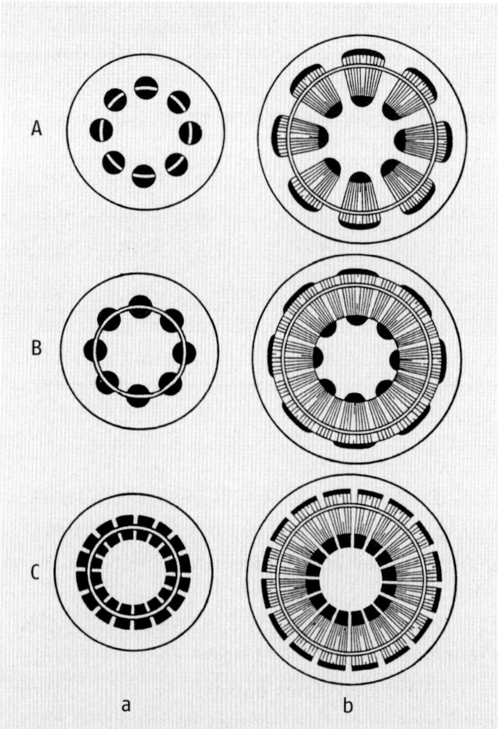

Abb. 4.7 Typen des sekundären Dickenwachstums bei dikotylen Pflanzen: **A** Aristolochia-Typ, **B** Ricinus-Typ, **C** Tilia-Typ, **a** Ausbildung der primären Sprossachsengewebe, **b** sekundäres Dickenwachstum (nach Strasburger)

kundären Dickenwachstums (Abb. 4.7, nur Haupttypen).

Beim **Aristolochia-Typ** (Abb. 4.7 A), der z. B. bei Kräutern und Lianen vorliegt, ist das Prokambium in einzelnen Strängen angelegt und infolgedessen das Kambium im primären Stadium der Sprossachse auf die Leitbündel beschränkt (faszikuläres Kambium). Wenn solche Pflanzen sekundär in die Dicke wachsen, wie z. B. die *Aristolochia*-Arten, bildet das faszikuläre Kambium nach außen Phloemelemente (sekundäres Phloem) und nach innen Xylemelemente (sekundäres Xylem). Das interfaszikuläre Kambium im Markstrahl bildet nach außen und innen Markstrahlgewebe. Die Markstrahlen bleiben somit breit, und die Leitelemente behalten dadurch die Form von Leitbündeln. In den sekundären Leitelementen werden zusätzlich Bast- bzw. Holzstrahlen angelegt. Die Sprossachse bleibt flexibel.

Beim **Ricinus-Typ** (Abb. 4.7 B), der bei vielen verholzenden Sprossachsen zu finden ist, ist das Prokambium ebenfalls in Strängen angelegt, so dass im primären Stadium Leitbündel zu erkennen sind. Im Verlauf des sekundären Dickenwachstums bilden sowohl das faszikuläre als auch die meisten Kambiuminitialen des interfaszikulären Kambiums Leitelemente, nach außen Phloem, nach innen Xylem. Dadurch entsteht im sekundären Zuwachs ein zusammenhängender Leitbündelmantel, der lediglich von schmalen primären Markstrahlen unterbrochen ist (z. B. Holunder).

Der **Tilia-Typ** (Abb. 4.7 C), der z. B. bei der Linde und anderen Laubgehölzen verwirklicht ist, zeichnet sich dadurch aus, dass das Prokambium als geschlossener Zylinder angelegt wird. Infolgedessen liegt im primären Stadium bereits ein kompakter Leitbündelzylinder mit geschlossenem Kambiumring vor. Er wird lediglich von schmalen primären Markstrahlen unterbrochen. Der gesamte Kambiumring bildet im Verlauf des sekundären Dickenwachstums nach innen und außen Leitgewebe und liefert als Resultat einen festen Baumstamm.

4.3 Die sekundäre Sprossachse

4.3.1 Bast

Der Bast ist das im Rahmen des sekundären Dickenwachstums vom Kambium nach außen gebildete Gewebe (sekundäre Rinde). Er besteht aus sekundären Phloemelementen sowie aus Bastparenchym und Baststrahlparenchym. Zur Festigung sind in der Peripherie sklerenchymatische Elemente wie Bastfasern oder auch Steinzellen eingestreut. Ansonsten befinden sich wie in der primären Rinde artspezifisch eine Reihe weiterer Zelltypen wie z. B. Milchsaftschläuche und Idioblasten, die Kristalle, Schleime, Gerb- und Farbstoffe, Harze oder ätherisches Öl enthalten. Bei einigen Bäumen werden im Verlauf der Vegetationsperiode periodisch in mehrfachem Wechsel **Hartbast** (bestehend aus Bastfasern) und **Weichbast** (bestehend aus sekundärem Phloem, Bast- und Baststrahlparenchym) gebildet. Daraus ergeben sich mitunter im Querschnitt sehr typische, regelmäßige Muster (z. B. Bast der Linde, ○ Abb. 4.19).

Die Grenze zwischen primärer und sekundärer Rinde lässt sich an den primären Markstrahlen erkennen. Dort, wo die Markstrahlen nach außen enden, beginnt die primäre Rinde. In älteren Bastschichten sind die primären Markstrahlen infolge des einsetzenden Dilatationswachstums der sekundären Rinde keilartig erweitert und verhindern so das Reißen der Rinde in der Peripherie.

4.3.2 Der Holzkörper

Unabhängig vom Grad der Verholzung bezeichnet man den gesamten Bereich der Leit- und Festigungsgewebe, der innerhalb des Kambiumzylinders liegt, als **Holz**. Es dient der Wasserleitung, Festigung und Speicherung von Reservestoffen. Im Aufbau des Holzes besteht ein erheblicher Unterschied zwischen Gymnospermen und Angiospermen. Um den Aufbau des Holzkörpers völlig verstehen zu können, ist es unerlässlich, die verschiedenen Gewebeanordnungen im Querschnitt und in Längsschnitten (Tangential- und Radialschnitten) zu studieren.

Holz der Gymnospermen

Das Holz der **Nadelbäume** (○ Abb. 4.8 A) erscheint im Querschnitt ziemlich gleichmäßig gebaut, weil seine Leitungselemente von einheitlichen **Tracheiden** repräsentiert werden. Sie stehen radial in Reihe und tragen auch zur Festigkeit des Holzkörpers bei. Die im Querschnitt erkennbaren konzentrischen Kreise sind sog. **Jahresringe**, Ausdruck einer jahresrhythmischen Tätigkeit des Kambiums. Im jeweils beginnenden Frühjahr bis Juli werden Tracheiden gebildet, die überwiegend für den Wasser- und Nährsalztransport zuständig sind und das **Frühholz** bilden. Danach bilden sich allmählich dickwandigere und damit englumigere Tracheiden; sie repräsentieren das **Spätholz**. Im Spätsommer stellt das Kambium seine Tätigkeit ganz ein. Im nächsten Frühjahr entsteht wieder Frühholz. Der Übergang vom Spätholz zum Frühholz ist abrupt und stellt die **Jahresringgrenze** dar. Das zwischen zwei Jahresringgrenzen liegende Gewebe ist ein **Jahresring** und entspricht der Holzproduktion eines Jahres. An der Anzahl der Jahresringe, die man mit bloßem Auge als Maserung an der Schnittfläche von Baumstämmen erkennt, kann man das Alter der gefällten Bäume bzw. Sträucher ablesen.

Die Tracheiden stehen miteinander über die charakteristischen **Hoftüpfel** (○ Abb. 4.9 A) in Verbindung. Sie liegen in den Radialwänden und sind deshalb in den radialen Längsschnitten in Aufsicht zu sehen. Man erkennt einen deutlichen **Hof** (**Sorus**), der dadurch entsteht, dass die zentrale Öffnung, der **Porus**, von der Sekundärwand wallartig umgeben ist. Unter dem Porus ist die Schließhaut verdickt und bildet den **Torus** (Polster). Vom Torus ziehen Cellulosestränge zu den Zellwänden. Das Wasser kann durch die lockere Schließhaut von Zelle zu Zelle fließen. Beim Auftreten eines einseitigen Druckes wird der Torus gegen den Porus gedrückt und verschließt diesen.

Im Querschnitt durchziehen zum Zentrum hin in radialer Richtung **Holzstrahlen** das Holz. Sie sind nur eine Zelle breit und, wie im Radial- und Tangentialschnitt zu erkennen, wenige Zellen hoch. Bei *Pinus*-Arten sind die Zellen der oberen und unteren Reihe meist tracheidal und dienen ausschließlich der Wasserleitung („**Quertracheiden**"). Ansonsten sind die Holzstrahlen Orte der Stoffspeicherung. Außerdem versorgen sie die lebenden Holzparenchymteile mit Assimilaten, die über die Bastgewebe herantransportiert werden. Dort, wo die Tracheiden an die Holzstrahlzellen grenzen, sind die verbindenden Tüpfel nur von der Tracheide her behöft. Entsprechend des Erscheinungsbildes in der Aufsicht (Radialschnitt) nennt man sie **Fenstertüpfel** (○ Abb. 4.29).

Holz der Angiospermen

Das Holz der **Laubbäume** (○ Abb. 4.8 B) wirkt im Querschnitt durch die großen, weitlumigen **Tracheen** sehr viel unregelmäßiger als das Holz der Gymnospermen. Um dem Eintritt von Luft

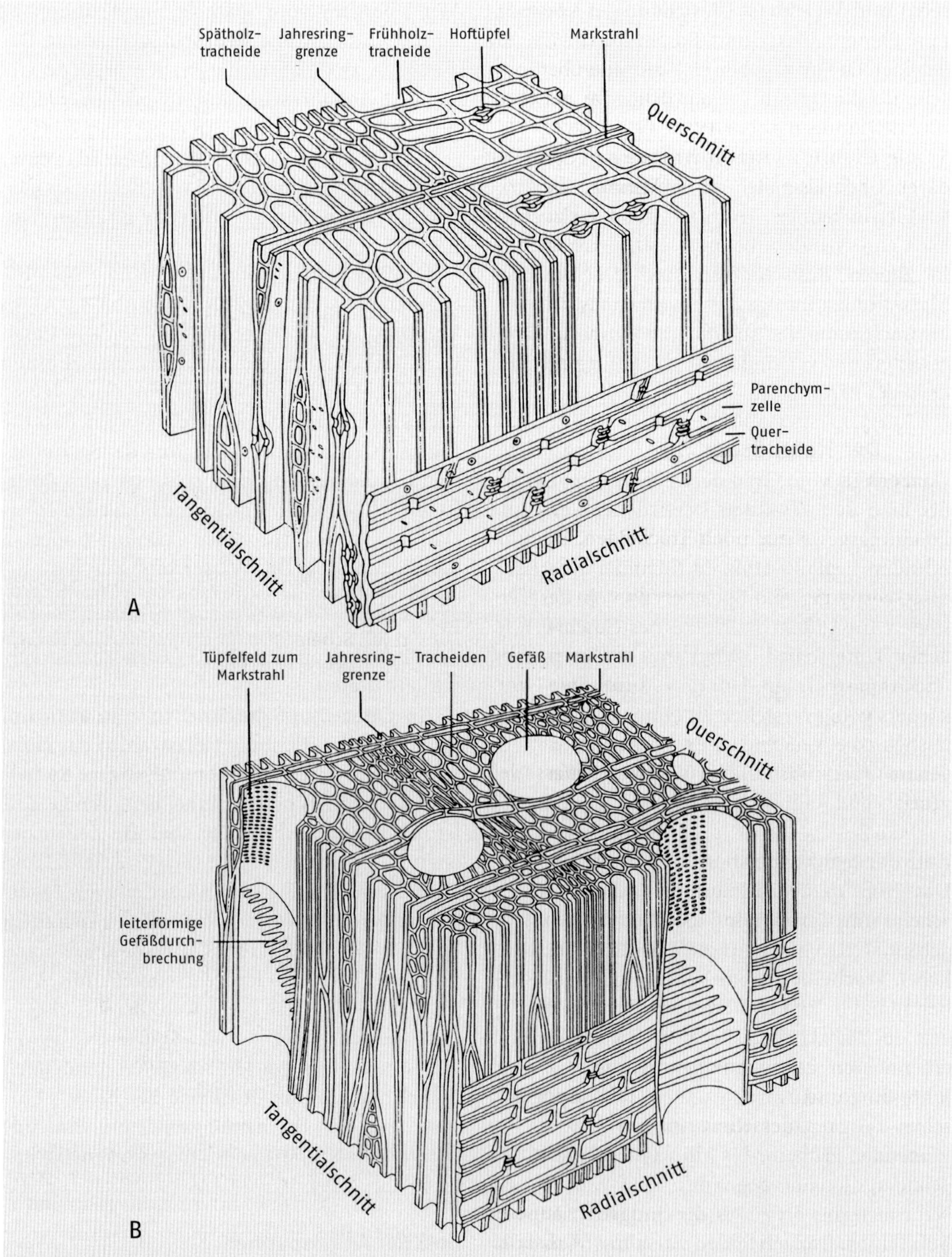

Abb. 4.8 Holz der Gymnospermen (A) und Angiospermen (B) im Blockbild (aus Böhlmann)

vorzubeugen, sind die Tracheen von lebendem Holzparenchym dicht umschlossen. Wie die Tracheiden stehen auch die Tracheen über Tüpfel miteinander in Verbindung, die ebenfalls „behöft" sein können, aber im Gegensatz zu den Hoftüpfeln der Gymnospermen einen Spalt (oft einen Schrägspalt) als Öffnung besitzen (o Abb. 4.9 B). Als weitere vertikal verlaufende Elemente sind **Tracheiden, Holzfasern** und **Ersatzfasern** zu finden. Die Holzstrahlen der Angiospermen sind mächtiger und meist mehrere Zellreihen breit. Holzparenchym und Holzstrahlparenchym dienen der Leitung und Speicherung von Assimilaten.

Eine jahresperiodische Anordnung der Gewebe zeigen auch Laubhölzer. Bei **ringporigen Hölzern** (z. B. bei der Eiche, der Esche und der Ulme) werden Tracheen bevorzugt im Frühjahr gebildet, später nur noch Tracheiden. Dadurch erscheinen die Tracheen auf dem Sprossachsenquerschnitt ringförmig angeordnet. In den Tracheen fließt das Wasser mit einer Geschwindigkeit bis zu 45 m/h. Allerdings verlieren diese Tracheen schon am Ende eines Jahres ihre Funktionstüchtigkeit durch eindringende Luft, die den kapillaren Strom unterbricht. Im nachfolgenden Frühjahr muss das gesamte Wasserleitungssystem neu gebildet werden.

Manche Bäume bilden die ganze Vegetationsperiode über Tracheen, so dass diese mehr oder weniger gleichmäßig über den ganzen Achsenquerschnitt verteilt sind. Solche Bäume weisen ein **zerstreutporiges Holz** auf (z. B. Birke, Buche, Pappel, Linde). Die Tracheen dieser Hölzer sind kleiner, und der Wassertransport darin ist weniger schnell (ca. 1–6 m/h). Sie sind jedoch über mehrere Jahre funktionstüchtig.

Splint- und Kernholz. Der Holzkörper gliedert sich im Querschnitt in eine helle äußere Zone des Splintholzes und in eine dunkle innere Zone des Kernholzes. Nur die Leitelemente der Splintholzzone, welche die jüngsten, äußeren Jahresringe umfasst, sind noch zur Wasserleitung befähigt; die weiter innen liegenden Tracheen sind durch „Verkernung" außer Funktion gesetzt (Kernholz). Dies geschieht dadurch, dass die Zellwände mit Phlobaphenen (unlösliche

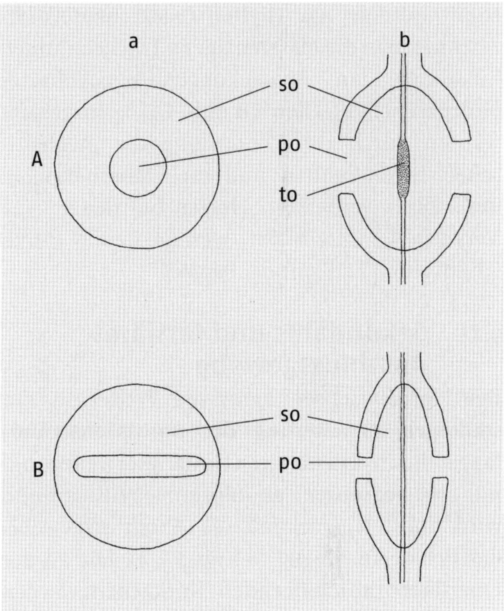

o **Abb. 4.9** Hoftüpfel der Gymnospermen (**A**) und Angiospermen (**B**) in Aufsicht (**a**) und im Querschnitt (**b**), Schemazeichnung: **po** Porus, **so** Sorus, **to** Torus (nach Braune, NH)

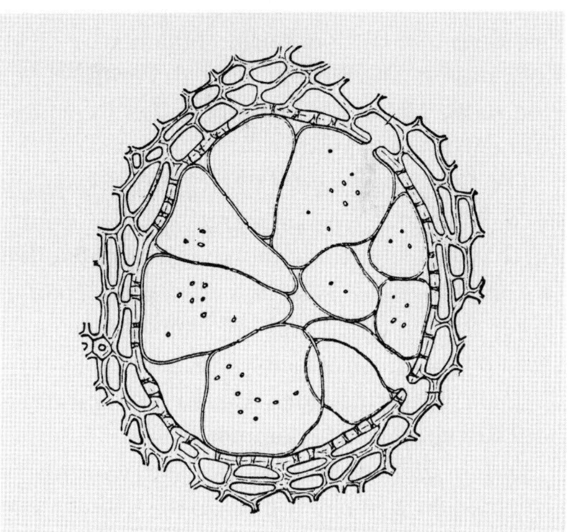

o **Abb. 4.10** Verschluss der Tracheen durch Thyllen, Querschnitt: Xylemparenchymzellen wachsen durch Tüpfel in das Lumen der Tracheen ein und verstopfen sie schließlich (nach Strasburger)

Kondensationsprodukte der Catechingerbstoffe) und anderen phenolischen Stoffen „imprägniert" werden (Inkrustierung, ▸ Kap. 2.2.7), wobei die großen Tracheen vorher mit Thyllen verstopft werden. Als **Thyllen** (Sack, Beutel) bezeichnet man die blasenartig ins Tracheenlumen hineinragenden Aussackungen benachbarter Holzparenchymzellen (○ Abb. 4.10). Insgesamt werden durch die Verkernung die mechanischen Eigenschaften und die Dauerhaftigkeit des Holzes verbessert. Hölzer, bei denen eine Verkernung unterbleibt, werden häufig durch Fäulnis hohl (z. B. Linde, Pappel).

4.3.3 Sekundäres und tertiäres Abschlussgewebe

Bei Holzgewächsen kann die Epidermis der ständigen Erweiterung des Sprossachsenumfangs durch Dilatation (Umfangserweiterung) nur eine begrenzte Zeit folgen. Sie reißt auf und wird durch ein sekundäres Abschlussgewebe, das **Periderm**, ersetzt (▸ Kap. 3.4.2). Die an der Oberfläche abschilfernden Korkzellen werden von einem teilungsfähigen Korkkambium (**Phellogen**) ständig nachgebildet. Ist die Korkschicht (**Phellem**) dünn, so hat der Stamm eine glatte Oberfläche, wie z. B. bei der Rotbuche und dem Haselnussstrauch. Andere Bäume, z. B. die Feldulme und die Korkeiche, bilden sehr dicke Korkmassen. Die Birke erzeugt als Periderm nur eine weiße Hülle, die sich allmählich in papierdünnen Streifen ablöst.

Die Durchlüftung der unter der Korkschicht noch vorhandenen primären Rinde erfolgt durch besondere Rindenporen oder **Lentizellen** (○ Abb. 3.8). Diese bestehen aus einem Haufen locker miteinander verbundener Zellen und sind an jungen Sprossachsen (z. B. beim Holunder) als vorspringende Warzen (**Korkwarzen** oder **Korkporen**) zu erkennen.

Durch die wiederholte Anlage von Korkschichten in tieferen Rindenzonen werden die weiter außen liegenden Rindengewebe von der Luft-, Wasser- und Nährstoffzufuhr abgeschnitten und sterben ab. Die verschiedenen Kork- und Rindenschichten, die abwechselnd aufeinander folgen, bilden schließlich zusammen die **Borke** (▸ Kap. 3.4.2, ○ Abb. 3.9). Je nachdem, wie sich die Borke nach außen ablöst, unterscheidet man z. B. zwischen **Ringelborke** und **Schuppenborke**. Das unterschiedliche Ablöseverhalten kommt durch eine jeweils andere Anordnung der Korkkambien zustande. Auch der Kork kann zusätzlich mit Phlobaphenen imprägniert sein. Sie verleihen dem Abschlussgewebe eine große Fäulnisresistenz und verhindern das Eindringen von Bakterien und Pilzen in den noch lebenden Rindenbereich.

4.4 Wuchsformen und Sprossmetamorphosen

Die Wechsel der Jahreszeiten und die damit verbundenen meist tiefgreifenden Temperatur- und Klimaänderungen haben dazu geführt, dass Pflanzen Anpassungsstrategien entwickeln mussten, um den zur Verfügung stehenden Lebensraum voll ausnutzen zu können. So haben sich bei Pflanzen die ganz unterschiedlichen Wuchsformen entwickelt. Anpassungen an extreme Lebensweisen oder Umweltbedingungen können auch mit tiefgreifenden morphologischen Umwandlungen einzelner Organe einhergehen, die, wenn sie dann spezielle Aufgaben übernehmen, als **Metamorphosen** bezeichnet werden. In gemäßigten Breitengraden ist das vornehmliche Ziel der Anpassungsstrategien, das „Überwintern" der Pflanze zu ermöglichen. Bei der Sprossachse geht es dabei vornehmlich um den Schutz des Vegetationskegels, aus dem heraus sich die Pflanze jederzeit wieder regenerieren kann.

Wuchsformen

Bei **einjährigen Kräutern** sterben die Pflanzen nach der Samenreife vollständig ab. Sie sind in der Regel nicht holzig, ihre Samen überwintern. **Zweijährige Kräuter** bilden im ersten Jahr meist nur einen gestauchten Spross mit Blattrosette aus, der Sprossvegetationspunkt bleibt bodennah geschützt. **Stauden**, mehrjährige Pflanzen, deren oberirdische Teile nicht holzig werden, überwintern mit Erneuerungsknospen an unterirdischen Achsenorganen (Rhizom- und Zwiebelgeophyten) oder mit Erneuerungsknospen, die eng an der Erdoberfläche anliegen. Bei **Sträuchern** und **Bäumen** werden die Apikalmeristeme im Winter von festen, zusammenschließenden Knospenschuppen, sog. Tegmenten, vor Frost geschützt. Die Tegmente sind nicht selten noch zusätzlich durch Harze und andere Stoffausscheidungen verklebt. **Halb-** und **Zwergsträucher** sowie **Polsterpflanzen** bilden Erneuerungsknospen knapp über dem Boden, wo sie vor winterlichem Frost durch die Schneedecke geschützt sind.

Metamorphosen

Rhizom (Wurzelstock): Rhizome sind unterirdische, chlorophyllfreie, wurzelähnliche Sprosse, mit denen die Pflanze im Boden überwintert. Sie sind mehrjährig, wachsen in der Regel plagiotrop (parallel zur Erdoberfläche) und bilden nach unten Wurzeln (z. B. Maiglöckchen, Schwertlilie, ○ Abb. 4.11). Meist sind an den Rhizomen schuppenförmige Blätter ausgebildet (bei Wurzeln nie!). Fallen diese später ab, lassen sich am Rhizom noch die Blattnarben erkennen. Am vorderen Ende wächst das Rhizom mit einem unterirdischen Vegetationskegel, der durch Blattschuppen geschützt ist. Die älteren Rhizomteile sterben langsam ab. An der Rhizomspitze und in den Blattachseln befinden sich Knospen, aus denen im Frühjahr die oberirdischen Sprosse austreiben.

Anatomisch unterscheiden sich Rhizome von oberirdischen Sprossen durch die Anwesenheit einer **Endodermis** zwischen Rinde und Zentralzylinder. Bei oberirdischen Sprossen ist eine Endodermis selten und dann meist nur in den frühen Entwicklungsstadien zu erkennen. Die Endodermis der Rhizome kontrolliert wie in der Wurzel den apoplastischen Wasserweg (▸ Kap. 6.2.2). Anordnung der Leitbündel und Leitbündeltyp entsprechen bei den dikotylen Pflanzen den jeweiligen Verhältnissen in den oberirdischen Sprossen. Bei Rhizomen monokotyler Pflanzen befinden sich die Leitbündel nur innerhalb der Endodermis auf dem Querschnitt zerstreut (○ Abb. 4.33 A). Die Leitbündel sind **leptozentrisch**, d. h. konzentrisch mit Innenphloem. Rhizome von **Farnen** haben ausschließlich **hadrozentrische** Leitbündel, d. h. konzentrische Leitbündel mit Innenxylem. An

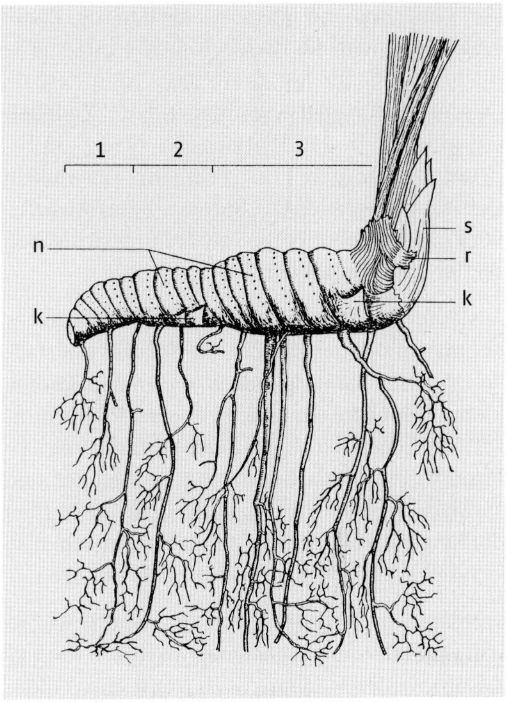

○ **Abb. 4.11** Rhizom im spätherbstlichen Stadium (*Iris germanica*): **k** ruhende Knospen, **n** Blattnarben, **r** verdorrter Rest eines Blatts, **s** Sprossknospe, 1–3 Zuwachs des 1., 2. und 3. Jahres (aus Nultsch)

der Anatomie des Querschnitts können Wurzeln und Rhizome unterschieden werden.

Rhizome speichern meist viele Reservestoffe, so dass sie oft stark angeschwollen sind (Schwertlilie). Von diesen Reservestoffen lebt der neue Trieb, bis er photosynthetisch aktive, grüne Blätter ausgebildet hat. Man spricht von **Sprossknollen**, wenn die Rhizome knollenartig verdickt sind (oberirdisch: Kohlrabi, unterirdisch: Kartoffel, Krokus, Gladiole). Sprossknollen sind einjährig. Eine Unterscheidung zwischen Wurzelknolle und Sprossknolle gelingt durch Lagerung am Licht. Sprossknollen ergrünen dabei (Aufbewahrung von Kartoffeln am Licht!), Wurzelknollen nicht.

Zwiebeln: Viele Pflanzen bilden zur Überwinterung unterirdisch Zwiebeln (z. B. Küchenzwiebel, Tulpe). Als Charakteristikum besitzt die Zwiebel eine stark gestauchte Sprossachse (kein Internodienwachstum), die den sog. **Zwiebelkuchen** oder die **Zwiebelscheibe** bildet. Die Blätter dienen als Speicherorgane, sind deshalb fleischig und liegen eng aneinander („**Zwiebelschuppen**"). In den Blattachseln sitzen die Erneuerungsknospen. Im Frühjahr entwickeln sich daraus oberirdische Sprosse. Beim Austrieb wird auf die Energiereserven der unterirdischen Blätter zurückgegriffen.

Ausläufer (oder Stolonen): Als solche bezeichnet man am Boden kriechende Sprosse mit stark verlängerten Stängelgliedern, die an den Knoten kleine Blätter tragen (z. B. Erdbeere, Pfefferminze). Sie dienen der vegetativen Vermehrung. An ihren Knoten entstehen häufig Laubblätter und sprossbürtige Wurzeln. Nach dem Absterben der lang gestreckten Stängelglieder entstehen so sich selbständig weiterentwickelnde Pflanzen.

Sprossranken: Mit Hilfe von Sprossranken können sich Pflanzen an geeigneten Stützen festhalten und emporwinden (z. B. Weinrebe, wilder Wein, Zaunrübe). Der wilde Wein (*Parthenocissus*-Arten) bildet an der Spitze seiner verzweigten Ranken Haftscheiben aus, so dass er an Mauerwerk haften und so emporklettern kann.

Sprossdornen: Darunter versteht man holzige Kurztriebe (gestauchte Sprosse), die in eine stechende Spitze auslaufen (z. B. Kreuzdorn, Weißdorn, Schlehe).

Sprosssukkulenten: Sie enthalten im Spross ausgedehnte Wasserspeichergewebe und können mit dieser Wasserreserve in Trockengebieten überleben (xeromorphes Merkmal, ▸Kap. 5.5). Oft sind die Blätter dabei zu Dornen reduziert (Kakteen, Euphorbien).

Flachsprosse (oder Platykladien, Einzahl: -ium): Sie übernehmen bei manchen Pflanzen trockener Standorte anstelle der Blätter die Photosynthese. Blätter sind dann kaum mehr entwickelt und nur noch rudimentär vorhanden. Umgestaltete Langtriebe findet man z. B. bei der Opuntie, umgestaltete Kurztriebe (Phyllokladien) z. B. bei Spargel und Mäusedorn.

4.5 Praktische Aufgaben – Mikroskopie von Gewebeschnitten der Sprossachse

4.5.1 Der Sprossvegetationskegel – Scheitelmeristem

Wasserpest – Sprossvegetationskegel in Aufsicht

Objekt

Kanadische oder Dichtblättrige Wasserpest – ***Elodea canadensis*** bzw. ***Egeria densa*** **– Hydrocharitaceae**

Frische Sprosse aus dem Aquarium.

Alternatives Präparat: Gemeiner Tannenwedel – *Hippuris vulgaris* – Plantaginaceae.

Präparation

Mit einer Rasierklinge wird der Spross etwa 2 cm unterhalb der Spitze abgetrennt, damit die Sprossspitze noch zwischen den Fingern gehalten werden kann. Mit einer spitzen Pinzette werden dann vorsichtig nach und nach alle sichtbaren Blättchen abgetrennt. Ganz innen liegt der Vegetationskegel immer noch von winzigen Blättchen bzw. den Blattanlagen umhüllt. Wenn kein Blättchen mehr mit der Pinzette zu greifen ist, wird die freigelegte Spitze ungefähr 3 mm lang abgeschnitten und auf einen mit Wasser vorbereiteten Objektträger gelegt. Das Deckglas wird aufgelegt und das Objekt unter der schwächsten Vergrößerung (50-fach) im Mikroskop ins Blickfeld gerückt. Durch Drücken mit einem Bleistift auf das Deckgläschen wird unter Beobachtung das Präparat vorsichtig gequetscht. Die noch verbliebenen Blättchen werden dadurch zur Seite gedrückt und geben den Blick auf den kegelförmigen Sprossscheitel frei. Noch günstiger, aber schwieriger ist es, auf dem Objektträger den Vegetationskegel längs zu schneiden.

Beobachtung

Der Vegetationskegel ist schon bei schwächster Vergrößerung (50-fach) als stumpfer Kegel zu erkennen (○ Abb. 4.12 A). Kurz unterhalb der

Spitze treten regelmäßig in allen Richtungen **Blattanlagen** als nach unten immer größer werdende Höcker hervor. Bei 100-facher Vergrößerung (○ Abb. 4.12 B) sind die dünnwandigen, plasmareichen, großkernigen Zellen zu erkennen. Auch wenn das Präparat nur gequetscht und nicht längs geschnitten ist, kann man die Anordnung der Zellen im **Vegetationskegel** studieren (400-fache Vergrößerung). Der Abschluss nach außen wird durch eine ein- oder zweischichtige **Tunica** (tun) mit regelmäßig in Reihe stehenden Zellen gebildet. Die Zellen des zentralen Gewebes, des **Corpus** (cor), sind isodiametrisch und liegen durcheinander.

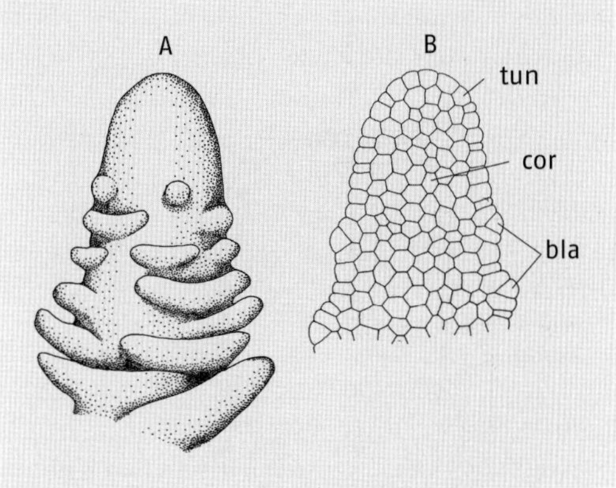

○ **Abb. 4.12** Vegetationskegel der Wasserpest (*Elodea canadensis*): **A** in Aufsicht, **B** Spitze zellulär, **bla** Blattanlagen, **cor** Corpus, **tun** Tunica (nach Leistner und Breckle, NH)

Aufgabe

- **Übersicht:** Zeichnen des Vegetationskegels in Aufsicht mit Spitze und Blattanlagen (nicht zellulär).
- **Ausschnitt:** Zelluläre Zeichnung des Sprossscheitels mit Tunica und Corpus.

4.5.2 Die monokotyle Sprossachse – geschlossen kollaterales Leitbündel

Mais – Querschnitt der Sprossachse

Objekt

Mais – *Zea mays* – Poaceae

Etwa 5 mm dicker, junger Stängel. Geeignet ist sowohl Frischmaterial als auch in Ethanol (MR 01 ▸ Kap. 1.6.1) eingelegtes Material.

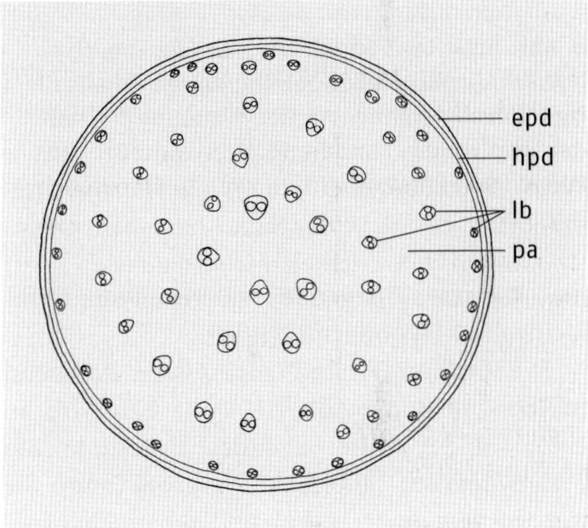

○ **Abb. 4.13** Querschnitt der Sprossachse von Mais (*Zea mays*): **epd** Epidermis, **hpd** Hypodermis, **lb** Leitbündel, **pa** Parenchym (NH)

Präparation

Der Stängel wird im Internodienbereich exakt quer angeschnitten. Für die Übersicht wird dann ein dünner Schnitt über den ganzen Querschnitt geführt. Um einzelne Gewebe bei stärkerer Vergrößerung betrachten zu können, ist es ratsam, ein zweites Präparat mit besonders dünnen Teilquerschnitten herzustellen. Die Schnitte werden mit Chloralhydrat (MR 05) aufgehellt.

Option: Färbung verholzter Zellwände mit Phloroglucin-HCl (MR 12).

Beobachtung

Der Stängelquerschnitt (○ Abb. 4.13) wird von einem großzelligen, Interzellularen-reichen **Parenchym** gebildet. Bereits in der Übersicht (50-fach) sind – darin eingebettet – die zahlreichen **Leitbündel** (lb) zu erkennen, die über den ganzen Querschnitt verstreut sind. Zum Rand hin liegen sie dichter und sind kleiner. Im Zentrum findet man die größten Leitbündel. Bei 100-facher Vergrößerung erkennt man als Abschlussgewebe die einschichtige **Epidermis** (epd) und

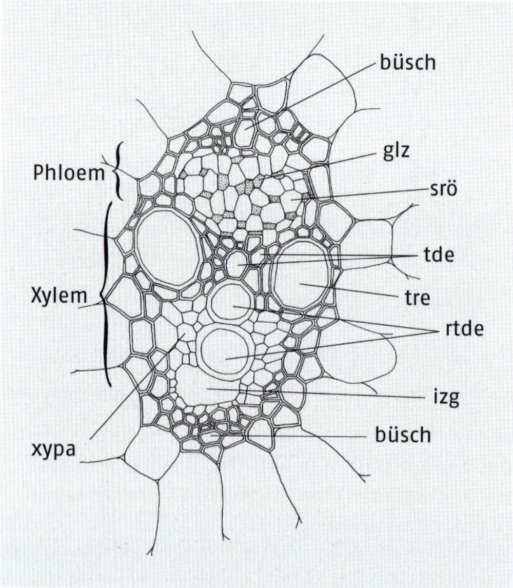

o Abb. 4.14 Leitbündel von Mais (*Zea mays*), Querschnitt: **büsch** Bündelscheide, **glz** Geleitzelle, **izg** Interzellulargang, **srö** Siebröhre, **tde** Tracheiden, **tre** Trachee, **rtde** ringförmige Wandverstärkungen von Ringtracheiden, **xypa** Xylemparenchym (NH)

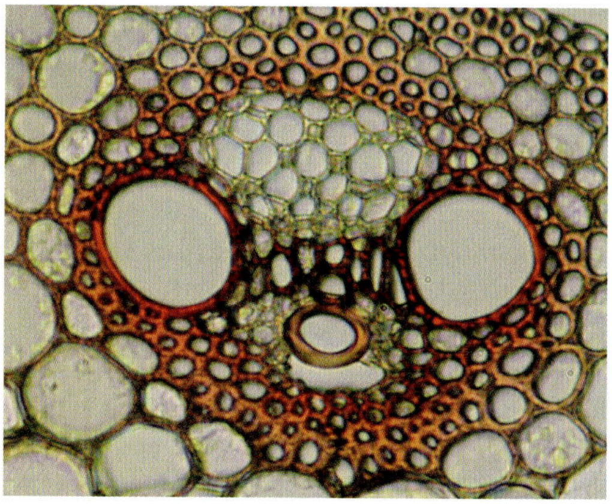

o Abb. 4.15 Geschlossen kollaterales Leitbündel des Mais (*Zea mays*); Beschriftung siehe Schemazeichnung o Abb. 4.14 (StB)

die darunter liegende sklerenchymatische, kleinzellige **Hypodermis** (hpd).

Die Leitbündel sind geschlossen kollateral (o Abb. 4.14 und o Abb. 4.15). Ihr Bau wird an einem in der Mitte liegenden Leitbündel am besten deutlich (400-fache Vergrößerung). Sie werden von einer verholzten, sklerenchymatischen **Bündelscheide** (büsch) gegen das Parenchym abgegrenzt. Das **Xylem** zeigt in Richtung Sprossmittelpunkt. Sehr auffallend sind darin die beiden großen **Tracheen** (tre), deren Wände in der Regel getüpfelt sind. Dazwischen liegen mehrere **Tracheiden** (tde). In der Peripherie des Xylems liegt ein großer **Interzellulargang** (izg), der durch Zerreißen des Protoxylems entstanden ist. In diesem liegen meist eine oder zwei ringförmige Wandverdickungen einer Tracheide (Ringtracheide, rtde), die sich vor der Bildung des Interzellularganges dort befunden hat.

Das Grundgewebe des Xylems besteht aus dickwandigem, verholztem **Xylemparenchym** (xypa). Unverholzt sind nur die Parenchymzellen des Protoxylems. Nach außen schließt an das Xylem das helle, dünnwandige **Phloem** mit **Siebröhren** (srö) und **Geleitzellen** (glz) an. Die Siebröhren wirken leer und sind deutlich großlumiger als die mehr viereckigen, mit Plasma ausgefüllten Geleitzellen (o Abb. 4.14). Eventuell liegt eine Siebplatte in der Bildebene. Phloemparenchym ist bei Monokotylen nicht vorhanden. Am Rande des Bündels liegen noch Elemente des Protophloems. Im gefärbten Präparat sind die Bündelscheide, die Tracheen, die Tracheiden und das Xylemparenchym rot gefärbt.

Aufgabe

- **Übersicht:** Zeichnen des Stängelquerschnitts mit den Leitbündeln (nicht zellulär).
- **Ausschnitt:** Ein geschlossen kollaterales Leitbündel aus der Mitte wird zellulär gezeichnet. Eingezeichnet werden die Tracheen, die Tracheiden, der Interzellularraum, das Phloem mit Siebröhren und Geleitzellen und als äußerer Abschluss die sklerenchymatische Bündelscheiden. Zu beachten sind die unterschiedlichen Wandstärken der Zellen des Xylems und des Phloems. Eine Kombination von Einstrich-Zeichentechnik (Phloem und Parenchym) und Zweistrich-Zeichentechnik (Xylem und Bündelscheide) ist sinnvoll.

4.5.3 Die primäre, dikotyle Sprossachse – offen kollaterales Leitbündel

Pfeifenwinde – junger Stängel im Querschnitt

Objekt

Pfeifenwinde – *Aristolochia macrophylla* – Aristolochiaceae

Jungtriebe im ersten Jahr (Mitte bis Ende Juni geerntet), 0,5 cm im Durchmesser. Geeignet ist frisches oder in Ethanol (MR 01) eingelegtes Material.

Präparation

Der Stängel wird exakt quer angeschnitten. In dieser Schnittrichtung werden mehrere, möglichst dünne Schnitte gefertigt und mit Chloralhydrat aufgehellt (MR 05).

Option: Färbung verholzter Zellwände mit Phloroglucin-HCl (MR 12).

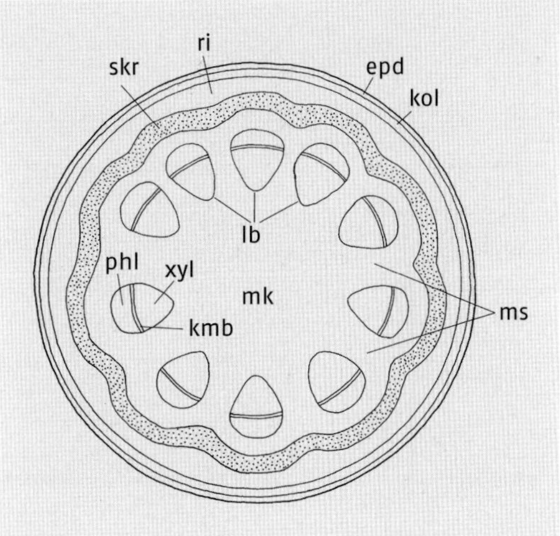

○ Abb. 4.16 Querschnitt der primären Sprossachse von *Aristolochia macrophylla* (Übersicht): **epd** Epidermis, **kmb** Kambium, **kol** Kollenchym, **lb** Leitbündel, **mk** Mark, **ms** Markstrahl, **phl** Phloem, **ri** Rinde, **skr** Sklerenchymring, **xyl** Xylem (NH)

Beobachtung

Schon bei kleinster Vergrößerung (50-fach) erkennt man die für dikotyle Sprosse typische Differenzierung des Stängelquerschnitts in Rinde und Zentralzylinder (○ Abb. 4.16). Dies wird durch die Lage der Leitbündel (lb) verursacht, die in einem Kreis angeordnet sind und so zusammen mit dem **Mark** (mk) den **Zentralzylinder** bilden. Häufig wird dieser von einem **Sklerenchymring** (skr) nach außen begrenzt. Von den Leitbündeln bzw. vom Sklerenchymring nach außen liegt die chlorophyllreiche **Rinde** (ri), einige Zellen davon führen **Oxalat-Drusen.** Die **Leitbündel** (lb) umschließen das helle **Mark** (mk), das mit der primären Rinde durch **Markstrahlen** (ms) verbunden ist. Sie verlaufen zwischen den Leitbündeln und enden am Sklerenchymring, sofern einer vorhanden ist. Als Abschlussgewebe ist die **Epidermis** (epd) zu erkennen, an die sich nach innen ein mehrschichtiges **Kollenchym** (kol) anschließt, das innerhalb der Spaltöffnungen der Epidermis unterbrochen ist. Im gefärbten Präparat sind der Sklerenchymring und das Xylem rot.

Die Leitbündel sind offen kollateral; das Xylem liegt auf der Innenseite (○ Abb. 4.17 A). In der Vergrößerung (100- bzw. 400-fach) ist das **Xylem** mit weitlumigen **Tracheen** (tre) und etwas kleineren **Tracheiden** (tde) deutlich zu erkennen. Die Zellwände sind verholzt und im gefärbten Präparat ebenso wie die Zellen des umliegenden verholzten **Xylemparenchyms** (xypa) rot. Das **Kambium** (kmb) schließt direkt an das Xylem nach außen an. Es besteht aus hellen, sehr dünnwandigen, rechteckigen, radial in Reihe stehenden Zellen. Mitunter sind die Zellwände vom Schneiden leicht gedrückt. Das **Phloem** ist sehr kleinzellig und enthält außer den **Siebröhren** (srö) und **Geleitzellen** (glz) auch Phloemparenchym.

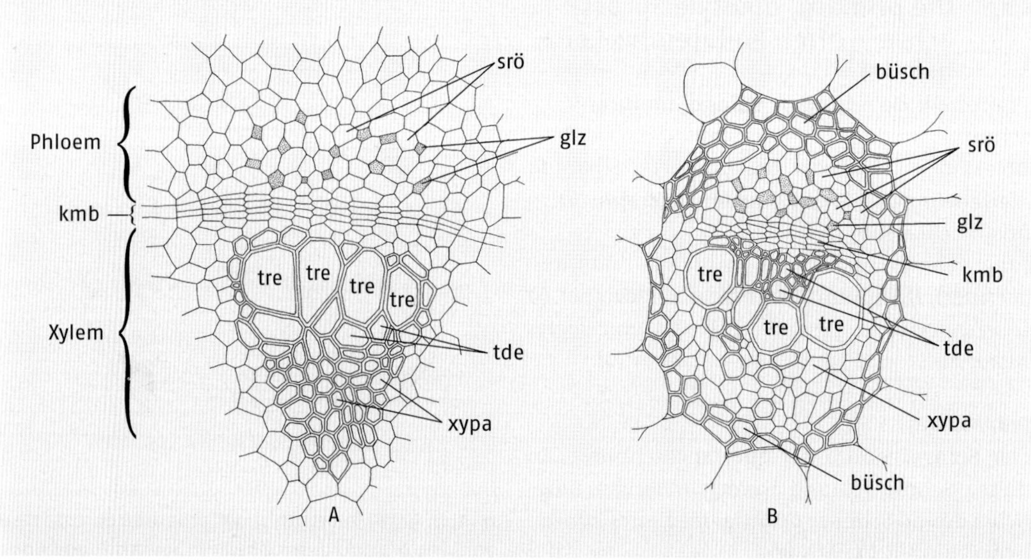

○ **Abb. 4.17** Offen kollaterale Leitbündel im Querschnitt: **A** *Aristolochia macrophylla*, **B** *Ranunculus repens*, **büsch** Bündelscheide, **glz** Geleitzelle, **kmb** Kambium, **srö** Siebröhren, **tde** Tracheiden, **tre** Tracheen, **xypa** Xylemparenchym (NH)

Aufgabe

- **Übersicht:** Zeichnen des Stängelquerschnittes mit Epidermis, primärer Rinde und Zentralzylinder. In die Leitbündel werden Xylem, Phloem und das Kambium eingezeichnet (nicht zellulär). Bezeichnet werden auch die Markstrahlen und, wenn vorhanden, der Sklerenchymring.
- **Ausschnitt:** Ein offen kollaterales Leitbündel wird zellulär gezeichnet. Eingezeichnet werden die Tracheen, die Tracheiden, das Phloem mit Siebröhren, Geleitzellen und Phloemparenchym sowie das Kambium. Zu beachten sind dabei die unterschiedlichen Wandstärken der Zellen des Xylems, des Kambiums und des Phloems. Eine Kombination von Einstrich-Zeichentechnik (Phloem und Parenchym) und Zweistrich-Zeichentechnik (Xylem und Xylemparenchym) ist sinnvoll.

Alternatives Präparat: Querschnitt des Leitbündels des **Kriechenden Hahnenfußes** (*Ranunculus repens* – Ranunculaceae, ○ Abb. 4.17 B).

4.5.4 Die sekundäre Sprossachse – sekundäres Dickenwachstum

Pfeifenwinde – älterer Stängel im Querschnitt

Objekt

Pfeifenwinde – *Aristolochia macrophylla* – Aristolochiaceae

Stängel von 2 bis 3 Jahre alten Pflanzen, etwa 0,8 bis 1 cm dick. Geeignet ist Frischmaterial oder in Ethanol (MR 01) eingelegtes Material.

Präparation

Von einem frisch angeschnittenen Stängelstück wird ein Querschnitt angefertigt. Um sehr dünne Schnitte zu erhalten, ist es ratsam, Teilschnitte zu fertigen, die aber bis zum Zentrum des Stängels reichen sollten. Das Präparat wird mit Chloralhydrat (MR 05) aufgehellt.

Option: Färbung verholzter Zellwände mit Phloroglucin-HCl (MR 12).

Beobachtung

In der Übersicht (50-fach) sind drei Bereiche zu unterscheiden (○ Abb. 4.18). Ganz außen liegt das **Periderm** (pdm) mit dem hellbraun gefärbten **Kork**, darauf folgt nach innen die helle **Rindenzone** und danach das grau erscheinende **Holz** (ho). Ganz im Zentrum liegt das **Mark** (mk), von dem aus zur Rinde hin die breiten **primären Markstrahlen** (pms) verlaufen. Das Holz erscheint durch die konzentrischen **Jahresringgrenzen** (jrg) gegliedert, die durch das Aufeinandertreffen von weitlumigem **Frühholz** und engerlumigem **Spätholz** herrühren. Direkt am Mark liegt das **primäre Xylem** (pxyl), das vom primären Stadium der Sprossachse seine ursprüngliche Form bewahrt hat. Das Holz zwischen zwei Jahresringgrenzen bildet den **Jahresring**. Schon bei kleinster Vergrößerung sind die großen **Tracheen** und **Tracheiden** des Holzes gut erkennbar. Ihre Zellwände sind im gefärbten Präparat tiefrot. An das Holz schließt nach außen ein durchgehender, meist hellbraun gefärbter, welliger **Kambiumring** (kmb) an, dann folgt der **Bast** (ba). Durch **dilatierende Markstrahlen** erscheinen die Phloembereiche kappenförmig. Die im Jahresverlauf alternierende Produktion von Siebröhren und Phloemparenchym lässt Jahresringe erkennen, wenn auch nicht so deutlich wie im Holz. Die äußerste Zone des Bastes enthält das **primäre Phloem** (pphl). Der im primären Stadium noch kompakte **Sklerenchymring** (skr) ist im sekundären Stadium durch Parenchym durchbrochen. Die sklerenchymatischen Bereiche erscheinen rechteckig und sind im gefärbten Präparat rot. Die im Verlauf des Dickenwachstums zu verschiedenen Zeiten neu angelegten **sekundären Strahlen** sind im Holz (Holzstrahlen, hostr) besonders gut zu erkennen. Sie erreichen nicht die primäre Rinde, sondern enden blind im Bast und sind dort weniger gut zu erkennen (Baststrahlen, bastr).

Bei Vergrößerung (100-fach bzw. 400-fach) erkennt man, dass der **Kork** (ko) aus vielen Schichten von radial in Reihe stehenden Zellen besteht, was darauf hinweist, dass es durch tangentiale Teilung eines Kambiums, hier dem **Korkkambium**, entstanden ist. Dieses selbst ist

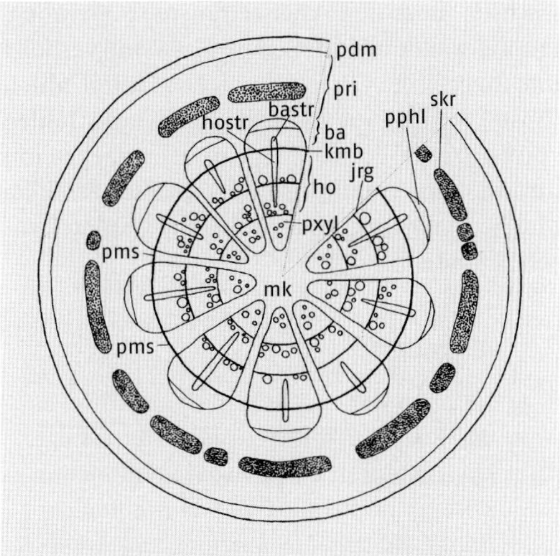

○ **Abb. 4.18** Querschnitt durch eine ältere Sprossachse von *Aristolochia macrophylla* mit sekundärem Dickenwachstum (Übersicht): **ba** Bast, **bastr** Baststrahlen, **ho** Holz, **hostr** Holzstahlen, **jrg** Jahresringgrenze, **kmb** Kambium, **mk** Mark, **pms** primäre Markstrahlen, **pphl** primäres Phloem, **pdm** Periderm, **pri** primäre Rinde, **pxyl** primäres Xylem, **skr** Sklerenchymring, gesprengt (NH)

als dunkle Linie mit noch sehr schmalen, mit Plasma gefüllten Zellen zu erkennen. Meist sind schon zwei bis drei Phellogene aktiv. Nach innen schließt sich die drusenreiche **primäre Rinde** (pri) mit parenchymatischen Zellen an. Der **Bast** (ba) wird durch das Dickenwachstum stark gedrückt. Trotzdem erkennt man die großen, leer erscheinenden **Siebröhren** und „gefüllte" Zellen, die entweder **Geleitzellen** oder **Phloemparenchymzellen** darstellen. Im Bereich der Leitbündel liegt das bräunliche **faszikuläre Kambium**, im Bereich der Markstrahlen das helle **interfaszikuläre Kambium**. Beide Kambien bestehen aus den für ein Kambium typischen radial in Reihe stehenden, dünnwandigen, rechteckigen Zellen (○ Abb. 4.6). Im Holz finden sich Elemente, wie sie vom primären Xylem her bekannt sind, d. h. Tracheen, Tracheiden und Xylemparenchym. In den Lumina großer Tracheen sind häufig blasenartige, dünnwandige Gebilde zu erkennen. Dies sind sog. **Thyllen**, die von den umliegenden Parenchymzellen einwachsen und den Wassertransport hemmen. Die Zellwände aller Zellen im Holz sind verholzt und im gefärbten Präparat rot. Die **Holzstrahlen** (hostr) werden wie die primären Markstrahlen von horizontal gestreckten Parenchymzellen mit unverholzten Wänden gebildet. In allen Strahlen und im **Mark** (mk) sind zahlreiche **Oxalat-Drusen** zu finden.

Aufgabe

- Zeichnen der sekundären Sprossachse in der Übersicht (nicht zellulär). Es genügt ein „Tortenstück", das vom Rand bis ins Zentrum reicht. Zur Charakterisierung des Holzes können die großlumigen Xylemelemente zellulär gezeichnet werden. Dabei ist auf die Größenverhältnisse zu achten!

4.5.5 Die sekundäre Rinde – Hartbast/Weichbast

Linde – Querschnitt der Rinde

Objekt

Linde – *Tilia cordata* – Malvaceae

Etwa 1 cm dicke Zweige; geeignet ist frisches oder in Ethanol (MR 01) eingelegtes Material.

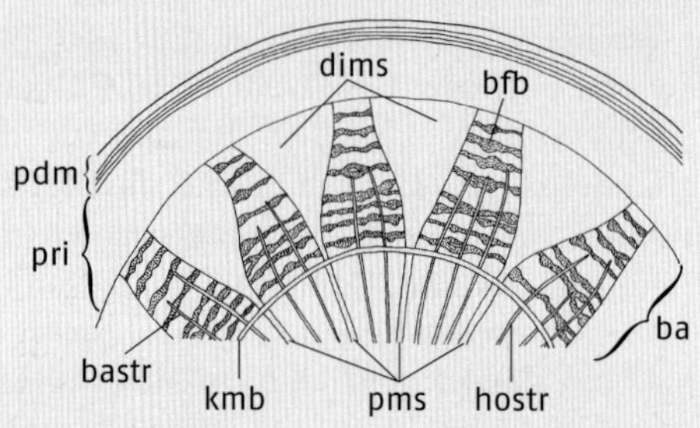

○ Abb. 4.19 Querschnitt der Rinde der Linde (*Tilia cordata*) in der Übersicht: **ba** Bast, **bastr** Baststrahlen, **bfh** Bastfaderbündel, **dims** dilatierter Markstrahl, **hostr** Holzstrahlen, **kmb** Kambium, **pms** primäre Markstrahlen, **pdm** Periderm, **pri** primäre Rinde (NH)

Präparation

Ein Stück der Rinde wird am Holzkörper des Zweiges, besser noch mit etwas Holz, abgetrennt und exakt quer angeschnitten. Davon werden mehrere dünne Querschnitte angefertigt und mit Chloralhydrat (MR 05) aufgehellt.

Option: Färbung verholzter Zellwände mit Phloroglucin-HCl (MR 12).

Beobachtung

In der Übersicht (50-fache Vergrößerung) zeigt die Rinde der Linde einen sehr charakteristischen Aufbau (○ Abb. 4.19). Als Abschlussgewebe hat sie ein braun gefärbtes **Periderm** (pdm), das je nach Alter des Zweiges bereits zwei bis drei **Korkkambien** als dunklere Linien erkennen lässt. Darunter liegt der durchgehende Ring der **primären Rinde** (pri) aus hellem Rindenparenchym. Zwischen Holz und primärer Rinde liegt der Bast, der durch keilförmig **dilatierte Markstrahlen** (dims) unterbrochen wird. Die Dilatation des Strahls im Bast kommt durch Neubildung radialer Wände in den Zellen der Markstrahlen zustande. Damit wird verhindert, dass während der Umfangserweiterung in der Rinde Gewebelücken entstehen. Auch bei schwächster Vergrößerung (50-fach) erkennt man in den Bastbereichen ein fast regelmäßiges Muster, das im gefärbten Präparat durch die Rotfärbung der **Bastfaserbündel** (bfb) besonders deutlich wird.

Bei Vergrößerung (400-fach) kann dieses Muster als Ergebnis einer regelmäßigen Anordnung von **Hartbast** (hba) und **Weichbast** (wba) erkannt werden (○ Abb. 4.20). Der Weichbast besteht aus **Siebröhren** (srö), **Geleit-** (glz) und **Phloemparenchymzellen** (phlpa), der Hartbast aus **Bastfasern** (bf). Die Siebröhren sind dünnwandig und erscheinen leer. Sie liegen in Gruppen zusammen und werden von den kleineren, mehr flachen, bräunlichen Geleitzellen bzw. Phloemparenchymzellen umgeben. Die Bastfasern bilden kompakte Bereiche aus vieleckigen, dickwandigen Zellen mit einem punktförmigen Lumen. Sie haben verholzte Zellwände und sind im gefärbten Präparat rot. Im Parenchym des dilatierten Markstrahls befinden sich **Oxalat-Drusen**.

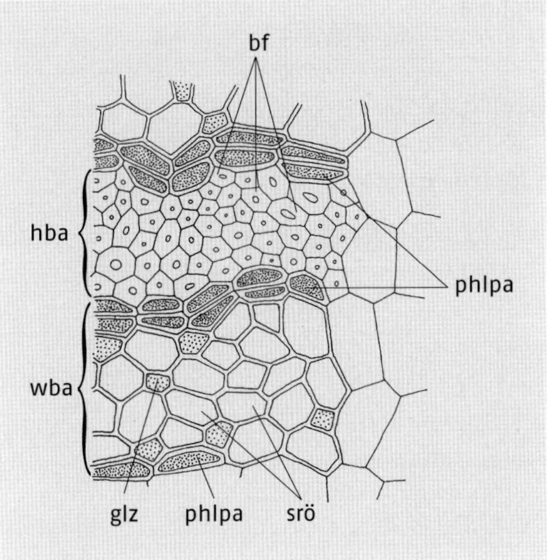

o Abb. 4.20 Querschnitt der sekundären Rinde der Linde (*Tilia cordata*) im Ausschnitt: **bf** Bastfasern, **glz** Geleitzelle, **hba** Hartbast, **phlpa** Phloemparenchym, **srö** Siebröhren, **wba** Weichbast (NH)

Aufgabe

- **Übersicht:** Zeichnen der Rinde mit Periderm, primärer Rinde, Bast und den dilatierten Markstrahlen (nicht zellulär).
- **Ausschnitt:** Aus dem Bereich des Bastes wird ein Ausschnitt zellulär gezeichnet. Dabei ist darauf zu achten, dass die verschiedenen Zelltypen des Weichbasts (Siebröhren, Geleitzellen, Phloemparenchym) und des Hartbasts (Bastfasern) zeichnerisch deutlich unterschieden werden.

4.5.6 Die sekundäre Rinde in der räumlichen Vorstellung

Faulbaumrinde – Querschnitt, radialer und tangentialer Längsschnitt

Objekt

Faulbaum – *Frangula alnus* – Rhamnaceae

Mindestens 2 cm dicke Zweige, besser Rinde vom dicken Stamm; geeignet ist frisches oder in Ethanol (MR 01) eingelegtes Material. Hilfsweise kann auch in Ethanol eingelegtes Drogenmaterial (Ganzdroge) verwendet werden.

Präparation

Die Rinde wird vom Holzkörper getrennt und entsprechend o Abb. 1.5 in allen drei Schnittrichtungen (quer, radial, tangential) frisch angeschnitten. Es werden jeweils dünne Schnitte aller drei Schnittrichtungen hergestellt und auf verschiedenen Objektträgern präpariert. Die Schnitte werden mit Chloralhydrat (MR 05) aufgehellt.

Option: Färbung verholzter Zellwände mit Phloroglucin-HCl (MR 12).

Beobachtung

Querschnitt: In der Übersicht (50-fache und 100-fache Vergrößerung, o Abb. 4.21) ist als Abschlussgewebe leuchtend braunroter **Kork** (ko) zu erkennen und darunter die **primäre Rinde** (pri). In diese eingebettet liegen hell leuchtend einige **Bastfaserbündel** (bfb). Der **Bast** (ba) beginnt dort, wo die feinen **Baststrahlen** (bastr) beginnen, die im weiteren Verlauf dann fast parallel den Bast radial durchziehen. Zwischen den Baststrahlen sind ebenso wie in der primären Rinde regelmäßig **Bastfaserbündel** (bfb) eingestreut. Im gefärbten Präparat sind alle Bastfasern rot.

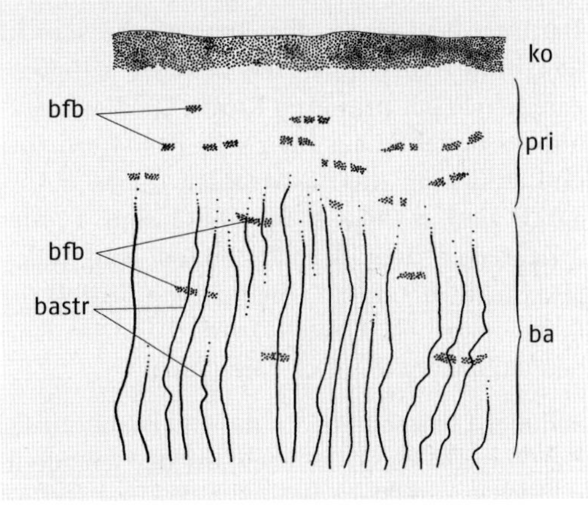

o Abb. 4.21 Querschnitt der Rinde des Faulbaums (*Frangula alnus*) in der Übersicht: **ba** Bast, **bastr** Baststrahlen, **bfb** Bastfaserbündel, **ko** Kork, **pri** primäre Rinde (NH)

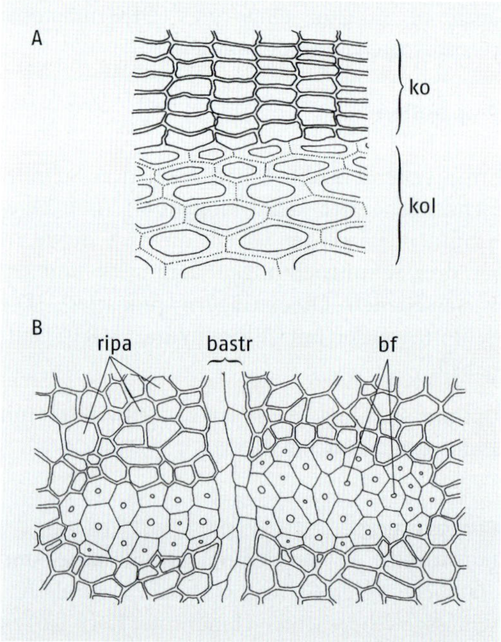

o Abb. 4.22 Querschnitt der Rinde des Faulbaums (*Frangula alnus*) im Ausschnitt: **A** Kork (**ko**) mit Kollenchym (**kol**), **B** Bastfaserbündel am Baststrahl, **bastr** Baststrahl, **bf** Bastfasern, **ripa** Rindenparenchym (NH)

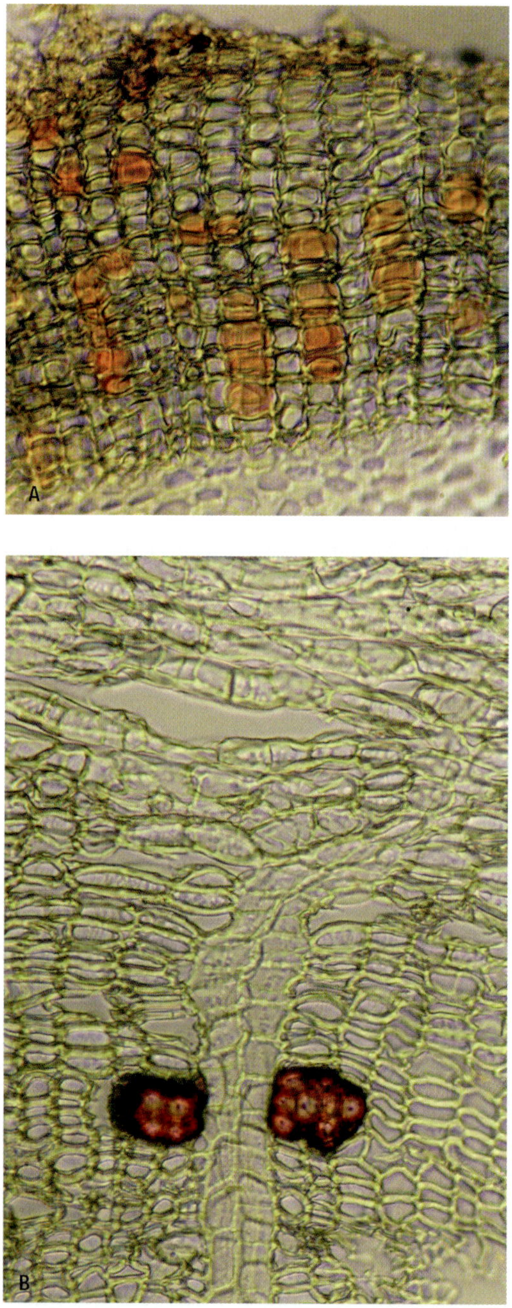

o Abb. 4.23 Querschnitt der Rinde des Faulbaums (*Frangula alnus*), **A** Kork, **B** Bastfaserbündel am Baststrahl; Beschriftung siehe Schemazeichnung o Abb. 4.22 (StB)

Bei stärkerer Vergrößerung (400-fach) erkennt man, dass der **Kork** (ko) aus vielen Schichten radial in Reihe stehender, rechteckiger Zellen besteht (o Abb. 4.22 A und o Abb. 4.23 A). Darunter liegt eine **kollenchymatische Schicht** (kol) und weiter innen das auffällig getüpfelte Parenchym der **primären Rinde**. Die **Bastfaserbündel** bestehen aus bis zu 20 Bastfasern (bf) und stoßen an die **Baststrahlen** (bastr, o Abb. 4.22 B und o Abb. 4.23 B). Diese sind 1 oder 2 Zellreihen breit. Manche Bündel sind außen und innen von einer Zellschicht mit **Einzelkristallen** umgeben. **Oxalat-Drusen** sind im Rindenparenchym reichlich vorhanden.

Radialer Längsschnitt: In der Übersicht (50-fache Vergrößerung) ist ebenfalls der leuchtend rote **Kork** auffallend, dessen Zellen, bei 100-facher Vergrößerung betrachtet, wie im Querschnitt gestaltet sind. Das Parenchym der primären Rinde ist im Radialschnitt locker und

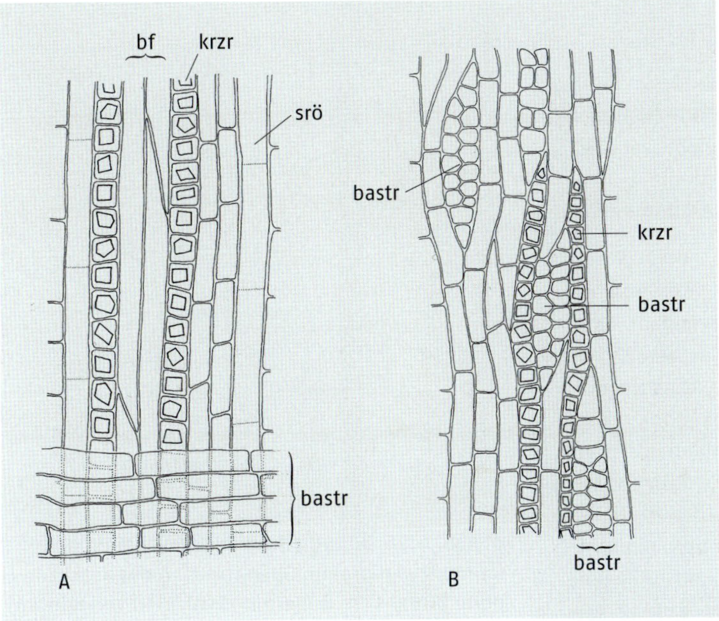

o Abb. 4.24 Längsschnitte der Rinde des Faulbaums (*Frangula alnus*): **A** radialer Längsschnitt, **B** tangentialer Längsschnitt, **bastr** Baststrahl, **bf** Bastfasern, **krzr** Kristallzellreihen, **srö** Siebröhre (NH)

wird von **Bastfasern** (bf) durchzogen. Den Bastfaserbündeln im Bast liegen **Kristallzellreihen** aus Einzelkristallen (krzr) an (o Abb. 4.24 A). Unabhängig von den Bastfaserbündeln liegen viele **Oxalat-Drusen** längs in Reihe, z. T. auch mehrere von ihnen in einer Zelle. Quer zu den Bastfasern verlaufen die **Baststrahlen** (bastr) aus rechteckigem, „gemauert" erscheinendem Parenchym. Sie sind 10 bis 15 Zellen hoch. Bei guten Schnitten sieht man vertikal lange **Siebröhren** (srö) verlaufen, die von Siebplatten gegliedert sind (400-fache Vergrößerung).

Tangentialer Längsschnitt: Sehr typisch für diese Schnittrichtung sind die spindelförmig erscheinenden **Baststrahlen** (bastr), die entweder von hellem **Rindenparenchym** oder von **Bastfasern** umgeben sind (o Abb. 4.24 B und o Abb. 4.25). Letztere sind im gefärbten Präparat besonders gut zu sehen. Die Baststrahlen sind 1 bis 3 Zellreihen breit und bis zu 15 Zellen hoch. Die Wände des stark getüpfelten Rindenparenchyms erscheinen knotig. Die **Kristallzellreihen** (krzr) mit Einzelkristallen liegen in dieser Schnittrichtung flächig auf den Bastfaserbündeln. Außerdem sind im Parenchym zahlreiche Drusenreihen zu erkennen.

o Abb. 4.25 Tangentialer Längsschnitt der Rinde des Faulbaums (*Frangula alnus*); Beschriftung siehe Schemazeichnung o Abb. 4.23 B (StB)

Aufgabe

- **Übersicht:** Der Aufbau der Rinde im Querschnitt mit Kork, primärer und sekundärer Rinde wird gezeichnet (nicht zellulär). Eingezeichnet werden auch die kollenchymatische Schicht, die Baststrahlen und die Bastfaserbündel.
- **Ausschnitte: Querschnitt:** Kork und ein Bastfaserbündel mit anliegendem Baststrahl und Rindenparenchym werden zellulär gezeichnet. **Radialer Längsschnitt:** Ein Bastfaserbündel der sekundären Rinde mit quer dazu verlaufendem Baststrahl wird zellulär gezeichnet. **Tangentialer Längsschnitt:** Ein Baststrahl mit umliegendem Rindenparenchym bzw. ein Baststrahl im Bastfaserbündel mit aufliegenden den Kristallzellreihen wird zellulär gezeichnet.

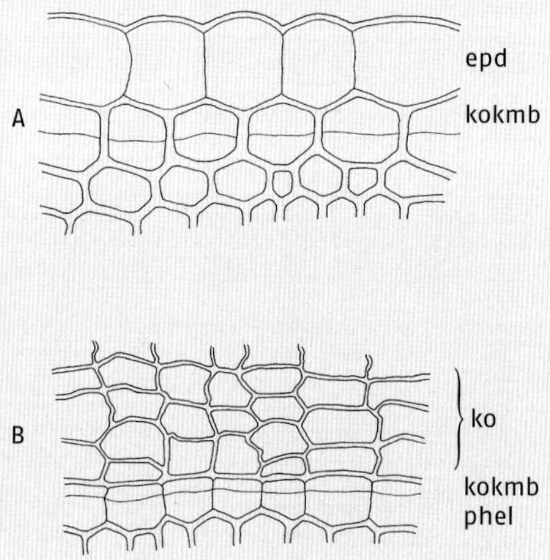

○ Abb. 4.26 Bildung des Periderms bei Holunder (*Sambucus nigra*) im Querschnitt: **A** das Korkkambium bildet sich, **B** mehrere Schichten von Kork haben sich gebildet, **epd** Epidermis, **ko** Kork, **kokmb** Korkkambium, **phel** Phelloderm (NH)

4.5.7 Periderm – sekundäres Abschlussgewebe

Holunder – Abschlussgewebe in verschiedenen Entwicklungsstadien

Objekt

Schwarzer Holunder – *Sambucus nigra* – Adoxaceae

Noch grüne Sprosse von 0,3 cm im Durchmesser und junge, verholzte Zweigabschnitte von 0,5 bis 0,7 cm im Durchmesser.

Präparation

Die Rinde wird längs vom Holzteil getrennt und exakt quer geschnitten. In dieser Schnittrichtung werden Schnitte angefertigt, die vor allem im Randbereich dünn sein müssen.

Beobachtung

Bei 100-facher Vergrößerung ist beim jungen, grünen Spross als Abschlussgewebe eine einschichtige **Epidermis** (epd) zu erkennen. Möglicherweise hat sich in manchen Abschnitten bereits das **Phellogen** (Korkkambium, kokmb) in der unter der Epidermis liegenden Schicht gebildet (○ Abb. 4.26 A). In diesem Fall erkennt man eine tangentiale Querwand in den Zellen des Rindenparenchyms unter der Epidermis.

Im verholzten Spross besteht das Abschlussgewebe bereits aus 4 bis 5 Schichten **Kork** (ko) bzw. **Phellem**. Die Zellen sind braungelb, verkorkt und stehen radial in Reihe (○ Abb. 4.26 B). Die innerste Schicht ist hell und stellt das **Phellogen** (Korkkambium, kokmb) dar. Es befindet sich meist gerade in Teilung, was man an den jungen Querwänden erkennen kann. Das **Phelloderm** (phel) besteht nur aus einer Zellschicht. Nach innen schließt deshalb direkt die primäre Rinde mit großen Bereichen von **Plattenkollenchym** an.

Aufgabe

- Das Abschlussgewebe beider Stadien wird zellulär gezeichnet. Beim grünen Spross wird die Epidermis mit der aufliegenden Cuticula gezeichnet, beim verholzten Spross mehrere Schichten des eigentlichen Korkgewebes (Phellem) mit dem darunter liegenden Korkkambium und einer Schicht Phelloderm.

4.5.8 Das Holz der Gymnospermen in der räumlichen Vorstellung

Kiefernholz im Querschnitt und Längsschnitt

Objekt

Kiefer – *Pinus nigra* oder *Pinus sylvestris* – Pinaceae

Mindestens 1 cm dicke Zweige. Am besten geeignet ist in Ethanol (MR 01) eingelegtes Material.

Präparation

Die Zweige werden von der Rinde befreit und der verbleibende Holzkörper zunächst mit einem starken Messer entsprechend der ◘ Abb. 1.5 quer und in der Längsrichtung radial und tangential frisch angeschnitten. Von jeder Schnittrichtung werden dünne Teilschnitte hergestellt. Die Schnitte werden mit Chloralhydrat (MR 05) aufgehellt.

Option: Färbung der verholzten Zellwände mit Phloroglucin-HCl (MR 12).

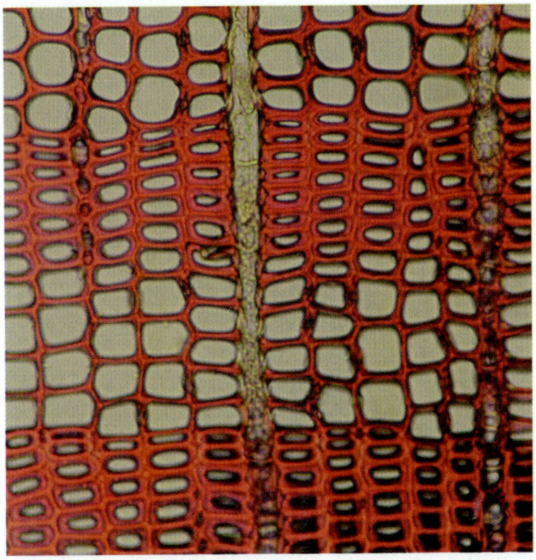

◘ **Abb. 4.27** Kiefernholz (*Pinus sylvestris*) im Querschnitt mit Holzstrahl und Jahresringgrenzen beim Übergang vom Spätholz (kleinlumige Tracheiden) zum Frühholz (großlumige Tracheiden) (StB)

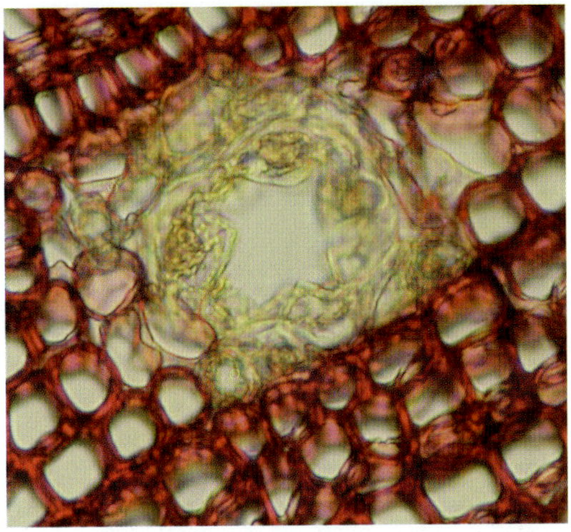

◘ **Abb. 4.28** Kiefernholz (*Pinus sylvestris*) im Querschnitt: Harzgang (StB)

Beobachtung

Querschnitt: In der Übersicht (50-fache Vergrößerung) ist zu erkennen, dass das Holz der Nadelbäume sehr regelmäßig gebaut ist (◘ Abb. 4.27). Es besteht praktisch nur aus **Tracheiden**, die, wie man in der 100-fachen Vergrößerung sieht, fast viereckig sind und praktisch radial in Reihen stehen. Eine Gliederung erfährt das Holz durch **Jahresringe**, die konzentrisch angeordnet und durch gut sichtbare **Jahresringgrenzen** voneinander getrennt sind. Radial verlaufen viele sehr schmale **Holzstrahlen** zum Zentrum hin. Die großen Hohlräume im sonst regelmäßigen Holz sind **schizogene Harzgänge** (◘ Abb. 4.28).

In der Vergrößerung (100-fach bzw. 400-fach) erkennt man, dass die **Holzstrahlen** nur eine Zellreihe breit sind und von den angrenzenden **Tracheiden** gedrückt erscheinen. Die Wandverstärkung der Tracheiden ist zu den Holzstrahlzellen hin durch sog. **Fenstertüpfel** unterbrochen. Die tangentialen Wände enden am Holzstrahl dann „knochenartig". Nur in den Radialwänden der Tracheiden zueinander liegen die für die Tracheiden von Nadelhölzern so typischen **Hoftüpfel** im Querschnitt.

Ein Jahresring umfasst die Holzproduktion eines Jahres und lässt im Querschnitt das **Frühholz** mit weitlumigen Tracheiden und das **Spätholz** mit englumigeren Tracheiden erkennen. Die Zellwände des Spätholzes sind meist dicker. Bei Analyse der **Jahresringgrenze** wird deutlich,

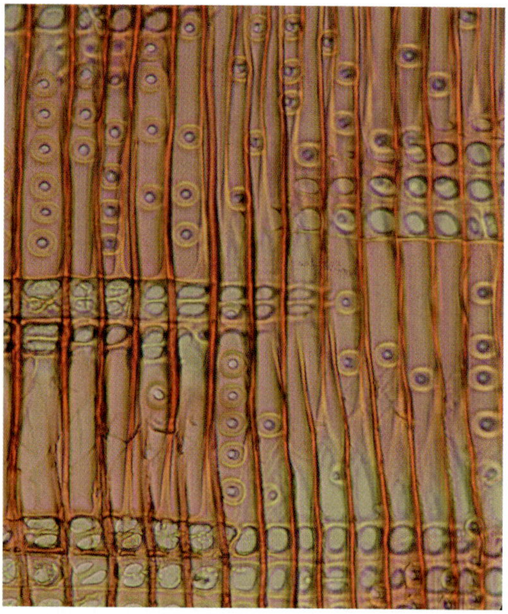

Abb. 4.29 Kiefernholz (*Pinus sylvestris*) im radialen Längsschnitt mit Fenster- und Hoftüpfel der Tracheiden in Aufsicht (StB)

dass diese durch das Aufeinandertreffen von Spätholz und Frühholz zustande kommt.

Radialer Längsschnitt: Der radiale Längsschnitt ist bereits in der Übersicht (50-fach) dadurch gekennzeichnet, dass vertikal die dickwandigen **Tracheiden** und horizontal, also senkrecht dazu, die zwei bis vier Zellen hohen **Holzstrahlen** verlaufen (Abb. 4.29). Bei einem guten radialen Schnitt reichen die Holzstrahlabschnitte über 10 bis 15 Tracheiden hinweg. Wurde der Schnitt nicht richtig radial geführt, sind die Holzstrahlabschnitte sehr kurz (nur 2 bis 3 Tracheiden lang). Es empfiehlt sich, dann neu zu schneiden. Die Tracheiden des **Frühholzes** sind breiter als die des **Spätholzes**. Die **Jahresringgrenze** ist im Längsschnitt nicht so deutlich zu erkennen wie im Querschnitt. Im Holz verlaufen die schizogenen **Harzgänge** als breite, gelbliche Schläuche längs (axial) und quer (radial) zur Stammachse. Sie bilden ein dreidimensionales Netzwerk.

In der Vergrößerung (100-fach) ist zu erkennen, dass die Tracheiden über die Holzstrahlen hinweglaufen bzw. unter diesen verlaufen. Beim Aufeinandertreffen von **Tracheiden** und **Holzstrahlzellen** sind **Fenstertüpfel** in der Aufsicht als ovale, die ganze Breite der Tracheiden ausfül-

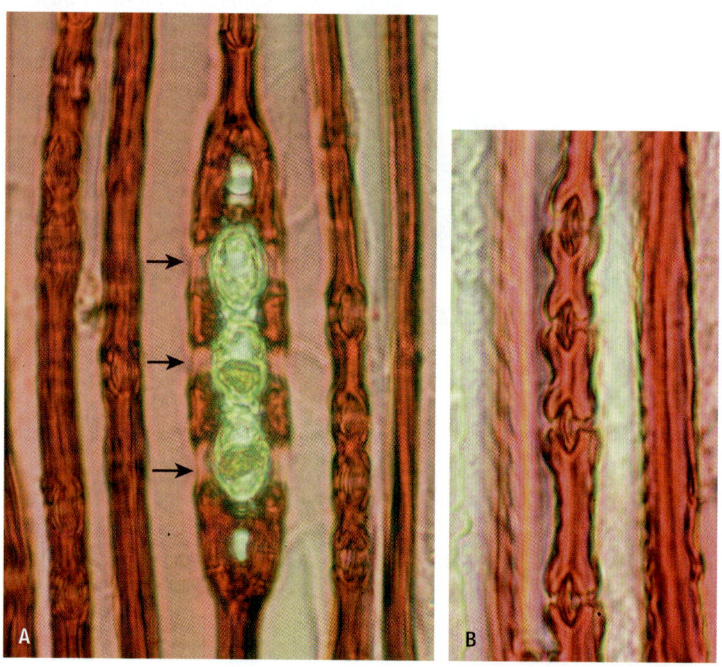

Abb. 4.30 A Kiefernholz (*Pinus sylvestris*) im tangentialen Längsschnitt: spindelförmiger Holzstrahl mit anliegenden Tracheiden und Fenstertüpfel (→), B Kiefernholz (*Pinus sylvestris*): Hoftüpfel im Querschnitt (StB)

lende Öffnungen zu sehen (o Abb. 4.29). Verläuft kein Holzstrahl quer, sind auf den Wänden der Tracheiden die für Nadelhölzer typischen **Hoftüpfel** in Aufsicht zu erkennen (400-fache Vergrößerung). Hin und wieder sieht man auch das Ende der Tracheiden spitz zulaufen sowie die Schraubentextur ihrer Zellwand (400-fache Vergrößerung). Im gefärbten Präparat sind die Wände der Tracheiden intensiv gefärbt, die Wände der Holzstrahlzellen nicht. Mitunter sieht man in den Zellen des Strahls das Protoplasma (400-fache Vergrößerung), das lappig ins Lumen der Zelle hineinragt.

Tangentialer Längsschnitt: In der Übersicht (50-fach) erscheinen die **Holzstrahlen** spindelförmig, umgeben von vertikal verlaufenden **Tracheiden**, die dem Holzstrahl „ausweichen" (o Abb. 4.30 A). Bei 100-facher Vergrößerung kann man die Zahl der Holzstrahlzellen leicht zählen und findet zwischen zwei und sechs Zellen übereinander. Jeweils die oberste und unterste Holzstrahlzelle ist dreieckig und erscheint leer. Es sind die sog. **tracheidalen Holzstrahlzellen**, die der radialen Wasserleitung dienen (Quertracheiden). Die mittleren Zellen des Strahls, die **parenchymatischen Holzstrahlzellen**, sind mit Plasma gefüllt; sie sind lebend und dienen der Speicherung und der Assimilateleitung. Die Wandverdickung der Tracheiden zu den parenchymatischen Holzstrahlzellen ist ausgespart (**Fenstertüpfel**). An den vertikal verlaufenden Wänden zwischen zwei Tracheiden sieht man **Hoftüpfel**, hier quer geschnitten (o Abb. 4.30 B). Beim gefärbten Präparat kommt dieses besser zum Ausdruck. Mitunter kann man bei stärkster Vergrößerung (400-fach) auf der Rückwand der Tracheide Zellulosefibrillen erkennen, die in einem mehr oder weniger steilen Winkel um die Längsachse der Zelle verlaufen (**Schraubentextur**).

Aufgabe

- **Übersicht:** Ein kleiner Bereich aller drei Schnittrichtungen wird in der Übersicht gezeichnet, wobei darauf geachtet werden soll, dass die Zeichnungen sich in der Größe entsprechen. Im Querschnitt werden die Holzstrahlen, die Jahresringgrenzen und die Harzkanäle eingezeichnet, im radialen Längsschnitt die Tracheiden und die Holzstrahlen und im tangentialen Längsschnitt die Tracheiden und die spindelförmigen Holzstrahlen gezeichnet. Alle anderen Einzelheiten werden in der Ausschnittszeichnung ausgeführt.
- **Ausschnitte:**
  - **Querschnitt:** Ein Holzstrahl mit anliegenden Tracheiden im Bereich der Jahresringgrenze wird im Detail gezeichnet. Dabei sollen die Fenstertüpfel und die Hoftüpfel im Querschnitt mit berücksichtigt werden.
  - **Radialer Längsschnitt:** Ein Bereich von Tracheiden mit quer verlaufendem Holzstrahl wird zellulär gezeichnet. Dabei sind besonders die verschiedenen Tüpfeltypen auszuführen (Hoftüpfel, Fenstertüpfel).
  - **Tangentialer Längsschnitt:** Eine „Holzstrahlspindel" mit anliegenden Tracheiden wird zellulär gezeichnet. Dabei soll wieder besonders auf die Fenstertüpfel und die Hoftüpfel geachtet werden.

4

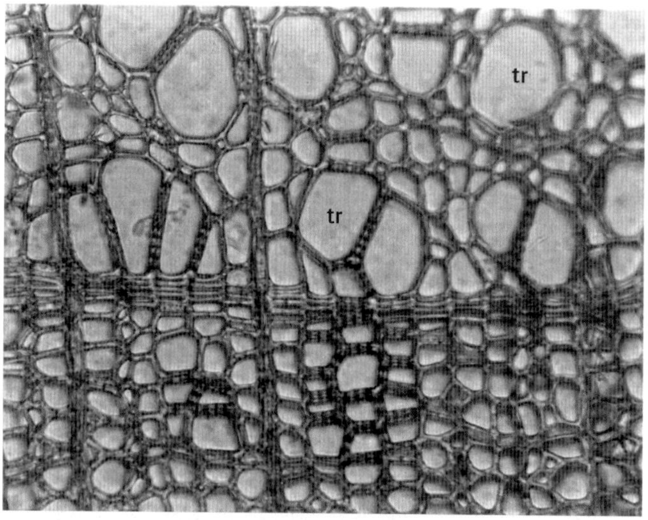

○ Abb. 4.31 Querschnitt des Lindenholzes (*Tilia cordata*): **frho** Frühholz, **hostr** Holzstahl, **jrg** Jahresringgrenze, **spho** Spätholz, **tr** Tüpfeltrachee (StB)

4.5.9 Das Holz der Angiospermen in der räumlichen Vorstellung

Lindenholz im Querschnitt und Längsschnitt

Objekt

Linde – *Tilia cordata* oder *Tilia platyphyllos* – Malvaceae

Mindestens 1 cm dicke Zweige. Am besten geeignet ist in Ethanol (MR 01) eingelegtes Material.

Präparation

▸ Kap. 4.5.8 Holz der Gymnospermen

Beobachtung

Querschnitt: In der Übersicht (50-fach) sind viele schmale **Holzstrahlen** (hostr) zu erkennen, die durch das „Netzwerk" des Holzes radial zur Mitte ziehen (○ Abb. 4.31). Das Holz ist durch konzentrische **Jahresringe** gegliedert, die jeweils die Holzproduktion eines Jahres darstellen. Sie sind durch die sog. **Jahresringgrenze** (jrg) begrenzt. An ihrer Zahl lässt sich das Alter der Zweige erkennen.

Bei Vergrößerung (100-fach bzw. 400-fach) erkennt man, dass die **Holzstrahlen** (hostr) eine, höchstens zwei Zellreihen breit sind und aus horizontal gestreckten Zellen bestehen. Zwischen den Holzstrahlen liegen zahlreiche großlumige **Tracheen** (tr), kleinere, eher quadratische **Tracheiden** und **Holzfasern**, wobei innerhalb eines Jahresringes die Lumina der Tracheen von innen nach außen kleiner werden. Der Jahresring schließt mit den schmallumigen Zellen des **Spätholzes** (spho) nach außen ab. Daran grenzen die großlumigen Tracheen des **Frühholzes** (frho). Dieser abrupte Übergang ergibt die **Jahresringgrenze** (jrg). Tracheen und Tracheiden sind an allen Wänden getüpfelt (Vergrößerung 400-fach). Im gefärbten Präparat sind deren Wände und die der Holzfasern rot gefärbt. Dazwischen befinden sich immer wieder nicht angefärbte **Xylemparenchymzellen**, die mit Plasma gefüllt sind.

Radialer Längsschnitt: In der Übersicht (50-fach) erkennt man den radialen Schnitt an den zahlreichen vertikal verlaufenden Elementen und an den dazu im rechten Winkel, also horizontal, verlaufenden **Holzstrahlen**. Die Schnittrichtung ist dann richtig getroffen, wenn die Holzstrahlabschnitte lang sind. Sind diese nur ganz kurz, sollte neu geschnitten werden, da nicht exakt radial, sondern eher tangential geschnitten wurde.

Die Vergrößerung (100-fach) zeigt, dass der Längsschnitt von den vertikal verlaufenden, großen **Tüpfeltracheen** (tr) dominiert wird, die in Aufsicht am dichten Netz der **Hoftüpfel** gut

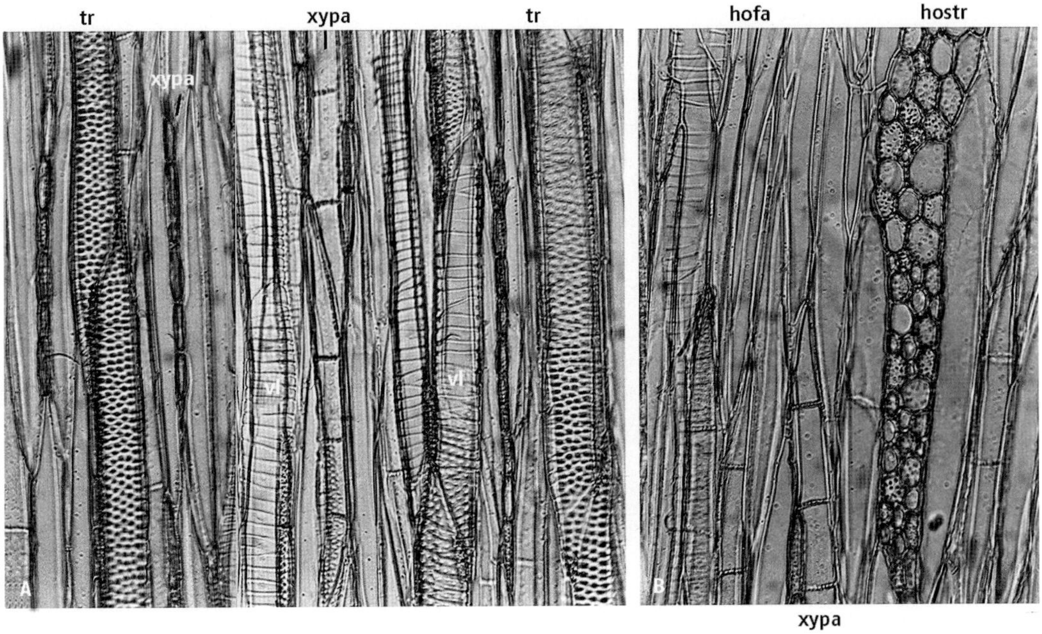

○ Abb. 4.32 Längsschnitte des Lindenholzes (*Tilia cordata*): **A** radialer Längsschnitt, ohne Holzstrahl, **B** tangentialer Längsschnitt, mit Holzstrahl, **hofa** Holzfasern, **tr** Tüpfeltracheen, **vl** Verdickungsleisten, **xypa** Xylemparenchym, **hostr** Holzstrahl (StB)

zu erkennen sind (○ Abb. 4.32 A). Oft sind die Tracheen angeschnitten, so dass man wie in einen Hohlraum hineinschaut und erst beim Fokussieren der tieferen Bereiche auf die Hoftüpfel der Rückseite sieht (in ○ Abb. 4.32 nicht dargestellt). Auffallend sind die **schraubenartigen Verdickungsleisten** (vl) der Zellwand zwischen den Tüpfeln, die in dünnen Schnitten den Eindruck erwecken, es handle sich um Schraubentracheen. Die einzelnen Tracheenglieder stoßen mit geraden oder schrägen **Fusionsstellen** aufeinander. Vertikal verlaufen auch die spitz zulaufenden, schmaleren **Tracheiden** mit **Hoftüpfeln**, spitz zulaufende **Holzfasern** und die Zellen des **Xylemparenchyms** (xypa). Letztere sind kürzer und schmaler als die übrigen Elemente und sind mit Plasma gefüllt. Die einzelnen Tüpfeltypen lassen sich genauer bei 400-facher Vergrößerung studieren.

Die horizontal verlaufenden **Holzstrahlen** sind wenige bis viele Zellen hoch (bis zu 25) und erscheinen somit als mehr oder weniger breite Bänder rechteckiger Zellen, die an eine Mauer erinnern. Bei Vergrößerung (400-fach) sieht man in den relativ dicken Zellwänden reichlich Tüpfel und das Protoplasma. Im gefärbten Präparat sind alle vertikalen Elemente rot, die Wände der Holzstrahlzellen sind nicht gefärbt.

Tangentialer Längsschnitt: In der Übersicht (50-fach) wird der tangentiale Längsschnitt ebenso wie der radiale Längsschnitt von horizontal verlaufenden Elementen dominiert. Allerdings fehlen die quer dazu verlaufenden **Holzstrahlen**. Diese werden im Tangentialschnitt quer geschnitten und erscheinen im mikroskopischen Bild spindelförmig (○ Abb. 4.30 B). In der Vergrößerung (100-fach) erkennt man die Größe der **Holzstrahlen** (hostr). Sie wirken mit ihren ovalen Zellen wie Ketten und sind sehr unterschiedlich groß, meist zwei bis drei, seltener nur eine Zellreihe breit. Die Höhe der Holzstrahlen reicht von 3 bis 25 Zellen. Die vertikalen Elemente sind wie im radialen Längsschnitt beschrieben zu erkennen.

Aufgabe

- **Querschnitt:** Ein Bereich im Zusammentreffen von Holzstrahl und Jahresringgrenze wird zellulär gezeichnet. Dabei sollen die unterschiedlichen Zellformen von Tracheen, Tracheiden, Holzfasern und Xylemparenchymzellen im Früh- und Spätholz herausgearbeitet werden.
- **Radialer Längsschnitt:** Ein Bereich mit quer verlaufendem Holzstrahl wird im Detail gezeichnet. Dabei sind die Unterschiede der verschiedenen vertikalen Elemente herauszuarbeiten.
- **Tangentialer Längsschnitt:** Ein Holzstrahl mit anliegenden vertikalen Elementen wird zellulär gezeichnet.

4.5.10 Rhizom – konzentrisches Leitbündel

Maiglöckchen – Querschnitt des Rhizoms

Objekt

Maiglöckchen – *Convallaria majalis* – Asparagaceae

Mindestens 5 mm dicke, wurzelfreie Rhizome; geeignet ist frisches oder in Ethanol (MR 01 ▸Kap. 1.6.1) eingelegtes Material.

Alternative Objekte: Rhizom der **Schwertlilie** (*Iris germanica*, Iridaceae). Rhizom von **Kalmus** (*Acorus calamus*, Araceae)

Präparation

Das Rhizom wird exakt quer angeschnitten. Für die Übersicht wird ein dünner Schnitt über den ganzen Querschnitt geführt. Für die Betrachtung eines Leitbündels eignen sich besser sehr dünne Teilschnitte aus dem inneren Bereich. Die Schnitte werden mit Chloralhydrat (MR 05) aufgehellt.

Option: Färbung verholzter Zellwände mit Phloroglucin-HCl (MR 12).

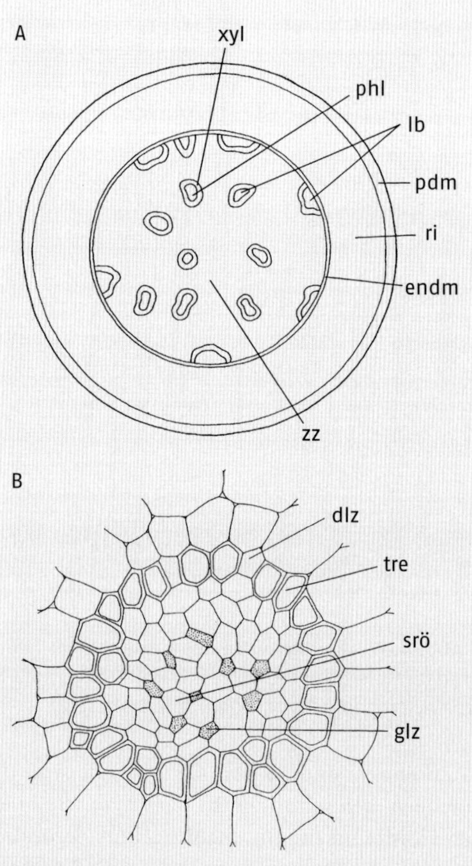

○ **Abb. 4.33** Querschnitt des Rhizoms des Maiglöckchens (*Convallaria majalis*): **A** Übersicht, **B** konzentrisch leptozentrisches Leitbündel, **dlz** Durchlasszelle, **endm** Endodermis, **glz** Geleitzelle, **lb** Leitbündel, **phl** Phloem, **pdm** Periderm, **ri** Rinde, **srö** Siebröhre, **tre** Trachee, **xyl** Xylem, **zz** Zentralzylinder (NH)

Beobachtung

Schon in der Übersicht (50-fach) ist eine Gliederung des Querschnitts in **Rinde** (ri) und **Zentralzylinder** (zz) zu erkennen (○Abb. 4.33 A). Trennungslinie ist die **Endodermis** (endm), die in unterirdischen Organen, ob Wurzel oder Spross, immer vorhanden ist. Im Zentralzylinder liegen, im hellen Markparenchym eingebettet, zerstreut mehrere **Leitbündel** (lb); einige liegen der Endodermis eng an. Als Abschlussgewebe findet man eine **Epidermis** bzw. bei älteren Rhizomen ein **Periderm** (pdm).

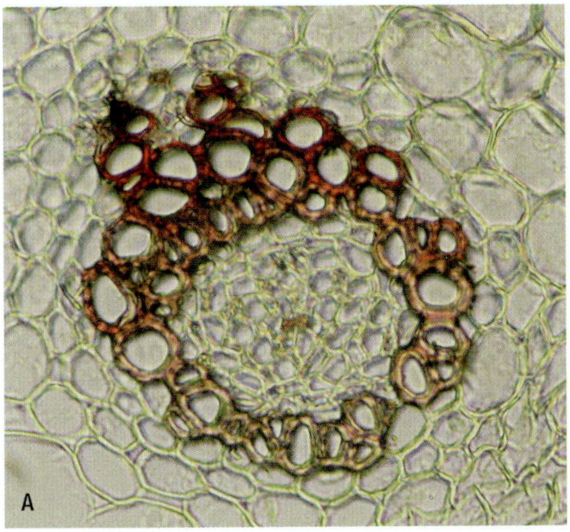

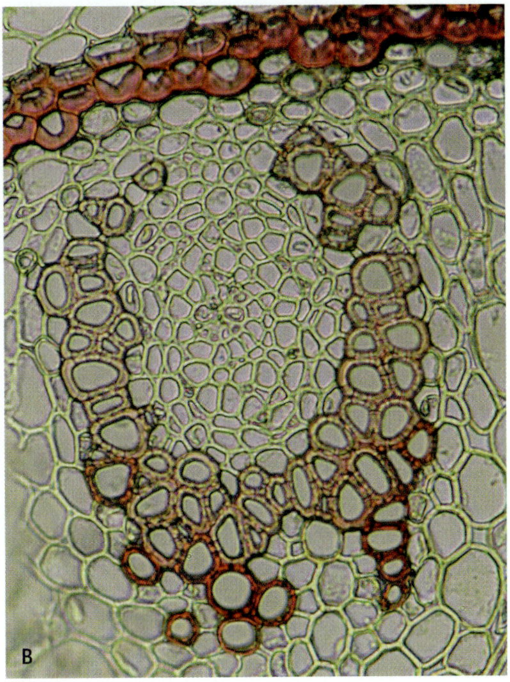

o Abb. 4.34 Leitbündel im Rhizom des Maiglöckchens (*Convallaria majalis*): **A** konzentrisch leptozentrisches Leitbündel, **B** nicht voll ausgebildetes Leitbündel an der mehrschichtigen U-Endodermis liegend (StB)

Bei Vergrößerung (100-fach bzw. 400-fach) erkennt man, dass die Leitbündel im Zentralzylinder leptozentrisch sind (o Abb. 4.33 B und o Abb. 4.34 A). Das **Xylem** (xyl) liegt mit seinen großen, stark getüpfelten **Tracheen** (tre) als geschlossener Ring um das **Phloem** (phl) herum. Mitunter erkennt man im Xylem einzelne parenchymatische **Durchlasszellen** (dlz). Im gefärbten Präparat ist das Xylem rot. Im Phloem liegen leer erscheinende **Siebröhren** (srö) und kleine, mit Plasma gefüllte **Geleitzellen** (glz). Zwischen Xylem und Phloem befindet sich ein Ring parenchymatischer Zellen. Die Leitbündel an der Endodermis sind nicht vollständig ausgebildete konzentrische Leitbündel (o Abb. 4.34 B). Sie stoßen mit ihrem Phloem an die Endodermis. Die **Endodermis** (endm) selbst besteht aus zwei bis drei Schichten U-förmig verdickter Endodermiszellen (U-Endodermis, o Abb. 4.34 B). Daran schließt sich nach außen das helle, großzellige, interzellularenreiche Parenchym an. Eine Epidermis, bei älteren Rhizomen der 3 bis 4 Zellreihen dicke Kork, bildet das Abschlussgewebe.

Aufgabe

- **Übersicht:** Der Aufbau des Rhizoms im Querschnitt mit Abschlussgewebe, Rinde, Zentralzylinder und den Leitbündeln wird schematisch gezeichnet (nicht zellulär).
- **Ausschnitt:** Ein konzentrisches Leitbündel aus dem Inneren des Zentralzylinders mit anliegendem Markparenchym wird zellulär gezeichnet. Dabei ist auf die unterschiedliche Wandstärke der Zellen im Phloem und Xylem besonders zu achten.

4.6 Praktische Aufgaben – Mikroskopie von pulverisierten Rindendrogen (Cortex)

Rindendrogen werden von Sprossachsen im sekundären Stadium, also von Stämmen, Ästen und Zweigen, gewonnen und bestehen aus den vom Kambium nach außen liegenden Teilen. Eine Rindendroge besteht demnach aus primärer Rinde, sekundärer Rinde (Bast) und aus dem Abschlussgewebe (sekundär bzw. tertiär). Elemente des Holzes wie Tracheen, Tracheiden oder Holzfasern dürfen nicht enthalten sein.

In der pulverisierten Droge finden sich immer Bruchstücke des Korks, der meist in Aufsicht zu erkennen ist, da er wegen seiner Festigkeit nur sehr selten quer angeschnitten wird. Man erkennt ihn als meist braune, auch rotbraune Stücke, die im Mikroskop nur schwer durchleuchtet werden. Dünnere Bruchstücke davon sind gelblich und lassen häufig in Schrägaufsicht die typische Schichtung des Gewebes erkennen. Kommt die Rindendroge „geschält" in den Handel, wird bei der Drogengewinnung der Kork entfernt (z. B. Zimtrinde). In solchen Drogen dürfen keine Korkelemente enthalten sein.

Die primäre Rinde und der Bast bestehen in der Regel aus hellem, lockerem, parenchymatischem Gewebe mit meist rundlichen Zellen, das sich kaum vom Strahlgewebe unterscheiden lässt. Letzteres besteht häufig aus mehr viereckigen Zellen. Die Größe des Baststrahls kann in Tangentialschnitten erkannt werden (Breite und Höhe), die auch hin und wieder im Pulver zu finden sind. Die Strahlen erscheinen darin spindelförmig, oft zwischen Fasern „eingeklemmt".

Wichtig für die Identifizierung einer Rindendroge sind Form und Häufigkeit der Festigungselemente. Dazu zählen die isodiametrischen Steinzellen und die prosenchymatischen Bastfasern. Letztere sind im Pulverpräparat in Aufsicht, meist sogar in ihrer ganzen Länge zu erkennen und können einzeln oder zu Bündeln (Bastfaserbündel) zusammengefasst vorkommen. Die Form und Tüpfelung der Bastfasern ist für die jeweilige Droge sehr typisch. Auch Steinzellen können einzeln oder in Gruppen als sog. Steinzellnester vorkommen. Das Lumen der Steinzellen und Bastfasern ist oft von Luft erfüllt und erscheint deshalb im Mikroskop schwarz. Steinzellen und Fasern können verholzt oder nicht verholzt sein, was mit Phloroglucin-HCl zu prüfen ist (Rotfärbung).

In den Zellen des Rindenparenchyms und des Strahlparenchyms sind häufig Kristalle in Form von Drusen, Einzelkristallen, Nadeln oder Kristallsand enthalten. Sie können auch als Kristallzellreihen die Bastfaserbündel umgeben und sind dann besonders auffallend und typisch. Da die Rinde einen wichtigen Speicherort darstellt, ist meist Stärke enthalten, manchmal sehr wenig (z. B. Weidenrinde). Form und Größe der Stärke ist für die Identifizierung einer Droge sehr wichtig (Wasserpräparat!). An weiteren Strukturen im Rindenparenchym können Ölzellen (z. B. Zimtrinde), Milchröhren (z. B. Condurangorinde) und Pigmentzellen (z. B. Hamamelisrinde) vorhanden sein.

Die Rindendrogen der Arzneibücher sind in ◘ Tab. 4.1 aufgelistet. Hier folgen drei Drogenbeispiele.

Faulbaumrinde – Frangulae cortex – *Rhamnus frangula* – Rhamnaceae

- **Kork:** Zahlreich roter Kork aus kleinen runden Zellen, der in der Schrägaufsicht geschichtet erscheint.
- **Rindenparenchym:** Viele Bruchstücke aus rundlichen Zellen, im Chloralhydratpräparat gelb-orange (Anthrachinone!); z. T. mit Oxalat-Drusen, die auch frei im Präparat vorkommen.
- **Baststrahlen:** Meist nur eine Zellreihe, höchstens zwei Zellreihen breit und bis zu zehn Zellen hoch (Tangentialschnitt).
- **Bastfasern:** In Bündeln zusammengelagert, oft den spindelförmigen Baststrahl einschließend (Tangentialschnitt) und von Kristallzellreihen mit Einzelkristallen oder kleinen Drusen belegt; Einzelkristalle auch frei im Präparat.
- **Stärke:** Sehr kleine, einzelne Stärkekörner (○ Abb. 4.35).

Tab. 4.1 Rindendrogen der Arzneibücher: Europäisches Arzneibuch (Ph. Eur., 8. Ausgabe 2014 inkl. Nachträge bis 8.5)

Deutscher Name	Lateinischer Name	Stammpflanze	Familie
Cascararinde	Rhamni purshianae cortex	*Rhamnus purshiana*	Rhamnaceae
Chinarinde	Cinchonae cortex	*Cinchona pubescens u. a.*	Rubiaceae
Eichenrinde	Quercus cortex	*Quercus robur u. a.*	Fagaceae
Faulbaumrinde	Frangulae cortex	*Frangula alnus*	Rhamnaceae
Pflaumenbaumrinde, Afrikanische	Pruni africanae cortex	*Prunus africana (Pygeum africanum)*	Rosaceae
Seifenrinde	Quillajae cortex	*Quillaja saponaria*	Quillajaceae
Weidenrinde	Salicis cortex	*Salix purpurea u. a.*	Salicaceae
Zimtrinde	Cinnamomi cortex	*Cinnamomum verum*	Lauraceae

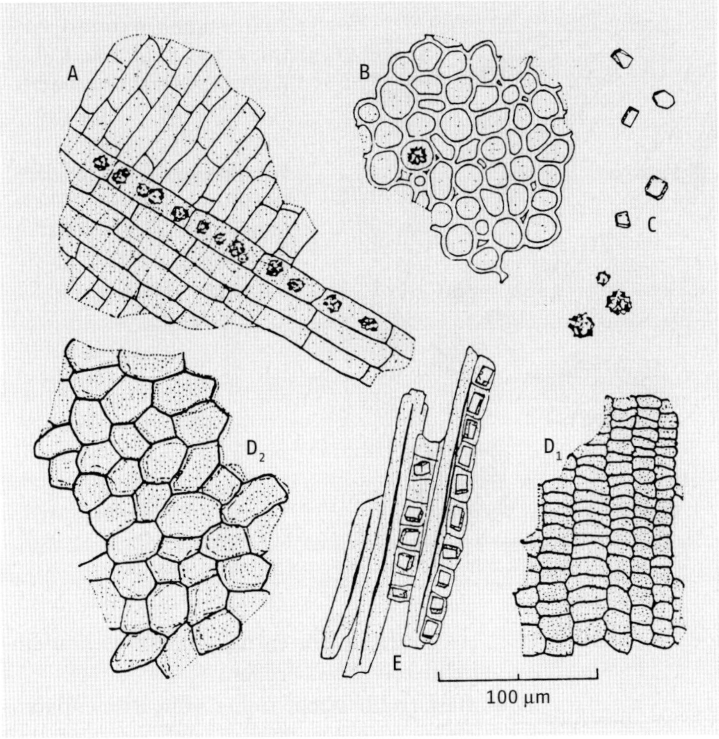

Abb. 4.35 Faulbaumrinde (Frangulae cortex), Pulver: **A** Markstrahlgewebe mit anliegender Drusenzellreihe, **B** Rindenparenchym, **C** Calciumoxalat-Einzelkristalle und -Drusen, **D_1** Kork in Aufsicht, **D_2** Kork quer, **E** Bastfasern mit anliegenden Kristallzellreihen (nach Deutschmann et al.)

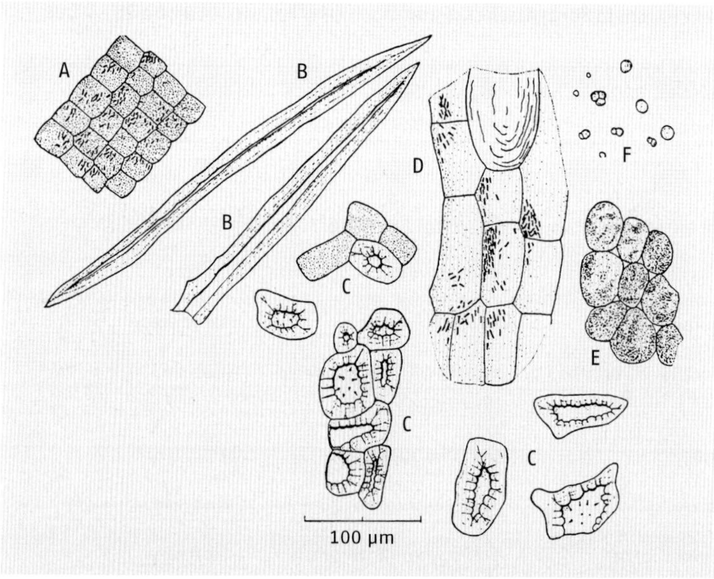

○ Abb. 4.36 Zimtrinde (Cinnamomi cortex), Pulver: **A** Markstrahlgewebe mit kleinen Calciumoxalat-Nadeln, **B** Bastfasern, **C** Steinzellen aus der primären Rinde, **D** Rindenparenchym mit kleinen Kristallnadeln, Ölzelle eingeschlossen, **E** Rindenparenchym, **F** Stärkekörner (nach Deutschmann et al.)

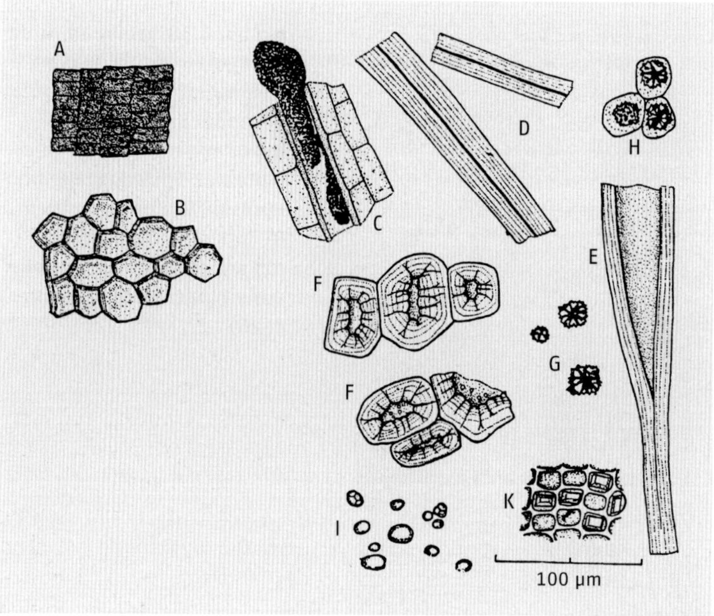

○ Abb. 4.37 Condurangorinde (Condurango cortex), Pulver: **A** Kork quer, **B** Kork in Aufsicht, **C** Parenchym mit Milchröhre, **D** und **E** Bruchstücke von Bastfasern, **F** Steinzellen, **G** Calciumoxalat-Drusen, **I** Stärke, **K** Phelloderm mit Calicumoxalat-Einzelkristallen (nach Karsten, Weber, Stahl)

Zimtrinde – Cinnamomi cortex – *Cinnamomum verum* – Lauraceae

- **Kork:** Nicht vorhanden, da Droge „geschält" in den Handel kommt.
- **Rindenparenchym:** Gewebe aus mehr oder weniger rechteckigen Zellen, die teilweise feine Oxalatnadeln enthalten; dazwischen einzelne zartgelbe Ölzellen.
- **Baststrahl:** Nicht sicher vom Rindenparenchym zu unterscheiden, teilweise auch mit kleinen Kristallnadeln.
- **Bastfasern:** Zahlreiche lange, gelbliche Bastfasern mit engem, kaum erkennbarem Lu-

men, nicht getüpfelt; färben sich mit Phloroglucin-HCl bräunlich an.

- **Steinzellen:** Zahlreiche deutlich getüpfelte, manchmal nur halbseitig verdickte Steinzellen, Lumen durch Lufteinschluss häufig schwarz erscheinend.
- **Stärke:** Kleine, einfache Stärkekörner.

(o Abb. 4.36)

Condurangorinde – Condurango cortex – *Marsdenia condurango* – Apocynaceae

- **Kork:** Brauner Kork, in Schrägaufsicht geschichtet erscheinend, im Phelloderm Einzelkristalle (selten), mitunter kommen diese auch frei im Präparat vor.
- **Rindenparenchym:** Helles Gewebe aus rundlichen Zellen, darin hellbraune Milchröhren erkennbar (selten); viele Zellen mit Oxalat-Drusen; diese auch frei im Präparat liegend.
- **Baststrahl:** Eine Zellreihe breit und zehn bis zwölf Zellen hoch, Strahlgewebe mit Oxalat-Drusen.
- **Bastfasern:** Bastfaserbündel selten.
- **Steinzellen:** Reichlich große, gelbliche Steinzellen mit auffallender Tüpfelung.
- **Stärke:** Kleine, teilweise zusammengesetzte Stärkekörner.

(o Abb. 4.37)

4.7 Praktische Aufgaben – Mikroskopie von pulverisierten Holzdrogen (Lignum)

Der Begriff Lignum ist pharmakognostisch-warenkundlich zu verstehen und bezeichnet eine Droge, die vom Holzkörper eines Baumstammes bzw. vom Stamm eines Strauches gewonnen wird. Insofern deckt sich der Begriff „Lignum" nicht mit dem botanisch-histologischen Begriff „Holz". Die Droge besteht im Wesentlichen aus dem sekundären Xylem. Mark und primäres Xylem machen nur einen unbedeutenden Anteil aus.

Beim Pulverisieren des Holzkörpers werden naturgemäß vorwiegend Längsschnitte erzielt, da die Messer parallel zu den Fasern am besten schneiden können. Dies hat zur Folge, dass das Pulver einer Lignumdroge meist faserig ist und im Mikroskop alle typischen Elemente der Längsschnitte aufweist. Dabei ist die radiale Schnittrichtung die dominierende. Sie ist charakterisiert durch senkrecht zueinander verlaufende Elemente. Die wasserleitenden Elemente (Tracheen und Tracheiden) und die Festigungselemente (Holzfasern), zu erkennen an den dicken und meist stark verholzten Zellwänden, werden im rechten Winkel von den Holzstrahlen gequert. Die Wände der ersteren färben sich mit Phloroglucin-HCl intensiv rot an, wodurch meist das ganze Bildfeld rot erscheint, was auch schon mit bloßem Auge zu erkennen ist.

An den Wasserleitungs- und Festigungselementen kann zwischen dem Holz eines Laubbaums und dem eines Nadelbaums unterschieden werden. Bei Lignumdrogen von Laubbäumen sind im Pulver sehr viel mehr unterschiedlich geartete Leitungs- bzw. Festigungselemente zu beobachten, d.h. Tracheen, Tracheiden, Holzfasern und Holzparenchym. Die Tracheen sind weitlumig und getüpfelt mit Hoftüpfeln, die einen schmalen Spalt haben und an Katzenaugen erinnern (Tüpfeltracheen). Meist findet man nur Fragmente davon. Die Zellen des Holzparenchyms sind rechteckig (Ausnahme: fusiformes Parenchym!), Tracheiden und Holzfasern sind lang und spitz auslaufend. Letztere sind wenig getüpfelt. Der Anteil der einzelnen Elemente ist je nach Droge unterschiedlich.

Der sehr viel regelmäßigere Aufbau eines Nadelbaums spiegelt sich auch im Pulverpräparat wider. Es besteht hauptsächlich aus Tracheiden, die der Wasserleitung gleichwie der Festigung dienen. Die Tracheiden der Nadelbäume sind an den typischen Hoftüpfeln mit rundem Porus zu erkennen. Die Hoftüpfel liegen zahlreich in den Radialwänden der Tracheiden und sind im Radialschnitt in der Aufsicht sehr typisch.

Für die weitere Identifizierung einer Lignumdroge sind die Holzstrahlen wichtig. Dabei sind Höhe und Breite der Holzstrahlen zu analysieren, die im Pulverpräparat am besten an einem Tangentialschnitt des Holzes mit spindelförmig angeschnittenen Holzstrahlen ausgemacht wer-

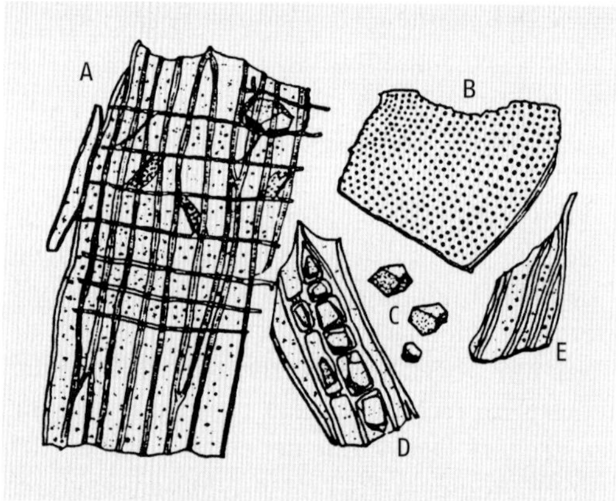

Abb. 4.38 Quassiaholz (Quassiae lignum), Pulver: **A** Holzparenchym mit Markstrahl quer, **B** Tracheenbruchstück, **C** Calciumoxalat-Einzelkristalle frei, **D** Kristallzellreihe, **E** Holzparenchym (nach Karsten, Weber, Stahl)

den kann. Stärke ist, wenn vorhanden, meist klein und liegt in geringer Menge vor (Wasserpräparat!). Kristalle können vorkommen, evtl. in Form von Kristallzellreihen.

Wacholderholz – Juniperi lignum – *Juniperus communis* – Cupressaceae

Das Holz der Droge weist den für Nadelbäume typischen regelmäßigen Bau auf, da es ausschließlich aus Tracheiden besteht. Diese haben auf ihren Radialwänden die typischen Hoftüpfel mit rundem Porus, was bei den im Pulver häufigen Radialschnitten am besten zu erkennen ist. Dort sieht man auch die Holzstrahlen im rechten Winkel zu den Tracheiden verlaufen. Die Wände der Tracheiden zu den Holzstrahlzellen sind mit jeweils zwei übereinander liegenden Fenstertüpfeln belegt. Der Markstrahl ist eine Zellreihe breit und nur wenige Zellen hoch (Tangentialschnitt). Stärke ist nicht vorhanden. Mit Phloroglucin-HCl färben sich die Wände der Tracheiden rot.

Quassiaholz – Quassiae lignum – *Picrasma excelsa, Quassia amara* – Simaroubaceae

Die vertikalen Elemente des Holzes der Droge bestehen aus Holzparenchym, Holzfasern und Tüpfeltracheen. Letztere sind im Pulver nur als Bruchstücke enthalten und an den für Laubbäume typischen Hoftüpfeln mit Spalt gut zu erkennen. Die Tüpfel sind klein und liegen sehr dicht. Die Holzfasern sind spitz, die Zellen des Holzparenchyms enden stumpf. Quer zu den vertikalen Elementen verlaufen in den im Pulver häufig vorkommenden Radialschnitten die Holzstrahlen. Sie sind, wie gelegentliche Tangentialschnitte zeigen, in der Mitte zwei bis drei Zellen breit und 8 bis 12 Zellen hoch. Im Holzparenchym und im Markstrahlgewebe liegen Calciumoxalat-Einzelkristalle in Kristallzellreihen. Stärke ist nicht vorhanden. Mit Phloroglucin-HCl färben sich mit Ausnahme der Wände des Strahlgewebes alle Zellwände rot. (Abb. 4.38)

4.8 Praktische Aufgaben – Mikroskopie von pulverisierten Wurzelstockdrogen (Rhizoma)

Im pulverisierten Zustand sind Wurzelstockdrogen (Rhizomdrogen) von Wurzeldrogen nicht zu unterscheiden. Sie bestehen wie die Wurzeldrogen (Radixdrogen) zum großen Teil aus parenchymatischem Gewebe, das entweder aus der relativ dicken Rinde oder aus dem Mark stammen kann. Darin eingebettet liegen häufig Kristalle in Form von Drusen, Einzelkristallen oder Nadeln. Fusiformes Parenchym stammt meist aus dem Holzteil der Leitbündel. Wenn es sich um Drogen mit ätherischem Öl handelt, sind auch spezielle Strukturen, wie z. B. Ölzellen zu finden (z. B. Rhizomdrogen der Zingiberaceae).

Im mikroskopischen Bild von Rhizomdrogen, die „ungeschält", also mit der Korkschicht in den Handel kommen, fallen große, gefärbte, meist dicke Korkfragmente in Aufsicht auf. Die Zellen des Korks sind meist rundlich bis vieleckig, bei Schrägaufsicht kann man mitunter die Schichtung des Korks erkennen. Korkfragmente im Querschnitt sind eher selten. Bei Rhizomdrogen, die „geschält" in den Handel kommen, ist der Kork entfernt worden (z. B. bei Kalmus-, Irisrhizom). Solche Drogen weisen allenfalls noch wenige Korkreste auf, die auf ungenügende

▫ **Tab. 4.2** Rhizomdrogen der Arzneibücher: Europäisches Arzneibuch (Ph. Eur., 8. Ausgabe 2014 inkl. Nachträge bis 8.5)

Deutscher Name	Lateinischer Name	Stammpflanze	Familie
Cimicifugawurzelstock	Cimicifugae rhizomae	*Actaea racemosa*	Ranunculaceae
Curcumawurzelstock	Curcumae longae rhizoma	*Curcuma longa*	Zingiberaceae
Gelbwurz, Javanische	Curcumae zanthorrhizae rhizoma	*Curcuma zanthorrhiza*	Zingiberaceae
Gelbwurz, Kanadische	Hydrastis rhizoma	*Hydrastis canadensis*	Ranunculaceae
Ingwerwurzelstock	Zingiberis rhizoma	*Zingiber officinale*	Zingiberaceae
Mäusedornwurzelstock	Rusci rhizoma	*Ruscus aculeatus*	Asparagaceae
Queckenwurzelstock	Graminis rhizoma	*Agropyron repens*	Poaceae
Tormentillwurzelstock	Tormentillae rhizoma	*Potentilla erecta*	Rosaceae

Entfernung des Korks hinweisen (fremde Bestandteile!).

Bruchstücke von Tracheen sind immer vorhanden und im Pulverpräparat in Aufsicht zu sehen. Sie sind in der Regel verholzt und lassen sich deshalb mit Phloroglucin-HCl rot anfärben. Aufgrund ihrer typischen Wandverstärkung können sie als Ring-, Schrauben-, Netz- und Treppentracheen erkannt werden. Tüpfeltracheen sind in Rhizomdrogen eher selten.

Sklerenchymatische Elemente zur Festigung befinden sich in Form von Sklerenchymfasern in der Rinde und im Xylem der Leitbündel. Sie sind im Pulver wie alle faserartigen Strukturen in Aufsicht zu sehen und erscheinen als lange Elemente. Ihre Zellwände sind meist verholzt. Die Form des Lumens und die typische Tüpfelung der Fasern sind charakteristisch. Die Fasern können auch als Faserbündel vorkommen.

Stärke ist in Rhizomdrogen immer vorhanden. Häufigkeit, Form und Größe der Stärke sind meist drogenspezifisch und für die Identifizierung einer Droge sehr wichtig. Dasselbe gilt für Kristalle. Das Vorhandensein von Haaren ist die Ausnahme (z. B. Curcuma-, Zitwerrhizom). Sie stammen von der Blattbasis.

In ▫ Tab. 4.2 sind die Rhizomdrogen der Arzneibücher aufgelistet. Hier folgen drei Drogenbeispiele.

Ingwer-Rhizom – Zingiberis rhizoma – *Zingiber officinale* – Zingiberaceae

- **Kork:** Wenig, manchmal im Querschnitt zu erkennen.
- **Parenchym:** Gewebefragmente aus hellen, rundlichen Zellen mit Interzellularen; dazwischen liegen gelbe und orangefarbene Ölzellen.
- **Leitbündel:** Bruchstücke von Treppentracheen, manchmal mit anliegenden Sklerenchymfasern (Faserscheide). Fasern ansonsten in Bündeln, septiert (mit Querwänden).
- **Stärke:** Viel Stärke, einzelne große und flache Stärkekörner, leicht zipfelig.

(○ Abb. 4.39)

Kalmus-Rhizom – Calami rhizoma – *Acorus calamus* – Araceae

- **Kork:** Nicht vorhanden, Droge kommt geschält in den Handel.
- **Parenchym:** Als Aerenchym (Belüftungsgewebe) ausgebildet mit großen Interzellularkanälen, deren Ausmaß in den häufig vorkommenden Querschnitten zu sehen ist; Zellwände enthalten große Tüpfelfelder; außerdem zwischen den Parenchymzellen kleine dreieckige Interzellularen, die oft rot aufleuchten (optischer Effekt!); im Parenchym

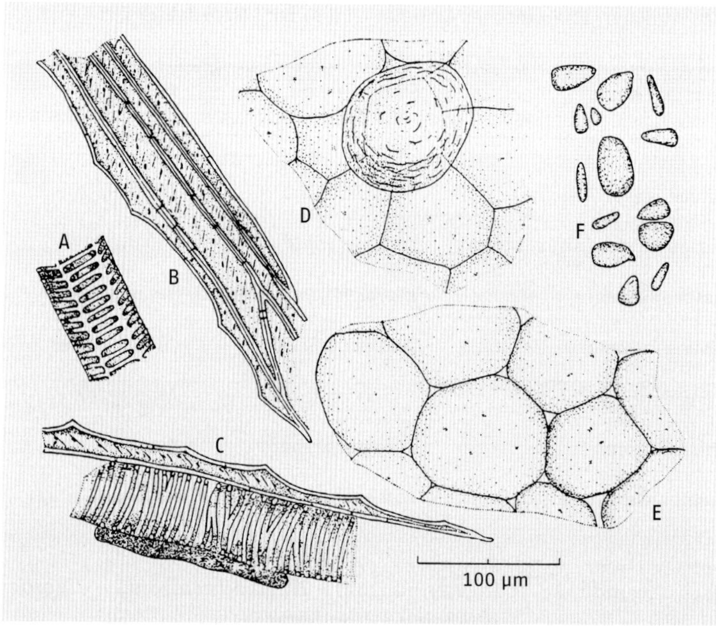

o Abb. 4.39 Ingwer-Rhizom (Zingiberis rhizoma), Pulver: **A** Bruchstück einer Treppentrachee, **B** Sklerenchymfaser, **C** Tracheenbruchstück mit anliegender Sklerenchymfaser und lang gestreckter Ölzelle, **D** Parenchym mit Ölzelle, **E** Parenchym, **F** Stärke (nach Deutschmann et al.)

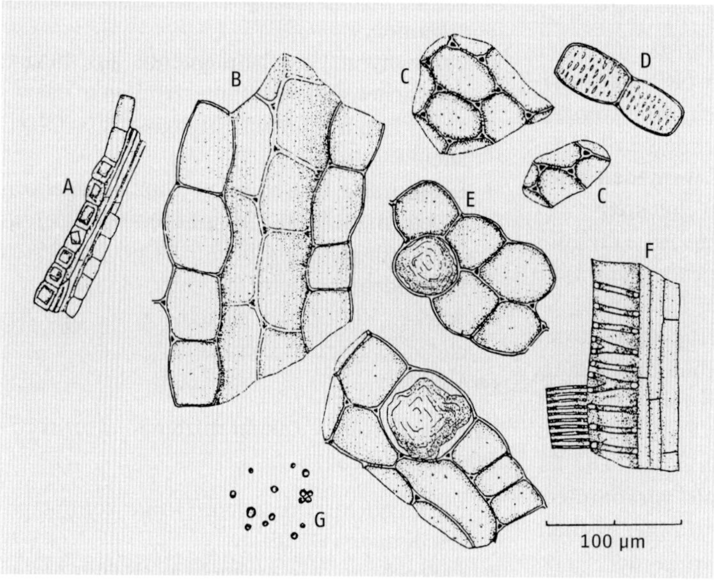

o Abb. 4.40 Kalmus-Rhizom (Calami rhizoma), Pulver: **A** Sklerenchymfaser mit Kristallzellreihe, **B** Parenchym, **C** Parenchym mit dreieckigen Interzellularen, **D** getüpfelte Parenchymzellen, **E** Ölzellen im Parenchym, **F** Tracheenbruchstück, **G** Stärke (nach Deutschmann et al.)

Ölzellen, die beim Fokussieren einer anderen Ebene als hell leuchtende Zellen erscheinen.

- **Leitbündel:** Tracheenbruchstücke von Ring- und Treppentracheen; manchmal mit anliegenden Fasern (Faserscheide); Fasern seltener als isolierte Faserbündel, mitunter Einzelkristalle als Kristallzellreihen den Fasern anliegend.
- **Stärke:** Viel kleinkörnige Stärke, einzelne Stärkekörner.

(o Abb. 4.40)

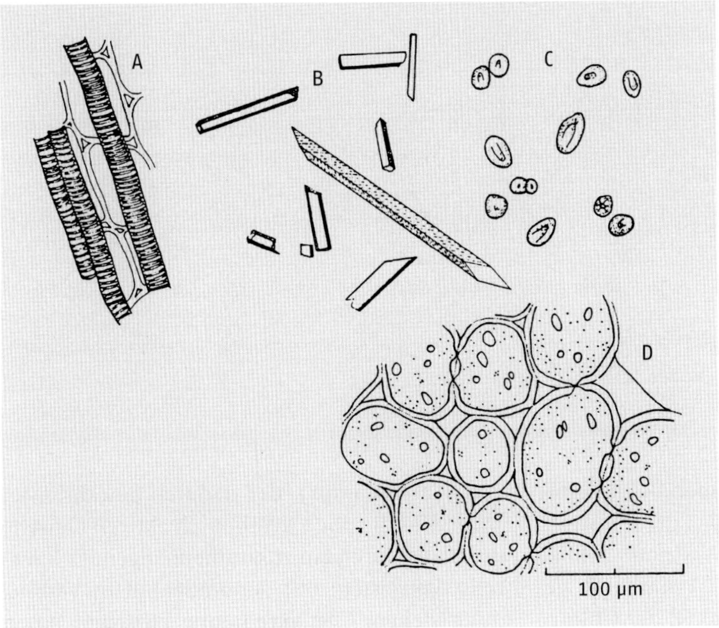

Abb. 4.41 Veilchenwurzel (Iridis rhizoma), Pulver: **A** Tracheenbruchstücke, **B** Styloide, **C** „Hufeisenstärke", **D** Parenchym (nach Karsten, Weber, Stahl)

Iris-Rhizom („Veilchenwurzel") – *Iridis rhizoma* – Iris germanica u. a. – Iridaceae

- **Kork:** Nicht vorhanden, Droge kommt geschält in den Handel.
- **Parenchym:** Aus hellen, runden Zellen mit relativ dicken, getüpfelten Zellwänden bestehend; dazwischen dreieckige Interzellularen. Einzelne farblose Sekretzellen eingestreut sowie große Styloide, entweder in Zellen des Parenchyms oder häufiger frei im Präparat als Bruchstücke.
- **Leitbündel:** Bruchstücke von Schrauben- und Treppentracheen.
- **Stärke:** Einzelne große Stärkekörner mit hufeisenförmigem Trocknungsspalt („Hufeisenstärke").

(Abb. 4.41)

5 Das Blatt

Die wichtigste Aufgabe der grünen Blätter einer Pflanze ist die **Photosynthese**, bei der die Strahlungsenergie des Sonnenlichts zum Aufbau energiereicher Verbindungen (Assimilate), genutzt wird. Das grüne Chlorophyll der Chloroplasten absorbiert das Sonnenlicht. Um dieses optimal ausnutzen zu können, sind die Blätter als flächige Organe ausgebildet und an der Sprossachse nach dem Prinzip der geringsten gegenseitigen Beschattung angeordnet, d. h. sie stehen auf Lücke. Voraussetzung für eine hohe Photosyntheseleistung ist auch ein effektiver Gasaustausch (z. B. CO_2-Aufnahme, Abgabe von Wasserdampf), der dadurch gewährleistet wird, dass die photosynthetisch aktiven Gewebe des Blatts durch ein zusammenhängendes Interzellularensystem mit der Außenluft in Verbindung stehen. Die Verbindung zwischen innen und außen erfolgt durch die Spaltöffnungen.

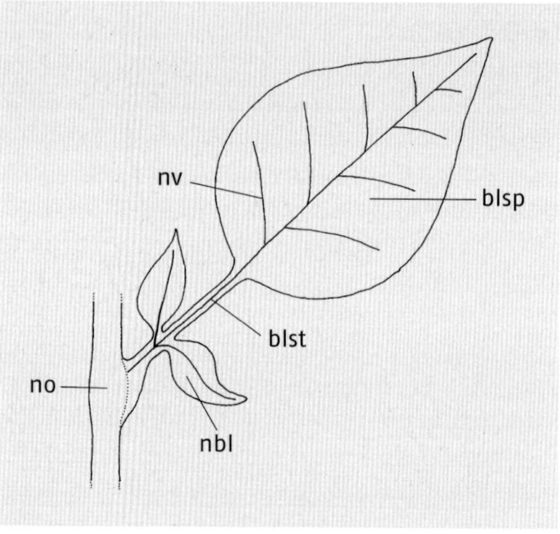

o Abb. 5.1 Morphologie eines Laubblatts (Schemazeichnung): **blsp** Blattspreite, **blst** Blattstiel, **nbl** Nebenblätter, **no** Nodium, **nv** Nervatur (NH)

Die beschriebenen Funktionen gelten für die Laubblätter. Andere Blattbildungen wie Niederblätter, Hochblätter und Blütenblätter sind in andere Aufgaben einbezogen, wie z. B. die Anlockung von Bestäubern (Blütenblätter, gefärbte Hochblätter), Reservestoffspeicherung (Niederblätter der „Zwiebeln“) oder Schutzfunktionen (Hüllkelche der Korbblütler). Blätter sind Verschleißorgane, sie werden nicht regeneriert, sondern immer neu gebildet. Der Blattabwurf kann als Rationalisierungsmaßnahme gedeutet werden. Es lohnt sich für die Pflanze nicht, stabile, dauerhafte Blätter herzustellen, es scheint günstiger zu sein, dünne Funktionsblätter immer wieder neu zu bilden. Auch die Blätter der immergrünen Pflanzen bleiben nur wenige Jahre erhalten.

5.1 Morphologie der Laubblätter

Ein typisches Laubblatt gliedert sich in eine flächige, meist grüne **Blattspreite (Lamina)**, den stängelartigen **Blattstiel (Petiolus)** und den **Blattgrund**, mit dem das Blatt an der Sprossachse festgewachsen ist (o Abb. 5.1). Man nennt die Ansatzstelle an der Sprossachse einen **Knoten** (**Nodium**). Auf der Blattspreite kann man schon mit bloßem Auge das Muster der **Nervatur** erkennen. Es stellt ein System von Leitbündeln dar, das mit dem der Sprossachse in Verbindung steht.

5.1.1 Blattspreite

Die Blattspreite von Laubblättern ist sehr mannigfaltig gestaltet. Unter **einfachen Blättern** versteht man Blätter mit ungeteilter Blattspreite, die, wie in ○ Abb. 5.2 (A) dargestellt, in verschiedenen Formen vorkommen. Dabei ist der Blattrand ganzrandig oder mit mehr oder weniger großen Einschnitten versehen (○ Abb. 5.2 C). Eine vollständige Beschreibung des Blatts schließt die Form des Blattspreitengrundes mit ein (abgerundet, gestutzt, keilartig, nierenförmig, verschmälert) und die Form der Blattspitze (abgerundet, ausgerandet, gestutzt, spitz, stumpf).

Bei **zusammengesetzten Blättern** besteht die Blattspreite aus mehreren, voneinander getrennten Teilblättchen oder **Fiedern**, wobei einfach, doppelt oder auch dreifach gefiederte Blätter vorkommen (○ Abb. 5.2 B). Von einem **Fiederblatt** spricht man, wenn die gestielten oder ungestielten Fiedern paarweise an der Blattspindel (**Rhachis**) ansetzen, wobei die Rhachis dann der Mittelrippe (Hauptleitbündel) des einfachen Blattes entspricht. Ein Fiederblatt ist **unpaarig gefiedert**, wenn es neben mehreren Fiederpaaren noch eine einzelne Endfieder besitzt. Es ist **paarig gefiedert**, wenn eine solche Endfieder fehlt. Entspringen alle Fiedern einem gemeinsamen Punkt, spricht man von einem „gefingerten" Blatt (z. B. Kastanie, Christrose, Kleearten, einige „Fingerkräuter"). Zusammengesetzte Blätter bieten dem Wind geringeren Widerstand. In der Pflanzensystematik rangieren gefiederte Blätter als ein einfaches Merkmal. Es ist in Pflanzenfamilien mit niedrigerem Entwicklungsniveau häufiger verwirklicht, z. B. durchgehend bei den Farnpflanzen (Pteridophyten).

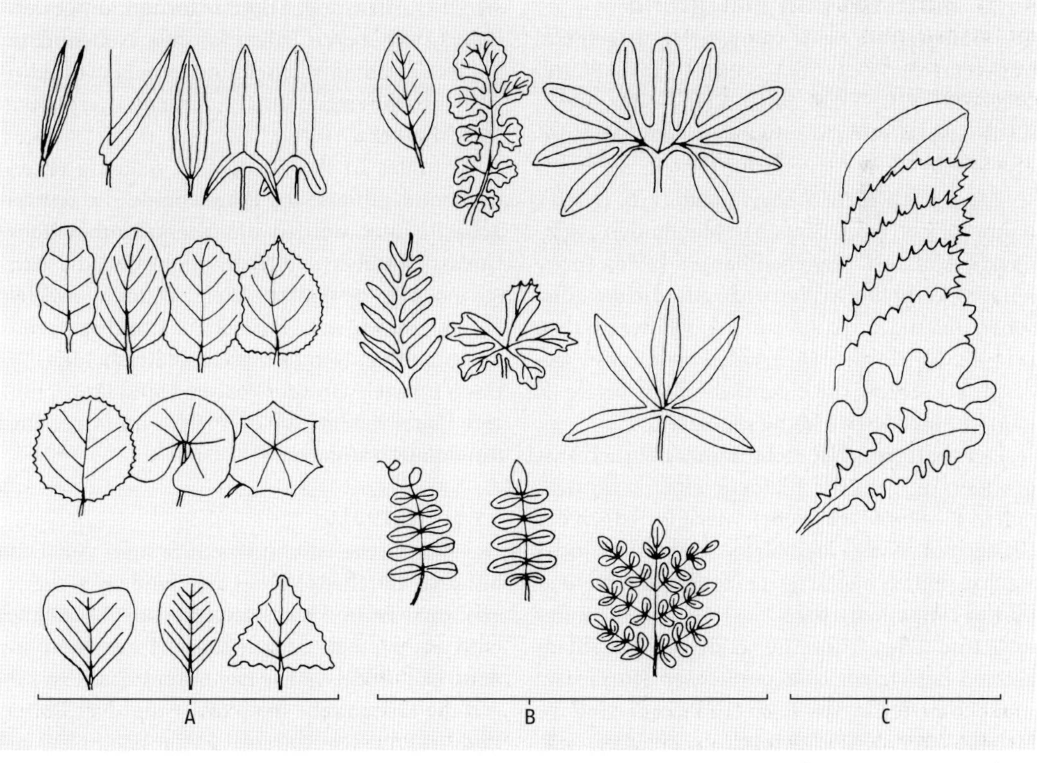

○ **Abb. 5.2** Gestaltung der Laubblätter: **A** Blattspreite, **B** Blattteilung, **C** Blattrand (Deutschmann et al.)

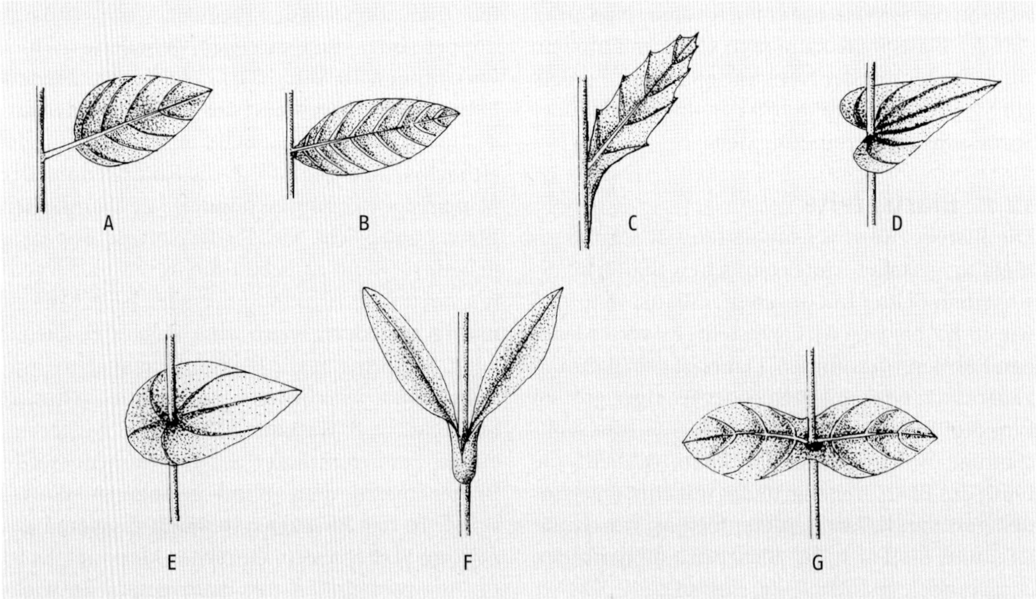

○ **Abb. 5.3** Insertion des Laubblatts an der Sprossachse: **A** gestielt, **B** sitzend, **C** herablaufend, **D** stängelumfassend, **E** durchwachsen, **F** verwachsen, **G** wirtelig durchwachsen (Deutschmann et al.)

5.1.2 Blattstiel und Blattgrund

Der **Blattstiel** ist meist stängelartig ausgebildet und grün. Fehlt ein Stiel, dann sind die Blätter „sitzend" (z. B. Vergissmeinnicht) oder, wenn die Blattspreite den Spross umschließt, „stängelumfassend" (z. B. Schlafmohn). Zieht die Blattspreite ein Stück am Stängel herab (z. B. Distel), dann spricht man von „herablaufenden" Blättern (○ Abb. 5.3). Manche Pflanzen bilden spreitenartig verbreiterte Blattstiele aus, die das Aussehen und die Funktion von Laubblättern haben und als **Phyllodien** (Einzahl: Phyllodium) bezeichnet werden; die eigentliche Blattspreite ist dann in ihrer Entwicklung reduziert.

Der **Blattgrund** ist nicht immer deutlich ausgebildet, oft geht der Blattstiel einfach allmählich in die Sprossachse über. Meist ist jedoch der Blattgrund eines Laubblatts verbreitert oder wächst seitlich blattartig aus und bildet **Nebenblätter** (**Stipeln**, ○ Abb. 5.1). Oft sind diese kurzlebig und fallen frühzeitig ab. Bei einigen Pflanzen, so bei vielen Rosengewächsen (Rosaceae) und Schmetterlingsblütlern (Fabaceae), sind die Nebenblätter stark entwickelt und bleiben zeitlebens erhalten. Bei der Robinie (Fabaceae) sind sie zu Dornen, sog. **Stipulardornen**, umgewandelt. In selteneren Fällen können Nebenblätter auch stark heranwachsen und Laubblattfunktionen übernehmen (z. B. „Scheinwirtel" beim Waldmeister).

Mitunter ist der Blattgrund mächtig entwickelt und umfasst als **Blattscheide** die Sprossachse. Damit werden die interkalaren Wachstumszonen über den Blattknoten und die Achselknospen geschützt. Viele Doldengewächse (Apiaceae, wie z. B. Bärenklau, Engelwurz) bilden tütenförmig aufgeblasene Blattscheiden. Typisch für viele Gräser (Poaceae) sind lange, röhrige Blattscheiden, die den Halm umfassen und ihn dadurch stützen.

5.1.3 Nervatur

Die Blattspreite ist von einem **System von Leitbündeln** durchzogen, das mit bloßem Auge zu erkennen ist und als „Blattnervatur" bezeichnet wird (○ Abb. 5.4). Die Leitbündel kommen aus dem Leitbündelsystem der Sprossachse, versorgen die Blattgewebe mit Wasser und Nährsalzen und sind für den Abtransport der Assimilate aus dem Blatt zuständig. Die Nervatur der meisten di-

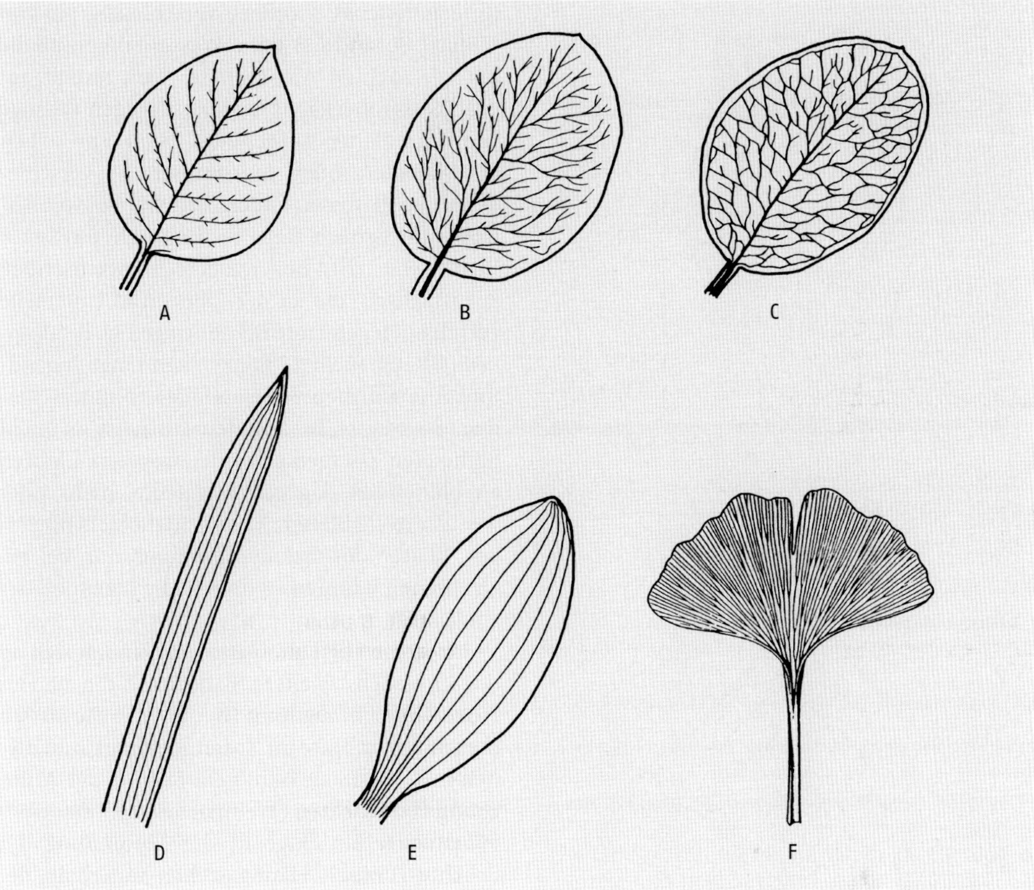

o Abb. 5.4 Verschiedene Typen der Blattnervatur. **A** fiedernervig, **B** offen netznervig, **C** geschlossen netznervig, **D** parallelnervig, **E** bogennervig, **F** dichotome Blattnervatur bei Ginkgo (nach Troll, aus Leistner und Breckle)

kotylen Pflanzen ist „fiedernervig" (o Abb. 5.4 A) oder „netznervig" (o Abb. 5.4 B und C). Ein Hauptleitbündel bildet dabei die sog. Mittelrippe. Von dieser zweigen Nebenleitbündel ab, die sich untereinander zu einem Netzwerk verbinden. Die zwischen den netzartig verbundenen Leitbündelsträngen verbleibenden Blattflächen bezeichnet man als **Interkostalfelder**. Deren Blattzellen werden durch feinst verästelte und schließlich blind endende Leitbündel versorgt.

Die Blätter monokotyler Pflanzen sind charakteristischerweise „parallel- bzw. bogennervig" (o Abb. 5.4 D und E). Mehrere, nicht miteinander verbundene Leitbündel laufen vom Grund der Blattspreite bis zur Blattspitze parallel nebeneinander. Vereinzelt findet man auch bei Vertretern der dikotylen Pflanzen einen solchen Nervaturtyp (z. B. beim Wegerich). Dichotome Nervatur findet man bei Ginkgo (o Abb. 5.4 F).

5.2 Blattfolge an der Sprossachse

Pflanzen bilden im Laufe ihrer Entwicklung an ihrer Sprossachse morphologisch und funktionell verschiedenartige Blätter aus (o Abb. 5.5). Die ersten Blätter, die an einer Sprossachse entstehen, sind die **Keimblätter** (**Kotyledonen**). Die monokotylen Pflanzen keimen mit einem Keimblatt, die dikotylen Pflanzen mit zwei

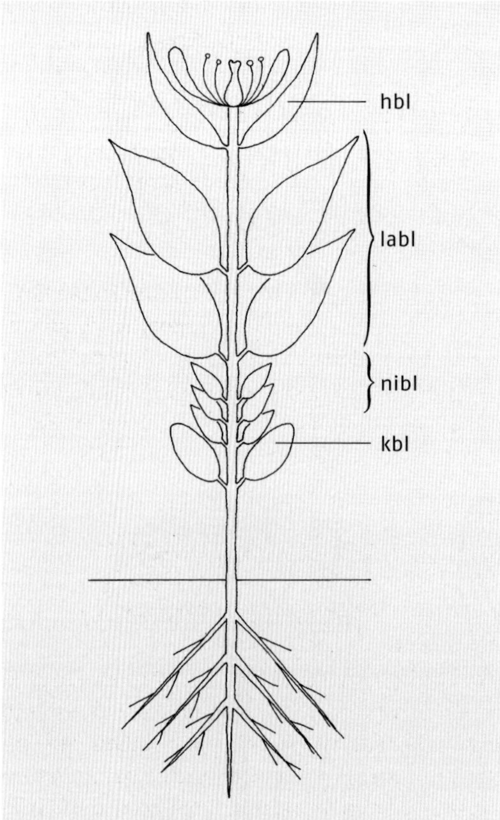

Abb. 5.5 Blattfolge an der Sprossachse (Schemazeichnung): **hbl** Hochblätter, **labl** Laubblätter, **nibl** Niederblätter, **kbl** Keimblätter (nach Lüttge et al., NH)

Keimblättern. Die Keimblätter sind in der Regel klein und sehr einfach gebaut und gehen schon bald nach der Keimung der Pflanze verloren. Bei der epigäischen Keimung (▸Kap. 8.1.3) werden sie durchs Erdreich geschoben und ergrünen, bei der hypogäischen Keimung bleiben sie unterirdisch im Samen eingeschlossen und liefern dem Keimling Reservestoffe.

In zeitlicher Abfolge werden nach den Keimblättern die **Folgeblätter** gebildet, die in Form von **Laubblättern** die eigentlichen Organe für die Photosynthese darstellen. Die ersten Folgeblätter sind oft noch einfacher gestaltet und werden als **Primärblätter** bezeichnet. Sind die Folgeblätter einer Pflanze unterschiedlich ausgestaltet, so spricht man von **Heterophyllie** (griech. heteros = anders, verschieden; phyllon = Blatt). So sind z. B. beim Wasserhahnenfuß die untergetauchten Wasserblätter stark zerteilt, auf der Wasseroberfläche werden dagegen flächige Schwimmblätter ausgebildet. Sind am selben Sprossknoten oder Sprossabschnitt verschiedenartige Blätter zu finden, spricht man von **Anisophyllie** (griech. anisos = ungleich, phyllon = Blatt), wie z. B. bei waagerecht wachsenden Sprossachsen, die an der Ober- und Unterseite verschieden geformte Blätter tragen (z. B. *Selaginella*). Bei manchen Pflanzen kann man Jugend- und Altersformen von Laubblättern unterscheiden. So trägt z. B. der Efeu zunächst an nicht blühenden Zweigen gelappte, in späteren Jahren an blühenden dagegen ungeteilte, mehr oder weniger ovale Blätter. Auch sind die sichelförmigen Blätter des Eukalyptusbaums nur bei erwachsenen Bäumen zu finden, die Jugendblätter sind rundlich.

Oberhalb der Laubblattregion finden sich an der Sprossachse weitere Blattorgane, die man als **Hochblätter** bezeichnet (Abb. 5.5). Sie stehen meist mit der Blüte im Zusammenhang und dienen z. B., wenn sie bunt gefärbt sind, der Anlockung von Insekten (Weihnachtsstern, *Bougainvillea*) oder als Flugblatt der Verbreitung der Früchte (Linde). Häufig stehen unterhalb der Laubblattregion auch einfacher gestaltete, oft nur schuppenförmig oder farblos-häutig entwickelte **Niederblätter**. Bei „Zwiebeln" sind Niederblätter als unterirdische Speicherorgane ausgebildet.

5.3 Blattstellung

Die Stellung der Blätter an der Sprossachse kann auf zwei Grundtypen zurückgeführt werden.

Wirtelige Blattstellung: An jedem Knoten (Nodium) stehen zwei oder mehr Blätter (Abb. 5.6). Die Blätter haben zueinander immer denselben Winkelabstand und befolgen damit das Gesetz der **Äquidistanz**. Die Blätter zweier aufeinander folgender Wirtel befolgen die Gesetzmäßigkeit der **Alternanz**, d. h. sie stehen immer auf Lücke.

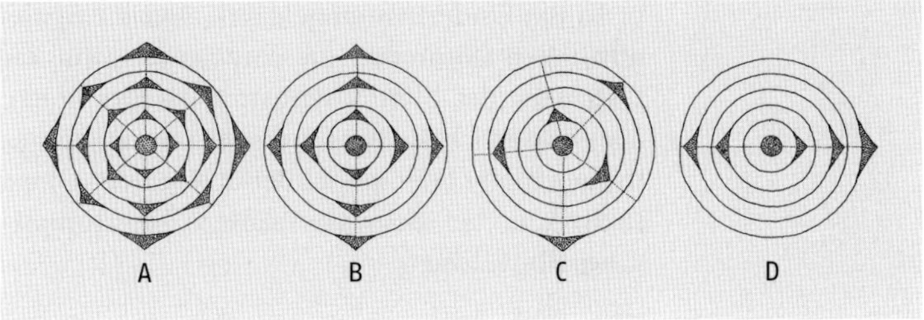

o Abb. 5.6 Blattstellung an der Sprossachse (Schemazeichnung): **A** Wirtel mit vielen Blättern, **B** dekussierte Blattstellung, **C** wechselständige Blattstellung, **D** zweizeilige Blattstellung (nach Strasburger, NH)

Damit ist eine optimale Ausnutzung des Lichts gewährleistet. Bei zweizähligen Wirteln stehen an jedem Knoten zwei Blätter und zwar so, dass jedes folgende Blattpaar sich mit dem vorangegangenen im rechten Winkel kreuzt. Man nennt eine solche Blattstellung auch **kreuzgegenständig** oder **dekussiert** (o Abb. 5.6 B). Diese Form der Blattstellung ist für die Lippenblütler (Lamiaceae) und Nelkengewächse (Caryophyllaceae) typisch.

Wechselständige oder zerstreute Blattstellung: An jedem Knoten steht nur ein Blatt, das gegenüber dem vorangegangenen jeweils um einen bestimmten Divergenzwinkel (unter 180°) verschoben ist. Die aufeinander folgenden Blätter kommen deshalb auf einer um die Sprossachse herumlaufenden Spirallinie zu stehen, die rechts- oder linksherum verlaufen kann (disperse Blattstellung, o Abb. 5.6 C). Beträgt der Winkel 180°, dann sind die Blätter entlang der Sprossachse in zwei sich gegenüber stehenden Geradzeilen angeordnet (zweizeilige oder distiche Blattstellung, o Abb. 5.6 D). Dies ist bei Gräsern, auch bei anderen monokotylen Pflanzen, sowie bei vielen Schmetterlingsblütlern (Fabaceae) der Fall. Bei gestauchten Internodien tritt die wechselständige Blattstellung meist als Blattrosette in Erscheinung (z. B. Wegerich).

5.4 Anatomie des Laubblatts

5.4.1 Querschnitt des bifazialen Laubblatts

Ein Laubblatt zeigt im Querschnitt einen ganz charakteristischen Blattaufbau. Eine obere und untere **Epidermis** (griech. epi = außen, auf, an, darüber; derma = Haut) schließen das in Palisaden- und Schwammparenchym gegliederte **Mesophyll** ein (griech. mesos = mitten, phyllon = Blatt). Beim bifazialen Blatt (Abb. 5.7), dem am häufigsten verwirklichten Blattyp, liegt das Palisadenparenchym oben und das Schwammparenchym unten.

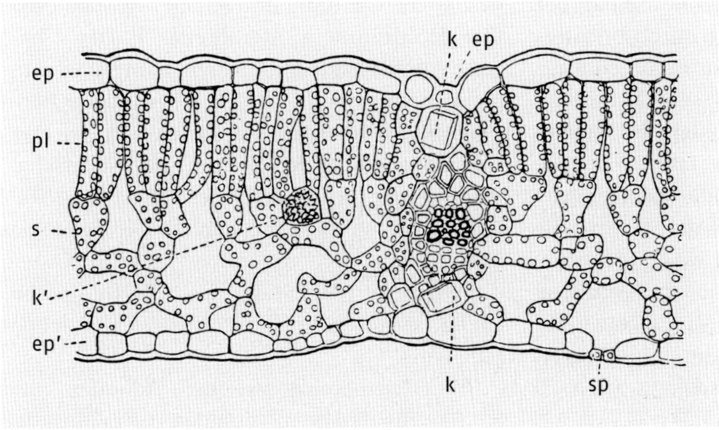

o Abb. 5.7 Anatomie eines bifazialen Laubblatts (Querschnitt, Buchenblatt): **ep** Epidermis der Oberseite, **ep'** Epidermis der Unterseite, **pl** Palisadenparenchym, **s** Schwammparenchym, zwischen den beiden Kristallen (**k**) befindet sich ein kollaterales Leitbündel (Xylem oben, Phloem unten), von einer Sklerenchymscheide umgeben, **k'** Kristalldruse, **sp** Spaltöffnung (nach Strasburger, aus Deutschmann et al.)

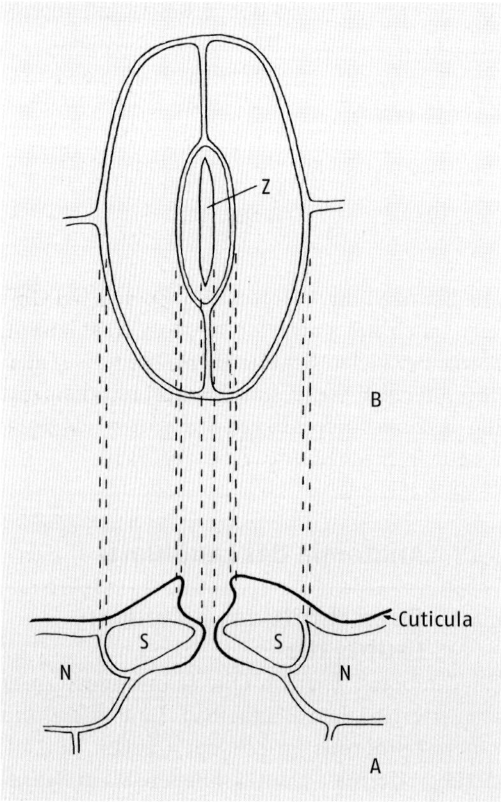

o Abb. 5.8 Spaltöffnung (Helleborus-Typ): **A** quer, **B** in Aufsicht, **Z** Zentralspalt, **S** Lumen der Schließzellen, **N** Nebenzellen (aus Frohne)

Epidermis

Die **Epidermis** besteht in der Regel aus einer einzigen Lage von lückenlos aneinander schließenden Zellen (▸Kap. 3.4.1). Sie enthalten keine Chloroplasten (Ausnahme: Schließzellen der Spaltöffnungen), können jedoch durch Farbstoffe (z. B. Anthocyane), die in der Vakuole lokalisiert sind, auch auffällig gefärbt sein. Die Zellen der oberen und unteren Epidermis können gleich oder unterschiedlich gestaltet sein. Die Epidermis ist von einer mehr oder weniger starken **Cuticula** überzogen. Häufig tragen die Laubblattepidermen charakteristisch geformte Haare (▸Kap. 3.4.1). Im Falle dichter Behaarung dienen die Haare dem Transpirationsschutz. Besonders wichtig ist dies für sehr junge Blätter, die fast immer stark behaart sind.

In die Epidermis eingelassen sind die **Spaltöffnungen** (**Stomata**), die vorzugsweise auf der Unterseite des Blatts (**hypostomatisches Blatt**), auch zusätzlich auf der Oberseite (**amphistomatisches Blatt**) oder ausschließlich auf der Oberseite (z. B. bei Schwimmblättern, **epistomatisches Blatt**) liegen.

Mesophyll

Das **Mesophyll** zwischen oberer und unterer Epidermis gliedert sich in das **Palisadenparenchym** und das **Schwammparenchym**.

An der Oberseite und damit günstig zum Licht hin liegt das **Palisadenparenchym** mit seinen typisch länglichen, leicht zylinderförmigen Zellen. Sie enthalten 60–80 % der Chloroplasten eines Blatts. Bei Schattenblättern besteht das Palisadenparenchym in der Regel aus einer Zellschicht aus eher gedrungenen, fast kegelförmigen Zellen. Bei ausgeprägten Sonnenblättern ist das Palisadenparenchym zwei- oder mehrschichtig, die Zellen sind lang und schmal. Ein System feiner Interzellularen im Palisadenparenchym ermöglicht einen effektiven Gasaustausch.

Das **Schwammparenchym** auf der Blattunterseite besteht aus unregelmäßig gestalteten Zellen mit einem ausgeprägten System von großen **Interzellularen**. Das Interzellularensystem steht mit den Spaltöffnungen auf der Blattunterseite in Verbindung und damit im Gasaustausch mit der Außenluft (CO_2-Aufnahme). Im Bereich der Spaltöffnungen sind die Interzellularen oft besonders weitlumig und bilden sog. **substomatäre Hohlräume** („Atemhöhlen"). Der Übergang vom Palisadenparenchym zum Schwammparenchym kann durch Zellen besonderer Form gekennzeichnet sein, z. B. durch sog. Trichterzellen, wie es bei den Blättern der Nachtschattengewächse (Solanaceae) der Fall ist (z. B. Tollkirsche, Bilsenkraut, Stechapfel). Die Zellen des Schwammparenchyms enthalten Chloroplasten, die Assimilationsleistung des Schwammparenchyms ist aber geringer als die des Palisadenparenchyms.

Im Grenzbereich zwischen Palisaden- und Schwammparenchym verlaufen die **Leitbündel**.

Sie sind auf der Rückseite des Blatts als **Blattnervatur** sichtbar. Die Leitbündel des Blatts sind immer kollateral. Dabei liegt das Xylem zur Blattoberseite, das Phloem zur Blattunterseite hin. Sie sind zur zusätzlichen Festigung meist von einer Sklerenchymscheide umgeben.

Spaltöffnungen – Spaltöffungsapparat

Spaltöffnungen (**Stomata**; Einzahl: Stoma; ○ Abb. 5.8) kontrollieren den lebensnotwendigen Gasaustausch und die Wasserdampfabgabe (Transpiration) der Pflanze. Die Transpiration ist in zweifacher Weise wichtig für die Pflanze: Sie hat einen Kühleffekt und ermöglicht den Transpirationsstrom in den Wasserleitungsbahnen. Durch die Spaltöffnungen wird kein Wasser aufgenommen!

Die Spaltöffnung entsteht aus einem Meristemoid der Epidermis. Der Spalt bildet sich dann schizogen zwischen den beiden **Schließzellen**, die dadurch bohnenförmige Gestalt annehmen. Die Schließzellen sind bis zur Innenseite des Spalts mit einer Cuticula versehen und enthalten Chloroplasten.

Als **Nebenzellen** bezeichnet man die unmittelbar an die Schließzellen stoßenden Epidermiszellen. Sie weisen meist ebenfalls eine von den Epidermiszellen abweichende Gestalt auf, enthalten keine Chloroplasten und sind in charakteristischer Weise um die Spaltöffnung herum angeordnet. Die beiden Schließzellen und die Nebenzellen bilden zusammen den **Spaltöffnungsapparat**. Aufgrund der charakteristischen Anordnung der Nebenzellen unterscheidet man verschiedene Typen von Spaltöffnungsapparaten, die wichtigsten davon sind in ○ Abb. 5.9 wiedergegeben. Sie sind für die Analyse von Blattdrogen sehr wichtig.

Öffnen und Schließen des Spaltes erfolgen im Zusammenspiel von Schließzellen und Nebenzellen, wobei der Öffnungszustand im Wesentlichen vom Turgor des umliegenden Gewebes bestimmt wird. Bei Turgoränderungen kommt es wegen der ungleichmäßigen Wandverdickungen

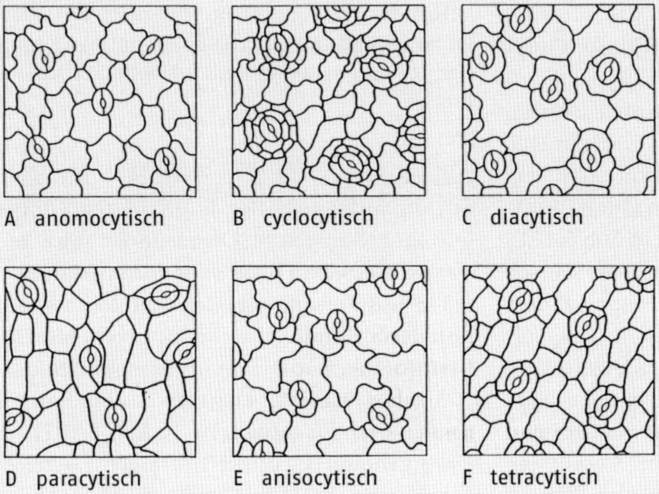

○ **Abb. 5.9** Spaltöffnungsapparate bei Angiospermen (verschiedene Typen aufgrund der Anordnung der Nebenzellen): **A** anomocytisch: keine deutlich erkennbaren Nebenzellen oder eine unbestimmte Zahl von Nebenzellen, **B** cyclocytisch: viele Nebenzellen liegen ringförmig um die Schließzellen, **C** diacytisch: zwei Nebenzellen, deren Querwände senkrecht zu den Schließzellen stehen, **D** paracytisch: zwei Nebenzellen, die den Schließzellen seitlich anliegen, **E** anisocytisch: meist drei Nebenzellen, von denen eine auffällig kleiner ist als die übrigen, **F** tetracytisch: vier Nebenzellen, die gleichmäßig um die Schließzellen herum liegen, zwei Nebenzellen kleiner (nach Leistner und Breckle)

der Schließzellen zur Schließbewegung. Nach Form der Schließzellen und dem Bewegungsablauf unterscheidet man verschiedene Schließzellentypen, wie z. B. den Amaryllideen-Typ und Helleborus-Typ (bei vielen Mono- und Dikotyledonen), den Gramineen-Typ (bei Gräsern) und den Koniferen-Typ (bei Nadelbäumen).

Spaltöffnungsindex

Spaltöffnungen werden in der Epidermis nach einem sehr charakteristischen Verteilungsmuster angelegt, das genetisch festgelegt ist. Das Verhältnis der Anzahl der Spaltöffnungen zur Anzahl der Epidermiszellen pro Flächeneinheit wird zahlenmäßig als **Spaltöffnungsindex** definiert. Er kann bei Blattdrogen als diagnostisches Merkmal herangezogen werden.

$$\text{Spaltöffnungsindex} = \frac{100 \times S}{E + S}$$

| E = Zahl der Epidermiszellen pro Fläche | S = Zahl der Spaltöffnungen derselben Fläche

5.4.2 Querschnitte weiterer Blatt-Typen

Der **bifaziale Querschnitt** (○ Abb. 5.10 A) ist bei Laubblättern am häufigsten verwirklicht. Querschnitte davon abweichender Anatomie kommen vor allem bei speziell geformten Blättern vor (Rundblatt, Flachblatt). ○ Abb. 5.10 gibt eine Übersicht über verschiedene Blatttypen in Bezug auf die Anordnung der Gewebe im Querschnitt.

Einen **äquifazialen Querschnitt** (○ Abb. 5.10 E) weisen besonders häufig die Blätter von Pflanzen sehr sonniger Standorte auf (z. B. Sennesblätter, Blätter des Johanniskrauts, Hennablätter). Bei solchen Blättern liegt auf der Ober- und Unterseite je ein Palisadenparenchym, dazwischen das Schwammparenchym. Äquifaziale Blätter sind naturgemäß **amphistomatisch**. Die Anordnung der Leitbündel gleicht der von bifazialen Blättern (○ Abb. 5.10 A). Auch Fiederblätter sind häufig äquifazial (z. B. Sennesblätter), ebenso sukkulente Blätter mit zentralem Wasserspeichergewebe (z. B. Blätter des Mauerpfeffers).

Unifaziale Blätter (○ Abb. 5.10 C, D) kommen bei vielen monokotylen Pflanzen vor. Dazu gehören die zylindrischen Rundblätter vieler

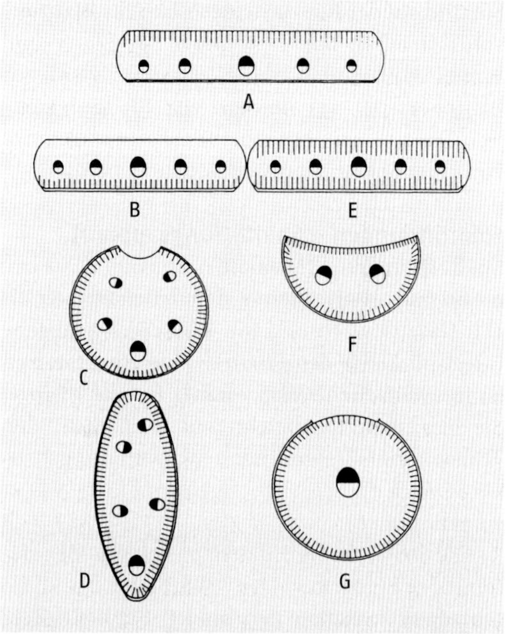

○ **Abb. 5.10** Querschnitt durch verschiedene Blatt-Typen (Schemazeichnung): **A** bifaziales Laubblatt, **B** invers bifaziales Laubblatt, **C** unifaziales Rundblatt, ableitbar aus B, **D** unifaziales Flachblatt, ableitbar aus C, **E** äquifaziales Flachblatt, **F** äquifaziales Nadelblatt, **G** äquifaziales Rundblatt, Leitbündel: Schwarz = Xylem, weiß = Phloem (Leistner und Breckle)

Allium-Arten (z. B. Zwiebel, Knoblauch, Schnittlauch) und der *Juncus*-Arten (Binsen). Die morphologische Oberseite ist stark reduziert, die gesamte Blattfläche wird praktisch von der Blattunterseite gebildet. Man kann sich das unifaziale Rundblatt aus dem **invers bifazialen Blatt** (○ Abb. 5.10 B) hervorgegangen denken.

Unifaziale Blätter kommen auch in Form von **unifazialen Flachblättern** (○ Abb. 5.10 D) vor. Dazu gehören die schwertförmigen Flachblätter von *Iris*-Arten (Schwertlilie). Die Leitbündel sind im unifazialen Rundblatt im Kreis, im unifazialen Flachblatt in zwei Reihen angeordnet. Das Phloem zeigt jeweils nach außen, das Xylem liegt innen. Das Mesophyll ist nicht in Palisaden- und Schwammparenchym gegliedert. Seine Zellen gleichen vielmehr gewöhnlichen, wenig spezialisierten Parenchymzellen.

Eine Abwandlung des äquifazialen Blatts stellt die Sonderform des äquifazialen Nadelblatts (○ Abb. 5.10 F) und das äquifaziale Rundblatt mit einem Leitbündel im Zentrum dar (Mauerpfeffer, ○ Abb. 5.10 G).

5.5 Ökologische Anpassung und Blattmetamorphosen

Die Pflanzenwelt hat sich im Laufe der Evolution alle Lebensräume der Erde erobert. Voraussetzung dafür war eine Anpassung der Pflanzen an ihre jeweiligen Umweltbedingungen, was sich in einer großen Mannigfaltigkeit der Erscheinungsformen von Pflanzen bemerkbar macht. Die Mannigfaltigkeit bezieht sich auf Morphologie und Anatomie und kann alle Pflanzenorgane betreffen. Sind Organe völlig umgebildet und dienen sie der Erfüllung besonderer Aufgaben, spricht man von **Metamorphosen** (griech. morphe = Form, Gestalt; metamorphosis = Verwandlung).

In ganz besonderer Weise erfordert die Wasserbilanz eines Standortes eine ökologische Anpassung, da sowohl ein Zuwenig als auch ein Zuviel an Wasser für die Pflanze lebensbedrohend ist und sie durch ihre feste Verankerung im Boden dem Druck nicht ausweichen kann. So weisen Pflanzen trockener (arider) Standorte (z. B. Steppen, Wüsten, Felsen) sog. **xeromorphe Merkmale** auf, was sich besonders in der Gestalt und der Ausstattung der Blätter bemerkbar macht. Solche Pflanzen werden als **Xerophyten** (griech. xeros = trocken; phyton = Pflanze) bezeichnet. Xeromorphe Blätter unterscheiden sich von den Blättern der Mesophyten (Bewohner mittelfeuchter Standorte) und Hygrophyten (Bewohner feuchter Standorte) in verschiedener Hinsicht.

Xeromorphe Blätter: Diese Blätter sind im Allgemeinen klein, derb-lederig, saftarm, oft dicht behaart und nicht selten äquifazial gebaut. Durch eingesenkte Spaltöffnungen und eine stark verdickte Cuticula mit massiver Wachsauflagerung wird die Wasserabgabe (Transpiration) erheblich eingeschränkt. Pflanzen trockener Standorte haben weniger Spaltöffnungen als Pflanzen feuchter Standorte. Typisch xeromorphe Blätter sind die Nadeln von Nadelbäumen und die Blätter des Rosmarins sowie des Heidekrauts. Eine andere Strategie, eine Trockenzeit zu überdauern, ist das Abwerfen der Blätter, wodurch die Verdunstungsoberfläche der Pflanze stark eingeschränkt wird (Thymian, Salbei, Lavendel).

Blattsukkulenz: Andere Xerophyten benützen die Blätter als Wasserspeicher, wodurch diese dick und fleischig werden. Die Spaltöffnungen sind eingesenkt, die Epidermis stark cutinisiert. An der Wasserspeicherung können die verschiedenen Blattgewebe beteiligt sein: die Epidermis, subepidermale Gewebe und das Mesophyll. Typisch blattsukkulente Pflanzen sind die Agaven, *Aloe*-Arten, *Sempervivum*-Arten und *Sedum*-Arten.

Blattdornen: Sie sind das Ergebnis einer Reduktion der Blattspreite in Verbindung mit einer starken Sklerotisierung des Blatts. Blattdornen sind bei zahlreichen Wüsten- und Steppenpflanzen zu finden. Sie sind spitz und bestehen aus sklerenchymatischem Gewebe. Der Pflanze verschaffen sie zusätzlich einen Selektionsvorteil, indem sie vor Tierfraß schützen. Laubblattdornen findet man z. B. bei Berberitzen und bei vielen Kakteen, Nebenblattdornen z. B. bei Robinien und sukkulenten Wolfsmilchgewächsen (Euphorbien).

Phyllodien (Einzahl: Phyllodium): Die bereits erwähnte Umbildung des Blattstiels in ein flächiges Assimilationsorgan, das man als Phyllodium bezeichnet, kann als ein xeromorphes Merkmal gedeutet werden. Die Blattspreite ist dabei völlig reduziert. Phyllodien findet man bei vielen Akazien verwirklicht.

Blattranken: Als Ranken bezeichnet man die fadenförmigen Gebilde, mit denen sich Pflanzen an Stützen, Pfählen, Zäunen oder auch anderen Pflanzen festklammern und dadurch emporklettern können. Sowohl die Wurzel als auch Spross und Blätter können zu Ranken umgewandelt sein. Wicke, Erbse, Blatterbse und Kürbis sind typische Blattranker. Bei der Erbse (*Pisum*) sind die endständigen Fiedern ihrer Fiederblätter zu Ranken umgewandelt, bei der Platterbse (*Lathy-*

rus) wird die Ranke von der Blattspreite gebildet, während die Nebenblätter die eigentliche Blattfunktion übernehmen.

Blattorgane zum Tierfang: An nährstoffarmen, insbesondere stickstoffarmen Standorten (z. B. Hochmooren) kommen Ernährungsspezialisten vor, die zwar photoautotroph leben können, zusätzlich aber mit Einrichtungen zum Fangen und Festhalten von kleinen Tieren, meist Insekten, ausgestattet sind. Die Insekten werden von solchen Pflanzen verdaut und als zusätzliche Stickstoffquelle genutzt. Bei den tierfangenden Pflanzen (Carnivoren) sind die Blätter in verschiedenster Weise zu Organen umgewandelt, die dem Beutefang dienen. Bekannt sind Klebefallen (Sonnentau), Klappfallen (Venusfliegenfalle), Gleitfallen (Kannenpflanze) oder Schluckfallen (Wasserschlauch).

5.6 Praktische Aufgaben – Mikroskopie von Gewebeschnitten des Blattes

5.6.1 Blatt – Spaltöffnungsapparat

Tradescantia – Flächenschnitt der Blattunterseite

Objekt

Tradescantia – *Tradescantia zebrina* – Commelinaceae

Frische Blätter (Zimmerpflanze).

Alternatives Präparat: Blatt des **Nieswurz** (*Helleborus* spec., Ranunculaceae).

Präparation

Das Blatt wird mit seiner Unterseite nach oben über den Zeigefinger gespannt (○ Abb. 1.6). Mit der Rasierklinge werden im Interkostalbereich (Bereich zwischen den Blattnerven) dünne Flächenschnitte angefertigt. Die Schnitte werden mit der Schnittseite nach unten auf einen Objektträger transferiert und mit Chloralhydrat (MR 05) aufgehellt.

Option: Einbettung in Wasser und Kernfärbung mit Carmin-Essigsäure (MR 03).

Beobachtung

Die **Epidermis** (epd) des Blatts besteht aus großen, polygonalen Zellen ohne Interzellularen. Schon bei schwacher Vergrößerung (50-fach) sind die darin in regelmäßigem Muster eingestreuten **Spaltöffnungen** sichtbar. Am Rand der Schnitte liegen oft besonders dünn geschnittene Bereiche, die für die Beobachtung besonders gut geeignet sind. Bei 100-facher Vergrößerung wird der Bau des Spaltöffungsapparats analysiert (○ Abb. 5.11 und Abb. 5.12). Der **Spalt** (sp) wird durch zwei bohnenförmig gebogene **Schließzellen** (schlz) gebildet (schizogener Spalt). In den Schließzellen sind bei 400-facher

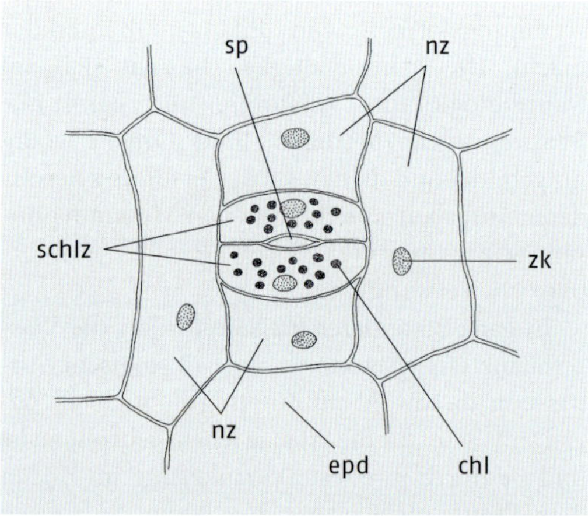

○ **Abb. 5.11** Spaltöffnungsapparat von *Tradescantia* spec. in Aufsicht: **chl** Chloroplasten, **epd** Epidermiszellen, **nz** Nebenzellen, **schlz** Schließzellen, **sp** Spalt, **zk** Zellkern (NH)

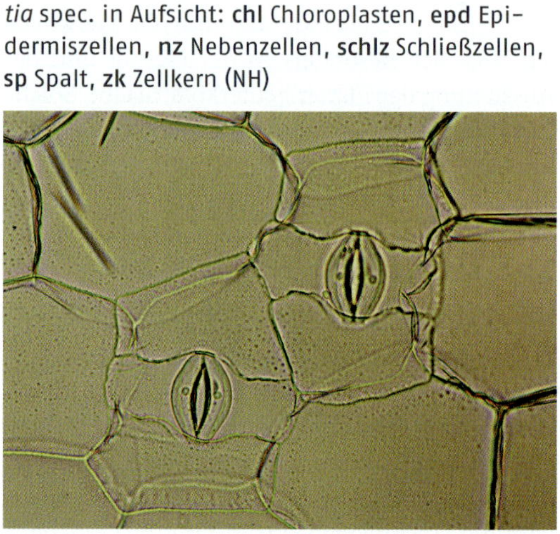

○ **Abb. 5.12** Spaltöffnungsapparat von *Tradescantia* spec. in Aufsicht, Beschriftung ○ Abb. 5.11 (StB)

Vergrößerung die linsenförmigen **Zellkerne** (zk) und viele runde **Chloroplasten** (chl) zu erkennen, die in der Zelle gleichmäßig verteilt oder um den Kern angehäuft liegen. Um die Spaltöffnung herum liegen vier **Nebenzellen** (nz). Zwei davon sind kleiner und grenzen in Längsrichtung an die Schließzellen, die anderen zwei sind größer und liegen dazu quer. Sie enthalten je einen schwach kontrastierten **Zellkern** (zk), aber keine Chloroplasten. Mitunter sind um die Kerne herum Leukoplasten sichtbar. Im mit Carmin-Essigsäure gefärbten Präparat sind die Zellkerne rot und besser zu erkennen.

Aufgabe

- Zeichnen eines Spaltöffnungsapparats in der stärksten Vergrößerung (400-fach) mit Schließzellen, Spalt und Nebenzellen. Um den Unterschied zu den Epidermiszellen deutlich zu machen, sollen auch von den angrenzenden Epidermiszellen einige gezeichnet werden; Zweistrich-Zeichentechnik.

5.6.2 Blatt – Spaltöffnungsapparat der Gräser

Maisblatt – Flächenschnitt der Oberseite

Objekt

Mais – *Zea mays* – Poaceae

Frische oder in Ethanol (MR 01) eingelegte Blätter.

Präparation

Das Blatt ist amphistomatisch, d.h. Spaltöffnungen sind auf der Ober- und Unterseite des Blatts zu finden. Ein Blattstück wird mit der Oberseite nach oben über den Zeigefinger gespannt. Mit einer Rasierklinge werden in einigem Abstand zur Mittelrippe Oberflächenschnitte hergestellt, die auf dem Objektträger mit Chloralhydrat (MR 05) aufgehellt werden.

Beobachtung

Beschreibung der Epidermis ▸Kap. 3.7.10 Abschlussgewebe – Kurzzellenepidermis der Gräser. Die Spaltöffnungen der Gräser bestehen aus zwei hantelförmigen **Schließzellen** (schlz) mit einem Spalt dazwischen (○Abb. 5.13). Im mikroskopischen Objekt sind die Schließzellen nicht turgeszent und der Spalt ist geschlossen. Sie erscheinen im Präparat länglich und an den Enden nur schwach wulstig verdickt. Man kann sich aber vorstellen, dass sie in turgeszentem Zustand an den Enden aufschwellen und den Spalt dadurch aufdrücken. Die beiden **Nebenzellen** (nz) sind dreieckig und liegen jeweils mit ihrer langen Seite den Schließzellen direkt an. Der Spaltöffnungsapparat (Spaltöffnung + Nebenzellen) wird von beiden Seiten von zwei langen Epidermiszellen eingerahmt, die um die Nebenzellen fast herumreichen.

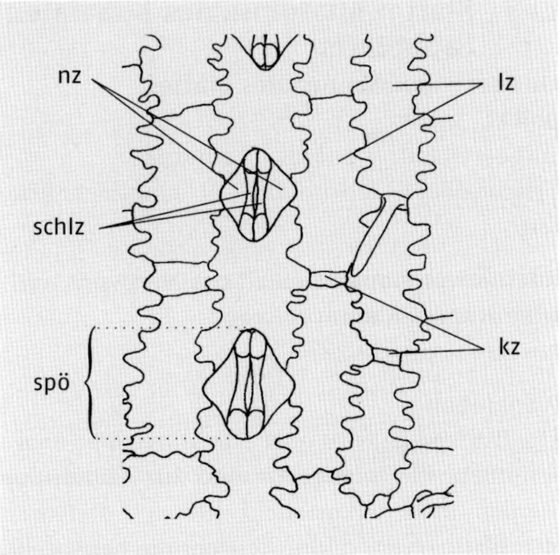

○ **Abb. 5.13** Spaltöffnung des Maisblatts (*Zea mays*), Aufsicht: **kz** Kurzzelle, **lz** Langzelle, **nz** Nebenzellen, **schlz** Schließzellen, **spö** Spaltöffnung (NH)

Aufgabe

- Zeichnen des Spaltöffungsapparats bei 100-facher Vergrößerung mit Schließzellen, Spalt, Nebenzellen und den direkt umgebenden Epidermiszellen; Zweistrich-Zeichentechnik.

5

5.6.3 Blatt – Anatomie des bifazialen Laubblatts

Lorbeer – Querschnitt des Blattes

Objekt

Lorbeer – *Laurus nobilis* – Lauraceae

Frische oder in Ethanol (MR 01) eingelegte Blätter.

Alternatives Präparat: Blatt des **Nieswurz** (*Helleborus* spec., Ranunculaceae).

Präparation

Die Blattspreite wird quer zur Mittelrippe angeschnitten. In einigem Abstand zur Mittelrippe werden im Interkostalfeld (Bereich zwischen den Blattnerven) dünne Teilschnitte hergestellt. Es können kurze Schnitte sein. An den Schnitträndern sind sie meist dünn genug. Die Schnitte werden auf dem Objektträger mit Chloralhydrat (MR 05) aufgehellt.

Beobachtung

Bei schwächster Vergrößerung (50-fach) muss zunächst geprüft werden, ob wirklich Querschnitte vorliegen. Wenn die Schnitte etwas zu dick sind, klappen sie nämlich um und liefern unter dem Mikroskop eine Aufsicht auf die Blattoberfläche, kenntlich an den Bahnen von Leitgewebe, den Blattadern. Der für das bifaziale Blatt typische Blattbau ist schon bei schwacher Vergrößerung zu erkennen und kann bei 100-facher Vergrößerung genau analysiert werden (o Abb. 5.14 und o Abb. 5.15). Auf beiden Seiten schließt das Blatt nach außen mit einer **Epidermis** (epd, obere und untere Epidermis) ab, die jeweils aus kleinen, quaderförmigen Zellen besteht und von einer relativ dicken **Cuticula** (cut) überzogen ist.

Der bifaziale Bau des Blatts kommt dadurch zum Ausdruck, dass das **Mesophyll** (mes) aus Palisadenparenchym (oben) und Schwammparenchym (unten) besteht. Das **Palisadenparenchym** (ppa) ist ein- oder zweischichtig. Die Zellen sind fast so breit wie die Epidermiszellen, stehen aber mit diesen nicht in Reihe. Viele Chloroplasten färben es hellgrün. Nach unten stößt das Palisadenparenchym auf das **Schwammparenchym** (spa), das von großen **interzellulären Hohlräumen** (izg) durchzogen ist. Da diese in alle Richtungen verlaufen, also auch

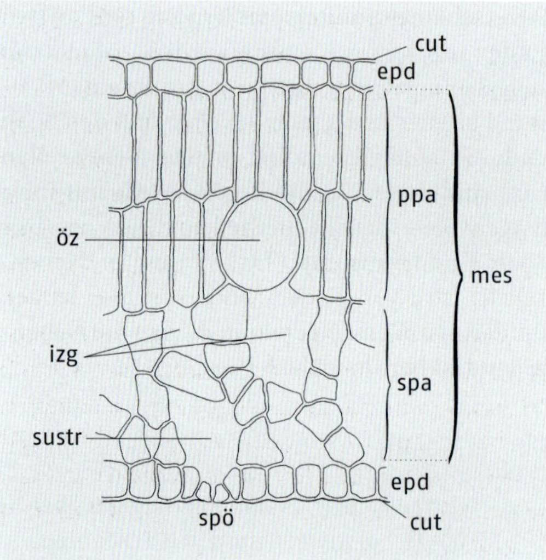

o Abb. 5.14 Querschnitt des Lorbeerblatts im Intercostalfeld: **cut** Cuticula, **epd** Epidermis, **izg** Interzellulargang, **ppa** Palisadenparenchym, **mes** Mesophyll, **öz** Ölzelle, **spa** Schwammparenchym, **spö** Spaltöffnung, **sustr** substomatärer Raum (NH)

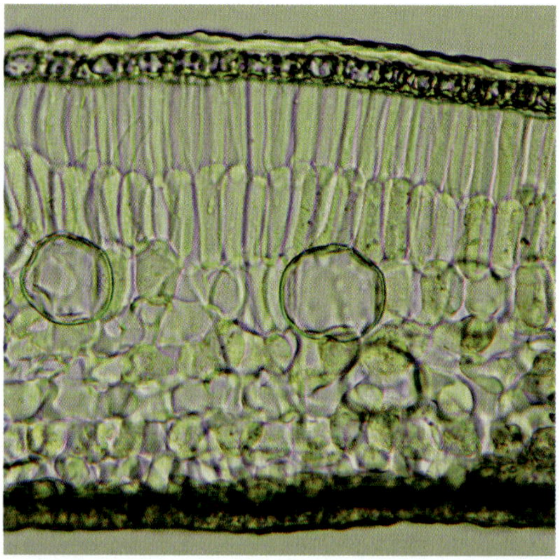

o Abb. 5.15 Lorbeerblatt im Querschnitt mit einer Ölzelle im Palisadenparenchym (*Laurus nobilis*); Beschriftung siehe Schemazeichnung o Abb. 5.15 (StB) vor und hinter die Bildebene des Mikroskops, kann man deren Ausmaß nur durch langsames Fokussieren verschiedener Bildebenen erahnen. Die einzelnen Zellen des Schwammparenchyms sind ungleichmäßig geformt, wirken gedrungen und sind rund bis oval oder keulenförmig. Sie enthalten ebenfalls Chloroplasten und sind dadurch hellgrün. Im Schwammparenchym und im Palisadenparenchym liegen große, runde **Ölzellen** (öz, Ölidioblasten). Dies sind die für Lorbeergewächse (Lauraceae) typischen Strukturen, in denen ätherisches Öl gebildet und akkumuliert wird. In der unteren Cuticula können **Spaltöffnungen** (spö) mit einem großen substomatären Raum (sustr) dahinter beobachtet werden.

Aufgabe

- Schematische Zeichnung des Blattquerschnitts in der Übersicht (nicht zellulär) mit oberer und unterer Epidermis, Cuticula, Palisaden- und Schwammparenchym.
- Zeichnen eines Ausschnitts des Blattquerschnitts bei 100-facher bzw. 400-facher Vergrößerung zellulär. Dabei ist auf die Größenverhältnisse zwischen den Zellen der Epidermis und des Palisadenparenchyms zu achten. Beim Zeichnen des Schwammparenchyms darf nur eine Bildebene gezeichnet werden, nicht Zellen der tieferen Bildebenen, da sonst die Interzellularen zu klein erscheinen. Es soll eine Ölzelle eingezeichnet werden.

5.6.4 Blatt – Xeromorphes Nadelblatt

Kiefernnadel im Querschnitt

Objekte

Schwarzkiefer – *Pinus nigra* – Pinaceae

Waldkiefer – *Pinus sylvestris* – Pinaceae

Frische oder in Ethanol (MR 01) eingelegte Kurztriebe.

Präparation

Die Nadeln werden vom Kurztrieb getrennt und eine davon quer geschnitten. In dieser Schnittrichtung werden mehrere dünne Schnitte angefertigt. Die Schnitte werden auf dem Objektträger mit Chloralhydrat (MR 05) aufgehellt.

Option: Färbung verholzter Zellwände mit Phloroglucin-HCl (MR 12).

Beobachtung

Der Querschnitt des Nadelblatts kann in seinem ganzen Ausmaß nur mit dem schwächsten Objektiv (50-fach) betrachtet werden. Er hat Halbmondform, die flache Seite ist die Nadeloberseite (○ Abb. 5.16 und ○ Abb. 5.17). Das Blatt wird von einer **Epidermis** (epd) und einer sklerenchymatischen **Hypodermis** (hpd) nach außen abgeschlossen. Die Epidermis hat rundum in regelmäßigen Abständen kleine Einschnitte. Dort liegen die **Spaltöffnungen** (spö). Unter der Hypodermis liegt ein breiter Gürtel des chlorophyllreichen **Mesophylls** (mes). Ins Mesophyll eingelassen sind rundherum vier bis sechs **Harzgänge** (hg), die man als runde Löcher im Querschnitt erkennt. Im Inneren liegt, abgeteilt durch eine **Endodermis** (endm), der ovale **Zentralzylinder** (zz), in dem sich nebeneinander, etwas schräg angeordnet, zwei **Leitbündel** (lb) befinden. Besonders gut sind diese im gefärbten Präparat zu erkennen, weil dort das **Xylem** (xyl) deutlich rot ist. Es zeigt zur abgeflachten Seite des Blatts, also nach oben, das **Phloem** (phl) zeigt zur gewölbten Seite, also nach unten.

Die einzelnen Gewebe werden bei stärkerer Vergrößerung (100-fach bzw. 400-fach) genauer betrachtet. Das **Mesophyll** (mes) besteht aus Armpalisadenzellen (○ Abb. 5.18 und ○ Abb. 5.20 A). Dies ist eine besondere Form von Assimilationsparenchymzellen, bei der **Zellwandleisten** (zwl) wie Wandfalten in das Lumen der Zelle hineinragen. Dadurch ist die Oberfläche der Zellwand stark vergrößert, wodurch mehr Chloroplasten daran Platz finden können (als Kompensation zur reduzierten Blattspreite!).

Die **Spaltöffnungen** liegen sehr tief eingesenkt (○ Abb. 5.20 B) und haben dadurch einen **Vorhof** (vho). Die **Schließzellen** (schlz) liegen auf der Höhe der **Hypodermis** (hpd), die dadurch an den Spaltöffnungen unterbrochen ist.

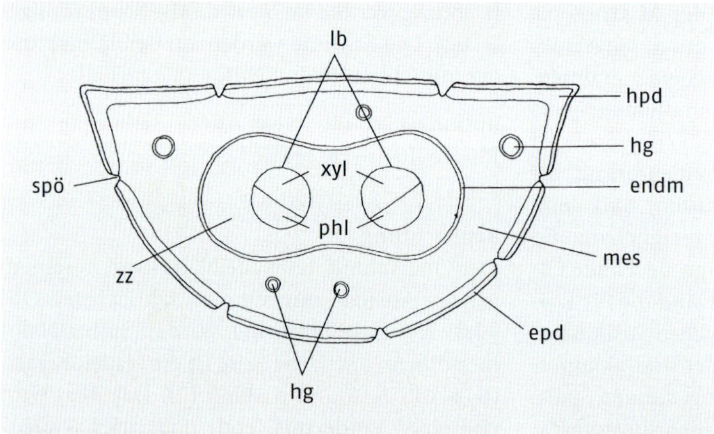

Abb. 5.16 Querschnitt der Kiefernnadel (*Pinus sylvestris*), Übersicht: **endm** Endodermis, **epd** Epidermis, **hg** Harzgang, **hpd** Hypodermis, **lb** Leitbündel, **mes** Mesophyll, **spö** Spaltöffnung, **phl** Phloem, **xyl** Xylem, **zz** Zentralzylinder (NH)

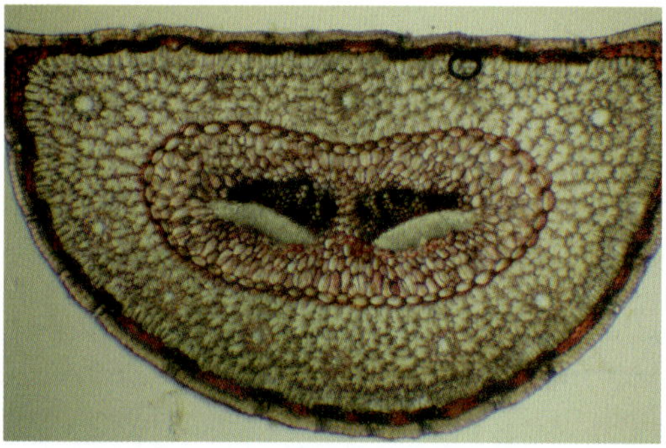

Abb. 5.17 Querschnitt der Kiefernnadel (*Pinus sylvestris*); Übersicht, Beschriftung Abb. 5.16 (StB)

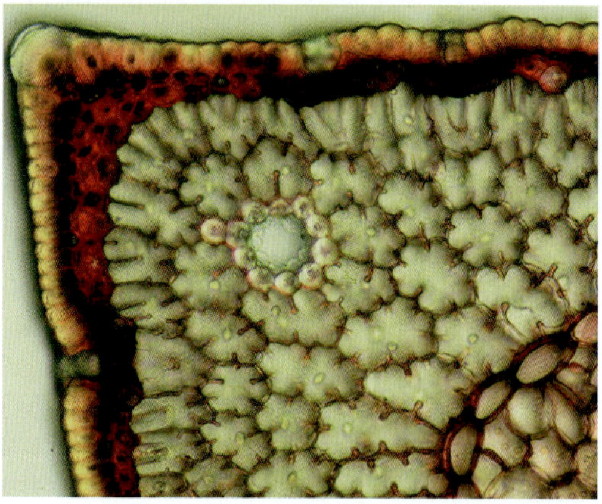

Abb. 5.18 Querschnitt der Kiefernnadel (*Pinus sylvestris*), Ausschnitt: Mesophyll mit Armpalisaden und Harzgang; Beschriftung Abb. 5.16 (StB)

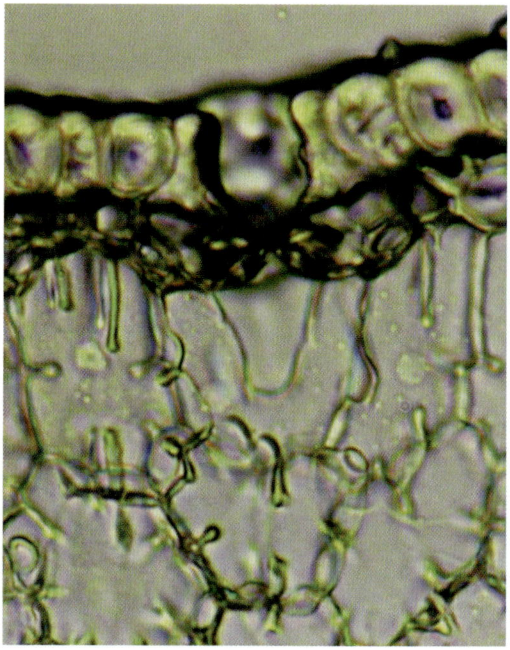

Abb. 5.19 Kiefernnadel: Spaltöffnung quer; Beschriftung Abb. 5.20 B (StB)

Die **Nebenzellen** (nz) liegen bei Nadelblättern typischerweise über den Schließzellen (Koniferentyp). Den **substomatären Raum** hinter der Spaltöffnung („Atemhöhle") (sustr) bildet eine hufeisenförmige Mesophyllzelle. Im gefärbten Präparat ist die Hypodermis rot.

Die runden **Harzgänge** (hg) werden von einer **Sklerenchymscheide** (skr, Sklerenchymring) mit zehn bis zwölf sklerenchymatischen

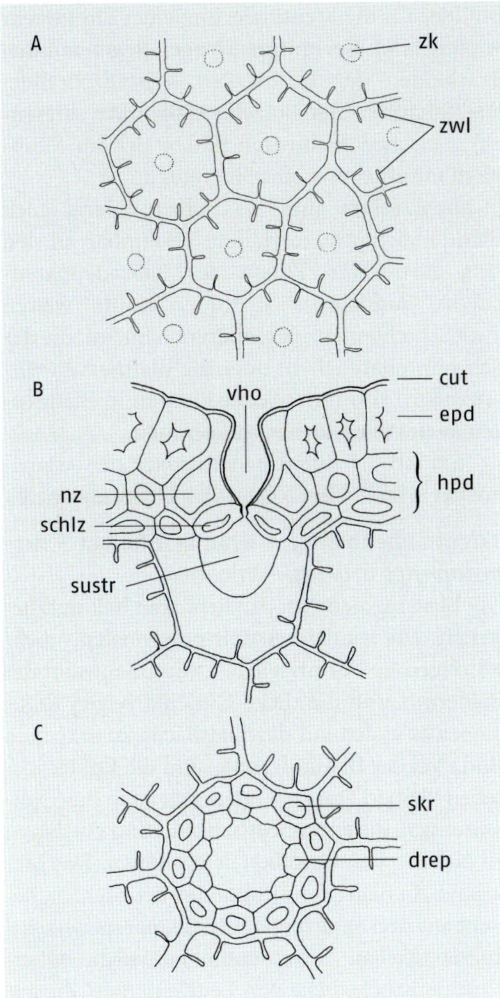

Abb. 5.20 Querschnitt der Kiefernnadel (*Pinus sylvestris*), Ausschnitte: **A** Armpalisaden des Mesophylls, **zk** Zellkern, **zwl** Zellwandleisten, **B** Spaltöffnung, **cut** Cuticula, **epd** Epidermis, **hpd** Hypodermis, **nz** Nebenzellen, **schlz** Schließzellen, **vho** Vorhof, **sustr** substomatärer Raum. **C** Harzgang, **drep** Drüsenepithel, **skr** Sklerenchymring (NH)

Zellen umgeben (Abb. 5.20 C und Abb. 5.21). Sie sind schwach verholzt und sind deshalb im gefärbten Präparat höchstens schwach rosa. Nach innen liegt eine dünne Schicht von **Drüsenepithel** (drep) aus ganz dünnwandigen, gefüllt wirkenden Zellen.

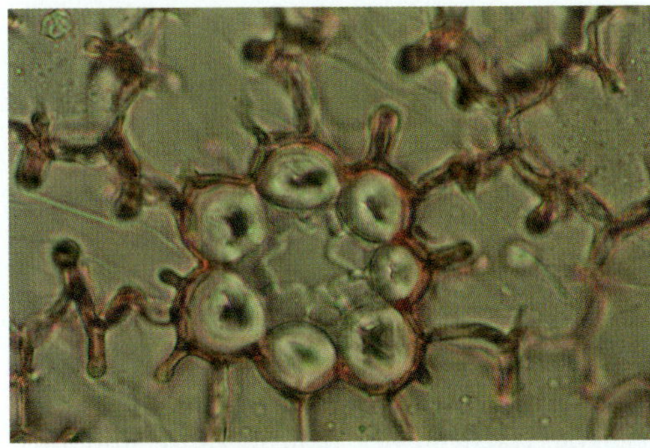

Abb. 5.21 Harzgang der Kiefernnadel im Querschnitt (*Pinus sylvestris*); Beschriftung siehe Schemazeichnung Abb. 5.20 C (StB)

Aufgabe

- Zeichnen eines Nadelblatts im Querschnitt in der Übersicht als Skizze (50-fache Vergrößerung, nicht zellulär!). Eingezeichnet werden die Epidermis mit den Spaltöffnungen, die Hypodermis, das Mesophyll mit den Harzgängen sowie der Zentralzylinder mit den Leitbündeln. Als Grenze wird die Endodermis als Schicht kenntlich gemacht.
- Zeichnen verschiedener Gewebeausschnitte bei 400-facher Vergrößerung: a) Mesophyll mit mehreren Armpalisadenzellen, b) Spaltöffnung im Querschnitt zellulär mit Nebenzellen, dem Vorhof, den Schließzellen und dem substomatären Raum, c) Harzgang im Querschnitt mit Sklerenchymscheide und Drüsenepithel.

5.7 Praktische Aufgaben – Mikroskopie von pulverisierten Blattdrogen (Folium)

Blattdrogen bestehen aus den Laubblättern einer Pflanze. Die pulverisierten Blattdrogen sind meist grün oder braun-grün. Im mikroskopischen Bild dominieren Fragmente der Blattspreite in Aufsicht. Blattadern und -nerven gliedern die Blattfragmente in viele Interkostalfelder. Die Tracheen der Blattnervatur sind zart, stellen meist kleine Ringtracheen dar, die reißverschlussartig wirken.

Die Epidermis der Blätter kann mannigfaltig gestaltet sein. Die Form der Zellen der oberen und unteren Epidermis sind charakteristisch, ebenso wie Häufigkeit und Typ der Haare oder Emergenzen. Besondere Hinweise auf die Identität liefern Drüsenhaare oder Drüsenschuppen, die ätherisches Öl führen. Ist die Blattunterseite im Bild, sind vor allem die zahlreichen Spaltöffnungen in der Epidermis auffallend. Bei amphistomatischen Blättern sind sie auf beiden Epidermen zu finden. Der Spaltöffnungstyp sowie der Spaltöffnungsindex ist charakteristisch und sollte immer bestimmt werden.

Durch die Epidermis hindurch kann man auf die Gewebe des Mesophylls scharf stellen. Das ist von oben gesehen das Palisadenparenchym, dessen Zellen im Querschnitt immer rund erscheinen. Durch die untere Epidermis fokussiert man das Schwammparenchym mit seinen großen Interzellularen. In den Zellen des Mesophylls können Kristalle enthalten sein, deren Form (Drusen, Einzelkristalle, Kristallsand, Raphiden) für die Identifizierung einer Droge sehr wichtig sind. Bei einigen Drogen liegen auf den Tracheiden der Blattnerven Kristallzellreihen aus Calciumoxalat-Einzelkristallen. An sklerenchymatischen Elementen finden sich im Mesophyll mitunter einzelne Sklereiden.

Nicht selten sind im Pulverpräparat auch Blattquerschnitte zu finden, erkennbar an den lang gestreckten Zellen des Palisadenparenchyms. Äquifaziale Blattquerschnitte weisen zwei Schichten Palisadenparenchym auf, die das Schwammparenchym oder die Blattnerven einschließen. Hin und wieder können in Blattdrogen auch Pollenkörner vorkommen.

In ◘ Tab. 5.1 sind die Blattdrogen der Arzneibücher erfasst. Hier folgen vier Drogenbeipiele.

Bärentraubenblätter – Uvae ursi folium – *Arctostaphylos uva-ursi* – Ericaceae

Die Blattfragmente in Aufsicht sind hell und bestehen aus isodiametrisch-polygonalen, dickwandigen Epidermiszellen. Die Außenwand der Epidermis und die dicke Cuticula zeigen Risse, die leicht violett auf der Blattfläche zu erkennen sind. Auf der Blattunterseite sind die Epidermiszellen kleiner. Dort befinden sich auch die Spaltöffnungen, die anomocytisch sind und von bis zu elf Nebenzellen umgeben sein können. Das Mesophyll, in Blattquerschnitten zu beobachten, besteht aus drei Schichten Palisadenparenchym aus kurzen Zellen. Meist enthalten solche Querschnitte Bruchstücke von Leitelementen, die aus Fasertracheiden bestehen, denen Kristallzellreihen aus Calciumoxalat-Einzelkristallen anliegen. Typisch sind die vielen Lipidtröpfchen im Pulverpräparat (● Abb. 5.22).

◘ **Tab. 5.1** Blattdrogen der Arzneibücher: Europäisches Arzneibuch (Ph. Eur., 8. Ausgabe 2014 inkl. Nachträge bis 8.5)

Deutscher Name	Lateinischer Name	Stammpflanze	Familie
Artischockenblätter	Cynarae folium	*Cynara cardunculus*	Asteraceae
Bärentraubenblätter	Uvae ursi folium	*Arctostaphylos uva- ursi*	Ericaceae
Belladonnablätter	Belladonnae folium	*Atropa belladonna*	Solanaceae
Birkenblätter	Betulae folium	*Betula pendula u. a.*	Betulaceae

Tab. 5.1 Blattdrogen der Arzneibücher: Europäisches Arzneibuch (Ph. Eur., 8. Ausgabe 2014 inkl. Nachträge bis 8.5) (Fortsetzung)

Deutscher Name	Lateinischer Name	Stammpflanze	Familie
Bitterkleeblätter	Menyanthidis trifoliatae folium	*Menyanthes trifoliata*	Menyanthaceae
Boldoblätter	Boldi folium	*Peumus boldus*	Monimiaceae
Brennnesselblätter	Urticae folium	*Urtica dioica u. a.*	Urticaceae
Digitalis-purpurea-Blätter	Digitalis purpureae folium	*Digitalis purpurea*	Plantaginaceae
Efeublätter	Hederae folium	*Hedera helix*	Araliaceae
Eibischblätter	Althaeae folium	*Althaea officinalis*	Malvaceae
Eschenblätter	Fraxini folium	*Fraxinus angustifolia u. a.*	Oleaceae
Eucalyptusblätter	Eucalypti folium	*Eucalyptus globulus*	Myrtaceae
Ginkgoblätter	Ginkgonis folium	*Ginkgo biloba*	Ginkgoaceae
Hamamelisblätter	Hamamelidis folium	*Hamamelis virginiana*	Hamamelidaceae
Malvenblätter	Malvae folium	*Malva sylvestris u. a.*	Malvaceae
Melissenblätter	Melissae folium	*Melissa officinalis*	Lamiaceae
Ölbaumblätter	Oleae folium	*Olea europaea*	Oleaceae
Orthosiphonblätter	Orthosiphonis folium	*Orthosiphon stamineus*	Lamiaceae
Pfefferminzblätter	Menthae piperitae folium	*Mentha x piperita*	Lamiaceae
Rosmarinblätter	Rosmarini folium	*Rosmarinus officinalis*	Lamiaceae
Salbei, Dreilappiger	Salviae trilobae folium	*Salvia fruticosa*	Lamiaceae
Salbeiblätter	Salviae officinalis folium	*Salvia officinalis*	Lamiaceae
Schwarze-Johannisbeere-Blätter	Ribis nigri folium	*Ribes nigrum*	Grossulariaceae
Sennesblätter	Sennae folium	*Cassia senna*	Fabaceae
Spitzwegerichblätter	Plantaginis lanceolatae folium	*Plantago lanceolata s. l.*	Plantaginaceae
Stramoniumblätter	Stramonii folium	*Datura stramonium*	Solanaceae
Weißdornblätter mit Blüten	Crataegi folium cum flore	*Crataegus monogyna u. a.*	Rosaceae
Zitronenverbenenblätter	Verbenae citriodorae folium	*Aloysia citrodora*	Verbenacae

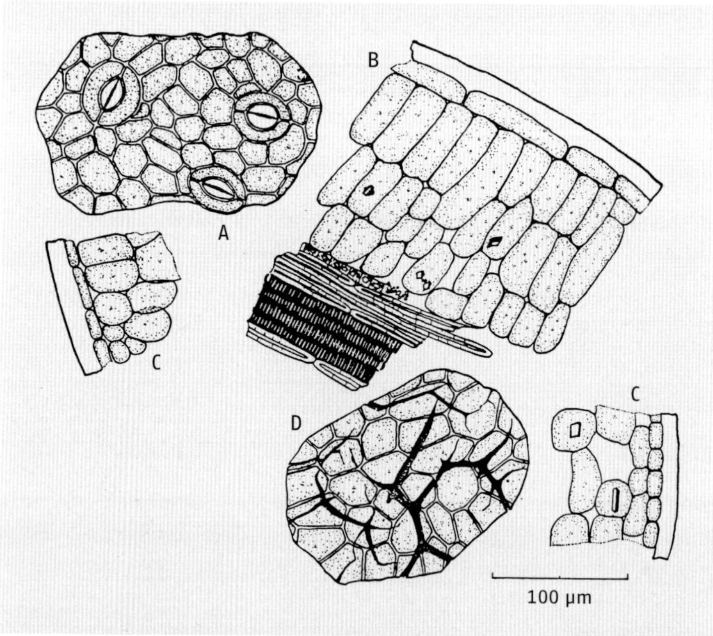

Abb. 5.22 Bärentraubenblätter (Uvae ursi folium), Pulver: **A** untere Blattepidermis mit Spaltöffnungen, **B** Blattquerschnitt mit Palisadenparenchym und quer verlaufendem Blattnerv, **C** Epidermis mit dicker Cuticula quer, **D** obere Blattepidermis mit Cuticularrissen (nach Deutschmann et al.)

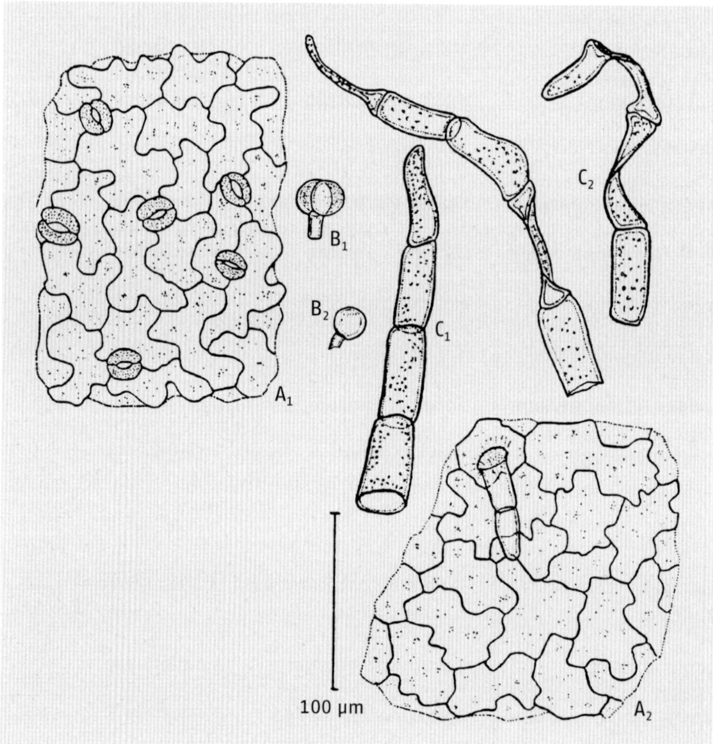

Abb. 5.23 Fingerhutblätter (Digitalis purpureae folium), Pulver: A_1 Epidermis der Blattunterseite mit Spaltöffnungen in Aufsicht, A_2 Epidermis der Blattoberseite mit Haaren, B_1 und B_2 Drüsenhaare, C_1 und C_2 Gliederhaare, z. T. mit kollabierten Zellen (nach Deutschmann et al.)

Fingerhutblätter – Digitalis purpureae folium – *Digitalis purpurea* – Plantaginaceae

Zahlreich sind Blattfragmente in Aufsicht mit isodiametrisch-polygonalen, dünnwandigen Zellen der oberen Epidermis. Vereinzelt kommen dort anomocytische Spaltöffnungen vor mit drei bis vier Nebenzellen. Häufiger sind die Spaltöffnungen auf der unteren Epidermis zu finden, die aus mehr eckig-buchtigen Zellen besteht. Dort sieht man die großen Abbruchstellen der Haare. Die Haare, auf der Blattunterseite reichlicher vorhanden als auf der Blattoberseite, sind raue Gliederhaare aus vier bis fünf Zellen, typischerweise mit einer abgerundeten Endzelle. Häufig sind einzelne Zellen dieser Gliederhaare kollabiert. Außerdem sind auf der Ober- und Unterseite des Blatts gestielte Drüsenhaare mit zweizelligen Köpfchen zu finden. Das Palisadenparenchym enthält Lipidtröpfchen (o Abb. 5.23).

Pfefferminzblätter – Menthae piperitae folium – *Mentha x piperita* – Lamiaceae: Im mikroskopischen Bild dominieren Blattfragmente in Aufsicht. Die Zellwände der oberen Epidermis sind kantig-buchtig. Spaltöffnungen fehlen dort. Die darunter liegende Palisadenparenchymschicht ist nur schwach zu erkennen. Charakteristisch sind auf der Epidermis die großen, runden, farblosen bis gelblichen Lamiaceen-Drüsenschuppen in Aufsicht mit acht sezernierenden Zellen. Sehr viel seltener sieht man die Drüsenschuppen von der Seite, dann aber mit deutlich abgehobenem Subcuticularraum. Die Epidermiszellen der Unterseite haben mehr wellige Zellwände, die Spaltöffnungen sind diacytisch. Zahlreich sind große Gliederhaare aus drei bis acht Zellen und gestrichelter Cuticula. Seltener sind die fast sitzend erscheinenden Drüsenhaare (o Abb. 5.24).

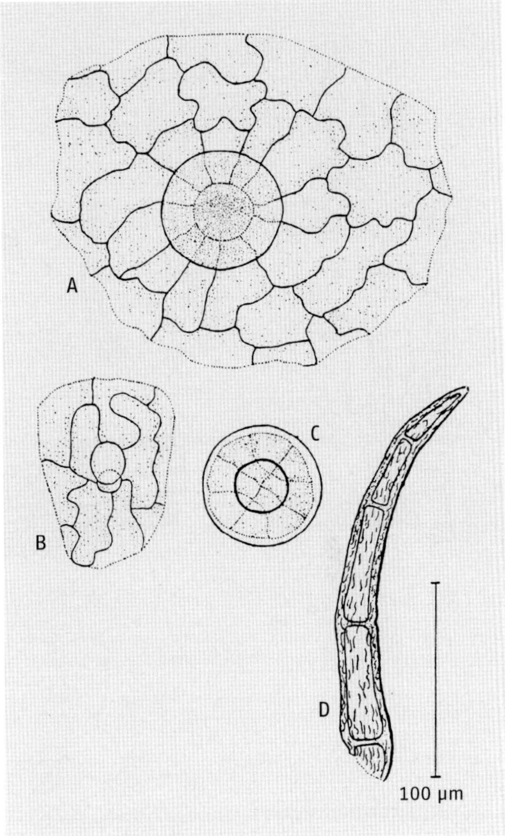

o **Abb. 5.24** Pfefferminzblätter (Menthae piperitae folium) Pulver: **A** Epidermis mit Drüsenschuppe in Aufsicht, **B** Epidermis mit Köpfchenhaar, **C** Drüsenschuppe, **D** Borstenhaar (nach Deutschmann et al.)

Sennesblätter – Sennae folium – *Cassia senna* – Fabaceae

Sehr charakteristisch für diese Droge sind die zahlreichen Blattquerschnitte, die deutlich einen äquifazialen Blattbau aufweisen. Die Zellen des unteren Palisadenparenchyms haben leicht gewellte Zellwände, die des oberen sind glatt. In den Querschnitten sieht man im Schwammparenchym Oxalat-Drusen liegen, die auch frei im Präparat vorkommen. In der oberen und unteren Epidermis sind Spaltöffnungen im Querschnitt zu erkennen. Blattfragmente in Aufsicht sind ebenfalls vorhanden. Auf den Blattfragmenten oder auch frei im Präparat liegen viele gebogene Haare mit warziger Cuticula („Revolverhaare"). Sehr charakteristisch sind die großen Blattnerven, denen beidseitig Einzelkristallzellreihen aufliegen. Die Epidermiszellen beider Epidermen sind in Aufsicht vieleckig und enthalten viele paracytische Spaltöffnungen (Spaltöffnungsindex 12,5, o Abb. 5.25).

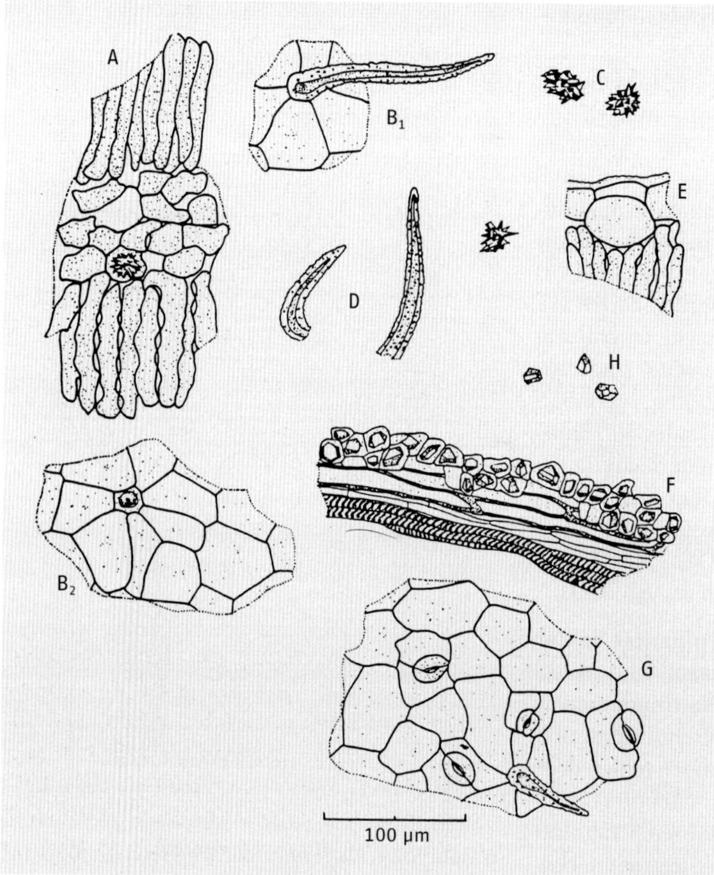

Abb. 5.25 Sennesblätter (Sennae folium), Pulver: **A** Blattfragment im Querschnitt, **B_1** Blattfragment mit Haar, **B_2** Blattfragment mit Haarabbruchstelle, **C** Calciumoxalat-Drusen, **D** Revolverhaare, **E** Schleimzellen, **F** Bruchstück eines Leitbündels mit anliegender Kristallzellreihe, **G** Epidermis mit Spaltöffnungen in Aufsicht, **H** frei liegende Einzelkristalle (nach Deutschmann et al.)

5.8 Praktische Aufgaben – Mikroskopie von pulverisierten Krautdrogen (Herba)

Krautdrogen bestehen aus der Gesamtheit der oberirdischen Teile krautiger Pflanzen. So findet man in der pulverisierten Droge Teile verschiedener Organe, vor allem von Blättern und Stängeln, je nach Erntezeitpunkt auch von Blütenknospen oder Blüten, evtl. auch von Samen und Früchten. Insofern ist das mikroskopische Bild einer Krautdroge recht heterogen und besteht je nach Droge aus sehr unterschiedlichen Anteilen der einzelnen Organe.

Die Blattfragmente besitzen alle anatomischen Charakteristika von Blättern (▸Kap. 5.7 Blattdrogen), die Stängelanteile liefern Tracheenbruchstücke und sklerenchymatische Elemente. Blütenanteile können aus zarten Blütenblattfragmenten bestehen, aus Bruchstücken eines meist sehr charakteristisch gestalteten Endotheciums und aus zahlreichen Pollenkörnern (▸Kap. 7.5 Blütendrogen). Samen- und Fruchtteile sind oft sklerenchymatisch (Faserschichten), Fragmente der Samenschale oder der Fruchtwand sind auch häufig gefärbt (▸Kap. 8.4 Samen- und Fruchtdrogen).

Zur Identifizierung können, wie bei den Drogen der einzelnen Organe beschrieben, Form und Häufigkeit von Haaren, von Kristallen, sowie der Spaltöffnungstyp, die Pollenstruktur und das Muster des Endotheciums herangezogen werden.

Die Krautdrogen der Arzneibücher sind in ◘ Tab. 5.2 aufgeführt. Hier folgen zwei Drogenbeispiele.

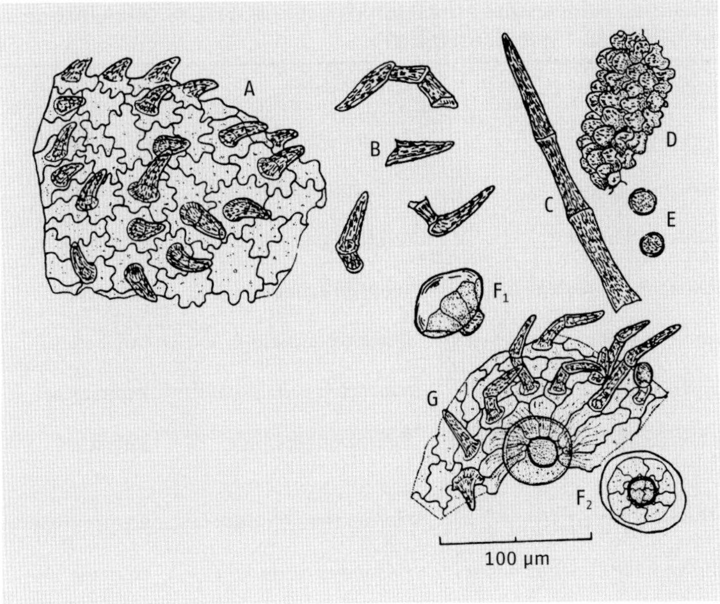

Abb. 5.26 Thymian (Thymi herba), Pulver: **A** Epidermis der Blattoberseite mit Eckzahnhaaren, **B** Kniehaare, **C** Gliederhaar, **D** papillöse Epidermis der Blütenblätter, **E** Pollen, F_1 Drüsenschuppe von der Seite, F_2 Drüsenschuppe von oben, **G** Aufsicht auf die Blattunterseite mit Kniehaaren und Drüsenschuppe (nach Deutschmann et al.)

Thymiankraut – Thymi herba – *Thymus vulgaris, T. zygis* – Lamiaceae

Die Ware wird gerebelt gehandelt und enthält deswegen relativ wenig Stängelanteile. Im mikroskopischen Bild dominieren Blattanteile. Die Blattoberseite zeigt eine Epidermis mit welligen Zellwänden und zahlreichen „Eckzahnhaaren". Auf der Epidermis der Blattunterseite sind zweizellige „Kniehaare" typisch (nur bei *T. vulgaris*), die auch frei im Präparat vorkommen. Sehr auffallend sind auf beiden Epidermen Lamiaceen-Drüsenschuppen, die mit gelb- bis orangefarbenem ätherischem Öl gefüllt sind. Diacytische Spaltöffnungen liegen sowohl in der oberen als auch in der unteren Epidermis. Häufig kommen Fragmente der Blattrippen vor, die dicht mit Eckzahnhaaren besetzt sind. Alle Haare enthalten in der Basiszelle kleine Oxalatnadeln. Weiterhin findet man große Gliederhaare der Blütenkrone mit gekörnter Oberfläche, mitunter, eher selten, Teile der kleinzelligen Fruchtwandepidermis. Die Pollen sind hexacolpat (Abb. 5.26).

Tab. 5.2 Krautdrogen der Arzneibücher: Europäisches Arzneibuch (Ph. Eur., 8. Ausgabe 2014 inkl. Nachträge bis 8.5), Deutsches Arzneibuch (DAB 2012)

Deutscher Name	Lateinischer Name	Stammpflanze	Familie
Adoniskraut DAB	Adonidis herba	*Adonis vernalis*	Ranunculaceae
Andornkraut	Marrubii herba	*Marrubium vulgare*	Lamiaceae
Blutweiderichkraut	Lythri herba	*Lythrum salicaria*	Lythraceae
Buchweizenkraut	Fagopyri herba	*Fagopyrum esculentum*	Polygonaceae
Dostenkraut	Origani herba	*Origanum onites u. a.*	Lamiaceae
Eisenkraut	Verbenae herba	*Verbena officinalis*	Verbenaceae
Ephedrakraut	Ephedrae herba	*Ephedra sinica u. a.*	Ephedraceae

Tab. 5.2 Krautdrogen der Arzneibücher: Europäisches Arzneibuch (Ph. Eur., 8. Ausgabe 2014 inkl. Nachträge bis 8.5), Deutsches Arzneibuch (DAB 2012) (Fortsetzung)

Deutscher Name	Lateinischer Name	Stammpflanze	Familie
Erdrauchkraut	Fumariae herba	*Fumaria officinalis*	Papaveraceae
Frauenmantelkraut	Alchemillae herba	*Alchemilla vulgaris s. l.*	Rosaceae
Goldrutenkraut	Solidaginis herba	*Solidago gigantia u. a.*	Asteraceae
Goldrutenkraut, Echtes	Solidaginis virgaureae herba	*Solidago virgaurea*	Asteraceae
Herzgespannkraut	Leonuri cardiacae herba	*Leonurus cardiaca*	Lamiaceae
Johanniskraut	Hyperici herba	*Hypericum perforatum*	Hypericaceae
Löwenzahnkraut mit Wurzel	Taraxaci officinalis herba cum radice	*Taraxacum officinale*	Asteraceae
Lungenkraut DAB	Pulmonariae herba	*Pulmonaria officinalis*	Boraginaceae
Mädesüßkraut	Filipendulae ulmariae herba	*Filipendula ulmaria*	Rosaceae
Maiglöckchenkraut DAB	Convallariae herba	*Convallaria majalis*	Asparagaceae
Mistelkraut DAB	Visci herba	*Viscum album*	Santalaceae
Mutterkraut	Tanaceti parthenii herba	*Tanacetum parthenium*	Asteraceae
Odermennigkraut	Agrimoniae herba	*Agrimonia eupatoria*	Rosaceae
Passionsblumenkraut	Passiflorae herba	*Passiflora incarnata*	Passifloraceae
Purpur-Sonnenhut-Kraut	Echinaceae purpureae herba	*Echinacea purpurea*	Asteraceae
Quendelkraut	Serpylli herba	*Thymus serpyllum s. l.*	Lamiaceae
Schachtelhalmkraut	Equiseti herba	*Equisetum arvense*	Equisetaceae
Schafgarbenkraut	Millefolii herba	*Achillea millefolium*	Asteraceae
Schöllkraut	Chelidonii herba	*Chelidonium majus*	Papaveraceae
Schwarznesselkraut	Ballotae nigrae herba	*Ballota nigra*	Lamiaceae
Steinkleekraut	Meliloti herba	*Melilotus officinalis*	Fabaceae
Stiefmütterchen mit Blüten, Wildes	Violae herba cum flore	*Viola tricolor u. a.*	Violaceae
Tausendgüldenkraut	Centaurii herba	*Centaurium erythraea u. a.*	Gentianaceae
Thymian	Thymi herba	*Thymus vulgaris, T. zygis*	Lamiaceae
Vogelknöterichkraut	Polygoni avicularis herba	*Polygonum aviculare s. l.*	Polygonaceae
Wassernabelkraut, Asiatisches	Centellae asiaticae herba	*Centella asiatica*	Apiaceae
Wermutkraut	Absinthii herba	*Artemisia absinthium*	Asteraceae

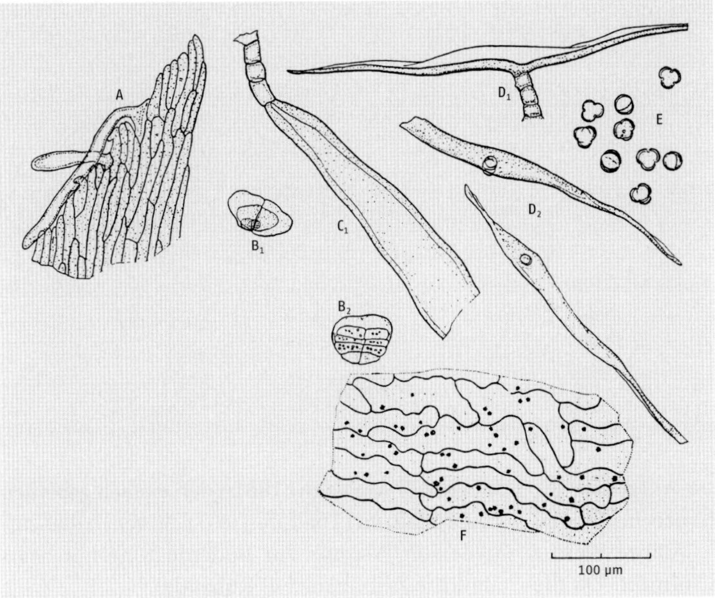

Abb. 5.27 Wermutkraut (Absinthii herba), Pulver: **A** Bruchstück aus dem Rand von Hüllkelchblättern, **B_1** Drüsenschuppe in Aufsicht, **B_2** Drüsenschuppe von der Seite, **C_1** Bruchstück eines Spreuhaares, **D_1** T-Haare, **D_2** Bruchstücke von T-Haaren, **E** Pollen, **F** Kronblattepidermis mit Calciumoxalat-Drusen (nach Deutschmann et al.)

Wermutkraut – Absinthii herba – *Artemisia absinthium* – Asteraceae

Die Blattanteile der Droge besitzen eine kleinzellige Epidermis mit deutlicher Cuticularstreifung und anomocytischen Spaltöffnungen. Auf den Blattfragmenten sind Asteraceen-Drüsenschuppen in Aufsicht zu sehen sowie zahlreiche, sehr charakteristische „T-Haare“ mit einer Stielzelle in der Mitte der quer dazu liegenden großen Haarzelle. Die Haare sind dünnwandig und durchsichtig. Sie kommen auch frei im Präparat vor. An Blütenteilen sind Blütenblattfragmente mit länglichen Epidermiszellen und Konnektivzipfel der Antheren mit kleinen Oxalat-Drusen in den Zellen zu finden. Sehr charakteristisch sind die großen, schlauchförmigen „Spreuhaare“ des Blütenbodens mit kurzer Stielzelle. Der Pollen ist klein, triporat und oft in Paketen. Teile der Sprossachse sind sklerenchymatisch und liefern Tracheenbruchstücke, die sich mit Phloroglucin-HCl anfärben lassen (Abb. 5.27).

6 Die Wurzel

Die Wurzel erfüllt zwei wichtige Aufgaben. Sie dient der Verankerung der Pflanze im Boden und ist das Organ, mit dem die Pflanze Wasser und darin gelöste Nährsalze aufnimmt. Da die Wurzel mechanisch auf Zug beansprucht wird, sind die Festigungselemente vorwiegend in der Mitte zu finden (Kabelprinzip) und nicht wie beim Spross in der Peripherie. Die Aufnahme des Wassers und der Nährsalze erfolgt nur in den unteren, jungen Wurzelbereichen durch das dort befindliche Abschlussgewebe, die Rhizodermis. Häufig dient die Wurzel der Reservestoffspeicherung, nicht selten ist sie auch ein Syntheseort von wichtigen Pflanzenstoffen.

Echte Wurzeln findet man bei den Kormophyten, also bei den Farngewächsen (Pteridophyten) und den Samenpflanzen (Spermatophyten).

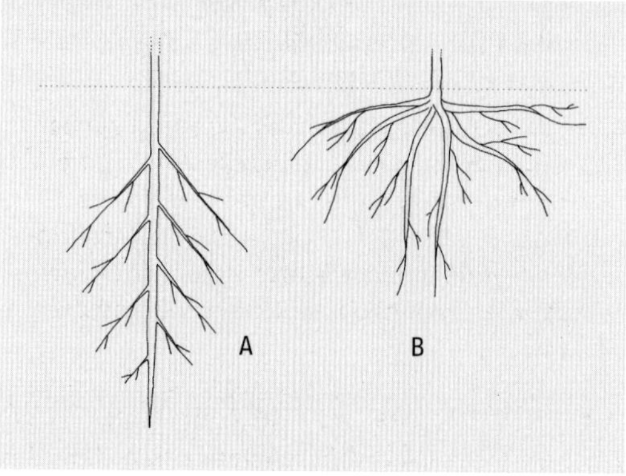

○ Abb. 6.1 Wurzelmorphologie: A allorrhizes Wurzelsystem, B homorrhizes Wurzelsystem (NH)

Moose (Bryophyten), die zu den einfach gebauten Lagerpflanzen (Thallophyten) gehören, haben anstelle von Wurzeln zur Bodenhaftung nur haarähnliche Zellschläuche (Rhizoide).

6.1 Morphologie der Wurzel

Die Wurzel, die aus der Wurzelanlage des Embryos hervorgeht, wird als **Haupt- oder Primärwurzel** bezeichnet. Sie bildet Seitenwurzeln **1. Ordnung** aus, die sich ihrerseits verzweigen und Seitenwurzeln **2. Ordnung** bilden können. Primärwurzeln wachsen dabei als Gegenpol zur Sprossachse senkrecht nach unten (**positiv geotrop** oder **gravitrop**), während sich die Seitenwurzeln 1. Ordnung vor allem horizontal oder seitlich nach unten (**plagiotrop**) orientieren. Seitenwurzeln höherer Ordnung verzweigen sich in alle Richtungen. So entsteht ein ausgedehntes Wurzelsystem. Es dringt nicht nur in die Tiefe, sondern breitet sich auch seitlich im Boden aus. Hinsichtlich der Ausdehnung der Wurzeln unterscheidet man Flachwurzler und Tiefwurzler.

Bei den meisten dikotylen Pflanzen und den Nadelgehölzen bleibt die Hauptwurzel erhalten und verzweigt sich mehr oder weniger. Man spricht dann von allorrhizer Bewurzelung (○ Abb. 6.1 A) bzw. von **Allorrhizie** (griech. allos = anders beschaffen, verschieden; rhiza = Wurzel). Bei den monokotylen Pflanzen sterben die Hauptwurzeln frühzeitig ab und werden durch mehrere gleichwertige, sprossbürtige Wurzeln ersetzt, die sich ihrerseits verzweigen können. Diese Bewurzelungsform nennt man eine homorrhize Bewurzelung (o Abb. 6.1 B) oder **Homorrhizie** (griech. homoios = gleich, rhiza = Wurzel).

6.2 Anatomie der Wurzel

6.2.1 Wurzelspitze

Der **Wurzelvegetationspunkt** (**Wurzelscheitel**) wird von einem **Apikalmeristem** (**Scheitelmeristem**, o Abb. 6.2) gebildet. Von ihm geht das Längenwachstum der Wurzel aus, indem ständig neue Zellen durch Teilung gebildet werden (**Zellvermehrungszone**). Die empfindlichen Embryonalzellen des Meristems werden von einer **Wurzelhaube** (**Kalyptra**) schützend umgeben. Im Zentrum des Apikalmeristems liegen mehrere **Initialzellen**, die sich inäqual teilen. Die eine Tochterzelle ist wieder eine Initialzelle, die andere differenziert zu einer Dauerzelle. Die Zahl der Initialzellen bleibt dadurch konstant.

Die **Kalyptra** entsteht bei den Samenpflanzen entweder aus den spitzenwärts gelegenen Zellen des Apikalmeristems oder aus einem besonderen Bildungsgewebe, dem **Kalyptrogen**. Die inneren Zellen der Kalyptra enthalten Stärkekörner, die als **Statolithen** gedeutet werden können, weil sie vermutlich bei der Wahrnehmung der Schwerkraftrichtung eine Rolle spielen. Die Mittellamellen der äußeren Schichten der Kalyptra verschleimen und wirken beim Eindringen der Wurzel in den Boden wie ein Gleitmittel. Die abgeschilferten Zellen der Wurzelhaube werden vom Apikalmeristem bzw. vom Kalyptrogen laufend nachgebildet.

Unmittelbar an das Apikalmeristem schließt sich die wenige Millimeter lange **Zellstreckungszone** an, deren Zellen eine Längsstreckung aufweisen. Nach oben folgt im Anschluss dann die **Wurzelhaarzone**, die mit einer deutlichen Zelldifferenzierung einhergeht (**Differenzierungszone**). Durch Ausstülpung der Rhizodermiszellen entwickeln sich dort die einzelligen **Wurzelhaare**. Das Innere der Wurzel gliedert sich bereits in Zentralzylinder und Wurzelrinde. Auch differenzieren sich dort die Leitelemente.

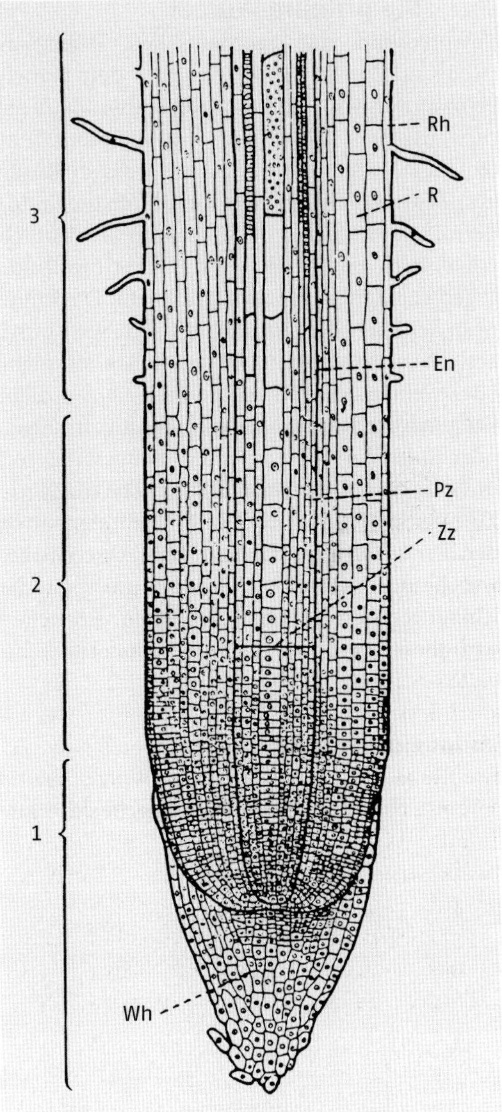

o **Abb. 6.2** Längsschnitt durch die Wurzelspitze: **1** Apikalmeristem mit Wurzelhaube (**Wh**), **2** Streckungszone, **3** Differenzierungszone mit Wurzelhaaren, **En** Endodermis, **Pz** Perizykel, **R** Wurzelrinde, **Rh** Rhizodermis mit Wurzelhaaren, **Zz** Zentralzylinder (nach Holman und Robbins, aus Deutschmann et al.)

6.2.2 Die primäre Wurzel

Entsprechend der mechanischen Beanspruchung auf Zug ist die Wurzel nach dem **Kabelprinzip** mit den Festigungselementen im Zentrum aufgebaut. Sie gliedert sich im Querschnitt (o Abb. 6.3) deutlicher als der Spross in **Rinde** und **Zentralzylinder**. Dies wird durch die **Endodermis** bewirkt, die im Mikroskop als deutlich erkennbare, meist einzellige Schicht die Rinde gegen den Zentralzylinder abschließt. Die Rinde ist in der Regel deutlich dicker als im Spross und besteht aus parenchymatischen Zellen mit mehr oder weniger großen Interzellularen. Sie dient vor allem der Reservestoffspeicherung. Im Zentralzylinder befindet sich das Leitgewebe mit meist zusätzlichem Festigungsgewebe im Mark. Zur Rinde hin wird der Zentralzylinder durch den **Perizykel** abgeschlossen. Als Abschlussgewebe findet man im Bereich der Wurzelspitze die **Rhizodermis**, in höher liegenden Bereichen wird diese durch eine darunter sich entwickelnde **Exodermis** ersetzt.

Rhizodermis, Exodermis

Die Rhizodermis (griech. rhiza = Wurzel; derma = Haut), das primäre Abschlussgewebe der Wurzel, besteht aus lückenlos aneinander schließenden, zumeist längs gestreckten, zartwandigen Zellen. Entsprechend ihrer Aufgabe, Wasser und Nährsalze aus dem Boden aufzunehmen (**Absorptionsgewebe**), ist sie im Gegensatz zur Epidermis der oberirdischen Organe nicht von einer Cuticula überzogen. Im Bereich der Differenzierungszone, wenige Millimeter über der Wurzelspitze, wachsen die Rhizodermiszellen zu **Wurzelhaaren** aus (Wurzelhaarzone). Durch diese vergrößert sich die resorptive Oberfläche der Rhizodermis um ein Vielfaches. So wurde ausgerechnet, dass z. B. eine Roggenpflanze, die bis zu 13,8 Millionen Wurzeln besitzen kann, 14 Milliarden Wurzelhaare mit einer Gesamtoberfläche von 400 m^2 trägt. Die Wurzelhaarzone kann mit bloßem Auge an der Wurzelspitze als zarter Flaum erkannt werden. Nur in diesem Bereich kann die Landpflanze Wasser aufnehmen.

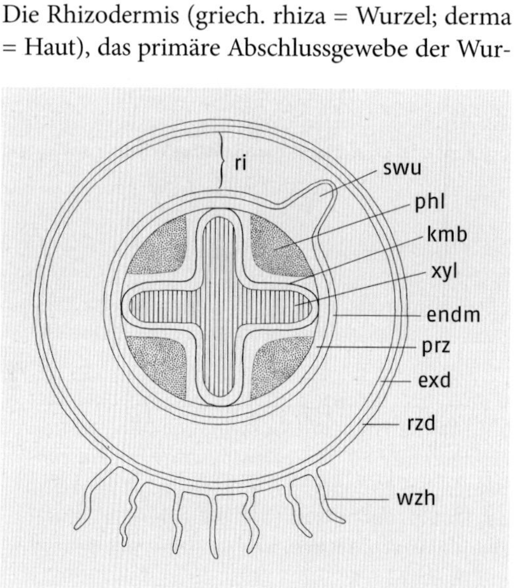

o **Abb. 6.3** Querschnitt durch die primäre Wurzel einer dikotylen Pflanze: **endm** Endodermis, **exd** Exodermis, **kmb** Kambium, **phl** Phloem, **prz** Perizykel, **ri** Rinde, **rzd** Rhizodermis, **swu** Seitenwurzelanlage, **wzh** Wurzelhaare, **xyl** Xylem (NH)

Die **Wurzelhaare** sind dünnwandige und durch Verschleimung ihrer äußeren Wandschichten klebrige Ausstülpungen. Sie sind kurzlebig und sterben schon nach wenigen Tagen ab. Von der Wurzelspitze her werden aber immer wieder neue Wurzelhaare nachgebildet, so dass die Wurzelhaarzone spitzenwärts vorrückt und sie sich stets in gleich bleibendem Abstand von der Wurzelspitze befindet. Mit den absterbenden Wurzelhaaren geht auch die Rhizodermis zugrunde. An ihre Stelle tritt ein neues Abschlussgewebe, die Exodermis.

Die **Exodermis** (griech. exo = außen; derma = Haut) entsteht direkt unter der Rhizodermis aus einer oder mehreren Zellschichten der äußeren Rinde, indem deren Zellwände durch eine **Suberinlamelle** (Korklamelle) abgedichtet werden. Häufig werden dünne Sekundärwände aufgelagert, die zusätzlich verholzen können. Trotzdem handelt es sich um lebende Zellen. Mitunter bleiben einige Zellen unverkorkt und bilden sog. **Durchlasszellen**, so dass die Aufnahme von Wasser und Nährsalzen in gewissem Umfang noch möglich ist.

Endodermis

Die Endodermis (griech. endon = drinnen; derma = Haut) stellt das **innere Abschlussgewebe**

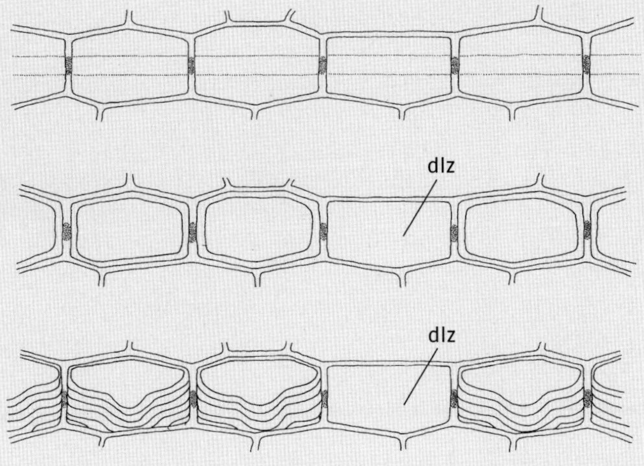

Abb. 6.4 Endodermis der Wurzel, verschiedene Stadien: A primäre Endodermis, Radialwände mit Caspary'schem Streifen, B sekundäre Endodermis mit allseitig aufgelegter Korklamelle, einzelne Durchlasszellen (dlz), C tertiäre Endodermis mit U-förmig verdickten Zellwänden, einzelne Durchlasszellen (dlz) (nach Nultsch, NH)

der primären Rinde dar und trennt diese deutlich vom Zentralzylinder. Sie ist meist einschichtig und dient als physiologische Scheide, indem sie den **apoplastischen** Wasser- und Mineralsalztransport kontrolliert. Der Wasserweg geht ab der Endodermis membrankontrolliert über den Protoplasten (Osmose). Man kennt drei verschiedene Formen. In jungen Wurzelteilen findet man die sog. **primäre Endodermis** mit Zellen, in deren Radialwänden suberinartige Substanzen (Endodermin) bandförmig eingelagert sind (Abb. 6.4 A). Dieses Band bezeichnet man nach seinem Entdecker als den **Caspary'schen Streifen**. Er blockiert den Wasserweg in der Zellwand und zwingt den Wasser- und Nährsalzstrom durch das Plasmalemma in den Symplasten, von wo aus er „membrankontrolliert" bis zu den Leitungsbahnen weitertransportiert wird. Bei Angiospermen mit sekundärem Dickenwachstum stellt die primäre Form den Endzustand der Endodermis dar.

Die Zellen der sog. **sekundären Endodermis** sind zusätzlich mit einer Korklamelle (Suberinlamelle) ausgekleidet (Abb. 6.4 B). Eine **sekundäre Endodermis** findet man als Endzustand bei Gymnospermen und bei dikotylen Pflanzen ausnahmsweise, wenn bei geringem sekundärem Dickenwachstum die Wurzelrinde funktionsfähig bleibt. Einzelne Zellen, sog. **Durchlasszellen**, bleiben unverkorkt. Die Form der **tertiären Endodermis** wird meist nur bei Monokotyledonen erreicht, weil diese kein sekundäres Dickenwachstum haben und deshalb die Endodermis erhalten bleibt. Auf die Korklamelle werden dort dicke Celluloseschichten aufgelagert, die häufig auch verholzen. Liegt eine allseitige Verdickung vor, spricht man von einer **O-Endodermis**, bleibt dagegen die Cellulose-Auflagerung auf die Radialwände und die innere Tangentialwand beschränkt, spricht man von einer **U-Endodermis** (Abb. 6.4 C). Auch bei der tertiären Endodermis verbleiben einige Zellen als Durchlasszellen im primären Zustand.

Perizykel

Der Perizykel (griech. peri = ringsum, herum; kyklos = Kreis), die äußerste Zellschicht des Zentralzylinders, besteht aus zartwandigen, plasmareichen Zellen, die lückenlos aneinander schließen. Der Perizykel wird wegen seiner Teilungsfähigkeit auch als **Perikambium** bezeichnet. Er beteiligt sich am sekundären Dickenwachstum und am **Seitenwurzelwachstum** (endogene Verzweigung, Abb. 6.3). Die wachsende Seitenwurzel muss zunächst die Endodermis durchbrechen, die der Seitenwurzel noch eine Zeitlang durch Dilatationswachstum folgen kann. Dann durchstößt sie das Rindengewebe und die außen gelegene Exodermis. Anschluss an das Leitgewebe der Hauptwurzel erhält sie

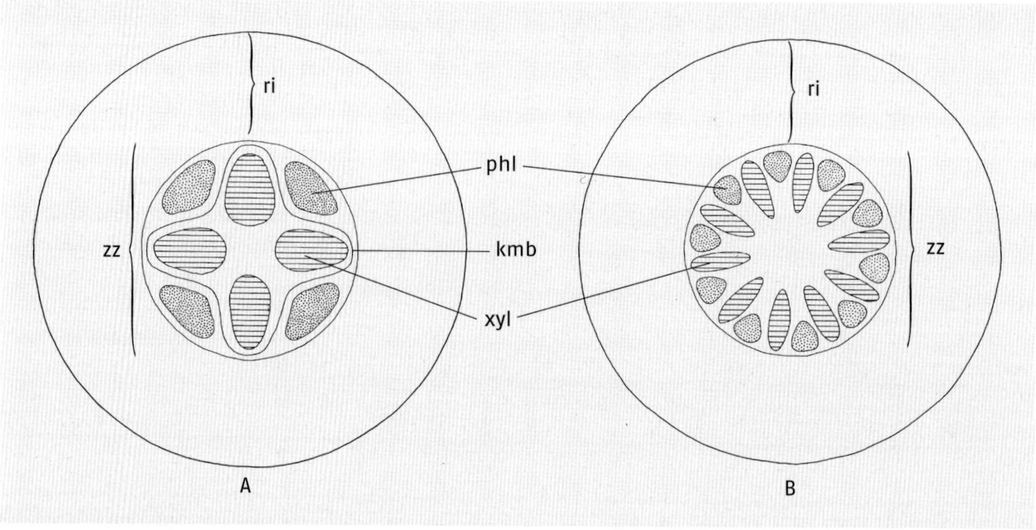

○ Abb. 6.5 Leitbündel der Wurzel: **A** radiär oligarches Leitbündel der dikotylen Pflanzen, **B** radiär polyarches Leitbündel der monokotylen Pflanzen, **kmb** Kambium, **phl** Phloem, **ri** Rinde, **xyl** Xylem, **zz** Zentralzylinder (NH)

durch Umdifferenzierung von Perizykel- und Parenchymzellen. Bei Monokotyledonen, die kein sekundäres Dickenwachstum aufweisen, ist der Perizykel häufig mehrschichtig, und seine Zellen können verholzen.

Leitbündel

Die Leitungselemente der Wurzel sind im Zentralzylinder lokalisiert und bilden selbstständige Phloem- und Xylemstränge, das man als **radiäres** (oder **radiales**) **Leitbündel** bezeichnet (○ Abb. 6.5). Die Xylemstränge sind **sternförmig** angeordnet, in den Buchten liegen die Phloemstränge. Dikotyle Pflanzen haben nur wenige Xylemstrahlen (**oligarch**) und werden je nach Anzahl der Strahlen als diarch, triarch, tetrarch usw. bezeichnet (○ Abb. 6.5 A). Monokotyle Pflanzen haben ein vielstrahliges (**polyarches**) Leitsystem mit mehr als sieben Strahlen (○ Abb. 6.5 B). Palmenwurzeln bringen es auf über 100 Xylemstrahlen. Die Zahl der Strahlen ist nicht fest und kann sich sogar innerhalb einer Wurzel ändern.

Die Phloem- und Xylemstränge sind durch Parenchymstreifen voneinander getrennt. Nur bei den Gymnospermen und dikotylen Pflanzen, deren Wurzeln zu sekundärem Dickenwachstum befähigt sind, ist dort an der Innenseite der Phloemstränge bereits das **Kambium** vorgebildet. Im Zentrum stoßen die Strahlen entweder unmittelbar zusammen, oder es liegt ein sklerenchymatisches oder parenchymatisches Mark vor, letzteres immer bei den Monokotyledonen.

6.2.3 Das sekundäre Dickenwachstum

Gymnospermen und dikotyle Pflanzen zeigen auch bei der Wurzel ein sekundäres Dickenwachstum, das mit dem Dickenwachstum des Sprosses zeitlich synchron ist. Die Bildung des Kambiums geht von den parenchymatischen Geweben zwischen den Xylemstrahlen und den Phloembereichen aus. Die neu gebildeten Kambiumstreifen treffen über den Xylemstrahlen auf das teilungsfähige Perikambium, so dass damit ein **sternförmiges Kambium** entsteht (○ Abb. 6.6 A). Es bildet genauso wie das Kambium des Sprosses nach innen Holz und nach außen Bast (sekundäre Rinde) mit jeweils den gleichen Elementen. Oberhalb der Xylemstrahlen werden **primäre Markstrahlen** im Holz und Bast angelegt. Zusätzlich können später im Holz und Bast **Holz-** bzw. **Baststrahlen** entstehen.

Durch eine rege Holzproduktion in den Buchten erweitert sich mit der Zeit das zunächst sternförmige Kambium zu einem **geschlossenen Kambiumring**. Im Ergebnis lässt sich eine Wurzel im Stadium des sekundären Dickenwachstums nur schwer von einem sekundären Spross unterscheiden. Allerdings enden die primären Markstrahlen bei der Wurzel innen an den primären Xylemstrahlen (○ Abb. 6.6 B), beim Spross im Mark.

Durch die Umfangserweiterung während des sekundären Dickenwachstums kommt es zwangsläufig auch bei der Wurzel zu einer Veränderung des **Abschlussgewebes**. Die primäre Rinde und die Endodermis können noch kurzzeitig durch **Dilatationswachstum** der Umfangserweiterung nachgeben, werden dann aber gesprengt und abgeworfen. Die **Peridermbildung** geht vom **Perikambium** aus, wobei der gebildete Kork dem der Sprossachse gleicht. Auch kann eine **Borkenbildung** beobachtet werden.

6.3 Wurzelmetamorphosen

Die Wurzeln von Pflanzen, die unter extremen Bedingungen leben, können spezielle Aufgaben haben. Dies ist mit einem Gestaltwandel der Wurzel verbunden. Von Wurzelmetamorphosen spricht man dann, wenn Gestalt und Funktion der Wurzel stark verändert sind.

Rüben: Als Rüben bezeichnet man dicke, fleischige Primärwurzeln, die der Stoffspeicherung (vorwiegend Kohlenhydrate) dienen. In die Rübenbildung kann auch das Hypokotyl einbezogen sein. Die Rübe der Karotte und der Zuckerrübe wird fast ausschließlich von der Wurzel gebildet, an der Futterrübe hat das Hypokotyl (Achsenabschnitt zwischen Wurzel und Keimblättern) starken Anteil. Die „Rote Rübe" ist streng genommen keine „Rübe", sondern eine Hypokotylknolle.

Wurzelknolle: Auch Wurzelknollen dienen bevorzugt der Speicherung von Kohlenhydraten (Jamswurzel, Tobinambur, Dahlie). Die sprossbürtigen Wurzeln schwellen dabei knollenförmig an und tragen keine Seitenwurzeln.

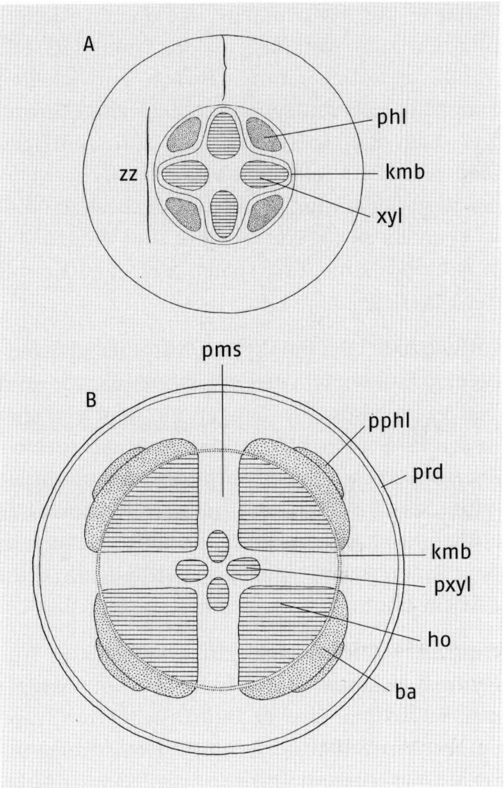

○ **Abb. 6.6** Sekundäres Dickenwachstum der dikotylen Wurzel: **A** primäres Stadium, **B** sekundäres Stadium, **ba** Bast, **ho** Holz, **kmb** Kambium, **phl** Phloem, **pms** Markstrahl, **pphl** primäres Phloem, **prd** Periderm, **ri** Rinde, **pxyl** primäres Xylem, **xyl** Xylem, **zz** Zentralzylinder (nach Lüttge et al., NH)

Stützwurzeln: Viele Pflanzen der Tropen bilden Wurzeln aus, die der zusätzlichen Befestigung dienen. Mangrovenbäume, die in Sümpfen leben, bilden zu diesem Zweck z. B. Stelzwurzeln aus. Auch einige Pflanzen, die die Gezeitenzonen tropischer Meere besiedeln, werden durch Stelzwurzeln über das mittlere Hochwasserniveau erhoben. Andere tropische Bäume, wie z. B. der Indische Gummibaum, treibt von den Zweigen aus mächtige Stützwurzeln bis zum Boden, die dem oberirdischen Sprosssystem dann den nötigen Halt verleihen. Die gleiche Funktion erfüllen die mächtigen Brettwurzeln mancher Bäume des tropischen Regenwaldes, die ansonsten nur ungenügend im Boden verankert wären.

Ranken- und Haftwurzeln: Sie dienen Kletterpflanzen zum Anheften an die Unterlage. Die Vanille befestigt ihren schwach entwickelten Stängel mittels Rankenwurzeln an einer Stütze. Der Efeu klammert sich mit sprossbürtigen Haftwurzeln an seine Unterlage, häufig an Mauern, fest. Bei der jungen Efeuranke besitzen diese Wurzeln noch Wurzelhaare und dienen der Wasseraufnahme. Erst später verkleben sie mit der Unterlage.

Luftwurzeln: Bei Epiphyten (Aufsitzerpflanzen) dienen Luftwurzeln der Wasseraufnahme und der Assimilation. Sie dringen nie oder erst spät in den Boden ein. Die Exodermis ist als spezielles, mit Luft gefülltes Absorptionsgewebe ausgebildet, das Velamen, mit dem sie Regenwasser aufnehmen können. Durch die Chloroplasten in den Rindenzellen sind die Luftwurzeln grün und zur Photosynthese befähigt.

Wurzelhaustorien: Halbschmarotzer (z. B. Augentrost, Klappertopf, Wachtelweizen, Mistel) und Vollschmarotzer (z. B. Würger-Arten) zapfen mit Wurzelhaustorien die Xylemstränge ihrer Wirtspflanze an und versorgen sich dadurch mit Wasser und Nährsalzen.

Atemwurzeln: Manche Sumpfpflanzen, wie z. B. verschiedene Mangroven-Arten und die Sumpfzypresse, bilden Atemwurzeln aus. Es sind Seitenwurzeln des unterirdischen Wurzelsystems, die senkrecht nach oben wachsen (negativ geotrop). Sie erheben sich wie kleine Kegel über den schlammigen Untergrund und versorgen den Wurzelkörper mit Luft.

6.4 Praktische Aufgaben – Mikroskopie von Gewebeschnitten der Wurzel

6.4.1 Die Wurzelspitze

Schlafmohn – Spitze der Keimwurzel

Objekt

Schlafmohn – *Papaver somniferum* – Papaveraceae

Keimwurzeln von etwa 2 cm großen Keimpflanzen.

Präparation

In einer geschlossenen Petrischale lässt man Mohnsamen auf feuchtem Filtrierpapier bei Zimmertemperatur auskeimen. Nach etwa fünf Tagen haben sich die Keimpflanzen so weit entwickelt, dass die Wurzelspitzen mikroskopiert werden können. Mit einer Pinzette werden die Keimpflanzen entnommen und mit den Wurzeln in einen auf dem Objektträger vorbereiteten Tropfen Chloralhydrat (MR 05) getaucht. Mit einer Rasierklinge wird von der Wurzelspitze ein 1 bis 2 mm langes Stück abgeschnitten, das dann im Chloralhydrattropfen verbleibt und wie gewohnt aufgehellt wird.

Optionen: Kernfärbung mit Carmin-Essigsäure (MR 03). Färbung der Stärke mit Iod-Lösung (MR 17).

Beobachtung

Bei schwächster Vergrößerung (50-fach) wird die Spitze der Wurzel in das Blickfeld gebracht (o Abb. 6.7 A). Am unteren Ende liegt die **Wurzelhaube** (**Kalyptra**), darüber die glatte **Streckungszone** und dann folgt die **Wurzelhaarzone**, die mit zahlreichen **Wurzelhaaren** besonders auffallend ist. Bei stärkerer Vergrößerung (100-fach) erkennt man, dass sich unten an der Wurzelhaube die ältesten Zellen ablösen (o Abb. 6.7 B). Oft liegt dort ein kompakter Zellhaufen. Im Präparat mit Kernfärbung hebt sich die durchsichtige Wurzelhaube besser vom kompakteren, eigentlichen Wurzelkörper ab. Wenn das Präparat durchsichtig genug ist, kann man kurz hinter der Wurzelhaube das **Kalyptrogen** erkennen. Es besteht wie für ein Kambium typisch aus radial in Reihe stehenden Zellen. Nahe der Wurzelspitze enthalten die Zellen viele kleine Stärkekörner (**Statolithenstärke**), die allerdings nur im gefärbten Präparat sichtbar sind. Wurzelhaare sind Ausstülpungen der **Rhizodermis** und sind von dieser nicht durch eine Zellwand abgetrennt (im Unterschied zu Haaren am Spross!). Dies kann bei 400-facher Vergrößerung beobachtet werden (o Abb. 6.7 C). Die **Zellkerne** liegen meist nahe der Wurzelhaarspitze.

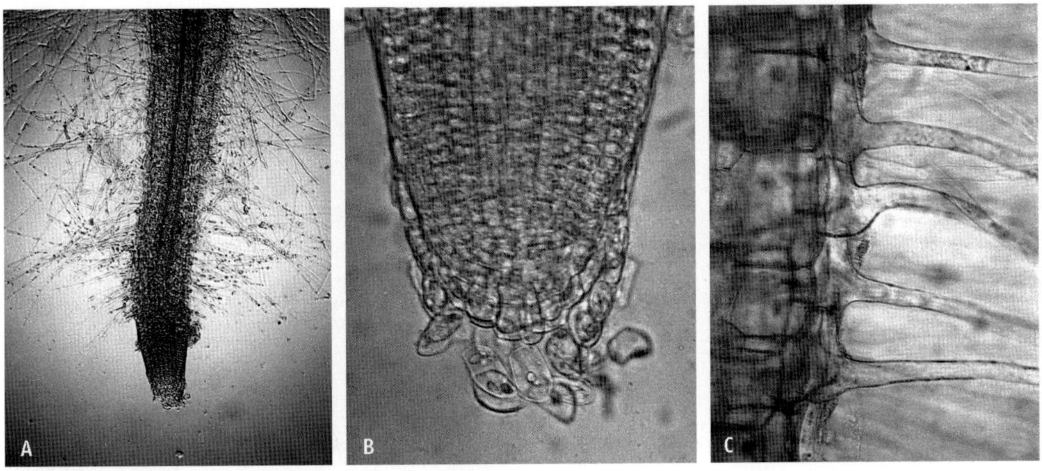

○ Abb. 6.7 Wurzelspitze des Mohns (*Papaver somniferum*): **A** Wurzelspitze mit Wurzelhaarzone, **B** Wurzelhaube mit abschilfernden Zellen, **C** Rhizodermiszellen zu Wurzelhaaren ausgebildet (StB)

Aufgabe

- **Übersicht:** Zeichnen der Wurzelspitze mit Kalyptra, Streckungszone und Wurzelhaarzone (nicht zellulär).
- **Ausschnitt:** ein Stück der Wurzelhaarzone mit Wurzelhaaren in verschiedenen Entwicklungsstadien mit ihren Zellkernen (Einstrich-Zeichentechnik).

6.4.2 Die Wurzel der monokotylen Pflanzen

Schwertlilie – Querschnitt der Wurzel

Objekt

Schwertlilie – *Iris germanica* – Iridaceae

Wurzeln, etwa 5 mm dick; geeignet ist frisches oder besser in Ethanol (MR 01) eingelegtes Material.

Präparation

Die Wurzel wird exakt quer angeschnitten, und in dieser Schnittrichtung werden mehrere dünne Schnitte hergestellt. Das Präparat wird mit Chloralhydrat aufgehellt (MR 05).

Optionen: Färbung verholzter Zellwände mit Phloroglucin-HCl (MR 12).

Beobachtung

In der Übersicht (50-fach, ○ Abb. 6.8) erkennt man einen relativ dicken **Rindenbereich** (ri) und in der Mitte den **Zentralzylinder** (zz). Eine **Exodermis** (exd) bildet das äußere Abschlussgewebe. Daran haften manchmal noch **Rhizodermisreste** (rzd). Die Rinde endet innen mit der **Endodermis** (endm). Im Zentralzylinder erkennt man das strahlig angeordnete **Xylem** (xyl, 10–12 Strahlen, radiär polyarch) mit einer weitlumigen Trachee und mehreren Tracheiden pro Strahl. Zwischen den Strahlen liegt das hellwan-

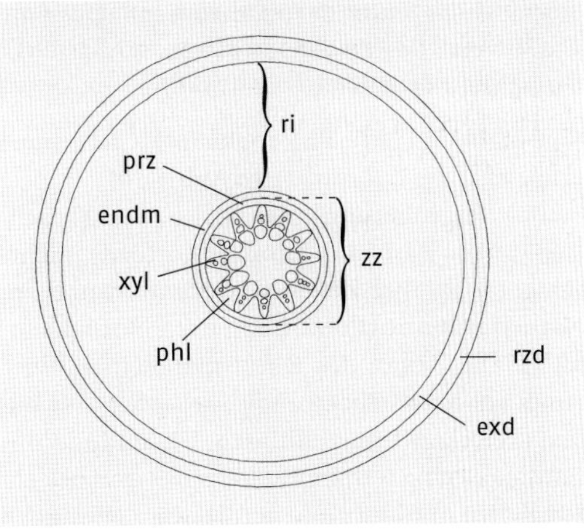

○ Abb. 6.8 Querschnitt der Iriswurzel (*Iris germanica*), Übersicht: **endm** Endodermis, **exd** Exodermis, **prz** Perizykel, **phl** Phloem, **ri** Rinde, **rzd** Rhizodermis, **xyl** Xylem, **zz** Zentralzylinder (NH)

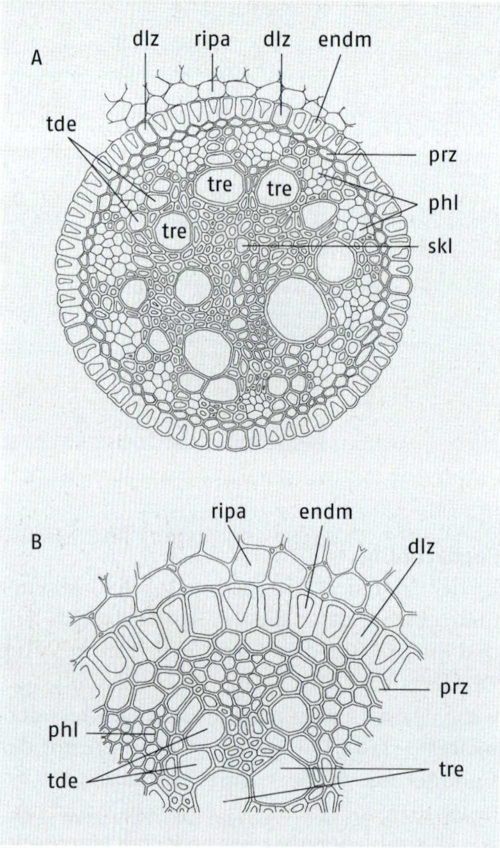

○ **Abb. 6.9** Querschnitt der Iriswurzel (*Iris germanica*), Ausschnitte: **A** Leitbündel mit Endodermis, **B** Xylemstrahlen und Endodermis im Detail, **dlz** Durchlasszelle, **endm** U-Endodermis, **phl** Phloem, **prz** Perizykel, **ripa** Rindenparenchym, **skl** Sklerenchym, **tre** Trachee, **tde** Tracheide (NH)

dige **Phloem** (phl). Phloroglucin-HCl-Färbung erleichtert die Zuordnung (○ Abb. 6.10).

Bei Vergrößerung (100-fach bzw. 400-fach) sieht man, dass die **Exodermis** (exd) mehrschichtig ist. Ihre Zellen sind verkorkt und zusätzlich verholzt (Rotfärbung mit Phloroglucin-HCl). Die Zellen des Rindenparenchyms sind rundlich, relativ dickwandig, getüpfelt und bilden dreieckige **Interzellularen**. Die Endodermis (endm) ist eine tertiäre Endodermis und besteht aus Zellen mit U-förmig verdickten Zellwänden (○ Abb. 6.10). Sie färben sich mit Phloroglucin-HCl schwach rot (Lignin-Einlagerung). Bei stärkerer Vergrößerung (1000-fach) kann man die feine Wandschichtung erkennen (○ Abb. 6.11). Einzelne unverdickte **Durchlasszellen** (dlz) unterbrechen die Reihe. Sie liegen meist über den Xylemstrahlen (○ Abb. 6.12). Der **Perizykel** (prz) schließt als äußere Schicht des Zentralzylinders mit seinen ovalen, dünnwandigen Zellen lückenlos an die Endodermis an. Manchmal kann man im Perizykel die Anlage einer Seitenwurzel erkennen.

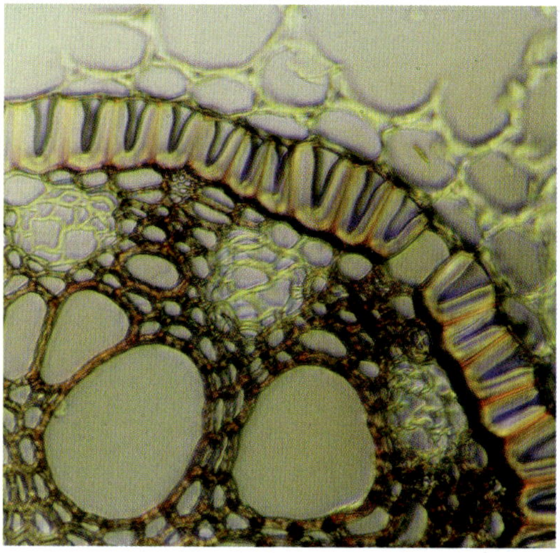

○ **Abb. 6.10** Iriswurzel im Querschnitt (*Iris germanica*): Ausschnitt des Leitbündels im Bereich der U-Endodermis mit Rindenparenchym; Beschriftung siehe Schemazeichnung ○ Abb. 6.9 B (StB)

Aufgabe

- **Übersicht:** Zeichnen des Wurzelquerschnitts mit Exodermis, Rinde, Endodermis, Perizykel und dem radiären Leitbündel (Schemazeichnung, nicht zellulär!).
- **Ausschnitt:** Ein Bereich aus dem Übergang von der Rinde zum Zentralzylinder wird zellulär gezeichnet. Zu beachten sind dabei die unterschiedlichen Wandstärken der Zellen verschiedener Gewebe.

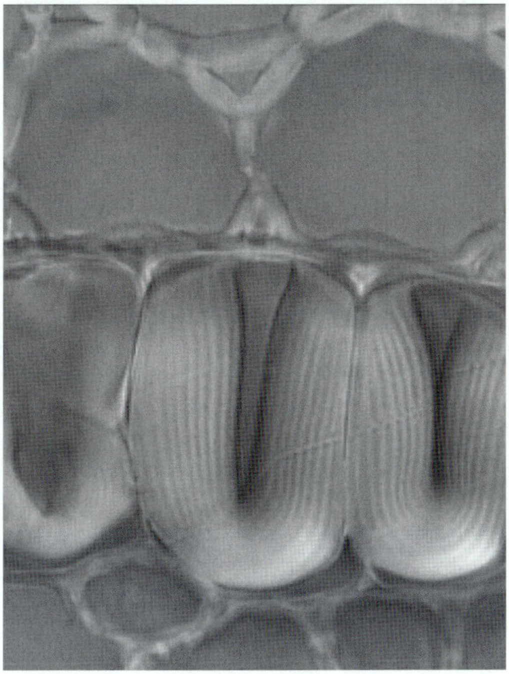

Abb. 6.11 Endodermiszellen in 1 000-facher Vergrößerung mit deutlich sichtbarer Schichtung der U-förmigen Wandauflagerungen (*Iris germanica*) (StB)

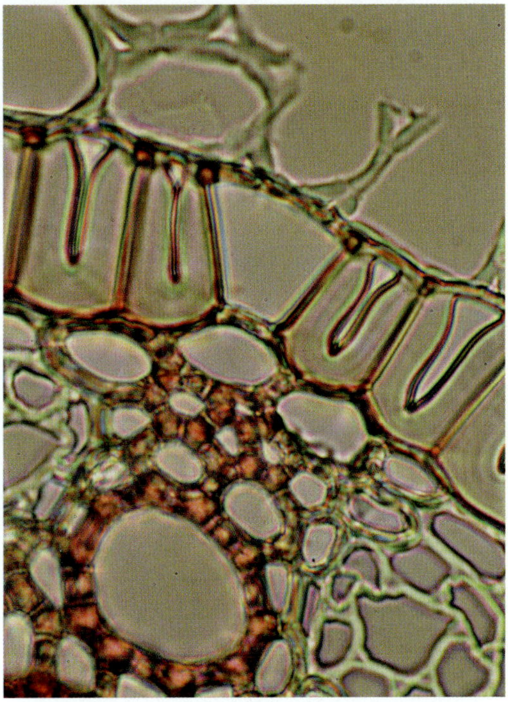

Abb. 6.12 U-Endodermis der Iriswurzel (*Iris germanica*) mit Durchlasszelle (StB)

Optionen: Färbung verholzter Zellwände mit Phloroglucin-HCl (MR 12). Färbung der Stärke mit Iod-Lösung (MR 17); Färbung des Schleims mit Thionin-Lösung (MR 16).

6.4.3 Die sekundäre Wurzel der dikotylen Pflanzen

Eibisch – Querschnitt der Wurzel

Objekt

Eibisch – *Althaea officinalis* – Malvaceae

Ca. 5 mm dicke Wurzel; in Ethanol eingelegtes Material (MR 01) lässt sich besser schneiden als Frischmaterial. Geeignet sind auch in Alkohol eingelegte Stücke der Ganzdroge oder der Schnittdroge.

Präparation

Die Wurzel wird quer angeschnitten, und in dieser Schnittrichtung werden mehrere dünne Schnitte hergestellt. Das Präparat wird mit Chloralhydrat aufgehellt (MR 05). Wird Schnittdroge verwendet, muss besonders auf die Schnittrichtung geachtet werden. Der Schnitt muss im Bereich des Kambiums erfolgen, das mit bloßem Auge als dunklere Linie auf dem Querschnitt zu erkennen ist.

Beobachtung

Das Präparat besteht im Wesentlichen aus hellem parenchymatischem Gewebe. Es wird durch einen dunkleren, konzentrischen Ring in einen peripheren und einen zentralen Bereich gegliedert (Abb. 6.13 A). Ganz außen liegt als Abschlussgewebe ein **Periderm** (prd). Wird Droge verwendet, fehlt dieses, da die Droge geschält in den Handel kommt. Nach innen schließen die helle **primäre Rinde** (pri) und der **Bast** (ba) an. Die Grenze zum **Holz** (ho) bildet das hellbraune **Kambium** (kmb). Das Holz reicht bis ins Zentrum, wo sich sklerenchymatische Elemente befinden. In radialer Richtung verlaufen im Bast **Baststrahlen** (bastr) und im Holz **Holzstrahlen** (hostr). Die Strahlen sind schmal. Mit Phloro-

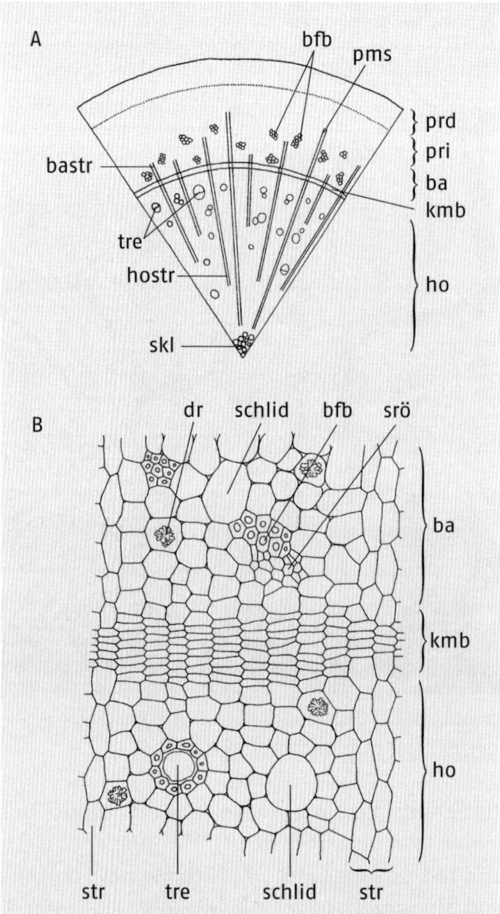

Abb. 6.13 Querschnitt der Eibischwurzel (*Althaea officinalis*): **A** Übersicht, Schemazeichnung, **B** Ausschnitt im Bereich des Kambiums, **ba** Bast, **bastr** Baststrahl, **bfb** Bastfaserbündel, **dr** Druse, **ho** Holz, **hostr** Holzstrahl, **kmb** Kambium, **pms** primärer Markstrahl, **prd** Periderm, **pri** primäre Rinde, **schlid** Schleimidioblasten, **skl** Sklerenchym, **srö** Siebröhren, **str** Strahl, **tre** Trachee mit anliegenden Sklerenchymfasern (NH)

glucin-HCl färben sich die wenigen **Tracheen** (tre) im Holz und das im Zentrum liegende Sklerenchym rot. Die in der sekundären Rinde zwischen den Baststrahlen regelmäßig angeordneten **Bastfaserbündel** (bfb) sind schwach verholzt und färben sich nur sehr zögerlich an.

Bei Vergrößerung (100-fach) ist zu erkennen, dass der **Kork** 5- bis 8-schichtig ist und aus dünnwandigen, braunen, radial in Reihe stehenden Zellen besteht; die äußere Schicht ist leicht ausgefranst. Die **primäre Rinde** wird von lockerem, hellem Parenchym gebildet, ebenso der **Bast** (Abb. 6.13 B). Die **Baststrahlen** (bastr) sind nicht dilatiert und nur 1 bis 2 Zellen breit. Einzelne Zellen des Rindenparenchyms und des Markstrahls enthalten **Calciumoxalat-Drusen** (dr). Außerdem sind einige hellere, größere **Schleimidioblasten** (schlid) zu erkennen (Schleimfärbung). Die zwischen den Markstrahlen liegenden **Bastfaserbündel** (bfb) bestehen aus 3–8 Bastfasern. Die **kambiale Zone** (kmb) ist hellbraun und bis zu 10 Zellen breit. Das Holz besteht aus parenchymatischem Gewebe mit wenigen verholzten Tracheen, die einzeln verstreut oder in kleinen Gruppen liegen. Wie in der Rinde sind im Parenchym des Holzes auch Drusen und Schleimidioblasten zu erkennen. Die Stärke, im Wasserpräparat beobachtet, ist einfach gebaut, rundlich oval, bisweilen mit Längsspalt. Im Zentrum befinden sich das primäre Xylem und Sklerenchym.

Aufgabe

- **Übersicht:** Zeichnen des Wurzelquerschnitts (Schemazeichnung, nicht zellulär). Eingezeichnet werden Periderm, primäre Rinde, Bast, Kambium, Holz und die Strahlen.
- **Ausschnitt:** Ein Segment aus dem Übergang vom Bast zum Holz mit Kambium und Strahl wird zellulär gezeichnet. Um die unterschiedlichen Wandstärken der verschiedenen Zelltypen hervorzuheben, werden Parenchym-, Kambium- und Markstrahlzellen mit der Einstrich-Zeichentechnik, Bastfasern und Tracheen mit der Dreistrich-Zeichentechnik gezeichnet.

6.5 Praktische Aufgaben – Mikroskopie von pulverisierten Wurzeldrogen (Radix)

Wurzeldrogen sind meist helle Pulver, können aber durch Gerbstoffe auch rotbraun gefärbt sein. Sie zeichnen sich im mikroskopischen Bild meist durch einen hohen Anteil an parenchymatischem Gewebe aus, da die Rindenzone bei Wurzeln relativ dick ist und auch das Holz einen hohen Anteil parenchymatischer Zellen (Holzparenchym) aufweist. Häufig ist jedoch das Holzparenchym fusiform, d.h. die Zellen sind in der Längsaufsicht prosenchymatisch und spitz zulaufend. Sie können im Pulverpräparat deshalb u.U. mit Holz- bzw. Bastfasern verwechselt werden.

Im Pulver von Wurzeldrogen, die mit der Korkschicht („ungeschält") in den Handel kommen, fallen große, oft schlecht durchstrahlte Korkfragmente in Aufsicht auf. Sind die Fragmente dünn, kann man in Schrägaufsicht die Schichtung des Korks erkennen. Eher selten finden sich Korkfragmente im Querschnitt. Man kann sie an den typisch radial in Reihe stehenden Korkzellen erkennen. Bei Wurzeldrogen, die „geschält" in den Handel kommen, ist der wertlose Kork entfernt. Solche Drogen weisen allenfalls noch wenige Korkreste auf, die auf ungenügende Entfernung des Korks hinweisen (fremde Bestandteile!).

Tracheenbruchstücke sind immer vorhanden. Im Drogenpulver sind sie in der Längsaufsicht an ihren typischen Wandverstärkungen zu erkennen. Da es sich bei den Drogen um ältere Wurzeln handelt, sind es meist Fragmente von Netz-, Treppen- oder Tüpfeltracheen. Ihre Zellwände sind in der Regel verholzt und färben sich deshalb mit Phloroglucin-HCl rot.

Sklerenchymatische Elemente zur Festigung befinden sich sowohl in der Rinde (Bast und primäre Rinde) als auch im Holz. Im Falle von prosenchymatischem Festigungsgewebe (Sklerenchymfasern) sind in der Pulverdroge Bast- bzw. Holzfasern in Aufsicht zu finden, da die Schnittrichtung beim Mahlen vorwiegend radial längs ist. Isodiametrisches Festigungsgewebe erkennt man als isodiametrische Steinzellen oder als Sklereiden (eher selten). Das Sklerenchym hat meist verholzte Zellwände. Bastfasern und Holzfasern können einzeln oder als Bündel vorkommen. Den Bündeln liegen manchmal Kristallzellreihen auf, die in der Aufsicht sehr charakteristisch sind.

Hin und wieder sind in der Pulverdroge auch Tangentialschnitte mit „Strahlspindeln" zu finden. Elemente der Endodermis können nur bei Drogen aus Monokotyledonen gefunden werden und sind im Pulver nur auffällig, wenn es sich um eine tertiäre Endodermis handelt (z.B. U-Endodermis in Sarsaparillae radix plv.).

Wurzeldrogen enthalten meist Stärke und häufig Kristalle, seltener Lipidtröpfchen oder Inulin (Wurzeln der Asteraceae). Form und Größe der Stärkekörner sowie der Kristalle sind für die Identifizierung einer Wurzeldroge sehr wichtig. Haare fehlen in Wurzeldrogen.

Die Wurzeldrogen der Arzneibücher sind in ◘ Tab. 6.1 zusammengestellt. Hier folgen vier Drogenbeispiele

Eibischwurzel – Althaeae radix – *Althaea officinalis* – Malvaceae

- **Periderm:** Kork ist nicht vorhanden, da die Droge geschält in den Handel kommt; allenfalls als fremder Bestandteil enthalten.
- **Rinde:** Helles, interzellularenreiches Parenchym aus rundlichen Zellen; einige wenige Zellen enthalten Calciumoxalat-Drusen, Drusen auch frei im Präparat; lange, schmale Bastfasern, z.T. in Gruppen zusammen und „ausgefranst", mit Phloroglucin-HCl nur schwach anfärbbar.
- **Holz:** Helles, interzellularenreiches Parenchym (Holz- und Holzstrahlparenchym), nicht von dem der Rinde zu unterscheiden, einige Zellen mit Drusen; Bruchstücke von verholzten Netz- und Tüpfeltracheen.
- **Stärke:** Ovale Einzelkörner (3,5–25 µm) mit kleinem Trocknungsspalt, sowohl in Zellen des Parenchyms als auch frei im Präparat.
- **Schleim:** Nach Quellen des Pulvers im Wasserpräparat lassen sich mit Thionin-Lösung (MR 16) die Schleimzellen im Parenchym der Rinde und des Holzes nachweisen.

(○ Abb. 6.14)

Tab. 6.1 Wurzeldrogen der Arzneibücher: Europäisches Arzneibuch (Ph. Eur., 8. Ausgabe 2014 inkl. Nachträge bis 8.5), Deutsches Arzneibuch (DAB 2012)

Deutscher Name	Lateinischer Name	Stammpflanze	Familie
Angelikawurzel	Angelicae archangelicae radix	*Angelica archangelica*	Apiaceae
Baldrianwurzel	Valerianae radix	*Valeriana officinalis s. l.*	Valerianaceae
Blasser-Sonnenhut-Wurzel	Echinaceae pallidae radix	*Echinacea pallida*	Asteraceae
Brennnesselwurzel DAB	Urticae radix	*Urtica dioica* u. a.	Urticaceae
Eibischwurzel	Althaeae radix	*Althaea officinalis*	Malvaceae
Enzianwurzel	Gentianae radix	*Gentiana lutea*	Gentianaceae
Ginsengwurzel	Ginseng radix	*Panax ginseng*	Araliaceae
Hauhechelwurzel	Ononidis radix	*Ononis spinosa*	Fabaceae
Ipecacuanhawurzel	Ipecacuanhae radix	*Cephaelis ipecacuanha* u. a.	Rubiaceae
Liebstöckelwurzel	Levistici radix	*Levisticum officinale*	Apiaceae
Löwenzahnwurzel	Taraxaci officinalis radix	*Taraxacum officinale*	Asteraceae
Pelargoniumwurzel	Pelargonii radix	*Pelargonium sidoides, P. reniforme*	Geraniaceae
Primelwurzel	Primulae radix	*Primula veris u. a.*	Primulaceae
Purpur-Sonnenhut-Wurzel	Echinaceae purpureae radix	*Echinacea purpurea*	Asteraceae
Ratanhiawurzel	Ratanhiae radix	*Krameria triandra*	Krameriaceae
Rauwolfiawurzel DAB	Rauwolfiae radix	*Rauvolfia serpentina*	Apocynaceae
Rhabarberwurzel	Rhei radix	*Rheum palmatum* u. a.	Polygonaceae
Schmalblättriger- Sonnenhut-Wurzel	Echinaceae angustifoliae radix	*Echinacea angustifolia*	Asteraceae
Senegawurzel	Polygalae radix	*Polygala senega* u. a.	Polygalaceae
Süßholzwurzel	Liquiritiae radix	*Glycyrrhiza glabra u. a.*	Fabaceae
Taigawurzel	Eleutherococci radix	*Eleutherococcus senticosus*	Araliaceae
Teufelskrallenwurzel	Harpagophyti radix	*Harpagophytum procumbens u. a.*	Pedaliaceae

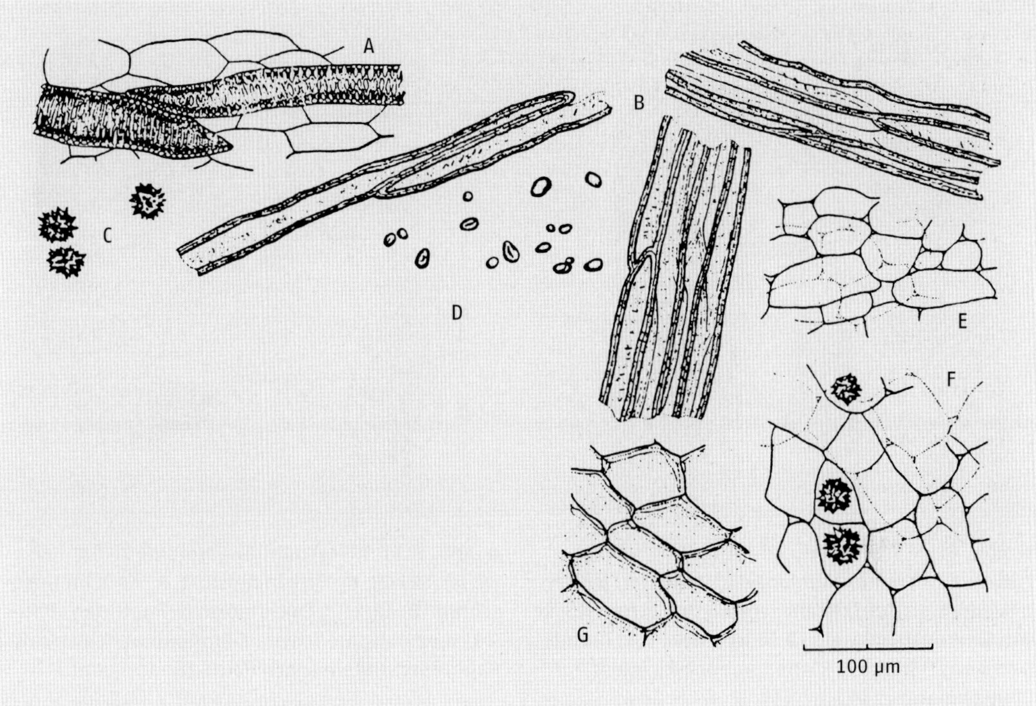

Abb. 6.14 Eibischwurzel (Althaeae radix), Pulver: **A** Tracheen mit anliegenden Parenchymzellen, **B** Fasern, **C** Calciumoxalat-Drusen frei, **D** Stärke, **E** Parenchym, **F** Parenchym mit Calciumoxalat-Drusen, **G** Kork, fehlt bei geschälter Droge (nach Deutschmann et al., NH)

Süßholzwurzel – Liquiritiae radix – *Glycyrrhiza glabra* – Fabaceae

- **Periderm:** Kork fehlt, da die Droge geschält in den Handel kommt.
- **Rinde:** Zahlreiche Stücke von Rindenparenchym mit rundlichen bis rechteckigen Zellen (wenig charakteristisch); einige Zellen der Rinde und des Markstrahls enthalten große Calciumoxalat-Einzelkristalle (selten!); Bastfaserbündel in Längsaufsicht, die meist von Kristallzellreihen aus Calciumoxalat-Einzelkristallen überlagert sind (typisch); Bastfasern verholzt.
- **Holz:** Tracheenbruchstücke von Netz- und Tüpfeltracheen, oft mit Belegzellen (flache, regelmäßig angeordnete, verholzte Parenchymzellen); Holzfaserbündel, die wie die Bastfasern häufig von Kristallzellreihen überlagert sind; Tracheenbruchstücke und Holzfasern verholzt.
- **Stärke:** Im Rindenparenchym, Holzparenchym und außerhalb des Gewebes zahlreiche kleine, einzelne Stärkekörner verschiedener Formen (2–20 µm).

(Abb. 6.15)

Rhabarberwurzel – Rhei radix – *Rheum palmatum* – Polygonaceae

- **Periderm:** Dünner, rötlicher Kork, vorwiegend in Aufsicht.
- **Rinde:** Interzellularenreiches, gelbliches Parenchym aus rundlichen bis rechteckigen Zellen; in einigen Zellen liegen charakteristische, sehr große Calciumoxalat-Drusen, die auch zahlreich frei im Präparat vorkommen.
- **Holz:** Zahlreiche Bruchstücke von Netztracheen, häufig anastomosierend, nicht verholzt; Anteile des Holzparenchyms von denen des Rindenparenchyms nicht zu unterscheiden.

6

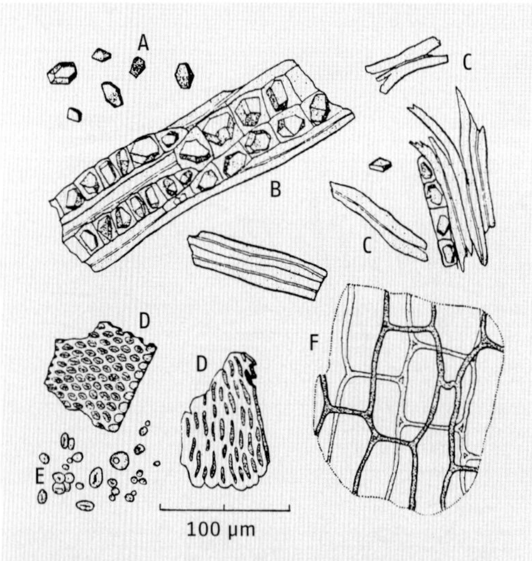

Abb. 6.15 Süßholzwurzel (Liquiritiae radix), Pulver: **A** Calciumoxalat-Einzelkristalle frei, **B** Kristallzellreihen auf Sklerenchymfasern, **C** Bruchstücke von Sklerenchymfasern, **D** Bruchstücke von Tüpfeltracheen, **E** Stärke, **F** Rindenparenchym (nach Deutschmann et al.)

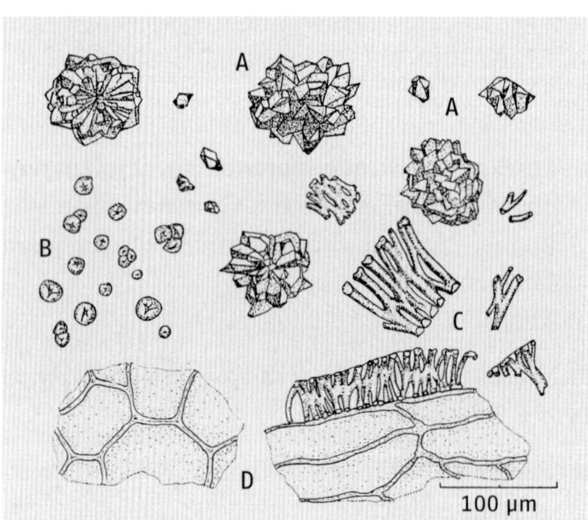

Abb. 6.16 Rhabarberwurzel (Rhei radix), Pulver: **A** Calciumoxalat-Drusen, **B** Stärke, **C** Bruchstücke von Netztracheen, **D** Parenchym (nach Deutschmann et al.)

- **Stärke:** Im Rindenparenchym, Holzparenchym und frei zahlreiche einzelne, kleine, rundliche Stärkekörner (10–17 µm) mit Trocknungsspalt.

(**o** Abb. 6.16)

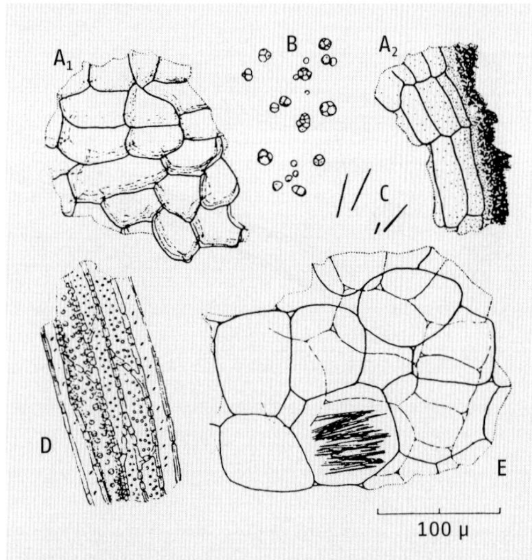

Abb. 6.17 Ipecacuanhawurzel (Ipecacuanhae radix), Pulver, **A_1** Kork in Aufsicht, **A_2** Kork im Querschnitt, **B** Stärke, **C** Calciumoxalat-Raphiden, **D** fusiformes Holzparenchym, **E** Rindenparenchym mit Raphidenbündeln (nach Deutschmann et al.)

Ipecacuanhawurzel (Brechwurzel) – Ipecacuanhae radix – *Cephaelis ipecacuanha* – Rubiaceae

- **Periderm:** Heller bis brauner Kork, der charakteristischerweise relativ häufig im Querschnitt zu finden ist und an den radial in Reihe stehenden, dünnwandigen Zellen erkannt werden kann; auch sind Stücke in Aufsicht vorhanden;
- **Rinde:** Helles, dünnwandiges Parenchym aus rundlichen Zellen; wenn die Droge nicht zu stark gemahlen ist, sind einzelne Zellen mit Calciumoxalat-Raphiden in Bündeln darin zu finden; zahlreiche feine Raphiden vor allem frei im Präparat (etwas abdunkeln, da sie leicht überstrahlt werden!).
- **Holz:** Bruchstücke schmaler Tüpfeltracheen, meist in Gruppen, mit anliegendem fusiformem, getüpfeltem Holzparenchym, beide Gewebetypen verholzt.
- **Stärke:** Stärkekörner vorwiegend 3- bis 4-fach zusammengesetzt (bis 35 µm), einzelne Stärkekörner selten.

(**o** Abb. 6.17)

7 Die Blüte

Mit der Bildung der Blüte wird bei **Samenpflanzen (Spermatophytina)** der Übergang von der vegetativen zur reproduktiven Phase eingeleitet. Die Blütenbildung erfolgt in Abhängigkeit vom Alter der Pflanze und wird in unseren Breiten bei vielen Pflanzen von der Tageslänge ausgelöst (Photoperiodismus). Mit der Blütenbildung endet das Wachstum der Sprossachse. Die Blüte hat keine Bedeutung für das Leben der Pflanze an sich. Durch Bildung von Frucht und Samen ist sie wichtig für die Erhaltung der Art und deren Ausbreitung.

Die Blüte hat eine vorrangige Stellung in der Taxonomie, die als Teilwissenschaft der systematischen Botanik eine Einordnung der Blütenpflanzen in ein System ermöglicht. Im „Natürlichen System" der Pflanzen gliedert sich die Abteilung der **Samenpflanzen (Spermatophytina**; griech. sperma = Same) in zwei Unterabteilungen und definiert anhand der Blüte **Nacktsamer (Gymnospermen**; griech. gymnos = nackt) und **Bedecktsamer (Angiospermen**; griech. angeion = Gefäß). Bei der letzteren Gruppe sind die Samenanlagen in einen Fruchtknoten eingeschlossen, während bei den Gymnospermen die Samen frei auf den Fruchtblättern liegen.

Die Gymnospermen, zu denen im Wesentlichen alle Nadelgehölze zählen, sind phylogenetisch älter und stehen, auch was den Bau der Blüte und die Befruchtung betrifft, im Vergleich zu den Angiospermen auf einem niedrigeren Entwicklungsniveau. Die hohe Entwicklungsstufe der Angiospermen kommt in der Erscheinungsform der „Blüte" gut zum Ausdruck, wobei innerhalb dieser Gruppe verschiedene Entwicklungsstufen verwirklicht sind.

Pharmazeutisch werden nur die Blüten von Angiospermen genutzt, so dass sich die nachfolgenden Ausführungen ausschließlich mit der Morphologie und Anatomie der Angiospermenblüte beschäftigen.

7.1 Blütenstände

Meist bildet eine Pflanze nicht nur eine Blüte aus, sondern mehrere Blüten, die zu **Blütenständen** oder **Infloreszenzen** mit häufig zahlreichen, oft dicht zusammen gedrängten Blüten vereinigt sein können. Die Laubblattbildung ist im Bereich der Infloreszenzen meist unterdrückt, dafür treten unscheinbare Hochblätter, sog. **Trag-** oder **Deckblätter (Brakteen)**, auf. Andererseits können auffällig gefärbte Hochblätter die Attraktivität des Blütenstandes für Blütenbesucher erhöhen.

Ein Blütenstand besteht aus der Hauptachse und den Seitenachsen. Bei **racemösen Blütenständen** (○ Abb. 7.1) wächst während der Blütenstandsentwicklung die Hauptachse stärker als die Seitenachsen. Dazu zählen die **Traube** mit gestielten, die **Ähre** mit sitzenden Einzelblüten, der **Kolben** mit verdickter Ährenachse und

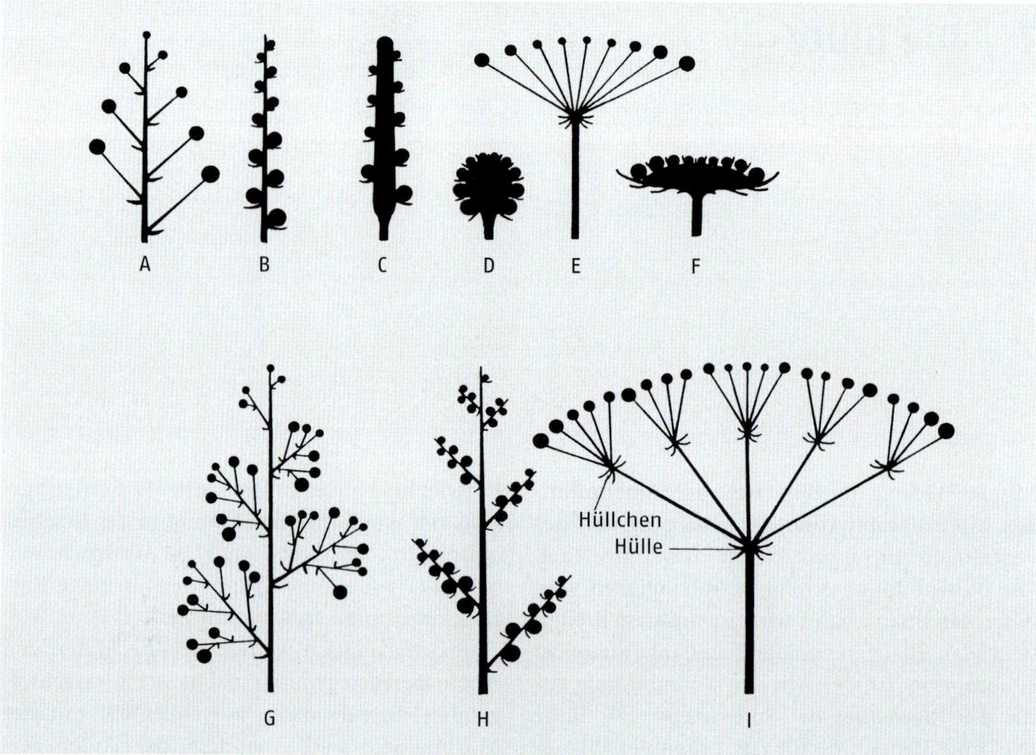

Abb. 7.1 Racemöse Blütenstände. Obere Reihe einfach racemös: **A** Traube, **B** Ähre, **C** Kolben, **D** Köpfchen, **E** Dolde, **F** Körbchen. Untere Reihe zusammengesetzt racemös: **G** doppelte Traube (Rispe), **H** zusammengesetzte Ähre, **I** Doppeldolde (aus Leistner und Breckle)

die **Köpfchen** und **Körbchen** mit einer in die Breite entwickelten Kolbenachse. Bei einer **Dolde** ist die Hauptachse gestaucht, und die gestielten Blüten strahlen von einem Punkt aus. Weit verbreitet sind auch **zusammengesetzte racemöse Blütenstände** wie die **Rispe**, die eine mehrfach verzweigte Traube darstellt, die **zusammengesetzte Ähre** und die **Doppeldolde**.

Bei den **cymösen Blütenständen** (Abb. 7.2) hat die Hauptachse ihr Wachstum frühzeitig eingestellt und wird deshalb von den sich stärker entwickelnden Seitenachsen überragt. Je nach Zahl der Seitenachsen, die das weitere Wachstum des Blütenstandes an Stelle der Hauptachse übernehmen, unterscheidet man zwischen einem **Monochasium** mit nur einer Seitenachse, einem **Dichasium** mit zwei und einem **Pleiochasium** mit mehr als zwei Seitenachsen. Beim Monochasium endet die Seitenachse wie die Hauptachse in einer Endblüte. Anschließend übernimmt eine Seitenachse zweiter Ordnung das Wachstum. Das Ganze kann sich mehrmals wiederholen, wobei entweder **Fächel**, **Sichel**, **Wickel** oder **Schraubel** entstehen. Bei der Wickel stehen die betreffenden Seitenachsen abwechselnd nach rechts oder links bezogen auf die Mediane des vorhergehenden Achsensystems. Bei der Schraubel fallen alle Fortsetzungssprosse nach einer Seite.

Sind die Blüten eines Blütenstandes klein und sitzen sie sehr eng aneinandergedrängt, entsteht der Eindruck einer einzigen Blüte. Dies ist besonders dann der Fall, wenn die Randblüten auffällig ausgebildet sind und dadurch Schaufunktion übernehmen oder wenn gefärbte Hochblätter hinzutreten. Man spricht dann von solchen Blütenständen als **Scheinblüten** (**Pseudanthien**, Einzahl: Pseudanthium). Damit wird die Unauf-

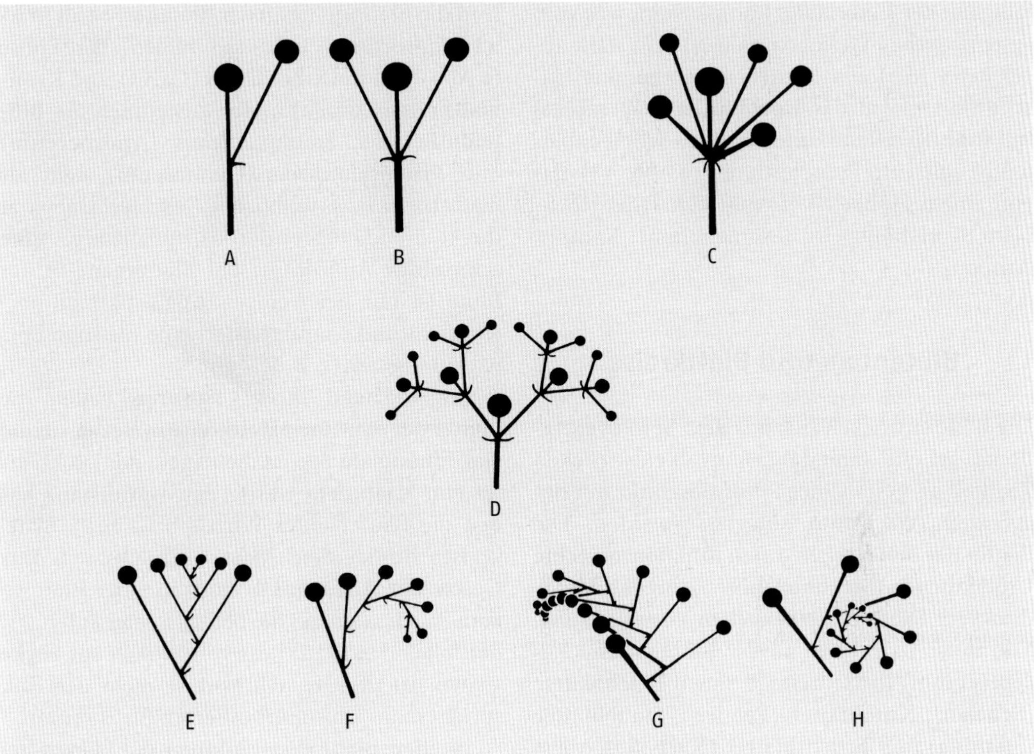

Abb. 7.2 Cymöse Blütenstände. Obere Reihe einfach cymös: **A** Monochasium, **B** Dichasium, **C** Pleiochasium. Mittlere Reihe: **D** cymös-dichasialer Blütenstand (zusammengesetztes Dichasium). Untere Reihe cymös-monochasiale Blütenstände: **E** Fächel, **F** Sichel, **G** Wickel, **H** Schraubel (nach Leistner und Breckle)

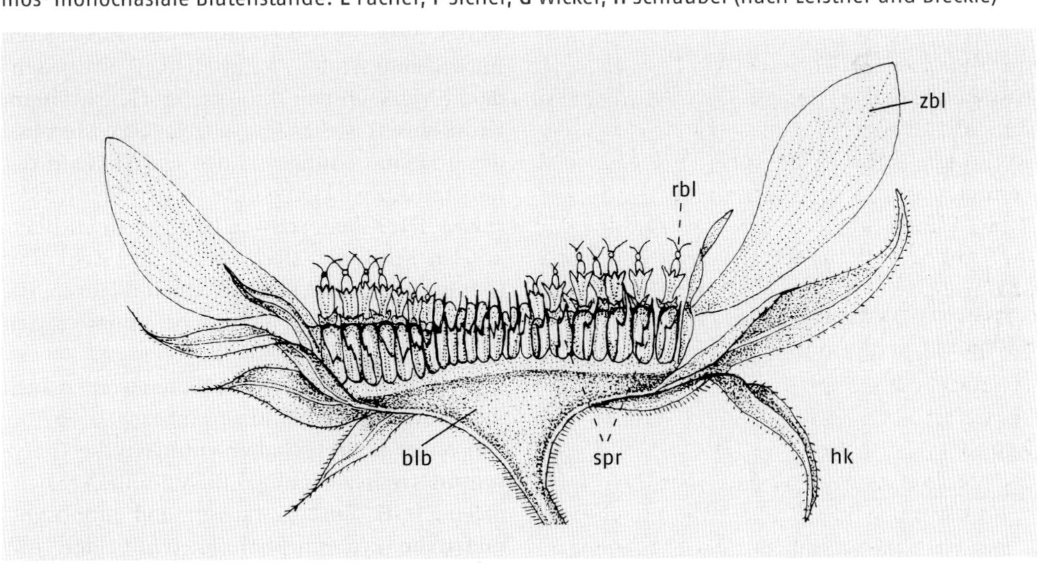

Abb. 7.3 Längsschnitt durch das Körbchen einer Asteraceenblüte: **blb** Blütenstandsboden (Infloreszenzachse), **hk** Hüllkelch (Involucrum), **rbl** Röhrenblüten, **spr** Spreuschuppen, **zbl** Zungenblüten (nach Engler-Prantl, aus Deutschmann et al.)

fälligkeit der Einzelblüte kompensiert, was vom systematischen Gesichtspunkt aus ein stark abgeleitetes Merkmal darstellt. Die charakteristische Blütenform der **Korbblütler** (Asteraceae) mit strahligen Rand- und röhrigen Scheibenblüten ist solch ein Pseudanthium (○ Abb. 7.3), das von einem Hüllkelch (Involucrum) aus Hochblättern umhüllt wird (Sonnenblume, Kamille, Arnika).

7.2 Blütenbau und Blattkreise

Die Blüte entwickelt sich aus dem Sprossvegetationskegel und kann daher im voll entwickelten Zustand als gestauchter Sprossabschnitt mit begrenztem Wachstum aufgefasst werden. Die Blätter der Blüte stehen durch funktionsgerechte Umbildungen (Metamorphosen) direkt oder indirekt im Dienste der sexuellen Fortpflanzung. Von unten nach oben an der **Blütenachse (Receptaculum)** fortschreitend sitzen **Kelchblätter (Sepalen)**, **Kronblätter (Petalen)**, **Staubblätter (Stamina)** und **Fruchtblätter (Karpelle)**. Meist

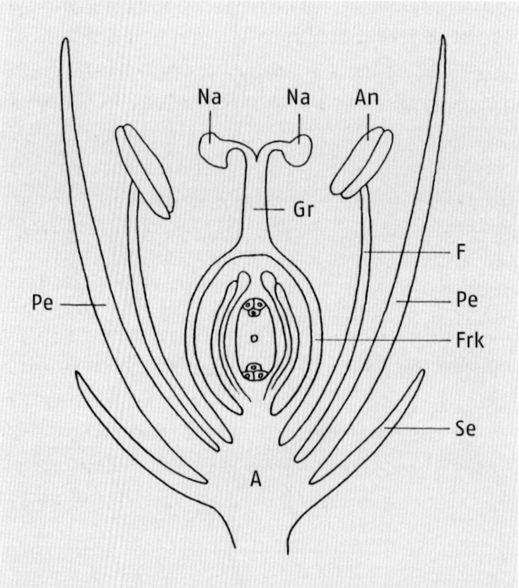

○ **Abb. 7.4** Zwittrige Blüte im Längsschnitt (Schemazeichnung): **A** Blütenachse, **An** Antheren, **F** Filament, **Frk** Fruchtknoten, **Gr** Griffel, **Na** Narben, **Pe** Petalen, **Se** Sepalen (nach Sachs, aus Frohne)

sind die Blattorgane an der Blütenachse als **Wirtel** angeordnet, d. h. sie bilden Blattkreise (○ Abb. 7.4). **Kelchblattkreis (Calyx)** und **Kronblattkreis** (Corolla) bilden zusammen die **Blütenhülle**, der **Staubblattkreis (Androeceum)** und **Fruchtblattkreis (Gynoeceum)** steht als männlicher bzw. weiblicher Geschlechtsapparat direkt im Dienste der Fortpflanzung. Eine **schraubige** Anordnung der Blattorgane in der Blüte ist nur bei wenigen Angiospermen verwirklicht und charakterisiert eine niedrige Entwicklungsstufe (z. B. Magnolie).

Entsprechend ihres Ursprungs halten die Blätter der einzelnen Blattkreise in Bezug auf die Anordnung am Spross die Regeln der Laubblätter ein. Nach dem Gesetz der **Äquidistanz** haben die Blätter eines Wirtels bzw. eines Blattkreises immer denselben Winkelabstand. Das Gesetz der **Alternanz** kommt in einer Blüte so zum Ausdruck, dass die Blätter zweier aufeinander folgenden Blattkreise gewöhnlich auf Lücke stehen. Ist dies ausnahmsweise nicht der Fall, spricht man von **superponierten** Blattkreisen.

In allen Blattkreisen können die Blätter frei stehend oder miteinander ganz oder teilweise verwachsen sein. In der Systematik werden frei stehende Blätter als ein einfaches Merkmal gewertet, was die Unterklassen der niedrigeren Entwicklungsstufen kennzeichnet (Magnoliidae). Verwachsene Blütenteile (Kelchröhren, Kronröhren) stellen ein abgeleitetes Merkmal dar und sind häufiger in den Unterklassen der höheren Entwicklungsstufe verwirklicht (Asteridae). Die Gliederzahl in den einzelnen Blattkreisen schwankt stark, wobei die Zahl fünf (**pentamere** Blüten) bei dikotylen Pflanzen, die Zahl drei (**trimere** Blüten) bei monokotylen Pflanzen besonders häufig vertreten ist.

In die Beschreibung von Blüten werden auch die Symmetrieverhältnisse einbezogen (○ Abb. 7.5, obere Reihe). **Radiärsymmetrische (polysymmetrische, strahlige)** Blüten mit Drehsymmetrie (z. B. Rosengewächse) und **monosymmetrische (zygomorphe)** Blüten mit einer Symmetrieebene und Spiegelbildsymmetrie (z. B. Schmetterlingsblüten der Fabaceae und Lippenblüten der Lamiaceae) kommen am häufigsten vor. Weniger verbreitet sind **disymmetrische** Blüten mit zwei senkrecht aufeinander stehenden Symmetrieebenen (Kreuzblüte der Brassicaceae). Völlig **asymmetrische** Blüten, wie sie z. B. bei der Calla realisiert sind, können als Ausnahme angesehen werden.

Die Blüte der Angiospermen ist normalerweise **zwittrig** (**bisexuell**), d.h. sie enthält sowohl männliche (Androeceum) als auch weibliche Blütenorgane (Gynoeceum). Daneben kennt man Pflanzenarten, die nur **eingeschlechtige** (**unisexuelle**) Blüten ausbilden und, um die sexuelle Fortpflanzung zu gewährleisten, dann männliche und weibliche Blüten getrennt bilden müssen. Bei den **einhäusigen** (**monözischen**) Arten kommen beide Blütentypen auf derselben Pflanze vor (z. B. Birke, Hasel, Buche, Mais), bei den **zweihäusigen** (**diözischen**) Arten stehen sie getrennt auf verschiedenen Pflanzen. Diözische Arten bilden somit sowohl rein männliche als auch rein weibliche Pflanzen aus, wie z. B. der Indische Hanf, der Hopfen, die Brennnessel und die Weiden.

7.2.1 Blütenhülle

Die Blütenhülle der Angiospermen ist unterschiedlich ausgeformt. Man spricht von der Blütenhülle als **Perianth**, wenn die Blütenhüllblätter in Kelchblätter und Kronblätter differenziert sind. Eine solche Blüte ist **heterochlamydeisch** (griech. heteros = anders, verschieden; chlamys = Mantel). Sind hingegen die Blütenhüllblätter alle gleich gestaltet, die dann als Tepalen bezeichnet werden, spricht man von einem **Perigon** (z.B. Tulpe). Eine solche Blüte ist **monochlamydeisch** oder **homoiochlamydeisch** (griech. homoios = gleich; chlamys = Mantel), je nach Anzahl der Tepalenkreise. Einige Pflanzen, wie z. B. die Weidengewächse (Salicaceae), bilden keine Blütenhülle aus, so dass **achlamydeische** Blüten entstehen.

Kelch (Calyx)

Die einzelnen Blätter des Kelchs sind die **Sepalen** (**Kelchblätter**). Sie schützen die Blütenknospe. Sie können frei stehend oder miteinander verwachsen sein. Nach der Entfaltung der Blüte fallen sie gelegentlich ab (z. B. bei Mohngewächsen). Die

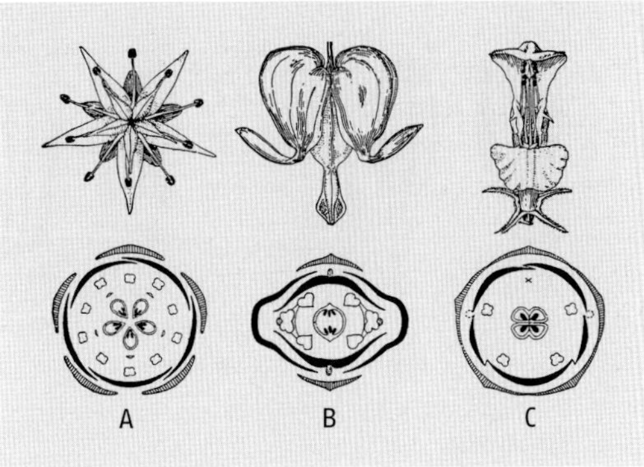

Abb. 7.5 Blütensymmetrie und Blütendiagramme (Grundrisse schematisiert): **A** polysymmetrisch, Bsp. Mauerpfeffer, **B** disymmetrisch, Bsp. Herzblume, **C** monosymmetrisch, Bsp. Taubnessel (nach Eichler und Hegl, aus Deutschmann et al.)

Sepalen stehen in der Regel den Laubblättern noch recht nahe. Sie sind meist grün und derb und lassen im Querschnitt ein Mesophyll erkennen, das meist in Palisaden- und Schwammparenchym gegliedert ist. Die Epidermis enthält Spaltöffnungen und kann behaart sein.

Blütenkrone (Corolla)

Die Blütenkrone mit den meist auffällig gefärbten **Petalen** (**Kronblättern**) stellt den Schauapparat der Blüte dar und lockt damit Nektar suchende Insekten an. Insofern steht sie indirekt im Dienste der Fortpflanzung. Auch die Petalen können entweder frei stehend oder miteinander ganz oder teilweise verwachsen sein. Sie sind gewöhnlich zart, das Mesophyll ist deutlich reduziert und nicht in Palisaden- und Schwammparenchym gegliedert. Die bunten Farben der Petalen werden durch Carotinoide (orangerot) und Xanthophylle (gelb) in Chromoplasten oder durch im Zellsaft gelöste Farbstoffe wie Anthocyane, die für rotviolett oder blaue Farben verantwortlich sind, hervorgerufen. Weiße Kronblätter bestehen aus farblosem, meist interzellularenreichem Parenchym.

7.2.2 Androeceum

Die Gesamtheit der männlichen Blütenorgane bezeichnet man als **Androeceum** (griech. andros = des Mannes; oikion = Haus). Es besteht

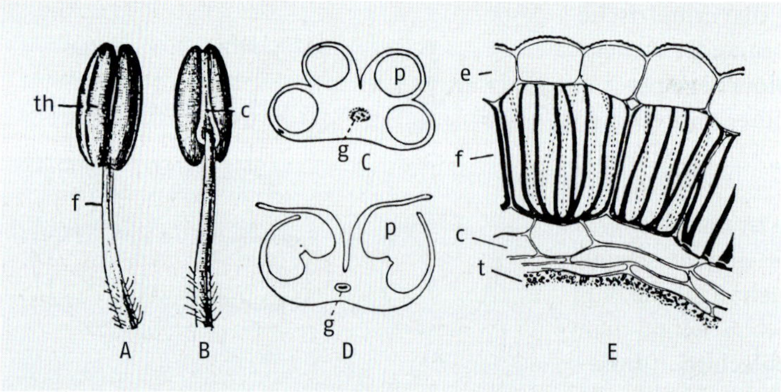

Abb. 7.6 Staubblatt der Angiospermen (Schemazeichnung): Gesamtansicht von vorn (A) und von hinten (B), mit Filament (f), zwei Theken (th) und Konnektiv (c), C–D Querschnitt durch Antheren mit noch geschlossenen und bereits geöffneten Pollensäcken (p) sowie Leitbündel (g). E Querschnitt durch die Antherenwand mit Epidermis (e), Faserschicht (f), Zwischenschicht (c) und Resten des Tapetums (t) (nach Schimper und Strasburger, aus Deutschmann et al.)

aus einem oder mehreren Kreisen von **Staubblättern (Stamina)** und steht innerhalb der Kronblätter. Der Blattcharakter der Staubblätter ist kaum mehr zu erkennen und lässt sich nur noch von der Tatsache her ableiten, dass bei einigen Pflanzen (z. B. bei der Seerose) deutliche Übergänge zwischen den Stamina und den Petalen zu finden sind. Auch handelt es sich bei vielen „gefüllten" Blüten (z. B. bei Rosen) um Umwandlungen von Stamina in Petalen.

Stamina

Die Staubblätter (**Stamina**, Einzahl: Stamen) bestehen aus einem **Staubfaden (Filament)**, der an seinem oberen Ende den **Staubbeutel (Anthere)** trägt (Abb. 7.6 A, B). Die **Anthere** gliedert sich in zwei Staubbeutelfächer (**Theken**, Einzahl: Theka), die durch ein **Konnektiv** verbunden sind, an dem das Filament ansitzt. Jede **Theka** enthält zwei **Pollensäcke** (Abb. 7.6 C) mit einem Pollen bildenden Innengewebe, dem **Archespor**. Dort werden durch Reduktionsteilung (Meiose) der **Pollenmutterzellen** je vier haploide **Pollenkörner** gebildet. Stamina, deren Antheren keinen Pollen ausbilden, sind steril und werden als **Staminodien** bezeichnet.

Die Pollensackwand ist mehrschichtig und besteht aus einer außen liegenden **Epidermis** und dem darunter liegendem **Endothecium** (Abb. 7.6 E). Als solches bezeichnet man die **Faserzellschicht** aus einer oder mehreren Lagen von Faserzellen, deren Radial- und Innenwände durch leistenartige Cellulose-Auflagerungen versteift sind. Da die tangentialen Außenwände keine Versteifung haben, verkürzen sie sich beim Reifen des Pollens durch Austrocknen, was zum Aufklappen der Pollensäcke an einer präformierten Stelle führt (Abb. 7.6 D). Die Cellulose-Auflagerungen sind bei den verschiedenen Pflanzen sehr unterschiedlich gestaltet. Im Mikroskop ergeben sich deshalb in der Aufsicht auf die Anthere unterschiedliche Bilder, die für die Drogenanalyse nützlich sind. Nach dem Erscheinungsbild im Mikroskop wird die Faserschicht als „Sternendothecium" (Abb. 7.7), „Bügelendothecium" oder „Netzendothecium"

Abb. 7.7 Sternendothecium der Wollblumen (*Verbascum phlomoides*) in Aufsicht (StB)

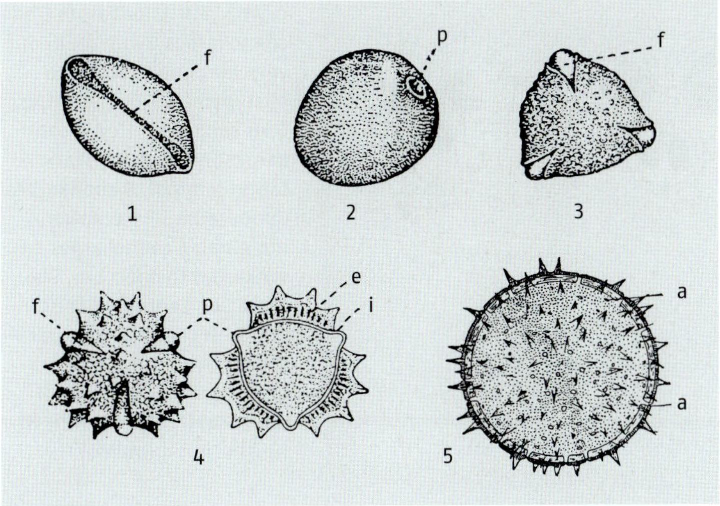

Abb. 7.8 Pollenkörner: **1** Dattelpalme (*Phoenix*), **2** Schwingel (*Festuca*), **3** Eiche (*Quercus*), **4** Rainfarn (*Tanacetum*) in Aufsicht und im Schnitt, **5** Malve (*Malva*), **a** Austrittsstellen für den Pollenschlauch, **e** Exine, **f** Falte, **i** Intine, **P** Keimpore (nach Meyer und Woderhouse, aus Deutschmann et al.)

bezeichnet. Nach innen folgen eine hinfällige **Zwischenschicht** und anschließend das **Tapetum**, das als Nährschicht der Ernährung der Pollenmutterzellen dient.

Pollen

Die vier haploiden Pollenkörner, die als Ergebnis der Meiose einer Pollenmutterzelle entstehen, lösen sich meist voneinander. Die Pollenkörner sind in Größe und Form sehr unterschiedlich (Abb. 7.8). Die Pollenkornwand ist zweischichtig. Die äußere Schicht, die **Exine**, besteht aus sehr widerstandsfähigem Material (Sporopollenin) und ist dafür verantwortlich, dass die Pollenkörner sowohl mechanisch fest sind als auch chemisch und enzymatisch nicht angegriffen werden können. So bleibt der Pollen über lange Zeiträume erhalten. Durch das Oberflächenprofil der Exine (Warzen, Stacheln, Leisten) und die Zahl, Form und Anordnung von Keimstellen (**Aperturen**) in der Exine ist der Pollen sehr charakteristisch gestaltet und kann zur Pollenanalyse alter Erdschichten (Moordatierung) sowie zur Drogen- und Nahrungsmittelanalyse herangezogen werden. Die Aperturen können als **Keimfalten** (**Colpus**, z. B. tricolpater Pollen) oder **Keimporen** (**Porus**, z. B. triporater Pollen) ausgebildet sein. Dabei handelt es sich um Dünnstellen der Exine und nicht etwa um Löcher.

Die innere Pollenkornwand, die **Intine**, ist zart und besteht aus Pektinen und Cellulose. Sie bildet bei der Befruchtung den Pollenschlauch, indem sie sich durch die Aperturen der Exine hindurch ausstülpt (o Abb. 8.2, untere Reihe, letztes Bild).

7.2.3 Gynoeceum

Die Gesamtheit der weiblichen Blütenorgane bezeichnet man als **Gynoeceum** (griech. gyne = Frau; oikion = Haus). Dieses besteht aus den **Fruchtblättern** (**Karpelle**) mit den **Samenanlagen** (**Ovula**; Einzahl: **Ovulum**, lat. ovum = Ei), die in der Regel aus der **Placenta**, einem meristematischen Gewebe der Karpelle entstehen. Die Karpelle schließen die Samenanlagen in einem Hohlraum, dem **Fruchtknoten** (**Ovarium**), ein. Im Allgemeinen wird eine unbestimmte Anzahl und eine spiralige Anordnung der Karpelle an der Blütenachse als ein ursprüngliches Merkmal angesehen. Als abgeleitet gilt hingegen eine wirtelige Anordnung, die in der Regel mit einer zahlenmäßigen Reduktion der Karpelle einhergeht. Nur im Wirtel angeordnete Karpelle können miteinander verwachsen.

Bei einem **chorikarpen** (apokarpen) oder freiblättrigen Gynoeceum sind die Karpelle in der Blüte voneinander unabhängig und bilden durch Verwachsung der beiden Blattränder einen Hohlraum. In dessen erweiterten Teil, dem

7

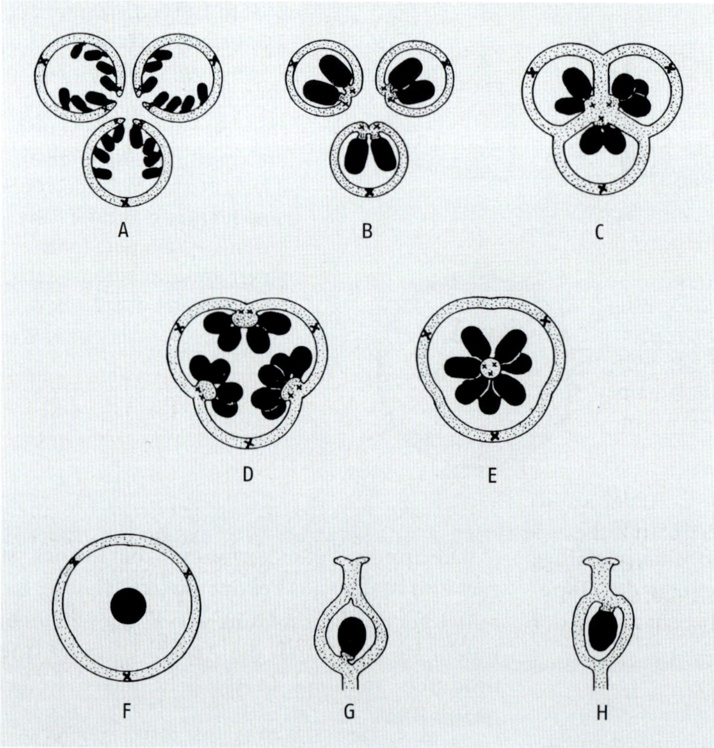

o Abb. 7.9 Chorikarpes und coenokarpes Gynoeceum mit verschiedenen Placentationstypen (**A–F** Querschnitte, **G–H** Längsschnitte): **A** chorikarpes Gynoeceum, Placentation laminal, **B** chorikarpes Gynoeceum, Placentation marginal, **C** coenokarpes eusynkarpes Gynoeceum, Placentation zentralwinkelständig, **D–H** coenokarpes, parakarpes Gynoeceum, Placentation parietal (**D**), zentral (**E**), basal (**F, G**), apikal (**F, H**) (Leistner und Breckle)

Fruchtknoten, sitzen die Samenanlagen normalerweise am ursprünglichen Blattrand, also praktisch innen an der Verwachsungsnaht (**marginale Placentation**; o Abb. 7.9 B). Seltener entspringen die Samenanlagen an der Innenfläche des Karpells (**laminale Placentation**; o Abb. 7.9 A).

Ein Gynoeceum, bei dem mehrere Karpelle miteinander verwachsen sind, bezeichnet man als **coenokarp** (syncarp). In diesem Fall bilden die wirtelig angeordneten Karpelle einen **Stempel (Pistill)**, der in einen **Fruchtknoten (Ovarium)**, **Griffel (Stylus)** und **Narbe (Stigma)** gegliedert ist. Die Karpelle können entweder bis zur Narbenregion vollständig miteinander verwachsen sein oder nur im Bereich des Fruchtknotens und damit freie Narben oder sogar freie Griffel aufweisen. Die Narbe ist die Empfängnisfläche des Pollens.

Die innere Ausgestaltung eines coenokarpen Gynoeceums hängt davon ab, in welcher Weise die Karpelle miteinander verwachsen sind. Bei einem **eusynkarpen** Gynoeceum verwachsen die Flächen der Karpelle miteinander und bilden echte Scheidewände (**Septen**; Einzahl: Septum) aus. Daraus resultiert eine Fruchtknotenhöhle, die ebenso viele Fächer besitzt wie Fruchtblätter. Die Samenanlagen stehen zentralwinkelständig (**zentralwinkelständige Placentation**; o Abb. 7.9 C). Bei einem **parakarpen** Gynoeceum verwachsen die Karpelle nur an den Rändern miteinander und umschließen somit eine nicht in Fächer gegliederte Fruchtknotenhöhle. Dabei kann die Stellung der Samenanlagen unterschiedlich sein. Bei **parietaler Placentation** stehen die Samenanlagen an der Fruchtknotenwand (o Abb. 7.9 D), bei **zentraler Placentation** stehen die Samenanlagen an einer Mittelsäule (o Abb. 7.9 E). Diese entsteht durch Schwund der Scheidewände, wobei eine die Samenanlagen tragende Mittelsäule erhalten bleibt (z. B. bei vielen Nelkengewächsen, Caryophyllaceae). Ist die Anzahl der Samenanlagen auf eine einzige reduziert, was selten vorkommt, kann diese **basal** oder **apikal** liegen (o Abb. 7.9 F–H).

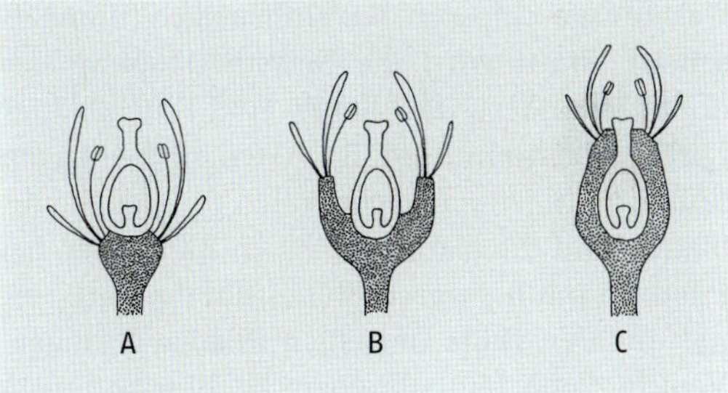

Abb. 7.10 Stellung des Fruchtknotens relativ zur Blütenachse (dunkel) bzw. zu den anderen Blütenorganen: **A** Fruchtknoten oberständig, Blüte hypogyn, **B** Fruchtknoten mittelständig, Blüte perigyn, **C** Fruchtknoten unterständig, Blüte epigyn (nach Wasicky, NH)

Je nach Lage des Fruchtknotens zu den anderen Blütenorganen unterscheidet man zwischen einer **hypogynen Blüte** mit **oberständigem** Fruchtknoten, einer **epigynen Blüte** mit **unterständigem** Fruchtknoten und einer **perigynen Blüte** mit **mittelständigem** Fruchtknoten (Abb. 7.10). Im Falle einer perigynen Blüte ist die Blütenachse eingesenkt.

7.2.4 Blütendiagramme und Blütenformeln

Um Zahl und Stellungsverhältnisse der Blütenorgane vergleichend darzustellen, bedient man sich gerne des **Blütendiagramms** und der **Blütenformel**.

Ein **Blütendiagramm** (Abb. 7.5, untere Reihe) stellt einen schematisierten und idealisierten Querschnitt durch die Blüte oder die blühreife Knospe dar. Die verschiedenen Organe werden durch Symbole wiedergegeben, für die es zwar keine festen Regeln, jedoch eine gewisse Konvention gibt. Das Blütendiagramm gibt Aufschluss über die natürlichen Lagebeziehungen zwischen den Blattkreisen und seinen einzelnen Gliedern. Im Mittelpunkt befinden sich die Fruchtblätter, in Kreisen nach außen werden die Staubblätter, Kronblätter und schließlich die Kelchblätter dargestellt. Verwachsungen der Organe werden eingezeichnet, ausgefallene Glieder durch ein Sternchen oder durch Punktierungen angedeutet.

Blütenformeln liefern für sich und in Ergänzung von Blütendiagrammen wichtige Informationen über den Bau von Blüten. Genormte Symbole geben Auskunft über Blütensymmetrie, Zahl der Blattorgane in den einzelnen Blattkreisen, über Verwachsungen und über die Stellung des Fruchtknotens.

Folgende Symbole sind üblich

Blütensymmetrie: r oder * = radiärsymmetrisch; d oder ⧺ = disymmetrisch; z oder ↓ = monosymmetrisch;

Blattkreise: P = Perigon; K = Kelch; C = Corolla; A = Androeceum; G = Gynoeceum. Die Anzahl der Blätter im jeweiligen Blattkreis steht als Zahl dahinter (z. B. K 5: 5 Kelchblätter), das Symbol ∞ drückt eine unbestimmte Anzahl aus. Eine Zahl in Klammer zeigt an, dass Blattorgane miteinander verwachsen sind (z. B. G(3) = 3 Fruchtblätter zu einem Fruchtknoten verwachsen). Besteht ein Blütenorgan aus zwei Blattkreisen, werden diese getrennt aufgeführt (z. B. A 5 + 5: Androeceum aus zwei Kreisen zu je 5 Staubblättern).

Stellung des Fruchtknotens: Striche in Verbindung mit der Zahl im Fruchtblattkreis (G) geben die Stellung des Fruchtknotens im Verhältnis zu den übrigen Blütengliedern an. Ein Strich über der Zahl steht für einen unterständigen, ein Strich unter der Zahl für einen oberständigen Fruchtknoten. Beim mittelständigen Fruchtknoten wird je ein Strich über und unter die Zahl geschrieben.

Beispiele:

- Blüte des Kümmels oder Fenchels: * K 5, C 5, A 5 + 5, G ($\overline{2}$)
- Blüte der Tulpe: * P 3 + 3, A 3 + 3, G ($\underline{3}$)

7.3 Bestäubung

Unter Bestäubung versteht man die Übertragung des „Blütenstaubs" (Pollen) auf die Narbe. Von dort wächst der Pollenschlauch durch das Gewebe des Griffels bis zur Samenanlage. Die Bestäubung erfolgt hauptsächlich durch Wind und Tiere, seltener durch Wasser. Die Blüten sind blütenbiologisch ihrer Bestäubungsart angepasst.

Windbestäubung

Pollenübertragung durch den Wind (**Anemophilie**) setzt voraus, dass große Mengen von schwebfähigem Pollen produziert werden, damit eine hohe Trefferwahrscheinlichkeit gewährleistet wird. Die Blütenhülle ist reduziert, häufig fehlt sogar die Blütenhülle, und die Antheren schauen auf langen Filamenten aus der Blüte heraus. Die Narben sind großflächig. Windbestäubte Bäume und Sträucher blühen häufig vor der Laubbildung, um dem Pollen den freien Flug zu sichern. Kätzchenblütler wie Weide, Pappel, Birke und Hasel gehören dazu. Gräser und Nadelbäume sind weitere typische Windbestäuber.

Insektenbestäubung

Als vorteilhaft hat sich in der Evolution die gezielte Pollenübertragung durch Tiere (**Zoophilie**) herausgebildet, wobei die Übertragung vorwiegend durch Insekten verwirklicht wird. Entscheidend ist das Nahrungsangebot, das den bestäubenden Insekten durch Pollen (hohes Proteinangebot) und Nektar (hohes Zuckerangebot) bereitgehalten wird. Auch Schutz und Wärme können die Anziehungskraft einer Blüte ausmachen. Ebenso sind die Blütenfarben und die Duftstoffe als blütenbiologische Anpassung der Blüte an Tierbestäubung zu interpretieren.

Verhinderung der Selbstbestäubung

Der Sinn der sexuellen Fortpflanzung liegt in der Neuvermischung des Erbguts (Rekombination). Deswegen wird auch in der Pflanzenwelt die Selbstbestäubung in der Regel verhindert, um Inzucht auszuschließen. Bei Pflanzenarten mit unisexuellen Blüten und zweihäusiger Geschlechtsverteilung (diözisch) sind Selbstbestäubung und Selbstbefruchtung natürlicherweise ausgeschlossen. Bei einhäusigen (monözischen) Arten wird die Selbstbestäubung dadurch behindert, dass Staub- und Fruchtblätter räumlich getrennt sind. Bei Arten mit zwittrigen Blüten kann jedoch leicht Pollen von den Staubblättern auf die Narbe derselben Blüte oder, bei Pflanzen mit mehreren Blüten, auf die Narbe einer anderen Blüte derselben Pflanze gelangen. Verschiedene blütenbiologische Einrichtungen fördern die Fremdbestäubung und unterdrücken die Selbstbestäubung.

Eine Möglichkeit der Verhinderung der Selbstbestäubung bei zwittrigen Blüten bietet das ungleichzeitige Reifen der männlichen und weiblichen Blütenorgane. Bei **protandrischen Blüten** (z. B. bei Doldenblütlern, Apiaceae, und Korbblütlern, Asteraceae) öffnen sich die Staubbeutel bereits, wenn die Narben noch nicht vollständig entwickelt sind (Vormännlichkeit, Protandrie). Seltener ist der umgekehrte Fall in Form von **protogynischen Blüten** (z. B. Kreuzblütler, Brassicaceae, auch Apfel, Birne, Aronstab) verwirklicht (Vorweiblichkeit, Protogynie).

Werden Pollen und Narbe zu gleicher Zeit reif, verhindern mitunter **Narbenläppchen** zwischen Antheren und Narbe die Pollenübertragung innerhalb der Blüte (z. B. Iris). Bei einigen Arten (z. B. Primel, Buchweizen) ist auch das Prinzip der **Heterostylie** (Verschiedengriffeligkeit) verwirklicht. Solche Arten bilden Pflanzen mit unterschiedlichen Blütentypen aus. Die Blüten unterscheiden sich in der Länge der Griffel. Unterschiedlich große Pollenkörner und unterschiedlich ausgeprägte Narbenpapillen vervollkommnen dieses System. Sehr leistungsfähig in Bezug auf Verhinderung der Selbstbefruchtung ist die **Selbstinkompatibilität**. Darunter versteht man eine „Unverträglichkeit“ zwischen Narbe bzw. Griffel gegenüber dem eigenen Pollen, wodurch die Keimung des Pollens oder das Wachstum des Pollenschlauches durch den Griffel hindurch verhindert wird.

7.4 Praktische Aufgaben – Mikroskopie von Gewebeschnitten der Blüte

7.4.1 Die Blüte in der Gesamtansicht

Röhrenblüte der Kamille in verschiedenen Blühstadien

Objekt

Echte Kamille – *Matricaria recutita* – Asteraceae
Frische oder getrocknete Blüten (Teedroge).

Präparation

Die Röhrenblüten einer Asteraceenblüte blühen nicht alle zur gleichen Zeit. Sie kommen – angefangen vom Rand des Pseudanthiums zur Mitte – nacheinander zur Blüte. Daher können von einer Kamillenblüte Röhrenblüten verschiedener Blühstadien abgetrennt werden. Mit einer Pinzette werden in verschiedenen Abständen zum Blütenrand einige Röhrenblüten abgenommen und auf den Objektträger transferiert. Mit Chloralhydrat (MR 05) wird das Präparat aufgehellt.

Beobachtung

An einer Röhrenblüte der Kamille kann die Charakteristik einer einzelnen Asteraceenblüte studiert werden. Die fünf Kronblätter sind zu einer fünfzipfeligen Kronröhre verwachsen. Ebenso sind die Staubblätter zur Röhre verwachsen, jedoch nur im Antherenbereich (synantheres Androeceum). Der Fruchtknoten ist unterständig. Zur Verhinderung der Selbstbestäubung sind die Blüten protandrisch (vormännlich). Der Pollen reift in den Pollensäcken der Antheren heran. Wenn diese sich öffnen, wird der Pollen von der Narbe, die am Griffel durch die Antherenröhre wächst, aus der Blüte gefegt. Anschließend entfaltet sich die Narbe und kann dann den Pollen aufnehmen.

Die Röhrenblüten der Kamille sind so groß, dass bei schwächster Vergrößerung (50-fach) eine Blüte das ganze Bildfeld ausfüllt (○ Abb. 7.11). Bei allen Blüten sind die fünf **Kronblattzipfel** (krzi) zu erkennen. Die **Kronröhre** reicht leicht tailliert bis zum **Fruchtknoten** (fkn), der als unterständiger Fruchtknoten wie ein kleiner Beutel an der Blüte hängt. Wenn die Blüte noch nicht aufgeblüht ist, liegt der ganze Pollen noch in den **Antheren** (an) in der Kronröhre und lässt die Blüte dunkel erscheinen. Die Narbe ist dann noch nicht zu erkennen. Bei einer weiter aufgeblühten Blüte ist die **Narbe** (na) sichtbar, entweder noch in der Blüte in der Antherenröhre oder bereits außerhalb der Blüte. Sie ist in jedem Fall leuchtend gelb, zweischenkelig und stark papillös. Der Griffel verbreitert sich an der Basis zu einer Scheibe (grb, Griffelbasis), die beim Präparieren häufig umklappt und in der Aufsicht zu sehen ist (Abb. 7.13). Um die Blüten herum sind viele **Pollenkörner** zu erkennen.

Bei starker Vergrößerung (100-fach bzw. 400-fach) werden einzelne Blütenteile und Gewebe genauer studiert. Interessant ist die Fruchtknotenwand, an der leiterartig unterteilte Schleimzellen, sog. **Schleimrippen** erkannt werden können (○ Abb. 7.12 B). Dazwischen liegen Reihen

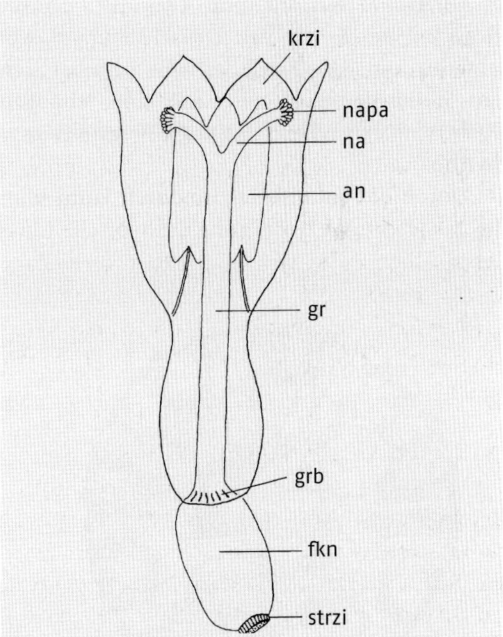

○ **Abb. 7.11** Längsschnitt durch die Röhrenblüte der Kamille (*Matricaria recutita*): **an** Antheren, **fkn** unterständiger Fruchtknoten, **gr** Griffel, **grb** Griffelbasis, **krzi** Kronblattzipfel, **na** Narbe, **napa** Narbenpapillen, **strzi** Steinzellenring (NH)

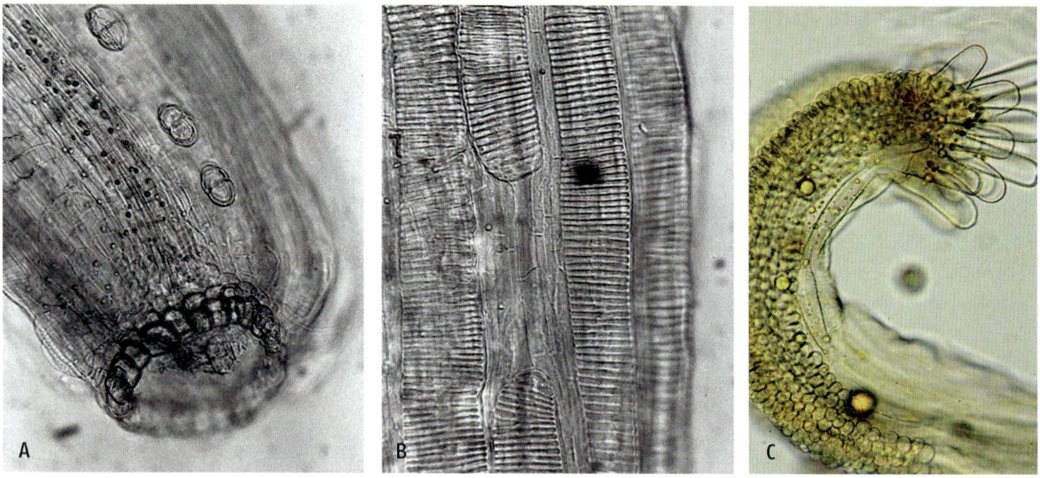

o Abb. 7.12 Röhrenblüte der Kamille (*Matricaria recutita*, Detail): **A** Aufsicht auf den Fruchtknoten mit Drüsenschuppen und Steinzellenring, **B** Epidermis der Fruchtknotenwand mit Schleimripppen, **C** Narbe mit Narbenpapillen (StB)

von **Drüsenschuppen**, die entweder in der Aufsicht, in Schrägaufsicht oder in der Seitenansicht zu sehen sind (zur Anatomie ▸Kap. 3.7.7 Exkretionsgewebe – Asteraceen-Drüsenschuppe). Am unteren Ende des Fruchtknotens befindet sich ein **Steinzellenring** (stzri) mit einer einzigen Reihe von Steinzellen (400-fache Vergrößerung) (o Abb. 7.12 A).

Durch die Kronblätter hindurch kann man bei 400-facher Vergrößerung das typische Muster des **Endotheciums**, der Faserschicht der Pollensackwand, erkennen. Die gelbe **Narbe** weist zahlreiche **Narbenpapillen** (napa) auf, die am Ende wulstig auswachsen und die Narbenschenkel wie eine Flaschenbürste wirken lassen (o Abb. 7.12 C). In der 400-fachen Vergrößerung zeigt sich die Exine der **Pollenkörner** kurz und derb gestachelt. Sie hat drei Keimporen (triporater Pollen).

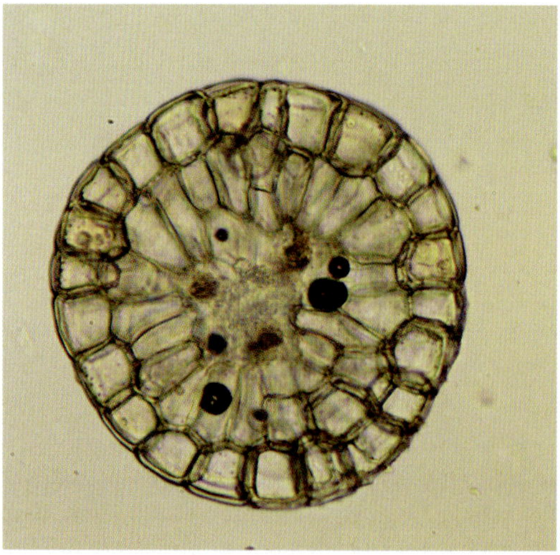

o Abb. 7.13 Röhrenblüte der Kamille (*Matricaria recutita*): Griffelbasis in Aufsicht (StB)

Aufgabe

- Zeichnen der Gesamtansicht einer Röhrenblüte mit Kronröhre, Narbe, Antheren und Fruchtknoten.
- Zeichnen eines Ausschnitts der Fruchtknotenwand mit einer Schleimrippe und Asteraceen-Drüsenschuppen in Aufsicht und Seitenansicht.
- Zeichnen der Fruchtknotenbasis mit dem Steinzellenring.
- Zeichnen eines Narbenschenkels mit den Narbenpapillen.
- Zeichnen eines Pollenkorns.

7.4.2 Blüte – Kronblatt

Zungenblüte der Kamille – Blütenblatt in Aufsicht

Objekt

Echte Kamille – *Matricaria recutita* – Asteraceae
Frische oder getrocknete Blüten.

Alternatives Präparat: Flächenschnitt des Blütenkronblatts des **gelben Stiefmütterchens** (*Viola* spec. – Violaceae) mit papillöser Epidermis und Chromoplasten (○ Abb. 7.15).

Präparation

Mit einer Pinzette werden vom Rand der Blüte zwei weiße Zungenblüten abgetrennt. Eines wird mit der Oberseite nach oben, das andere mit der Oberseite nach unten auf einen Objektträger gelegt. Das Präparat wird mit Chloralhydrat (MR 05) aufgehellt.

Beobachtung

In der Übersicht sind im hellen Gewebe der Blattspreite einer Zungenblüte parallel zur Längsachse feine Streifen eingelassen. Dies sind die zarten Tracheen der **Leitungsbahnen**, die das Kronblatt in der ganzen Länge durchziehen und dieses mit Wasser versorgen. Ein Blütenblatt besteht aus der oberen und der unteren Epidermis und einem nur dünnen Mesophyll dazwischen. Bei stärkerer Vergrößerung (100-fach) können beide Epidermen fokussiert werden. Die Zellen der **oberen Epidermis** sind fast rechteckig bis polygonal mit leicht gewellten Wänden (○ Abb. 7.14 A). Sie bilden flache Kegel (**papillöse Epidermis**), was besonders gut in seitlicher Sicht am Rand des Kronblatts beobachtet werden kann. Wegen dieser Erhebungen bildet die **Cuticula** Falten, die in der Aufsicht als Kranz zarter, strahlig angeordneter Linien zu erkennen sind. Die Zellen der **unteren Epidermis** sind längs gestreckt mit stark welligen Zellwänden, die die Epidermis wie ein großes Puzzle erscheinen lassen (○ Abb. 7.14 B). Die **Cuticularstreifung** verläuft in Längsrichtung der Zellen. Sie ist wellig und zellwandübergreifend. In den Zellen des Mesophylls liegen häufig kleine Calciumoxalat-Drusen.

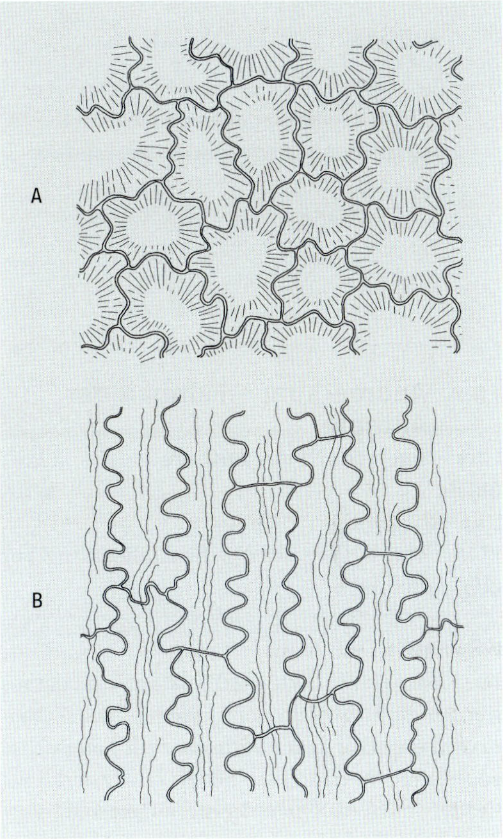

○ **Abb. 7.14** Zungenblüten der Kamille (*Matricaria recutita*), Aufsicht: **A** obere Epidermis mit Cuticularfältelung, **B** untere Epidermis mit Cuticularstreifung (NH)

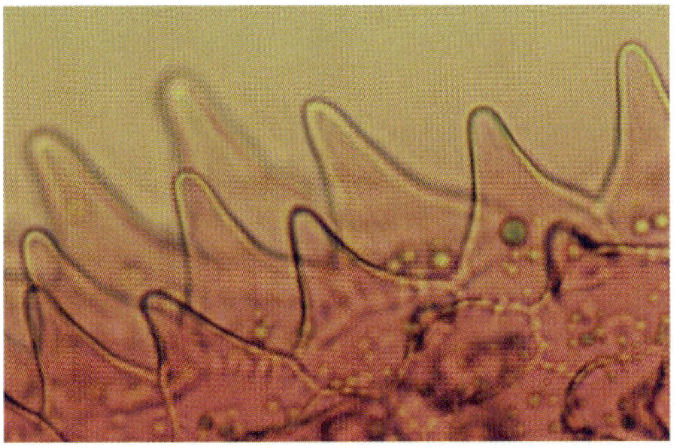

○ **Abb. 7.15** Papillöse Epidermis des Kronblatts des Stiefmütterchens (*Viola* spec.) (StB)

Aufgabe

- Zeichnen eines Gewebeausschnittes von je 5 bis 8 Zeilen der oberen und der unteren Epidermis, wobei jeweils die typische Form der Zellen zum Ausdruck kommt und die Cuticularstreifung eingezeichnet werden soll. Zur Darstellung genügt die Einstrich-Zeichentechnik.

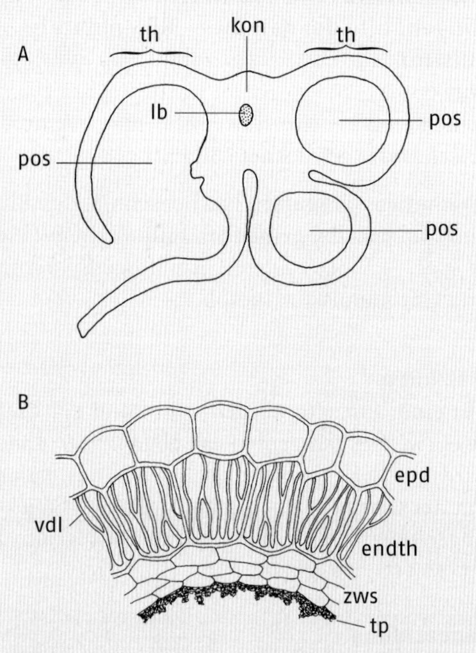

Abb. 7.16 Querschnitt der Anthere der Lilie (*Lilium* spec.): **A** Übersicht (Schemazeichnung), **lb** Leitbündel, **kon** Konnektiv, **pos** Pollensack, **th** Theken, **B** Anatomie der Pollensackwand, **endth** Endothecium, **epd** Epidermis, **tp** Tapetum, **vdl** Verdickungsleisten, **zws** Zwischenschicht (NH)

7.4.3 Androeceum – Feinbau der Anthere

Lilie – Querschnitt der Anthere

Objekt

Lilie – *Lilium spec.* – Liliaceae

Blüten von weißen oder gelben Lilien kurz vor dem Aufblühen.

Präparation

Die Knospe einer Blüte wird geöffnet, und daraus werden die Staubblätter entnommen. Die Anthere wird ungefähr in der Mitte quer zur Längsachse angeschnitten. Mit einer neuen (!) Rasierklinge werden mehrere Querschnitte angefertigt. Vorsicht: Das Objekt ist sehr weich. Für die Übersicht sind dickere Schnitte durchaus sinnvoll, da dann die Anthere in ihrer Form erhalten bleibt. Zur Analyse der Antherenwand werden ganz dünne Teilschnitte benötigt, die als Teilschnitte vorliegen können. Die Schnitte werden mit Chloralhydrat (MR 05) aufgehellt.

Beobachtung

Die 50-fache Vergrößerung erlaubt eine Übersicht über den ganzen Antherenquerschnitt (Abb. 7.16 A). Die Anthere besteht aus zwei **Theken** (th) mit je zwei **Pollensäcken** (pos), die zahlreiche **Pollenkörner** enthalten (Pollenkörner nicht dargestellt). Die beiden Theken sind durch das **Konnektiv** (kon) verbunden, in dessen Mitte ein Leitbündel (lb) liegt. Meist kann man erkennen, dass das Öffnen der Pollensäcke von einer **Perforationszone** an der Nahtstelle der beiden Pollensäcke ausgeht. Dort endet in den Pollensackwänden die Faserschicht (Endothecium). Beim Öffnen klappen die Pollensackwände spiegelbildlich zueinander auf, ähnlich dem Öffnen einer Baggerschaufel.

Die Pollensackwand wird an einer dünnen Stelle bei stärkerer Vergrößerung (100-fach bzw. 400-fach) analysiert (Abb. 7.16 B). Sie weist vier sehr unterschiedliche Zellschichten auf; die äußere, die **Epidermis** (epd), besteht aus einer Reihe dünnwandiger, leicht nach außen gewölbter Zellen. Darunter folgt die Faserschicht, das **Endothecium** (endth), mit großen, viereckigen Zellen. Typisch für die Zellen des Endotheciums sind die **Verdickungsleisten** (vdl), die wie flache Bänder der Zellwand aufliegen und von der Innenfläche der Zelle radial in die Peripherie führen (Abb. 7.16 und Abb. 7.17). Dabei winden sie sich ein wenig und werden nach außen hin zarter. Das Endothecium wird zum Konnektiv hin mehrschichtig. Es ist für den Öffnungsmechanismus verantwortlich. Unter dem Endothecium liegt eine **Zwischenschicht** (zws) aus tangential gestreckten, aber nicht klar erkennbaren Zellen. Die innerste Schicht ist eine Nährschicht, das **Tapetum** (tp). Es ist bei einer Anthere kurz vor dem Öffnen kaum mehr zu erkennen, weil sich die Zellen geöffnet haben und der Zellinhalt sich mit dem Pollen im Pollensack vermischt hat. Aus dieser Schicht stammen die zahlreichen gelben Lipidtröpfchen im Innern des Pollensacks.

Aufgabe

- Zeichnen des Antherenquerschnitts in der Übersicht mit den beiden Theken, dem Konnektiv, den vier Pollensäcken und der Perforationszone (nicht zellulär).
- Zelluläre Zeichnung eines kleinen Ausschnitts der Antherenwand im Querschnitt mit Epidermis, dem Endothecium, der Zwischenschicht und dem Tapetum bei stärkster Vergrößerung (400-fach).

7.4.4 Das coenokarpe Gynoeceum

Lilie – Querschnitt des Fruchtknotens

Objekt

Lilie – *Lilium spec.* – Liliaceae

Blüten von weißen oder gelben Lilien.

Präparation

Der Fruchtknoten bei den Liliaceae ist oberständig und deshalb in der Blüte zu finden. Er wird herausgetrennt und ungefähr in der Mitte quer durchgeschnitten. In dieser Schnittrichtung werden mit einer Rasierklinge mehrere Schnitte angefertigt. Die Objekte werden mit Chloralhydrat (MR 05) aufgehellt.

Beobachtung

Das Objekt ist sehr groß und wird am besten bei schwächster Vergrößerung (50-fach) betrachtet. Der Fruchtknoten der Lilie ist coenokarp-eusynkarp und besteht aus drei **Fruchtblättern** (fbl). Sie sind über einen großen Teil der Blattspreiten

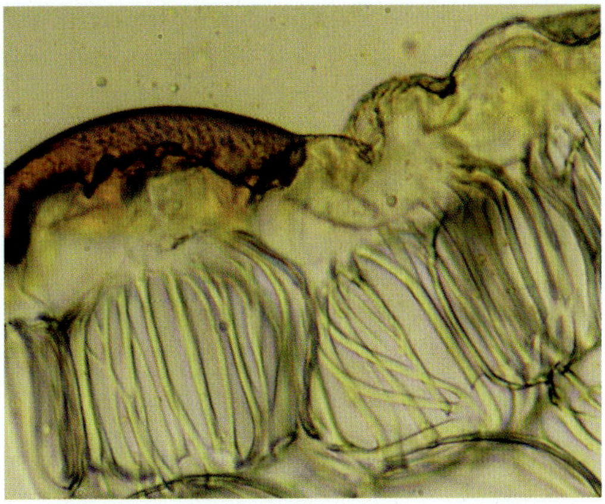

Abb. 7.17 Anthere der Lilie (*Lilium spec.*): Endothecium im Querschnitt (StB)

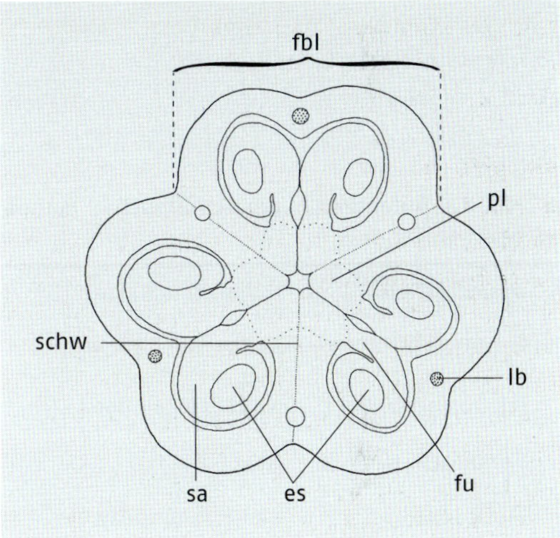

Abb. 7.18 Querschnitt des Fruchtknotens der Lilie (*Lilium* spec.): **es** Embryosack, **fbl** Fruchtblatt, **fu** Funiculus, **lb** Leitbündel, **pl** Placenta, **sa** Samenanlage, **schw** Scheidewand (NH)

miteinander verwachsen, so dass echte **Scheidewände** (schw) den Innenraum fächern (Abb. 7.18). Jeweils in der Mitte des Fruchtblatts befindet sich ein **Leitbündel** (lb), das der Mittelrippe eines Blatts entspricht. Die Trennlinien zwischen den Blattspreiten sind schwach zu erkennen. Sie bilden zueinander einen Winkel von jeweils 120°. Von den zentralen Winkeln ausgehend ragen **anatrope Samenanlagen** (sa) in den Hohlraum, pro Fach je zwei. Sie füllen den Hohlraum fast ganz aus, was die Übersicht

7

erschwert. Die Samenanlagen entspringen mit ihrem **Funiculus** (fu) an der **Placenta** (pl), von wo aus die Samenanlage über ein Leitbündel versorgt wird. Wenn die Samenanlage schon weit entwickelt und der Schnitt dünn genug ist, kann man im Innern den **Embryosack** (es) erkennen.

Aufgabe

- Zeichnen des Querschnitts des Fruchtknotens (Schemazeichnung). Um die Lage der drei Fruchtblätter zu verdeutlichen, wird am besten zuerst der Fruchtknoten mit den drei hohlen Fächern ohne die Samenanlagen gezeichnet. Dann werden nur in ein Fach die beiden Samenanlagen mit Funiculus und Embryosack eingezeichnet.

7.5 Praktische Aufgaben – Mikroskopie von pulverisierten Blütendrogen (Flos)

Blütenpulver sind je nach Farbe der Blüten hell bis schwach gefärbt.

Zarte Kronblattfragmente dominieren, die in Längsrichtung meist von feinen Ring- oder Schraubentracheen durchzogen sind. Häufig sieht man auch Kronblattzipfel. Betrachtet man die Kronblattfragmente bei stärkerer Vergrößerung in Aufsicht, kann man in verschiedenen Ebenen die unterschiedlich gestalteten Zellen der oberen und unteren Epidermis erkennen. Papillöse Zellen sind bei der oberen Epidermis sehr häufig, die Zellen der unteren Epidermis häufig puzzleartig mit wellig-buchtigen Zellwänden. Beide Epidermen können Spaltöffnungen aufweisen und von Haaren verschiedenster

Tab. 7.1 Bütendrogen der Arzneibücher: Europäisches Arzneibuch (Ph. Eur., 8. Ausgabe 2014 inkl. Nachträge bis 8.5)

Deutscher Name	Lateinischer Name	Stammpflanze	Familie
Arnikablüten	Arnicae flos	*Arnica montana*	Asteraceae
Bitterorangenblüten	Aurantii amari flos	*Citrus aurantium ssp. aurantium*	Rutaceae
Gewürznelken	Caryophylli flos	*Syzygium aromaticum*	Myrtaceae
Hibiscusblüten	Hibisci sabdariffae flos	*Hibiscus sabdariffa*	Malvaceae
Holunderblüten	Sambuci flos	*Sambucus nigra*	Adoxaceae
Hopfenzapfen	Lupuli flos	*Humulus lupulus*	Cannabaceae
Kamille, Römische	Chamomillae romanae flos	*Chamaemelum nobile*	Asteraceae
Kamillenblüten	Matricariae flos	*Matricaria recutita*	Asteraceae
Klatschmohnblüten	Papaveris rhoeados flos	*Papaver rhoeas*	Papaveraceae
Königskerzenblüten	Verbasci flos	*Verbascum thapsiforme u. a.*	Scrophulariaceae
Lavendelblüten	Lavandulae flos	*Lavandula angustifolia*	Lamiaceae
Lindenblüten	Tiliae flos	*Tilia cordata u. a.*	Malvaceae
Malvenblüten	Malvae sylvestris flos	*Malva sylvestris*	Malvaceae
Ringelblumenblüten	Calendulae flos	*Calendula officinalis*	Asteraceae

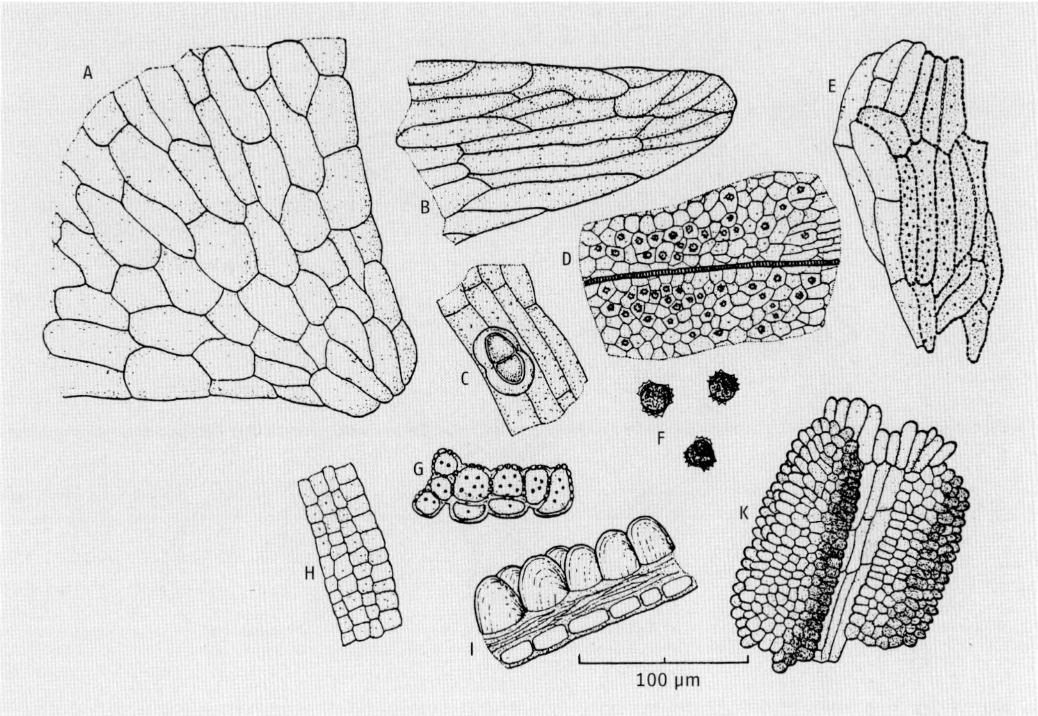

Abb. 7.19 Kamillenblüten (Matricariae flos), Pulver: **A** Kronblattzipfel der Röhrenblüte, **B** Konnektivzipfel von Staubblättern, **C** Epidermiszellen mit Drüsenschuppen in Aufsicht, **D** Kronblattbruchstück mit Calciumoxalat-Drusen, **E** Bruchstück des Hüllkelchs, **F** Pollen, **G** Steinzellen des Steinzellenrings der Fruchtknotenbasis, **H** Epidermis des Filaments, **I** papillöse Epidermis der Zungenblüten, **K** Narbenschenkel (nach Deutschmann et al.)

Gestalt besetzt sein. Auch können kleine Calciumoxalat-Kristalle in den Zellen enthalten sein.

Werden die Blüten mit den Kelchen gehandelt (cum calycibus!), sind im Präparat auch Kelchbestandteile enthalten, die blattähnlich sind, aber einen vereinfachten Blattaufbau aufweisen. Es fehlen deshalb in der Aufsicht die runden Zellen eines Palisadenparenchyms. Einige Blüten haben statt der Kelchblätter Pappusborsten (z. B. Löwenzahn, Arnika), die im pulverisierten Präparat auffallend sind. Sklerenchymatische Bestandteile des Pulvers können aus dem Blütenboden stammen.

Eine große Anzahl an Pollenkörnern ist ein weiteres Merkmal von Blütendrogen. Die Größe und Form der Pollen und die Beschaffenheit der Exine sind für die Identifizierung einer Droge sehr wichtig. Ebenso wichtig ist das Endothecium, das in pulverisierten Drogen immer in der Aufsicht zu sehen ist, wobei die Verdickungsleisten ein sehr ausdrucksvolles und charakteristisches Muster ergeben. Zur Identifizierung einer Droge trägt auch die Ausgestaltung der Narbe bei. Weniger charakteristisch und schwer zuzuordnen sind Teile des Fruchtknotens und der Samenanlagen.

◻ Tab. 7.1 enthält die Blütendrogen der Arzneibücher. Hier folgen drei Drogenbeispiele.

Kamillenblüten – Matricariae flos – *Matricaria recutita* – Asteraceae

- **Pappus:** Nicht vorhanden.
- **Corolla:** Blütenblattfragmente häufig, papillöse obere Epidermis, verschiedene Formen von Epidermiszellen der Zungenblüte, kleine Oxalat-Drusen.
- **Androeceum:** Häufig Konnektivzipfel, Endothecium in der Aufsicht mit parallelen Querleisten an der Innenwand.

7

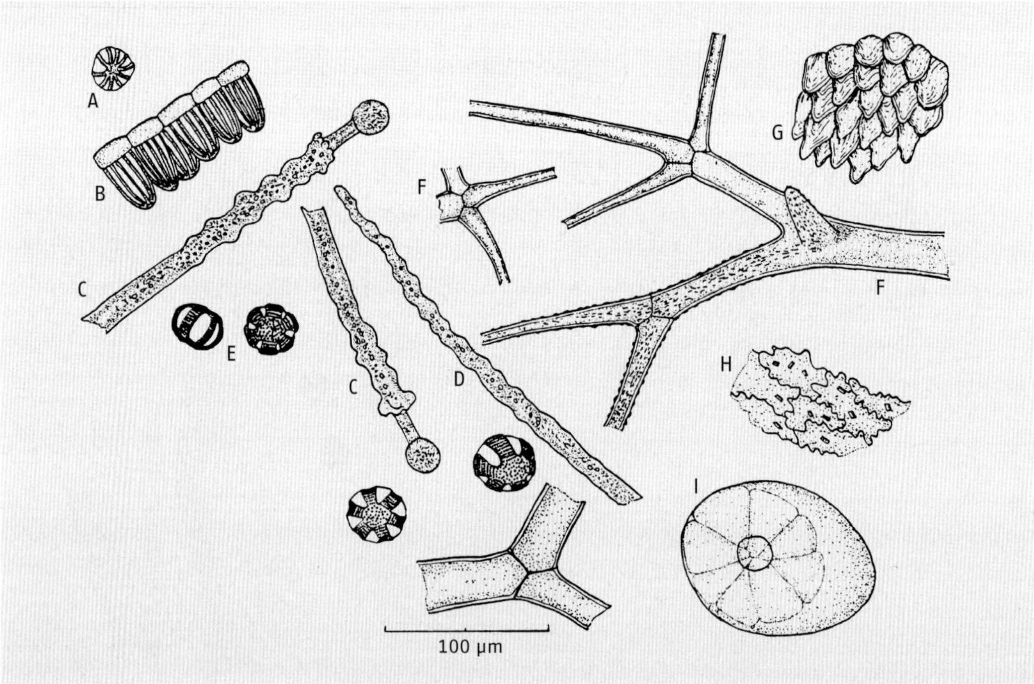

Abb. 7.20 Lavendelblüten (Lavandulae flos), Pulver: **A** Zelle des Endotheciums in Aufsicht, **B** Endothecium seitlich, **C** und **D** Knotenstockhaare, **E** Pollen, **F** Geweihhaare, **G** papillöse Epidermis der Kronblätter, **H** Epidermis der Kelchinnenseite, **I** Drüsenschuppe (nach Deutschmann et al.)

- **Pollen:** Triporat, Keimporen eingesenkt, Exine stachelig.
- **Gynoeceum:** Schleimepidermis der Fruchtknotenwand mit leiterartig verdickten Zellen; auf der Epidermis häufig Drüsenschuppen, Drüsenschuppen auch einzeln im Präparat; Steinzellenring des Fruchtknotens oft einzeln; Teile der papillösen Narbe, scheibenförmige Griffelbasis einzeln im Präparat.

(Abb. 7.19)

Lavendelblüten – Lavandulae flos – *Lavandula angustifolia* – Lamiaceae

- **Calyx:** Kelchblattfragmente mit großen, verzweigten, oft rotvioletten Kelchhaaren; große Gliederhaare, Drüsenhaare, Lamiaceen-Drüsenschuppen; Epidermiszellen mit vielen Oxalat-Drusen.
- **Corolla:** Wenig Blütenblattfragmente, papillös; „Knotenstockhaare" („Buckelhaare") der Kronröhreninnenseite; Etagenhaare der Kronröhrenaußenseite.
- **Androeceum:** Endothecium in der Aufsicht mit „Spangen".
- **Pollen:** Hexacolpat, Exine punktiert.
- **Gynoeceum:** Etagenhaare des Griffels.

(Abb. 7.20)

Arnikablüten – Arnicae flos – *Arnica montana* – Asteraceae

- **Pappus:** Sehr auffallend, typisch borstig und vielzellig.
- **Corolla:** Epidermis schwach papillös mit gelben Lipidtröpfchen.
- **Androeceum:** Endothecium in der Aufsicht mit verdickten Querwänden (Abb. 7.22 A).
- **Pollen:** Auffallend gelb, triporat, Exine stachelig.
- **Gynoeceum:** Fruchtknotenwandfragmente mit braunen bis schwarzen Phytomelan-Einlagerungen (Abb. 7.22B); auf der Fruchtknotenwand Zwillingshaare, 2- bis 5-zellige Gliederhaare und Drüsenhaare, Drüsenschuppen selten; Haare auch einzeln im Präparat.

(Abb. 7.21)

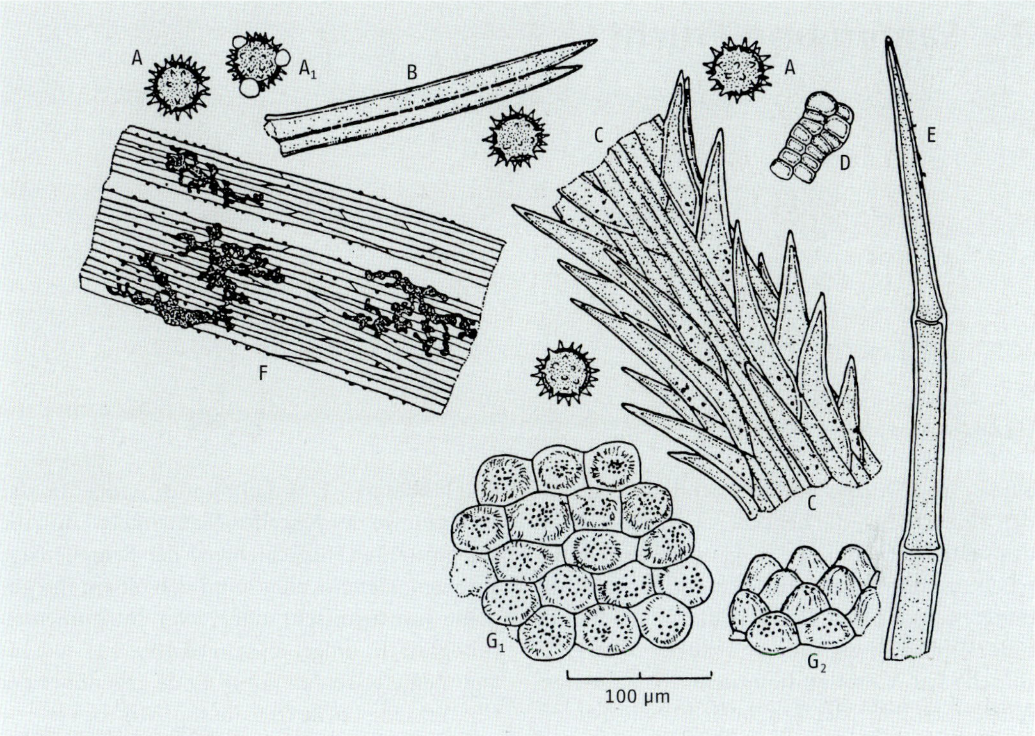

Abb. 7.21 Arnikablüten (Arnicae flos), Pulver: **A** Pollen, **B** Zwillingshaar, **C** Pappushaar, **D** Drüsenschuppe von der Seite, **E** Gliederhaar, **F** Fasern des Fruchtknotens mit aufliegendem Phytomelan, **G** papillöse Epidermis des Kronblatts (nach Deutschmann et al.)

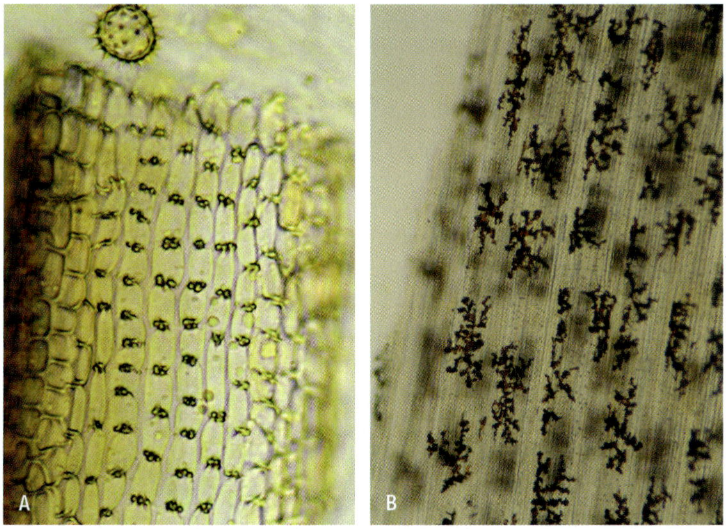

Abb. 7.22 Arnikablüten (Arnicae flos), Pulver: **A** Endothecium in Aufsicht, **B** Phytomelan in der Fruchtknotenwand (StB)

8 Samen und Frucht

Samen und Früchte sind das sichtbare Ergebnis der Befruchtung, die bei den Angiospermen als **doppelte Befruchtung** eine ganz besondere Befruchtungsform darstellt. Nach der Befruchtung bildet sich aus den Fruchtblättern, manchmal unter Einbeziehung anderer Teile der Blüte (z. B. Blütenachse, Corolla) die Frucht. Im **Samengehäuse** (Seminar) der Frucht liegen die Samen, die nach der Befruchtung durch Umbildung der Samenanlagen entstehen. Verbreitet wird entweder der Samen allein oder die Frucht mit dem darin eingebetteten Samen.

Wird eine Blüte nicht bestäubt oder unterbleibt trotz Bestäubung die Befruchtung, so fällt in der Regel der Fruchtknoten bald ab. Bei verschiedenen Kulturpflanzen jedoch, wie z. B. bei Ananas, kernlosen Apfelsinen, Bananen, Gurken, ist trotz Befruchtung die Samenerzeugung unterdrückt. Die Folge davon sind samenlose („kernlose") Früchte. Solche Pflanzen können nur vegetativ durch Stecklinge oder Ableger vermehrt werden.

8.1 Der Samen

8.1.1 Bildung der Samenanlage

Die Bildung der Samenanlagen beginnt an der Placenta mit der Bildung des Nabelstrangs, dem **Funiculus.** Er ist als kurzer Stiel auch bei der fertigen Samenanlage zu erkennen und verbindet mit seinem Leitbündel die Samenanlage mit den Fruchtblättern. Das Leitbündel endet an der **Chalaza,** wo der **Nucellus** (Samenkern) und die **Integumente** (Hüllschichten) der Samenanlage ansetzen. Der Nucellus kann von einem Integument (**unitegmisch**) oder zwei Integumenten (**bitegmisch**) umgeben sein (o Abb. 8.1). Die Integumente lassen an ihrem Ende gegenüber der Chalaza eine Lücke frei, die sog. **Mikropyle.**

Im Nucellus bildet sich der **Embryosack** mit dem typischen 8-Kerne-Stadium. Die Entwicklung beginnt mit der Differenzierung einer Zelle des diploiden Nucellusgewebes zur **Embryosackmutterzelle** (o Abb. 8.2, obere Reihe). Diese durchläuft eine Reduktionsteilung (Meiose), bei der naturgemäß vier haploide Zellen entstehen. Drei dieser Zellen gehen zugrunde, die vierte entwickelt sich zur **Embryosackzelle.** Deren Kern, der primäre Embryosackkern, teilt sich insgesamt dreimal, wobei acht haploide Kerne entstehen. An jedem Pol des inzwischen vergrößerten Embryosackes liegen zunächst vier Kerne. Jeweils drei Kerne umgeben sich mit Plasma und z. T. mit Zellwänden. Die beiden übrigen Kerne (Polkerne) wandern dann von den Polen in die Mitte und verschmelzen dort zum **sekundären Embryosackkern.** In einzelnen systematischen Gruppen gibt es Abweichungen von der geschilderten Entwicklung.

In der befruchtungsreifen Samenanlage (o Abb. 8.2, letztes Bild der oberen Reihe) liegt im Embryosack zur Mikropyle hin der **Eiapparat**, bestehend aus einer **Eizelle** und zwei **Syner-**

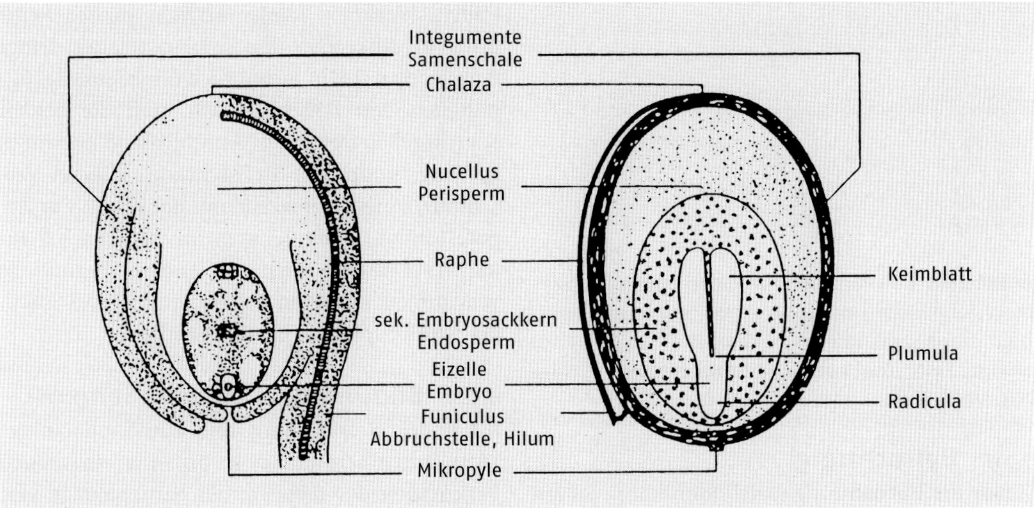

Abb. 8.1 Anatrope Samenanlage und ihre Umwandlung zum Samen (Schemazeichnung, nach Weber aus Grünsfelder)

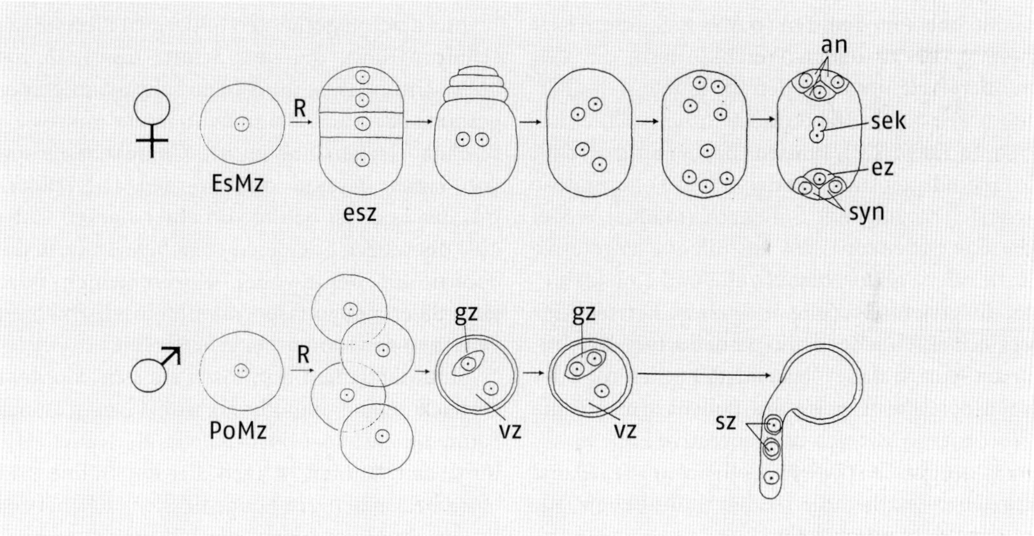

Abb. 8.2 Bildung der Gameten bei Angiospermen (Schemazeichnung). Obere Reihe: Bildung des Embryosacks (weiblich), **EsMz** Embryosackmutterzelle, **R** Reduktionsteilung, **an** Antipoden, **esz** Embryosackzelle, **ez** Eizelle, **sek** sekundärer Embryosackkern , **syn** Synergiden. Untere Reihe: Bildung der männlichen Gameten im Pollen. **PoMz** Pollenmutterzelle, **R** Reduktionsteilung, **gz** generative Zelle, Zelle im Plasma der vegetativen Zelle liegend, **sz** Spermazellen, **vz** vegetative Zelle (Pollenschlauchzelle) ·· = diploid, · = haploid (nach Leistner und Breckle, NH)

giden (Hilfszellen). Am gegenüberliegenden Pol zur Chalaza hin befinden sich die drei Antipoden. In der Mitte liegt der **diploide sekundäre Embryosackkern.** Anhand der Krümmung des Funiculus und der Form der Samenanlage unterscheidet man aufrechte (**atrope**) Samenanlagen, umgewendete (**anatrope**) und gekrümmte (**kampylotrope**) Samenanlagen (Abb. 8.3).

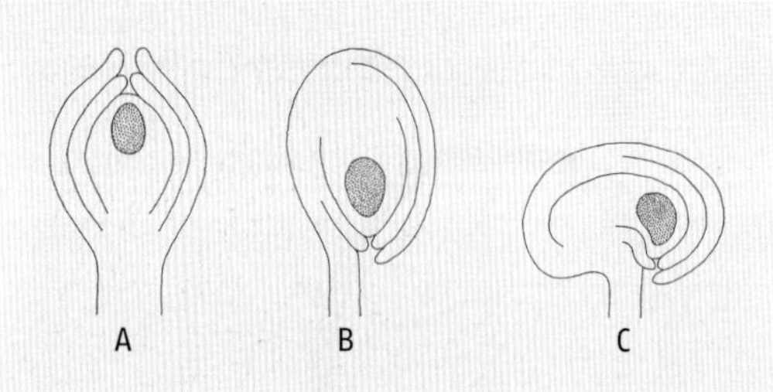

○ **Abb. 8.3** Bau von Samenanlagen bei Angiospermen (Schemazeichnung): **A** atrope Samenanlage, **B** anatrope Samenanlage, **C** kampylotrope Samenanlage, Embryosack gepunktet (nach Karsten, Weber, Stahl, NH)

8.1.2 Befruchtung

Bevor die Befruchtung stattfinden kann, laufen auch in den Pollenkörnern Entwicklungsvorgänge ab, die zur Bildung der **männlichen Gameten** (Geschlechtszellen, griech. gametes = Gatte, Ehemann) führen (○ Abb. 8.2, untere Reihe). In den einzelnen Pollenkörnern, die sich aus den Pollenmutterzellen im Tapetum des Pollensackes durch Reduktionsteilung gebildet haben (▸ Kap. 7.2.2), finden nacheinander zwei Pollenmitosen statt. Bei der ersten Pollenmitose teilt sich die haploide Pollenzelle inäqual, wobei die das Pollenkorn fast ausfüllende **vegetative Zelle** oder **Pollenschlauchzelle** und eine kleinere, die **generative Zelle**, entstehen. Letztere findet sich anschließend als spindelförmiges Gebilde im Plasma der Pollenschlauchzelle. Vor oder nach der Übertragung des Pollenkorns auf die Blütennarbe teilt sich die generative Zelle nochmals mitotisch (zweite Pollenmitose). Dabei entstehen letztlich die beiden **männlichen Gameten** oder **Spermazellen**.

Die Befruchtung beginnt mit dem Wachstum des Pollenschlauches von der Narbe zu den Samenanlagen. Der Pollenschlauch entsteht durch „Keimung" der **vegetativen Zelle**, indem sich der von der Intine umhüllte Protoplast durch eine Apertur schiebt (○ Abb. 8.2, letztes Bild der unteren Reihe). Der Pollenschlauch dringt zunächst in das Gewebe des Griffels ein und wächst dann in Richtung Samenanlage nach unten. Der Zellkern der vegetativen Zelle und die beiden Spermazellen befinden sich in der Spitze des wachsenden Pollenschlauches. Dieser erreicht in der Regel durch die Mikropyle den Embryosack und dringt zum Eiapparat vor. Vermutlich öffnet eine der Synergiden den Pollenschlauch, und die beiden Spermazellen treten aus. Anschließend kommt es zur sog. **doppelten Befruchtung**. Hierbei verschmilzt eine Spermazelle mit der Eizelle zur **Zygote** (diploid), aus der sich im weiteren Verlauf der Embryo entwickelt. Die andere Spermazelle verschmilzt mit dem sekundären Embryosackkern zum triploiden **Endospermkern**.

8.1.3 Bildung und Bau des Samens

Nach der Befruchtung reift die Samenanlage zum Samen heran. Dies ist mit einer deutlichen Umbildung der Gewebe der Samenanlage verbunden, die zeitgleich mit der Entwicklung des Embryos vonstatten geht (○ Abb. 8.1). Dabei nimmt der Samen an Größe meist erheblich zu.

Aus den Integumenten bildet sich die **Samenschale** (**Testa**), die den Schutz des Embryos übernimmt. Sie ist im Aufbau sehr mannigfaltig gestaltet (○ Abb. 8.4) und kann in der mikroskopischen Drogenanalyse zur Charakterisierung von Samen herangezogen werden. Die Epidermis der Testa ist häufig von einer starken Cuticula überzogen oder auch stark behaart (z. B. die Samen der Baumwolle). Korkschichten oder auch Sklerenchymfaser- oder Steinzellschichten verleihen der Samenschale Festigkeit.

Sind die Samen reif, lösen sie sich von dem vertrockneten Funiculus ab, wobei häufig an der Samenschale die Abbruchstelle als **Nabel** (**Hilum**) zu erkennen ist (z. B. bei der Bohne und beim Leinsamen). In einigen Fällen (z. B. bei der Feuerbohne) kann man die Mikropyle noch an einem kleinen Loch unterhalb des Hilums erkennen. Bei anatropen Samenanlagen hinterlässt mitunter das Leitbündel des Funiculus an einer Seite des Samens eine feine „Naht", die **Samennaht** (**Raphe**).

Auch die **Nährgewebe** der Samen entwickeln sich aus den Geweben der Samenanlagen (○ Abb. 8.1). Aus dem triploiden Endospermkern bildet sich das voluminöse **Endosperm** (Zellen triploid!). Bei einigen Angiospermen findet man zusätzlich oder anstelle des Endo-

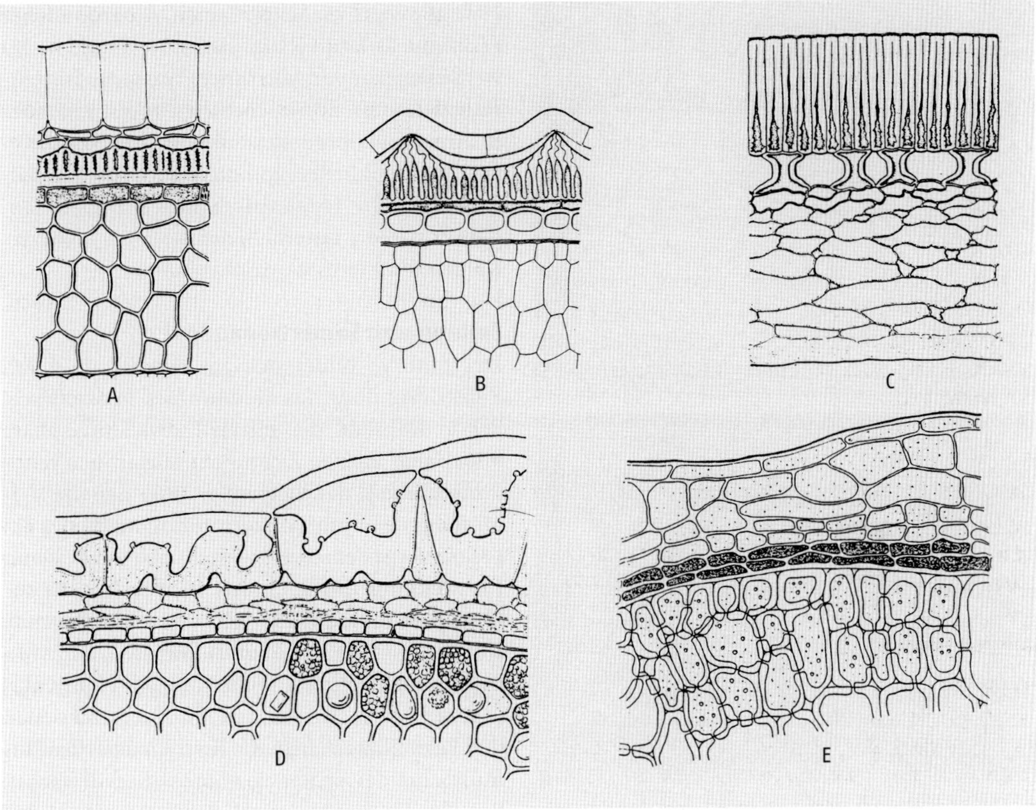

Abb. 8.4 Ausbildung der Samenschale (Beispiele): **A** Leinsamen mit Schleimepidermis, **B** Senfsamen mit Schleimepidermis, **C** Erbse, durch Palisadenzellen verstärkte Epidermis, **D** Paprikasamen, Epidermis an der Innenwand verstärkt, **E** Herbstzeitlosensamen (aus Deutschmann et al.)

sperms ein weiteres Nährgewebe, das **Perisperm**, das durch Volumenzunahme des Nucellusgewebes entsteht. Ein **ruminiertes Endosperm** liegt vor, wenn in das helle Endosperm das dunkle Perisperm einwuchert, wie es z. B. bei der Muskatnuss und dem Rizinussamen schon mit bloßem Auge zu erkennen ist. Viele Samen bilden kein besonderes Nährgewebe aus und speichern die Reservestoffe in den Keimblättern des Embryos. Solche Samen bestehen dann nur aus den „fetten" Embryonen und lassen sich bei dikotylen Pflanzen leicht zweiteilen (Bohne, Mandel, Erdnuss, Walnuss u. v. a.).

Speicherprodukte des Samens

Die Nährgewebe mit ihren energiereichen Speicherprodukten dienen dem Embryo während der Keimung als Nahrungsquelle. Der Keimling muss sich die notwendige Energie aus den Reservestoffen der Nährgewebe schöpfen (heterotrophe Phase). Als Energiereservestoffe dienen **Kohlenhydrate**, **Fette** und **Proteine**. Viele Samen dienen dem Menschen als wertvolle Nahrungsmittel.

Kohlenhydrate werden meist in Form von **Stärke** gespeichert. Typische Stärkelieferanten sind die Früchte der Getreidepflanzen, die als Weltnahrungsmittel besonders wichtig sind (Weizen, Roggen, Reis, Mais u. a.). Die Stärke lagert in Form von Stärkekörnern im Endosperm der Samen. Kohlenhydrate werden in vielen Samen auch in Form von **Hemicellulose** (Reservecellulose) gespeichert. Sie liegt dann als Wandmaterial der Zellwand auf und bewirkt, dass der Samen sehr hart ist („Hornendosperm" bei Olive, Dattel, Kaffee, Herbstzeitlosensamen, Abb. 8.5). Bei der

8

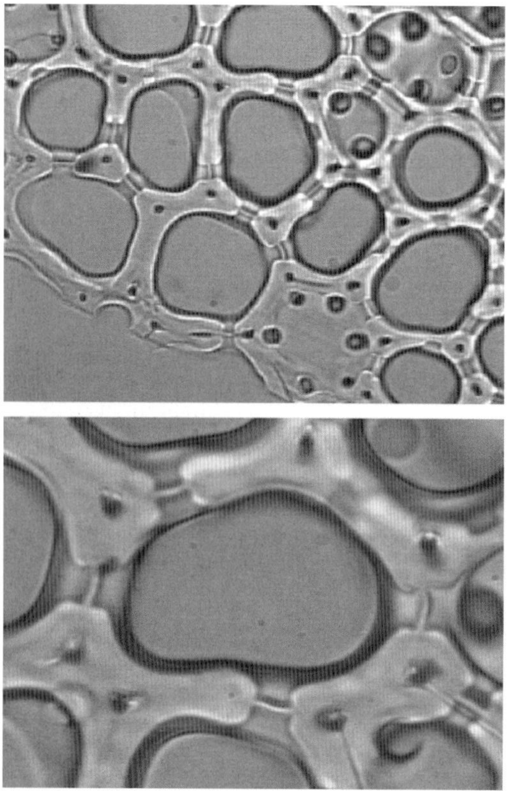

○ Abb. 8.5 Hornendosperm im Samen der Herbstzeitlose (*Colchicum autumnale*) (StB)

Keimung wird das energiereiche Wandmaterial abgebaut. Auch als **Schleim** können Kohlenhydrate gespeichert sein. Ein schleimführendes Endosperm findet sich z. B. beim Bockshornsamen, der dann beim Keimen aufquillt.

Fette liegen in Form von Fetttröpfchen in den Zellen des Endosperms oder des Embryos. Sie stellen die Energieform verschiedener fett- und ölliefernder Samen dar. Als solche sind für die Welternährung die Samen der Kreuzblütler (Brassicaceae) wichtig, aus deren Öl Margarine hergestellt wird (insbesondere aus Raps). Auch der pharmazeutisch interessante Leinsamen enthält ein fetthaltiges Endosperm, aus dem Leinöl gewonnen wird.

Eiweiß kann amorph oder kristallin gespeichert sein. Mikroskopisch lassen sich in den Nährgeweben mancher Samen **Aleuronkörner** erkennen (z. B. im Rizinussamen), rundliche Eiweißablagerungen, die durch Wasserverlust zustande kommen. Sie enthalten meist ein oder mehrere quellbare Kristalloide (Eiweißkristalle). Aleuronkörner kommen auch in der sog. Kleberschicht (Aleuronschicht) der Getreidekörner vor, die unterhalb der Testa liegt und das Kleben des Mehls bewirkt.

Embryo und Samenkeimung

Der Embryo bildet sich aus der Zygote durch Zellteilung über das Stadium des Proembryos. Schon während der ersten Entwicklungsphase bildet sich an der Zygote ein stielartiger Embryoträger aus, der **Suspensor**, über den die Verbindung des Embryos zum Nährgewebe des Samens hergestellt wird. Nach abgeschlossener Entwicklung des Embryos können die **Keimblätter** (**Kotyledonen**), das darunter liegende Achsengewebe (**Hypokotyl**) und eine, der Mikropyle zugekehrte, **Wurzelanlage** (**Radicula**) unterschieden werden (○ Abb. 8.1). Zwischen den Keimblättern liegt die Keimknospe, die **Plumula**, aus der später der Spross hervorwächst. Bei der Keimung nimmt der Samen zunächst Wasser auf und quillt. Dann sprengen die inneren Gewebe die Samenschale (gegebenenfalls auch die Fruchtschale), und die Radicula tritt mit dem Hypokotyl aus der Öffnung.

Ziel der Pflanzenkeimung muss sein, möglichst schnell Blätter aus der Erde zu treiben. Am Licht ergrünen die Blätter und sind zur Photosynthese befähigt. Die Pflanze geht damit in die autotrophe Lebensphase über. Im Fall der **epigäischen Keimung**, bei der das Hypokotyl stark gestreckt wird, sind die ersten Blätter am Licht die Keimblätter. Bei der **hypogäischen Keimung** bleiben die Keimblätter (Kotyledonen) unter der Erdoberfläche, weil sich nur das **Epikotyl**, ein Sprossabschnitt zwischen Keimblättern und Primärblättern (1. Internodium), streckt. Die Blätter der ersten Blattanlagen (**Primärblätter**) schieben sich dann durch die Erdoberfläche und ergrünen.

8.2 Die Frucht

Nach erfolgter Befruchtung bilden sich parallel zur Samenentwicklung aus den Fruchtblättern, manchmal unter Einbeziehung anderer Teile der Blüte (z. B. Blütenachse, Corolla), die Frucht. Dabei wird die Fruchtknotenwand zur **Fruchtwand (Perikarp)** und umschließt die Samen. Die Fruchtknotenwand differenziert sich bei ihrer Wandlung zur Fruchtwand häufig in ein **Exokarp** (außen), ein **Endokarp** (innen) und ein dazwischen liegendes, mehrschichtiges **Mesokarp**. In vielen Fällen fördern umgewandelte Blütenorgane die Verbreitung der Früchte, indem sie farbliche Attraktionen bieten, das Nahrungsangebot erweitern oder an der Bildung von Flugorganen beteiligt sind.

Die in der Pflanzenwelt verwirklichten **Fruchtformen** sind höchst mannigfaltig und lassen sich nur schwer in eine starre Gliederung einordnen. In ○ Abb. 8.6 wird eine Einteilung nach morphologisch-anatomischen Gesichtspunkten gewählt. Berücksichtigt wird dabei der Fruchtbau, der durch die Bauart des Gynoeceums in der Blüte bereits vorgegeben ist (Anzahl der Fruchtblätter, chorikarpes oder coenokarpes Gynoeceum). Weitere Kriterien sind die Öffnungsweise der Früchte und die Differenzierung des Perikarps.

8.2.1 Einzelfrüchte

Öffnungsfrüchte (Spring- und Streufrüchte)

Früchte, die sich bei der Reife öffnen und ihre Samen freigeben, bezeichnet man als Öffnungsfrüchte. Bei **Springfrüchten** können die Samen herausspringen, bei **Streufrüchten** ausgestreut werden. Wenn die Früchte am Ende der Fruchtreife zerfallen, spricht man von **Bruch**- oder **Spaltfrüchten**. Die Fruchtteile verbleiben dabei an der Pflanze, Verbreitungseinheit sind die Samen (○ Abb. 8.6, obere Reihe).

Balgfrüchte: Sie werden aus einem einzigen Fruchtblatt gebildet, wobei in einer Blüte auch mehrere Balgfrüchte enthalten sein können, je nach Anzahl der Karpelle im Fruchtblattkreis. Das Perikarp wird bei der Fruchtreife trockenhäutig und öffnet sich an den Karpellrändern („Bauchnaht"). Aus der Sicht der Systematik wird diese Fruchtform als einfach eingestuft und ist eher in Pflanzengruppen der niedrigeren Entwicklungsstufen, wie z. B. bei den Hahnenfußgewächsen (Ranunculaceae), verbreitet. Beispiele: Rittersporn (*Delphinium*), Hahnenfuß (*Ranunculus*).

Hülsen: Sie entstehen ebenfalls aus einem Fruchtblatt. Entsprechend der Anzahl von Fruchtblättern im Gynoeceum können auch mehrere Hülsen pro Blüte gebildet werden. Das Perikarp wird bei der Fruchtreife trockenhäutig und öffnet sich gleichzeitig an Bauchnaht und Rückennaht. Letzteres entspricht der „Mittelrippe" des Karpells. Die Hülse ist die typische Fruchtform der „Hülsenfrüchtler" (Leguminosen), zu denen u. a. die Schmetterlingsblütler (Fabaceae) zählen mit z. B. der Erbse (*Pisum*), der Bohne (*Phaseolus*) und dem Goldregen (*Laburnum*). Bei diesen Pflanzen entsteht pro Blüte eine Hülse.

Kapseln: Sie entstehen aus mindestens zwei oder mehreren Fruchtblättern, die miteinander verwachsen sind. Die Öffnungsmechanismen lassen eine weitere Unterscheidung zu. **Septizide Spaltkapseln** öffnen sich an den Septen. Beispiele: Stechapfel (*Stramonium*), Fingerhut (*Digitalis*), Germer (*Veratrum*). **Lokulizide Spaltkapseln** öffnen sich an der Rückennaht. Beispiele: Schwertlilie (*Iris*), Stiefmütterchen (*Viola*). **Deckelkapseln** öffnen sich, indem sich ein Deckel abhebt. Beispiele: Bilsenkraut (*Hyoscyamus*), Gauchheil (*Anagallis*). Bei **Porenkapseln** entstehen Poren in der Kapselwand. Beispiel: Mohn (*Papaver*).

Schote: Die Schote kann als Sonderform der Spaltkapsel angesehen werden. Sie entsteht aus zwei Fruchtblättern, zwischen denen eine falsche Scheidewand ausgebildet wird. Die Schote öffnet sich septizid, wobei die Samen noch eine Zeitlang an der Scheidewand haften können. Es ist die typische Fruchtform der Kreuzblütler (Brassicaceae) mit Raps, Senf und Hirtentäschel als Beispielen, sie kommt aber auch beim Schöllkraut (*Chelidonium*, Papaveraceae) vor.

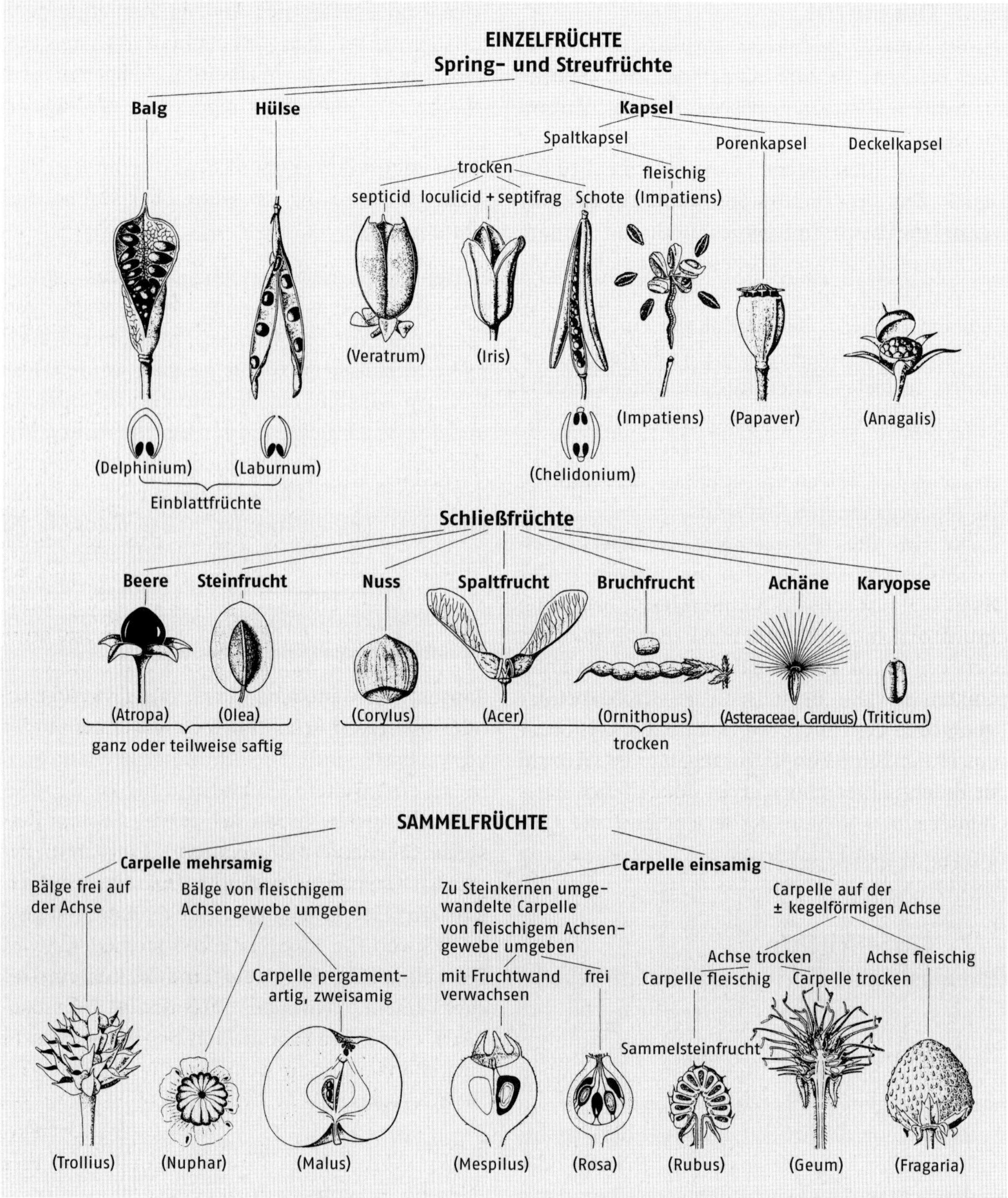

Abb. 8.6 Fruchtformen. Obere Reihe: Einzelfrüchte (Spring- und Streufrüchte), mittlere Reihe: Einzelfrüchte (Schließfrüchte), untere Reihe: Sammelfrüchte (Czihak et al.)

Neben den oben beschriebenen trockenen Kapselfrüchten findet man auch saftige Kapselfrüchte, die vor allem in den Tropen verbreitet sind. In unseren Breiten kommt dieser Fruchttyp z. B. beim Pfaffenhütchen (*Euonymus*) vor. Auch die Explosionskapseln des Springkrauts (*Impatiens*) gehören zu den saftigen Kapselfrüchten.

Schließfrüchte

Schließfrüchte bleiben bei der Reife geschlossen und werden mit dem Samen zusammen abgeworfen (o Abb. 8.6, mittlere Reihe). Verbreitungseinheit ist also die Frucht. Bei den Schließfrüchten unterscheidet man anhand der Differenzierung des Perikarps (Fruchtwand) verschiedene Fruchtformen.

Beeren: Sie entstehen aus einem oder mehreren Fruchtblättern. Typisch ist, dass ihr Perikarp im reifen Zustand fleischig und saftig ist. Das Exokarp ist häutig. Beeren sind meist mehrsamig. Vor der Reife sind Beerenfrüchte in der Regel grün gefärbt und nehmen bei der Reifung häufig lebhafte Farben an. Beispiele: Gurke und Kürbis (*Cucurbita*), Tomate (*Solanum*) und Tollkirsche (*Atropa*), Heidelbeere (*Vaccinium*), alle Citrus-Früchte, Dattel (*Dactylis*), Banane (*Musa*).

Nüsse: Sie können aus einem oder mehreren Fruchtblättern gebildet sein. Charakteristisch ist ein Perikarp, das während der Reifung zu einem harten, dickwandigen Gehäuse aus sklerenchymatischen Steinzellen wird. Eine Nuss ist meist einsamig. Beispiele: Haselnuss (*Corylus*), Sonnenblume (*Helianthus*), die Eichel der Eiche (*Quercus*) und die Buchecker der Buche (*Fagus*).

Achänen und Karyopsen: Beide Fruchtformen sind Sonderformen der Nuss. Testa und Perikarp sind dünn und eng aneinander gepresst oder teilweise verwachsen. Dadurch täuscht die Frucht einen Samen vor. Die **Achäne** geht aus einem unterständigen Fruchtknoten hervor und ist die typische Fruchtform der Doldengewächse (Apiaceae) und der Korbblütler (Asteraceae). Bei den Asteraceae sind die Kelchblätter meist zu einem Pappus umgebildet, der als Flugorgan dient. Die **Karyopse** ist die Fruchtform der Gräser (Poaceae). Sie entsteht aus einem oberständigen Fruchtknoten und ist typischerweise von Spelzen umgeben.

Zerfallsfrüchte: Darunter versteht man mehrsamige Nussfrüchte, die bei der Reife zerfallen. Man teilt sie nach der Art der Trennung in Spaltfrüchte (Teilung entlang der Verwachsungsnähte der Karpelle, Beispiel: Ahorn, *Acer*) und Bruchfrüchte (Bruch der Karpelle) ein. Zu den letzteren zählen Gliederhülsen bzw. Gliederschoten; Beispiele: Hederich (*Raphanus*), und Vogelfuß (*Ornithopus*). Auch die Früchte der Doldenblütler (Apiaceae) können als Spaltfrüchte aufgefasst werden, wenn sie im reifen Zustand in zwei Achänen zerfallen, wie z. B. bei Kümmel und Fenchel. Die „Klausenfrüchte“ der Lippenblütler (Lamiaceae) und Raublattgewächse (Boraginaceae) sind Bruchfrüchte, die in vier einsamige Früchte zerfallen.

Steinfrüchte: Sie entstehen aus einem oder mehreren Fruchtblättern und haben als Charakteristikum ein dreischichtiges Perikarp und nur einen Samen. Das Exokarp ist häutig und das Mesokarp fleischig, lederig oder faserig. Das Endokarp ist sklerenchymatisch und umgibt den Samen vollständig als feste Hülle (Steinkern). Beispiele: Kirsche, Aprikose, Pflaume und anderes „Steinobst“ der Rosengewächse (Rosaceae); Olive (*Olea*), Pfeffer (*Piper*), Walnuss (*Juglans*), Mandel (*Amygdalus*); Kokosnuss (*Cocos*).

8.2.2 Sammelfrüchte

Sammelfrüchte gehen aus Blüten mit chorikarpem Gynoeceum hervor und werden in verschiedener Weise durch andere Blütenorgane zur Frucht ergänzt (o Abb. 8.6, untere Reihe). Zunächst entwickelt sich aus jedem einzelnen Fruchtknoten der Blüte eine kleine, separate Frucht (Balg, Nuss oder Steinfrucht), die dann durch ein gemeinsames Achsengewebe oder infolge Verwachsungen zu einer Verbreitungseinheit verbunden wird. Man spricht nur dann von einer Sammelfrucht, wenn diese das Aussehen einer Einzelfrucht annimmt und sich in ihrer Gesamtheit von der Pflanze ablöst.

Sammelnussfrüchte: Bei der Erdbeere (*Fragaria*) entwickelt sich der Blütenboden während der Reife zu einem fleischigen, kegelförmigen, gewölbten Körper um, dem kleine Nüsschen aufsitzen. Bei der Hagebutte (*Rosa*) sind die Nüsschen von einer fleischigen, krugförmigen Blütenachse umschlossen.

Sammelsteinfrüchte: Bei der Brombeere und Himbeere (*Rubus*) sitzen viele kleine Steinfrüchte der kegelförmigen Blütenachse auf und lösen sich bei der Reife von dieser in ihrer Gesamtheit ab.

Sammelbalgfrüchte: Beim Sternanis (*Illicium*) liegen meist acht Bälge als Wirtel um die Blütenachse. Im unteren Bereich sind sie verwachsen, im oberen frei und spitz zulaufend. Dadurch erhält die Frucht ihr sternförmiges Aussehen. Weitere Beispiele für Sammelbalgfrüchte sind die Trollblume (*Trollius*) und die Pfingstrose (*Paeonia*). Becherförmig vertieft und stark fleischig verdickt und wohlschmeckend saftig ist die Blütenachse bei Apfel (*Malus*), Birne (*Pyrus*) und Quitte (*Cydonia*). Die Fruchtblätter verwachsen an ihrer Rückennaht mit der Blütenachse (Kernhaus).

8.2.3 Fruchtstände

Fruchtstände gehen aus einem ganzen **Blütenstand** hervor und vereinigen demnach die Gynoeceen mehrerer Blüten. Sie nehmen bei der Reife das Aussehen einer Einzelfrucht an und lösen sich gleich den Sammelfrüchten in ihrer Gesamtheit von der Pflanze ab. An der Ausbildung der Gesamtfrucht beteiligen sich außer den Fruchtknoten auch die Blütenhüllen, die Infloreszenzachsen und die Hochblätter. Bei der Ananas (*Ananas*) liegt dem Fruchtkörper eine traubig-kolbige Infloreszenz mit dicht stehenden Deckblättern und Blüten zugrunde, die im Bereich des unterständigen Fruchtknotens miteinander verwachsen sind. Bei der Fruchtreife entsteht aus den vereinigten Deckblatt- und Fruchtknotenkomplexen ein saftiges, zuckerhaltiges und höchst aromatisches „Fruchtfleisch", an dessen Bildung auch die kräftige Infloreszenzachse beteiligt ist. Weitere Beispiele sind die Feige (*Ficus*) und die Maulbeere (*Morus*).

8.3 Verbreitung von Samen und Früchten

Früchte und Samen haben eine Vielfalt von Strategien entwickelt, um ihre Ausbreitung zu gewährleisten. Werden die Samen z. B. aus Kapseln herausgeschleudert, sind sie auf einem größeren oder kleineren Raum um die Mutterpflanze verstreut (**Selbstverbreitung**). Ausbildung von Flugorganen an Früchten und Samen, wie z. B. Flügel, Federkelche oder Pappushaare, ermöglichen einen Transport durch den Wind (**Windverbreitung**). Sind Samen und Früchte mit Haft- und Kletteinrichtungen versehen, können sie sich damit an Tiere anheften und werden so über größere Strecken verschleppt (**Tierverbreitung**).

Nahrungsangebote, Düfte und Farben, wie z. B. der **Arillus** (Samenmantel) der Muskatnuss oder die süßlich-klebrigen **Elaiosomen** (Samenanhängsel) vieler Samen (z. B. beim Schöllkraut), haben zur Folge, dass Früchte von Tieren verzehrt werden, wodurch ein Transport der unverdaulichen Samen während der Darmpassage über weite Strecken erfolgen kann. Bei manchen Sumpf- und Wasserpflanzen entwickeln Früchte oder Samen spezielle Schwimmgewebe, die ihnen eine Verbreitung über den Wasserweg ermöglichen (**Wasserverbreitung**). Nicht zuletzt ist auch der Mensch als wesentlicher Faktor der Frucht- und Samenverbreitung hervorgetreten.

8.4 Praktische Aufgaben – Mikroskopie von Gewebeschnitten des Samens und der Frucht

8.4.1 Der Samen – Bau der Samenschale (Testa)

Leinsamen im Lupenbild und Querschnitt der Samenschale

Objekt

Lein – *Linum usitatissimum* – Linaceae

Für das Lupenbild werden trockene, reife Samen verwendet; für den Querschnitt ist in Ethanol (MR 01) eingelegtes Material besser geeignet.

Präparation

Der Samen wird quer so durchgeschnitten, dass ein größeres Stück davon noch zwischen den Fingern gehalten werden kann. Mit einer Rasierklinge werden mehrere Teilschnitte angefertigt, wobei es vor allem auf die braune Samenschale ankommt. Trotzdem sollen vom weißen Endosperm Teile mit erfasst werden, damit die Samenschale auf dem Objektträger nicht umkippen kann. Die Schnitte werden mit Chloralhydrat (MR 05) aufgehellt.

Option: Nachweis verschleimender Zellwände mit Tusche (MR 15). Färbung der Öltröpfchen mit Sudan III (MR 13).

Beobachtung

Lupenbild: Der Samen ist hell- bis dunkelbraun, länglich-eiförmig und flachgedrückt mit gewölbten Flächen (○ Abb. 8.7). Das eine Ende ist breit abgerundet, das andere Ende läuft in einen seitlich gebogenen Schnabel aus. Mit der Lupe ist in der Einbuchtung unter dem Schnabel die **Mikropyle** (mp) als kleine Vorwölbung zu erkennen. Darunter liegt das **Hilum** (hi, Nabel), die Abbruchstelle des Funiculus. Von dort aus zieht sich auf der Kante des Samens bis zum abgerundeten Ende die helle Linie der **Raphe** (ra, Samennaht). So wird der noch anliegende Funiculusstrang mit seinem Leitbündel genannt, der sich typischerweise auf der Samenschale einer anatropen Samenanlage abzeichnet. Bei Lupenbetrachtung erscheint die sonst glatte Oberfläche des Samens feingrubig.

Querschnitt: Bei in Alkohol eingelegtem Material ist die Epidermis der Samenschale gequollen (Schleimepidermis). In diesem Zustand erscheint die **Epidermis** (epd) als eine Schicht großer, rechteckiger und dünnwandiger Zellen, die schon bei schwacher Vergrößerung (50-fach) zu erkennen sind (○ Abb. 8.8 und ○ Abb. 8.9). Bei

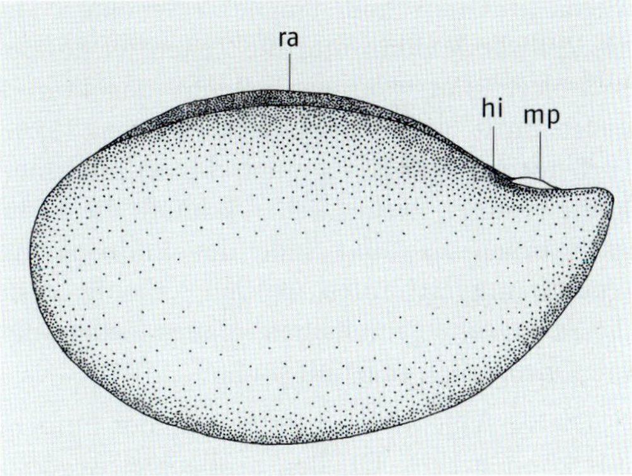

○ **Abb. 8.7** Leinsamen (*Linum usitatissimum*, Aufsicht): **mp** Mikropyle, **hi** Hilum, **ra** Raphe (NH)

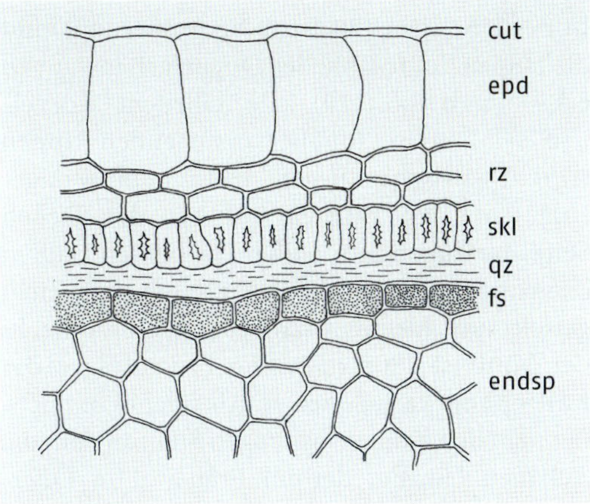

○ **Abb. 8.8** Anatomie der Samenschale des Leinsamens (*Linum usitatissimum*) im Querschnitt: **cut** Cuticula, **endsp** Endosperm, **epd** Epidermis, **fs** Farbstoffschicht, **qz** Querzellschicht, **rz** Ringzellschicht, **skl** Sklerenchymschicht (NH)

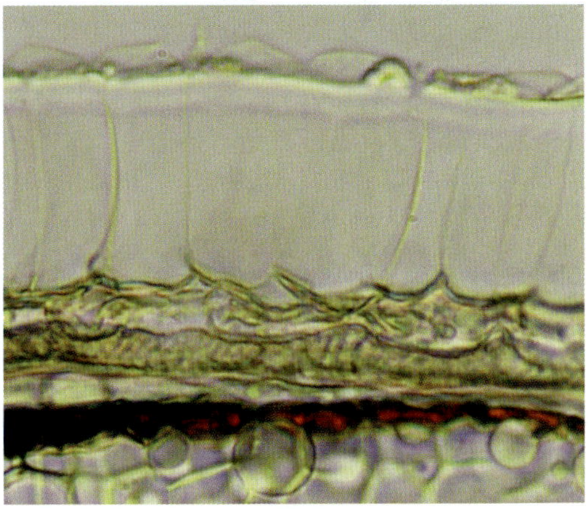

○ **Abb. 8.9** Samenschale des Leinsamens (*Linum usitatissimum*) im Querschnitt; Beschriftung siehe Schemazeichnung ○ Abb. 8.8 (StB)

mittlerer Vergrößerung (100-fach) zeigen sich manchmal Schichtungslinien auf der Zellwand. Durch das Aufquellen wird die **Cuticula** (cut) an manchen Stellen gesprengt und liegt in losen, dicken Platten auf der Epidermis. Unter der Epidermis liegt die sog. **Ringzellenschicht** (rz), die aus meist zwei Schichten ringförmiger, parenchymatischer Zellen besteht. Darunter folgt die **Sklerenchymschicht** (skl, Faserschicht). Dabei handelt es sich um lange Sklerenchymfasern, deren Ausmaß nur in der Aufsicht zu erkennen ist. Unter der Sklerenchymschicht liegt die mehrschichtige **Querzellenschicht** (qz), deren Zellen rechtwinklig zu den Fasern verlaufen und deswegen im Querschnitt länglich erscheinen. Da die Zellwände dünn und die Zellen oft bereits kollabiert sind, können zelluläre Strukturen meist nicht mehr ausgemacht werden. Eine **Farbstoffschicht** (fs, Pigmentschicht) mit einer Reihe brauner, flacher Zellen schließt die Testa nach innen ab. Sind Teile des **Endosperms** (endsp) mitgeschnitten worden, erkennt man dieses an seinen rundlichen, grauen Zellen, die mit Öltröpfchen angefüllt sind.

Die verschleimenden Zellwände der Epidermis können beim Quellen beobachtet werden, wenn ein Querschnitt eines trockenen Samens in Tusche eingebettet und unmittelbar unter dem Mikroskop (50-fache Vergrößerung) beobachtet wird. Der quellende Schleim drückt die Tuschepartikel beiseite und hebt sich als heller Saum gegen die Tusche der Umgebung ab. Das Aufquellen erfolgt fast explosionsartig. Die im Endosperm zahlreich enthaltenen Öltröpfchen färben sich mit Sudan III rot an.

Aufgabe

- Zeichnen eines Samens mit Mikropyle, Hilum und Raphe im Lupenbild.
- Zelluläre Zeichnung des Querschnitts durch die Samenschale mit Cuticula, Epidermis, Ringzellenschicht, Sklerenchymschicht, Querzellenschicht und Farbstoffschicht.

8.4.2 Frucht mit Samen – die Achäne der Apiaceae

Fenchel – Frucht im Querschnitt

Objekt

Fenchel – *Foeniculum vulgare* ssp. *vulgare* – Apiaceae

Für die Beobachtung der Fruchtwand sind nicht ganz reife Früchte besser geeignet als völlig ausgereifte Früchte. Deren Fruchtwand ist oft schon sehr trocken und dünn. Es kann in Ethanol (MR 01) eingelegtes Drogenmaterial verwendet werden, das etwas weicher ist und sich leichter schneiden lässt als frisches Material.

Präparation

Eine Frucht, bei der möglichst die beiden Teile der Doppelachäne noch zusammenhängen sollen, wird an ihrer dicksten Stelle quer geschnitten. Für die Übersicht sollte der Schnitt nicht zu dünn sein, damit die Form der Achäne erhalten bleibt. Für die Beobachtung einzelner Gewebe im Ausschnitt sind dünnere Teilschnitte besser geeignet. Die Schnitte werden mit Chloralhydrat (MR 01) aufgehellt.

Option: Färbung des ätherischen Öls in den Ölgängen mit Sudan III (MR 13).

Beobachtung

In der Übersicht (50-fache Vergrößerung) sind die beiden Teilfrüchte der Doppelachäne gut zu erkennen (○ Abb. 8.10). Jede Teilfrucht bildet einen Halbkreis mit fünf hervorstehenden **Rippen** (rip). Dazwischen liegen, mehr oder weniger eingesenkt, die **Tälchen** (tä). Mit der flachen Seite, der **Fugenseite**, stoßen die beiden Hälften aneinander. Da aber die Fugenseiten auch leicht gewellt sind, bleiben dazwischen Hohlräume. In der Mitte ist dann meist der Fruchtträger, das **Karpophor** (kar), zu sehen. Als solches bezeichnet man den kleinen, gabeligen Stiel, an dem die Achänen hängen, der im Präparat im Querschnitt zu sehen ist.

Im Inneren der Teilfrüchte liegt das mächtige, hellgraue **Endosperm** (endsp). In der **Fruchtwand** (fw) befinden sich die **Leitbündel** (lb) unter den Wölbungen der Rippen, die **Öl-**

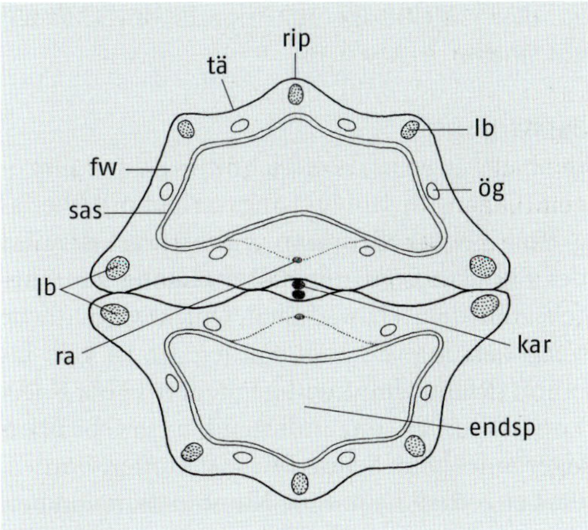

o Abb. 8.10 Querschnitt der Fenchelfrucht (*Foeniculum vulgare*) in der Übersicht: **endsp** Endosperm, **fw** Fruchtwand, **kar** Karpophor, **lb** Leitbündel, **ög** Ölgang, **ra** Raphenleitbündel, **rip** Rippe, **sas** Samenschale, **tä** Tälchen (NH)

gänge (ög) in den Tälchen dazwischen. Da auch an der Fugenseite zwei Ölgänge liegen, sind pro Teilfrucht davon sechs vorhanden.

Einzelne Gewebe werden bei 100-facher bzw. 400-facher Vergrößerung beobachtet. Die Zellwände der Zellen des hellen **Mesokarps** um die Leitbündel herum weisen große Tüpfel auf. Sie werden deshalb als „Fensterzellen" bezeichnet (o Abb. 8.11 und 8.12). Das **Endokarp**, die innere Epidermis der Fruchtwand, besteht aus „Parkettzellen", die im Querschnitt nur schwer zu erkennen sind. Der Name leitet sich von ihrem typischen Muster in Aufsicht ab (o Abb. 8.11 B). Die Zellen um den Ölgang herum haben braune Zellwände und sind kollenchymatisch (**Eckenkollenchym**). Im Längsschnitt liegen sie je nach Schnittebene entweder unter oder über dem „Parkett" des **Endokarps** (o Abb. 8.11 B). Der Ölgang selbst ist mit feinem Drüsenepithel ausgekleidet. Nach innen schließt die einschichtige **Samenschale** (sas) an. Das **Endosperm** (endsp) besteht aus rundlichen, dickwandigen Zellen mit kleinen Calciumoxalat-Rosetten (o Abb. 8.11 C). Im Endosperm sind häufig auch die beiden Keimblätter des Embryos quer angeschnitten. Sie sind sichelförmig und können große Teile des Endosperms einnehmen. Das Karpophor zwischen den beiden Teilfrüchten ist sklerenchymatisch.

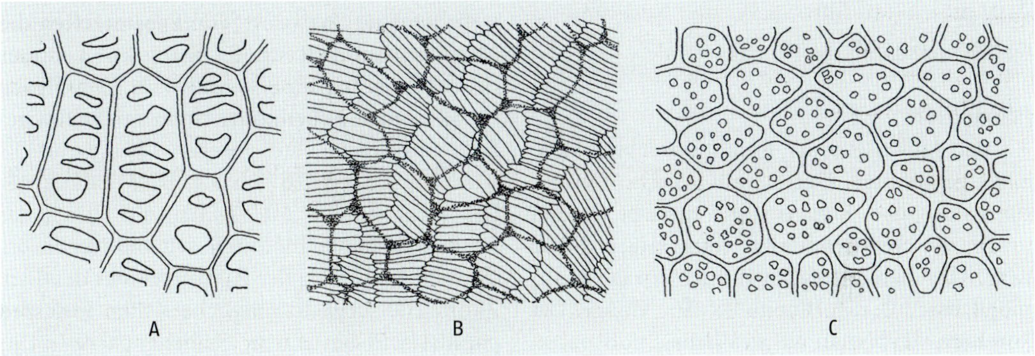

o Abb. 8.11 Verschiedene Gewebe der Fenchelfrucht (*Foeniculum vulgare*), Ausschnitte: **A** Fensterzellen des Mesokarps (Längs- und Querschnitt), **B** Parkettzellen des Endokarps mit darunter liegendem Eckenkollenchym (Längsschnitt), **C** Endosperm mit Calciumoxalat-Rosetten (Längs- und Querschnitt, NH)

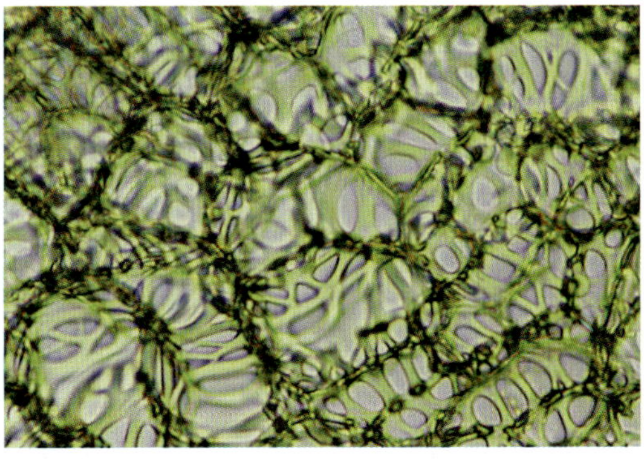

o Abb. 8.12 Fensterzellen im Mesokarp des Fenchels (*Foeniculum vulgare*) (StB)

8

Aufgabe

- Zeichnen des Querschnitts durch die Frucht in der Übersicht bei 50-facher Vergrößerung mit Leitbündeln, Ölgängen, dem Karpophor (nicht zellulär).
- Zelluläre Zeichnung der verschiedenen Gewebe im Ausschnitt bei 100- bzw. 400-facher Vergrößerung. Als solches sind die Fensterzellen, das Eckenkollenchym, das Endokarp und das Endosperm interessant.

Fenchel – Frucht im tangentialen Längsschnitt

Objekt

Fenchel – *Foeniculum vulgare ssp. vulgare* – Apiaceae

Siehe Querschnitt der Frucht.

Präparation

An der Außenseite der Frucht wird tangential längs geschnitten. Der Schnitt wird so tief geführt, dass zwei Rippen völlig entfernt werden und dazwischen der dunkle Exkretgang sichtbar wird. Von diesem trägt man noch etwas ab, um möglichst auf die Innenseite des Ganges zu kommen. Trifft man auf das helle Endosperm, ist man bereits zu tief. Sinnvollerweise werden in verschiedenen Ebenen dünne Teilschnitte hergestellt, damit ein gelungenes Objekt in jedem Falle gewährleistet ist. Die Schnitte werden auf dem Objektträger in Chloralhydrat (MR 05) aufgehellt.

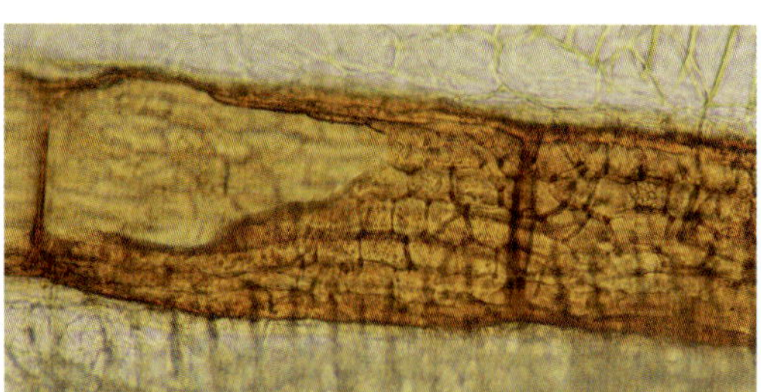

o Abb. 8.13 Ölgang in der Fruchtwand des Fenchels (*Foeniculum vulgare*), angeschnitten (StB)

Beobachtung

Beobachtungsziel dieses Schnittes ist der schizogene Ölgang in seinem Längsverlauf mit überlagertem Eckenkollenchym und den Parkettzellen des Endokarps darunter. Der **Ölgang** kann bereits mit dem schwächsten Objektiv (50-fache Vergrößerung) erkannt werden. Er ist gelb bis braun gefärbt, breit und gegliedert (Abb. 8.13). Entweder ist er vom umliegenden Gewebe überlagert oder beim Schneiden so getroffen worden, dass er „offen“ liegt. Eine Kombination von beidem in einem Schnitt ist besonders günstig. In jedem Fall erkennt man sein enormes Ausmaß in der Breite, vor allem, wenn auf beiden Seiten in kurzem Abstand dazu parallel die Leitbündel der Rippen liegen. Bei stärkerer Vergrößerung (100-fach) werden dann die umgebenden Gewebe genauer analysiert. Die **Fensterzellen** des Mesokarps sind zwischen Ölgang und Leitbündel zu finden (o Abb. 8.11 und 8.12). Der Ölgang ist von einem **Eckenkollenchym** mit braun gefärbten Zellwandverdickungen überspannt. Es wirkt wie ein Netz (o Abb. 8.11 B). Mit der größten Vergrößerung (400-fach) wird durch das Eckenkollenchym hindurch, seltener frei davon, die feine Maserung der **Parkettschicht** deutlich. Zahlreiche schmale, längliche Zellen verlaufen parallel wie bei einem Stäbchenparkett. Das „Parkett“ ändert immer wieder seine Richtung.

Aufgabe

- Zeichnen eines gegliederten Ölganges in der Übersicht (50-fache Vergrößerung).
- Das typische Muster der Parkettschicht wird bei 400-facher Vergrößerung gezeichnet. Typischerweise wird das Eckenkollenchym darüber gezeichnet.

8.4.3 Frucht mit Samen – die Karyopse der Gräser

Weizenkorn im Querschnitt

Objekt

Weizen – *Triticum aestivum* – Poaceae

Trockene Weizenkörner. Um das Objekt etwas weicher zu machen, werden die Körner über Nacht in Wasser gelegt.

Präparation

Das Weizenkorn wird möglichst in der Mitte senkrecht zur Längsachse quer durchgeschnitten. Innen ist das weiße Endosperm erkennbar, umgeben von einer braunen Schicht, die Fruchtwand und Samenschale in einem darstellt. Vom äußeren Bereich, abseits von der Furche, werden möglichst dünne Teilschnitte hergestellt und auf dem Objektträger mit Chloralhydrat (MR 05) aufgehellt.

Option: Zur Beobachtung der Stärke im Endosperm werden die Schnitte in Wasser präpariert und mit Iod-Lösung (MR 17) angefärbt.

Beobachtung

In der Übersicht (50-fache Vergrößerung) wird ein möglichst dünn geschnittener Bereich der **Fruchtwand** (fw) gesucht und bei stärkerer Vergrößerung (100-fach bzw. 400-fach) genauer studiert (○ Abb. 8.14). Die äußere Schicht, die **Epidermis** (epd) besteht aus dickwandigen Zellen mit kleinem, länglichem Lumen. Darunter folgen zwei oder drei **hypodermale Schichten** (hpd) von Zellen mit ebenfalls verdickten Zellwänden (Zwischenschicht). Das frei bleibende Lumen dieser Zellen ist schmaler als das der Epidermiszellen, oft etwas gekrümmt. Die Zellwände wirken hell, das Lumen grau. Die Fruchtwand schließt mit den darunter liegenden **Querzellen** (qz) ab, die „quer" zur Längsachse der Frucht liegen und deren Zellwände schmale, quer gestellte Tüpfel aufweisen.

Unmittelbar unter der Fruchtwand liegt die **Samenschale** (sas, Testa), die im Präparat dunkel wirkt. Die darunter liegende **Nucellarschicht** (ns) besteht aus ganz dünnwandigen, quer liegenden Zellen mit dünnen Zellwänden. In ganz dünnen Schnitten ist die Schicht zellulär zu erkennen, bei dickeren Schnitten bleibt sie amorph. Die äußerste Schicht des Endosperms besteht aus den großen, fast quadratischen Zellen der **Aleuronschicht** (as). Sie wird auch „*Kleberschicht*" genannt, weil sie das Mehl beim Backen zusammenhält. In den Zellen sind zahlreiche Aleuronkörner (globuläre Proteine) zu erkennen, die sich im Wasserpräparat mit Iod-Lösung braun färben. Alle anderen Zellen des Endosperms enthalten große Stärkekörner (Stärkeendosperm). Sie lösen sich beim Aufhellen auf und sind deshalb nur im Wasserpräparat zu sehen. Mit Iod-Lösung (MR 17) färben sie sich violett.

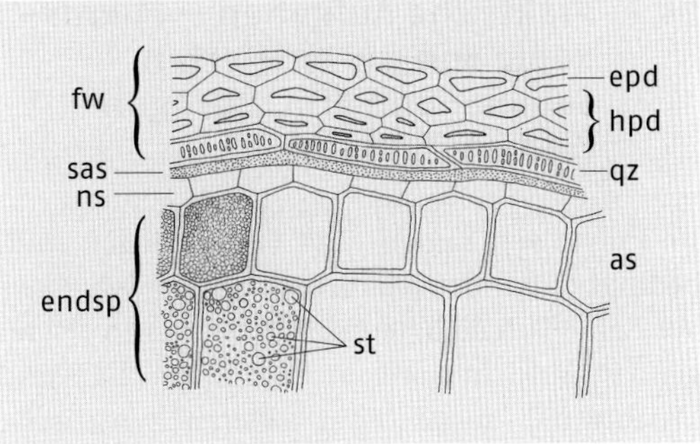

○ **Abb. 8.14** Querschnitt des Weizenkorn (*Triticum aestivum*): **as** Aleuronschicht, **endsp** Endosperm, **epd** Epidermis, **fw** Fruchtwand, **hpd** Hypodermis, **ns** Nucellarschicht, **qz** Querzellschicht, **sas** Samenschale, **st** Stärke (NH)

Aufgabe

- Zelluläre Zeichnung des Querschnitts durch die Schale des Weizenkorns mit Fruchtwand, Samenschale und Aleuronschicht.

8.5 Praktische Aufgaben – Mikroskopie von pulverisierten Samen- und Fruchtdrogen (Semen; Fructus)

Im Pulver von Samen- und Fruchtdrogen sind, bedingt durch den Mahlvorgang, die Schichten der Samenschale bzw. der Fruchtwand vorwiegend in Aufsicht zu sehen. Da Samenschale und Fruchtwand meist eine sklerenchymatische Schicht aufweisen, ist flächiges Sklerenchym eines der herausragenden Merkmale von Samen- und Fruchtdrogen. Es kann sich dabei um kompakte Steinzellschichten oder um faserige Sklerenchymschichten mit prosenchymatischen Zellen oder auch um Sklereiden handeln. In ein und derselben Droge können auch verschiedenartige sklerenchymatische Schichten enthalten sein.

Auch andere Schichten der Fruchtwand wie Mesokarp und Endokarp können auffallend gestaltet sein und nach ihrem Aussehen als Ringzellen-, Parkett-, Fenster-, Gitter- oder Querzellschicht bezeichnet werden. Auffallend sind weiterhin die Nährgewebe des Samens, wie Endosperm, Perisperm oder Embryo. Meist sind die Stücke dieser Gewebe hell, aber dick und nur begrenzt durchsichtig. Sind Fette gespeichert, erkennt man dies an den zahlreichen Öltröpfchen im Nährgewebe, Stärke färbt sich im Wasserpräparat mit Iod-Lösung violett, Aleuron braun. Sehr charakteristisch für einige Drogen ist das Vorkommen eines „Hornendosperms". Es besteht aus Zellen mit dicken Zellwänden (Hemicellulose) und deutlichen Tüpfeln. Die Zellwände sind nicht verholzt und deshalb mit Phloroglucin-HCl nicht anfärbbar.

Da Samen und Früchte oft farbig sind, sind auch im mikroskopischen Bild Pigmentschichten typisch. Haare kommen sowohl auf dem Exokarp der Früchte als auch auf der Samenschale vor und sind für einzelne Drogen sehr charakteristisch. Großlumige Tracheen fehlen immer.

Die Samendrogen der Arzneibücher sind in ◘ Tab. 8.1, die Fruchtdrogen in ◘ Tab. 8.2 zusammengestellt. Hier folgen sechs Beispiele.

Leinsamen – Lini semen – *Linum usitatissimum* – Linaceae

- **Testa:** Große, helle Stücke der Schleimepidermis in Aufsicht mit eckigen Platten der aufgebrochenen Cuticula darauf; Stücke der Sklerenchymfaserschicht aus parkettartig angeordneten Sklereiden, bisweilen darunter liegend die dazu quer verlaufenden Querzellen; Teile der inneren Ringzellenschicht in Aufsicht; sehr auffallend ist die hellbraune Pigmentschicht aus meist viereckigen Zellen; Pigmentzellinhalt oft herausgebrochen und lose im Präparat liegend.
- **Endosperm:** Zahlreiche große Bruchstücke des hellgrauen Endosperms mit Lipidtröpfchen.
- **Stärke:** Nicht vorhanden.

(○ Abb. 8.15)

Bockshornsamen – Trigonellae foenugraeci semen – *Trigonella foenum-graecum* – Fabaceae

- **Testa:** Zahlreiche Teile der Testa mit den charakteristischen sklerenchymatischen Palisadenzellen mit flaschenförmigem Lumen; in der Aufsicht oder Schrägsicht höckerig, im Querschnitt (relativ häufig) mit dicker Cuticula und einer charakteristischen „Lichtlinie"; Bruchstücke der Trägerzellschicht mit sechseckigen Zellen, deren Wände radiale Verdickungsleisten aufweisen und ein rundes Lumen freilassen.
- **Endosperm:** Schleimendosperm mit hellen Zellen; mitunter runde Zellen der Kleberschicht. Bisweilen einzelne Schleimklumpen frei im Präparat.
- **Embryo:** Viel helles Embryogewebe aus langen, schmalen Zellen.
- **Stärke:** Nicht vorhanden.

(○ Abb. 8.16).

Herbstzeitlosensamen – Colchici semen – *Colchicum autumnale* – Colchicaceae

- **Testa:** Bruchstücke der hellbraunen äußeren Epidermis mit polygonalen Zellen und dunkelbraune Teile der inneren Testazellen aus kleineren, dickwandigen Zellen, manchmal auch im Querschnitt vorliegend.

- **Endosperm:** Hornendosperm aus großen hellen, quaderförmigen Zellen mit stark verdickten Zellwänden und großen Tüpfeln; macht den Hauptanteil der Droge aus.
- **Stärke:** Spuren von kleinkörniger Stärke.

(o Abb. 8.17)

□ **Tab. 8.1** Samendrogen der Arzneibücher: Europäisches Arzneibuch (Ph. Eur., 8. Ausgabe 2014 inkl. Nachträge bis 8.5), Deutsches Arzneibuch (DAB 2012)

Deutscher Name	Lateinischer Name	Stammpflanze	Familie
Bockshornsamen	Trigonellae foenugraeci semen	*Trigonella foenum-graecum*	Fabaceae
Flohsamen	Psyllii semen	*Plantago afra, P. indica*	Plantaginaceae
Flohsamen, Indische	Plantaginis ovatae seminis tegumentum	*Plantago ovata*	Plantaginaceae
Flohsamenschalen, Indische	Plantaginis ovatae semen	*Plantago ovata*	Plantaginaceae
Kolasamen	Colae semen	*Cola nitida u. a.*	Malvaceae
Kürbissamen DAB	Cucurbitae semen	*Cucurbita pepo u. a.*	Cucurbitaceae
Leinsamen	Lini semen	*Linum usitatissimum*	Linaceae
Rosskastaniensamen DAB	Hippocastani semen	*Aesculus hippocastanum*	Sapindaceae

□ **Tab. 8.2** Fruchtdrogen der Arzneibücher: Europäisches Arzneibuch (Ph. Eur., 8. Ausgabe 2014 inkl. Nachträge bis 8.5), Deutsches Arzneibuch (DAB 2012)

Deutscher Name	Lateinischer Name	Stammpflanze	Familie
Anis	Anisi fructus	*Pimpinella anisum*	Apiaceae
Bitterorangenschale	Aurantii amari epicarpium et mesocarpium	*Citrus aurantium ssp. aurantium*	Rutaceae
Cayennepfeffer	Capsici fructus	*Capsicum annuum var. minimum u. a.*	Solanaceae
Fenchel, Bitterer	Foeniculi amari fructus	*Foeniculum vulgare ssp. vulgare var. vulgare*	Apiaceae
Fenchel, Süßer	Foeniculi dulcis fructus	*Foeniculum vulgare ssp. vulgare var. dulce*	Apiaceae
Hagebuttenschalen	Rosae pseudo-fructus	*Rosa canina u. a.*	Rosaceae
Heidelbeeren, frische	Myrtilli fructus recens	*Vaccinium myrtillus*	Ericaceae
Heidelbeeren, getrockente	Myrtilli fructus siccus	*Vaccinium myrtillus*	Ericaceae
Koriander	Coriandri fructus	*Coriandrum sativum*	Apiaceae

8

Tab. 8.2 Fruchtdrogen der Arzneibücher: Europäisches Arzneibuch (Ph. Eur., 8. Ausgabe 2014 inkl. Nachträge bis 8.5), Deutsches Arzneibuch (DAB 2012) (Fortsetzung)

Deutscher Name	Lateinischer Name	Stammpflanze	Familie
Kreuzdornbeeren DAB	Rhamni cathartici fructus	*Rhamnus cathartica*	Rhamnaceae
Kümmel	Carvi fructus	*Carum carvi*	Apiaceae
Mariendistelfrüchte	Silybi mariani fructus	*Silybum marianum*	Asteraceae
Mönchspfefferfrüchte	Agni casti fructus	*Vitex agnus-castus*	Lamiaceae
Pfeffer	Piperis fructus	*Piper nigrum*	Piperaceae
Sägepalmenfrüchte	Sabalis serrulatae fructus	*Serenoa repens*	Arecaceae
Sennesfrüchte, Alexandriner-	Sennae fructus acutifoliae	*Cassia senna*	Fabaceae
Sennesfrüchte, Tinnevelly-	Sennae fructus angustifoliae	*Cassia angustifolia*	Fabaceae
Sternanis	Anisi stellati fructus	*Illicium verum*	Schisandraceae
Wacholderbeeren	Juniperi galbulus	*Juniperus communis*	Cupressaceae
Weißdornfrüchte	Crataegi fructus	*Crataegus monogyna u. a.*	Rosaceae

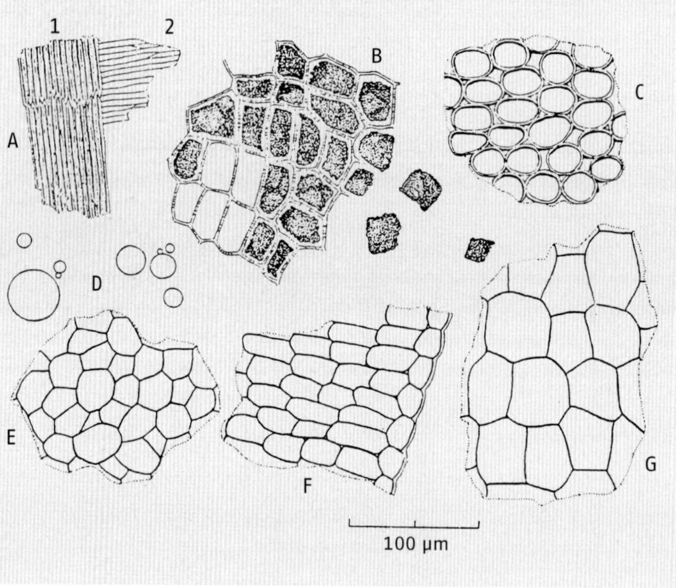

Abb. 8.15 Leinsamen (Lini semen), Pulver: **A** Sklerenchymschicht (1) mit dazu quer verlaufender Querzellschicht (2), **B** Farbstoffschicht (Pigmentschicht) in Aufsicht mit herausfallenden Pigmentklumpen, **C** Ringzellschicht in Aufsicht, **D** Öltropfen, **E** und **F** Keimblattgewebe, **G** Schleimepidermis in Aufsicht (nach Deutschmann et al.)

Brechnusssamen – Strychni semen – *Strychnos nux-vomica* – Loganiaceae

- **Testa:** Zahlreiche Bruchstücke der Haarepidermis, bei der jede Epidermiszelle zu einem Haar ausgewachsen ist; das Lumen in der ange-

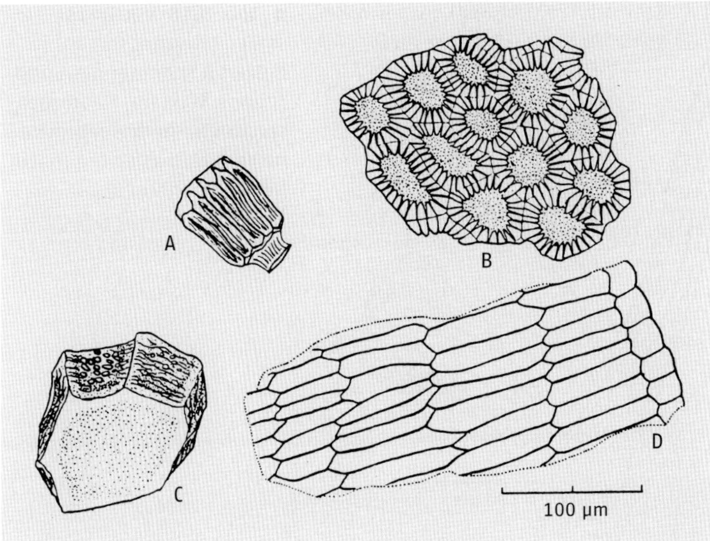

○ **Abb. 8.16** Bockshornsamen (Trigonellae foenugraeci semen), Pulver: **A** Palisadenschicht mit Trägerzelle von der Seite, **B** Trägerzellschicht in Aufsicht, **C** Schleimklumpen, **D** Keimblattgewebe (nach Karsten, Weber, Stahl)

schwollenen Basis ist meist mit Luft gefüllt und erscheint dadurch schwarz ; verdickte Zellwand schräg getüpfelt; viele herausgebrochene Verdickungsleisten („Haarleisten") im Präparat.

- **Endosperm:** Hellrosa Bruchstücke des inneren Endospermgewebes aus dickwandigen Zellen mit rundem Lumen; seltener Bruchstücke der äußeren Endospermschicht aus kleineren, dünnwandigen Zellen.
- **Stärke:** Nicht vorhanden.

(○ Abb. 8.18)

Cayennepfeffer – Capsici fructus – *Capsicum frutescens* – Solanaceae

- **Perikarp:** Stücke des hellen Exokarps in Aufsicht aus relativ dickwandigen, isodiametrischen Zellen, rot-orangefarbenes Gewebe durchscheinend; Teile des hellen Mesokarps mit Leitbündelfragmenten und vielen roten und orangefarbenen Fetttröpfchen, seltener mit Oxalatsandzellen; zahlreiche Fetttröpfchen frei im Präparat; Endokarpbruchstücke aus dickwandigen, stark getüpfelten und stark gebuchteten Zellen („Rosenkranzzellen", ○ Abb. 8.19).
- **Testa:** Bruchstücke der Samenschalen-Epidermis mit Zellen, deren Wände ungleichmäßig wulstig verdickt sind („Gekrösezellen").
- **Endosperm:** Zahlreiche Bruchstücke des hellen Endosperms, wenig charakteristisch.

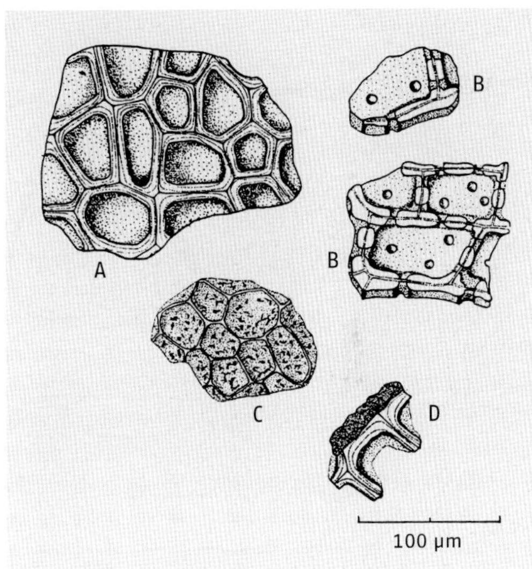

○ **Abb. 8.17** Herbstzeitlosensamen (Colchici semen), Pulver: **A** Aufsicht auf die Epidermis des Samens, **B** Bruchstücke des Hornendosperms, **C** äußerer Teil der Samenschale, **D** Samenschale im Querschnitt (nach Karsten, Weber, Stahl)

8

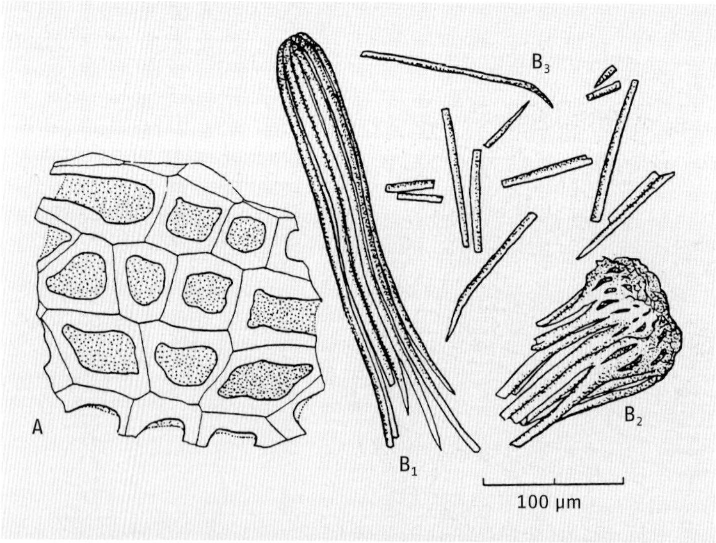

Abb. 8.18 Brechnusssamen (Strychni semen), Pulver: **A** Trümmer des Endosperms, **B** Haare, Haarbruchstücke und herausgebrochene Verdickungsleisten (nach Deutschmann et al.)

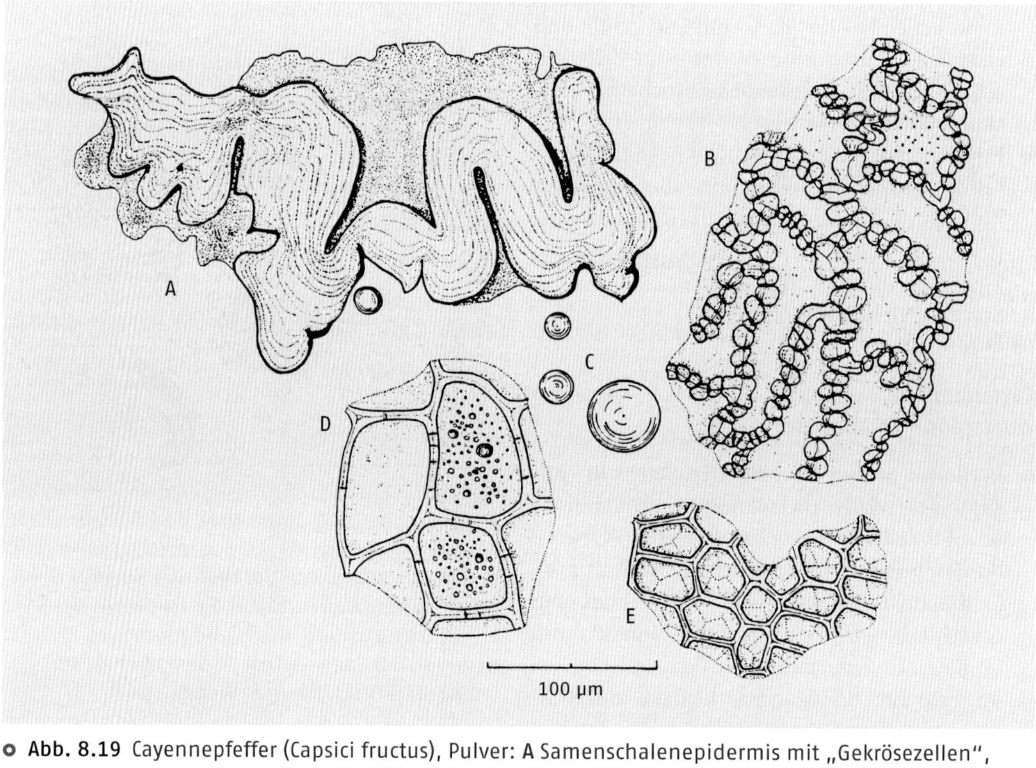

Abb. 8.19 Cayennepfeffer (Capsici fructus), Pulver: **A** Samenschalenepidermis mit „Gekrösezellen", **B** Endokarp mit „Rosenkranzzellen", **C** Öltropfen, **D** Exokarp, **E** Endosperm (nach Deutschmann et al.)

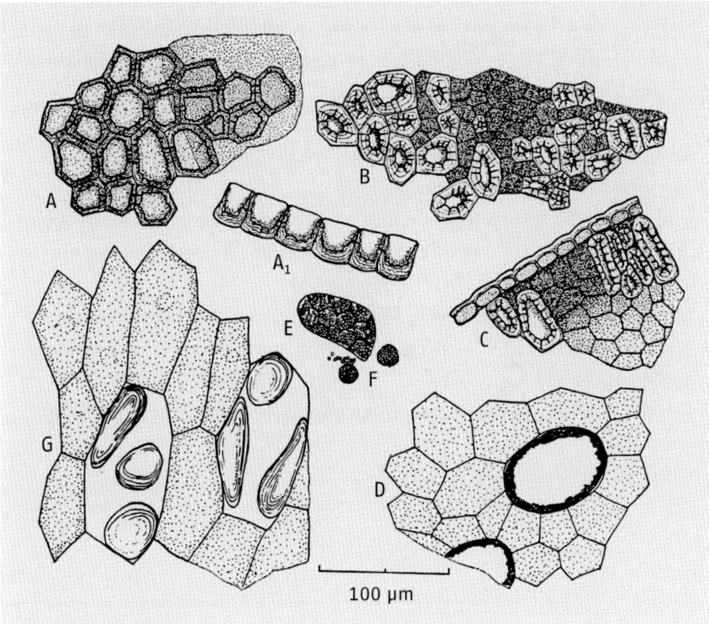

o Abb. 8.20 Schwarzer Pfeffer (Piperis nigri fructus), Pulver: **A** innere Steinzellschicht (Becherzellen) in Aufsicht, **B** äußere Steinzellschicht in Aufsicht, **C** Epidermis und äußere Steinzellschicht im Querschnitt, **D** Parenchym der Fruchtwand mit Ölbehältern, **E** Perisperm, **F** Stärkeballen, **G** Perisperm mit Ölzellen (nach Deutschmann et al.)

- **Stärke:** Wenige einzelne Stärkekörner des Endosperms.

(o Abb. 8.19)

Schwarzer Pfeffer – Piperis nigri fructus – *Piper nigrum* – Piperaceae

- **Perikarp:** Sehr charakteristische Stücke des rotbraunen Exokarps mit zahlreichen Steinzellgruppen in Aufsicht, Steinzellen des Exokarps hellwandig mit dunklem Lumen, darüber oft Gewebestücke der Epidermis aus polygonalen Zellen mit braunem Pigment; häufig Teile des Endokarps, das ebenfalls als Steinzellschicht ausgebildet ist, meist in Aufsicht, selten im Querschnitt (dann U-förmig verdickt, „Becherzellen"); Zellwände der Becherzellen heller und weniger verdickt als die der Exokarp-Steinzellen; große Steinzellen in lockerem Verband, die in Begleitung der Fruchtwandleitbündel stehen.
- **Perisperm:** Bruchstücke des hellen Perisperms mit gelben Ölzellen.
- **Stärke:** Reichlich Stärke des Perisperms in Ballen, wenige kleine, einzelne Stärkekörner.

(o Abb. 8.20)

8

Literatur

Braune W, Leman A, Taubert H. Pflanzenanatomisches Praktikum I. 9. Aufl., Springer Spektrum, Heidelberg 2007, Nachdruck 2009

Bresinsky A, Körner C, Kadereit JW, Neuhaus G, Sonnewald U. Strasburger – Lehrbuch der Botanik. 36. Aufl., Springer Spektrum, Heidelberg 2008

Dingermann T, Kreis W, Rimpler H, Zündorf I. Reinhard – Pharmazeutische Biologie 1. 7. Aufl., Wissenschaftliche Verlagsgesellschaft Stuttgart, 2009

Eschrich W. Pulver-Atlas der Drogen der deutschsprachigen Arzneibücher. 9. Aufl., Deutscher Apotheker Verlag, Stuttgart 2009

Hohmann B, Reher G, Stahl-Biskup E. Mikroskopische Drogenmonographien, Pharmazeutische Biologie Bd. 3. Wissenschaftliche Verlagsgesellschaft Stuttgart, 2001

Leistner E, Breckle SW. Pharmazeutische Biologie. 8. Aufl., Wissenschaftliche Verlagsgesellschaft Stuttgart, 2014

Lüttge U, Kluge M. Botanik – Die einführende Biologie der Pflanzen. 6. Aufl., Wiley-VCH, Weinheim 2012

Rahfeld B, Mikroskopischer Farbatlas pflanzlicher Drogen. 2. Aufl., Springer Spektrum, Heidelberg 2011

Wanner G. Mikroskopisch-Botanisches Praktikum. 2. Aufl., Georg Thieme Verlag, Stuttgart 2010

Bildnachweis

Zeichnungen: Dipl. Biol. Nicola Hillgruber (NH)
Fotos: Elisabeth Stahl-Biskup (StB)

Böhlmann D. Botanisches Grundpraktikum zur Phylogenie und Anatomie. Quelle & Meyer Verlag, Wiesbaden 1994

Czihak G, Langer H, Ziegler H. Biologie – Ein Lehrbuch. 3. Aufl., Springer Verlag, Berlin 1981

Deutschmann F, Hohmann B, Sprecher E, Stahl E. Pharmazeutische Biologie 3, Drogenanalyse I: Morphologie und Anatomie. 3. Aufl., Gustav Fischer Verlag, Stuttgart 1992

Duve de C. Die Zelle, Expedition in die Grundstruktur des Lebens, Bd. I. Spektrum der Wissenschaft Verlagsgesellschaft, Heidelberg 1986

Frohne D. Anatomisch-mikrochemische Drogenanalyse – Ein Leitfaden. 3. Aufl., Georg Thieme Verlag, Stuttgart 1985

Grünsfelder M. Makroskopische und mikroskopische Untersuchung von Arzneidrogen. Georg Thieme Verlag, Stuttgart 1991

Karsten G, Weber U, Stahl E. Lehrbuch der Pharmakognosie. 9. Aufl., Gustav Fischer Verlag, Stuttgart 1962

Leistner E, Breckle SW. Pharmazeutische Biologie I. 4. Aufl., Thieme Verlag, Stuttgart 1992

Lüttge U, Kluge M, Bauer G. Botanik, ein grundlegendes Lehrbuch. 3. Aufl., Wiley-VCH, Weinheim 1994

Nultsch W. Mikroskopisch-Botanisches Praktikum. 10. Aufl., Georg Thieme Verlag, Stuttgart 1995

Strasburger et al. Lehrbuch der Botanik. 3. Aufl., Gustav Fischer Verlag, Stuttgart 1991

Sachregister

A

B

T

Die Autoren

Elisabeth Stahl-Biskup

Univ.-Professorin; Jahrgang 1947; 1968–1971 Studium der Pharmazie an der Universität Freiburg. 1971–1972 Offizinapotheke in Hamburg; 1972–1975 Anfertigung der Dissertation und Juli 1975 dann Promotion zum Dr. rer. nat. im Fachbereich Biologie der Universität Hamburg. Danach (1975–1984) Hochschulassistentin am Lehrstuhl für Pharmakognosie. In dieser Zeit erfolgte 1982 die Habilitation. 1984 Ruf auf eine Professur am Lehrstuhl für Pharmazeutische Biologie (ehemals Pharmakognosie) der Universität Hamburg. Seit 2012 im Ruhestand.

In der Forschung befasst sie sich mit ätherischen Ölen verschiedener Lamiaceen (Schwerpunkt Gattung Thymus) und einigen Apiaceengattungen im Hinblick auf Chemotaxonomie, Analytik, Qualitätskontrolle und antimikrobielle Wirkung; weiterhin Cumarine in Apiaceae; Chemie der Teebaumöle; Inhaltsstoffe öliger Pflanzenextrakte. Mitherausgeberin und Autorin des Arzneibuchkommentars (Drogenmonographien) und eines Buches über die Gattung Thymus. Außerdem verfasste sie 35 Drogenmonographien in Hagers Enzyklopädie der Arzneistoffe und Drogen, ist Mitarbeiterin im Buch „Wichtl: Teedrogen und Phytopharmaka“ und hat ein weiteres Buch für die mikroskopischen Drogenanalyse verfasst.

Jürgen Reichling

Akademischer Direktor, apl. Professor. Jahrgang 1943. Studium der Biologie, Chemie und Physik in Heidelberg, 1972 Promotion an der Universität Heidelberg. 1973/74 Referendarzeit an Gymnasien und 2. Staatsprüfung für die Fächer Biologie, Chemie, Physik. Seit 1975 am heutigen Institut für Pharmazie und Molekulare Biotechnologie tätig. 1983 Habilitation für das Fach Pharmazeutische Biologie, 1991 Ernennung zum außerplanmäßigen Professor. 1991 und 1995 Rufe auf eine C3-Professur für Pharmazeutische Biologie an den Universitäten Berlin und Marburg. Träger verschiedener wissenschaftlicher Auszeichnungen (z. B. Ernst Scheurich Preis, 1982; Sebastian Kneipp Preis, 2008). Mitautor und Mitherausgeber von Lehr- und Fachbüchern für Pharmazie und Phytotherapie (z. B. Hagers Enzyklopädie der Arzneistoffe und Drogen, Heilpflanzenkunde für die Veterinärpraxis). Seit 2008 im Ruhestand.

Forschung: Naturstoffanalytik, molekulare Pharmakognosie, sekundäre Pflanzenstoffe mit antibakterieller, antimykotischer und antiviraler Wirkung, pflanzliche Arzneistoffe mit antiproliferativer und Apoptose-induzierender Wirkung; Penetration und Permeation von ätherischen Ölen durch Humanhaut